Mathematik heute 6

Herausgegeben von
Rudolf vom Hofe, Bernhard Humpert
Heinz Griesel, Helmut Postel

Mathematik heute 6

Herausgegeben und bearbeitet von

Prof. Dr. Rudolf vom Hofe, Bernhard Humpert
Prof. Dr. Heinz Griesel, Prof. Helmut Postel

Arno Bierwirth, Heiko Cassens, Niza Devrim, Dr. Thomas Hafner, Dirk Kehrig, Prof. Dr. Matthias Ludwig, Christiane Meiritz, Manfred Popken, Torsten Schambortski

An dieser Ausgabe wirkte außerdem mit: Stefanie Schumacher

Zum Schülerband erscheint:
Lösungen Best.-Nr. 87743
Arbeitsheft Best.-Nr. 87681
Diagnose und Fördern Best.-Nr. 87655
Kommentare und Kopiervorlagen Best.-Nr. 87781
Rund um ... Ihr digitaler Arbeitsplatz Best.-Nr. 87661

Fördert individuell – passt zum Schulbuch
Optimal für den Einsatz im Unterricht mit Mathematik heute
Stärken erkennen, Defizite beheben. Online-Lernstandsdiagnose und Auswertung auf Basis der aktuellen Bildungsstandards.
Individuell zusammengestellte Fördermaterialien.
www.schroedel.de/diagnose

westermann GRUPPE

© 2013 Bildungshaus Schulbuchverlage
Westermann Schroedel Diesterweg Schöningh Winklers GmbH, Braunschweig
www.schroedel.de

Das Werk und seine Teile sind urheberrechtlich geschützt. Jede Nutzung in anderen als den gesetzlich zugelassenen Fällen bedarf der vorherigen schriftlichen Einwilligung des Verlages. Für Verweise (Links) auf Internet-Adressen gilt folgender Haftungshinweis: Trotz sorgfältiger inhaltlicher Kontrolle wird die Haftung für die Inhalte der externen Seiten ausgeschlossen. Für den Inhalt dieser externen Seiten sind ausschließlich deren Betreiber verantwortlich. Sollten Sie daher auf kostenpflichtige, illegale oder anstößige Inhalte treffen, so bedauern wir dies ausdrücklich und bitten Sie, uns umgehend per E-Mail davon in Kenntnis zu setzen, damit beim Nachdruck der Verweis gelöscht wird.

Druck B^2 / Jahr 2019
Alle Drucke der Serie B sind im Unterricht parallel verwendbar.

Redaktion: Doreen Hempel
Titel- und Innenlayout: LIO DESIGN GmbH, Braunschweig
Illustrationen: Carla Miller; Zeichnungen: Langner und Partner
Druck und Bindung: Westermann Druck GmbH, Braunschweig

ISBN 978-3-507-**87731**-3

INHALTSVERZEICHNIS

Zum methodischen Aufbau
der Lerneinheiten — 4
Im Blickpunkt: Leseverstehen leicht gemacht — 6

1 Körper – Volumen und Oberfläche — 8
Volumenvergleich – Messen von Volumen — 10
Umwandeln in andere Volumeneinheiten –
Kommaschreibweise — 15
Rechnen mit Volumen — 20
Berechnungen am Quader — 24
Punkte sammeln — 30
Vermischte und komplexe Übungen — 31
Was du gelernt hast — 34
Bist du fit? — 35

2 Winkel — 36
Winkel – Messen und Zeichnen — 38
Winkel an Geradenkreuzungen – Sätze über
Winkelbeziehungen — 51
Winkelsumme im Dreieck – Einteilung der
Dreiecke nach Winkeln — 55
Punkte sammeln — 59
Vermischte und komplexe Übungen — 60
Was du gelernt hast — 62
Bist du fit? — 63
**Im Blickpunkt: Arbeiten mit dynamischer
Geometrie-Software — 64**

3 Bruchzahlen – Addieren und Subtrahieren — 68
Brüche — 70
Brüche als Quotienten natürlicher Zahlen — 74
Anteile von beliebigen Größen –
Drei Grundaufgaben — 75
Angabe von Anteilen in Prozent — 82
Grundaufgaben der Prozent- und Zinsrechnung — 84
Verhältnisse und Anteile — 86
Addieren und Subtrahieren von Bruchzahlen — 88
Punkte sammeln — 94
Vermischte und komplexe Übungen — 95
Was du gelernt hast — 96
Bist du fit? — 97
Projekt: Spiele mit Bruchzahlen — 98

4 Bruchzahlen – Multiplizieren und Dividieren — 100
Vervielfachen und Teilen von Brüchen — 102
Multiplizieren mit einem Bruch –
Dividieren durch einen Bruch — 109
Multiplizieren und Dividieren von Brüchen — 115
Punkte sammeln — 119
Vermischte und komplexe Übungen — 120
Was du gelernt hast — 122
Bist du fit? — 123

5 Erzeugen symmetrischer und deckungsgleicher Figuren — 124
Achsensymmetrische Figuren — 126
Verschiebungssymmetrische Figuren — 127
Im Blickpunkt: Parkettierung — 130
Drehsymmetrische Figuren — 132
Punkte sammeln — 136
Vermischte und komplexe Übungen — 137
Was du gelernt hast — 138
Bist du fit? — 139
Projekt: Spiegeln – Drehen – Verschieben — 140

6 Rechnen mit Dezimalbrüchen — 142
Umformen von gewöhnlichen Brüchen in
Dezimalbrüche durch Erweitern und Kürzen — 144
Addieren und Subtrahieren von Dezimalbrüchen — 147
Vermischte und komplexe Übungen — 150
Vervielfachen und Teilen von Dezimalbrüchen — 151
Multiplizieren und Dividieren von Dezimalbrüchen — 158
Periodische Dezimalbrüche — 164
Verbindung der vier Grundrechenarten — 167
Berechnen von Flächen und Körpern — 169
Punkte sammeln — 175
Im Blickpunkt: Ausbauen und Einrichten — 176
Vermischte und komplexe Übungen — 178
Was du gelernt hast — 180
Bist du fit? — 181
Ausblick auf negative Zahlen — 182

7 Zuordnungen — 186
Zuordnungstabellen — 188
Grafische Darstellungen von Zuordnungen — 193
Proportionale Zuordnungen – Dreisatz — 200
Antiproportionale Zuordnungen – Dreisatz — 208
Punkte sammeln — 211
Vermischte und komplexe Übungen — 212
Was du gelernt hast — 214
Bist du fit? — 215

8 Daten und Zufall — 216
Auswerten und Darstellen von Daten — 218
Das arithmetische Mittel und der Median — 225
Zufallsexperimente und Wahrscheinlichkeit — 228
Wahrscheinlichkeit bei Zufallsexperimenten — 230
Wahrscheinlichkeit und relative Häufigkeit — 232
Punkte sammeln — 235
Vermischte und komplexe Übungen — 236
Was du gelernt hast — 238
Bist du fit? — 239
Im Blickpunkt: Tabellenkalkulation — 240

Bist du topfit? — 244

Anhang — 250
Lösungen zu Bist du fit? — 250
Lösungen zu Bist du topfit? — 254
Einheiten — 257
Mathematische Symbole — 258
Stichwortverzeichnis — 259
Bildquellenverzeichnis — 260

ZUM METHODISCHEN AUFBAU DER LERNEINHEITEN

EINSTIEG bietet einen direkten Zugang zum Thema, eröffnet die Möglichkeit zum Argumentieren und Kommunizieren und führt zum Kern der Lerneinheit.

AUFGABE mit vollständigem Lösungsbeispiel. Diese Aufgaben können alternativ oder ergänzend als Einstiegsaufgaben dienen. Die Lösungsbeispiele eignen sich sowohl zum eigenständigen Nacharbeiten als auch zum Erarbeiten von Lernstrategien.

FESTIGEN UND WEITERARBEITEN Hier werden die neuen Inhalte durch benachbarte Aufgaben, Anschlussaufgaben und Zielumkehraufgaben gefestigt und erweitert. Sie sind für die Behandlung im Unterricht konzipiert und legen die Basis für die erfolgreiche Entwicklung mathematischer Kompetenzen.

INFORMATION Wichtige Begriffe, Verfahren und mathematische Gesetzmäßigkeiten werden hier übersichtlich hervorgehoben und an charakteristischen Beispielen erläutert.

ÜBEN In jeder Lerneinheit findet sich reichhaltiges Übungsmaterial. Dabei werden neben grundlegenden Verfahren auch Aktivitäten des Vergleichens, Argumentierens und Begründens gefördert, sowie das Lernen aus Fehlern. Spielerische Übungsformen setzen Arbeitsweisen der Grundschule fort. Aufgaben mit Lernkontrollen sind an geeigneten Stellen eingefügt.
Grundsätzlich lassen sich fast alle Übungsaufgaben auch im Team bearbeiten. In einigen besonderen Fällen wird zusätzlich Anregung zur Teamarbeit gegeben. Die Fülle an Aufgaben ermöglicht dabei unterschiedliche Wege und innere Differenzierung.

PUNKTE SAMMELN Hier werden Aufgaben auf drei Niveaustufen angeboten. Schülerinnen und Schüler sollen eigenständig Aufgaben auswählen, individuell bearbeiten und dabei mindestens 7 Punkte erreichen.

VERMISCHTE UND KOMPLEXE ÜBUNGEN Hier werden die erworbenen Qualifikationen in vermischter Form angewandt und mit den bereits gelernten Inhalten vernetzt.

BLÜTENAUFGABEN bestehen aus vier Teilaufgaben mit unterschiedlichen Kompetenzanforderungen: Vorwärtsrechnen, Rückwärtsrechnen, komplexe Erweiterungen und offene Aufgabe. Sie beziehen sich auf ein gemeinsames Thema und sind unabhängig voneinander zu lösen.
Die Teilaufgaben sind nicht nach der Schwierigkeit geordnet, sondern mit unterschiedlichen Farben gekennzeichnet. Auch hier sollen Schülerinnen und Schüler eigenständig Aufgaben auswählen. Dabei hat sich folgende Methode bewährt:
(1) Lesen und Klären von Fragen im Klassenunterricht;
(2) Auswählen und individuelles Bearbeiten von zwei Aufgaben in Einzelarbeit;
(3) Vergleichen und Ergänzen in Gruppenarbeit mit anschließender Präsentation.

WAS DU GELERNT HAST	Hier sind die neuen Inhalte eines Abschnitts kompakt zusammengefasst. Durch diesen Überblick wird Strategiewissen gefördert und der Aufbau von kumulativem Basiswissen unterstützt.
BIST DU FIT? / BIST DU TOPFIT?	Auf den Seiten am Ende eines Kapitels können Lernende eigenständig überprüfen, inwieweit sie die neu erworbenen Kompetenzen beherrschen. Auf den Seiten 248–253 werden Basiswissen und allgemeine Kompetenzen überprüft, die sich auf übergreifende Themen der Jahrgangsstufe 6 beziehen. Die Lösungen hierzu sind im Anhang des Buches abgedruckt.
IM BLICKPUNKT / PROJEKT	Hier geht es um komplexere Sachzusammenhänge, die durch mathematisches Denken und Modellieren erschlossen werden. Die Themen gehen dabei häufig über die Mathematik hinaus, sodass fächerübergreifende Zusammenhänge erschlossen werden. Es ergeben sich Möglichkeiten zum Arbeiten in Projekten und zum Einsatz neuer Medien.
PIKTOGRAMME	weisen auf besondere Anforderungen bzw. Aufgabentypen hin:

Teamarbeit · Suche nach Fehlern · Blütenaufgabe · Internet · Tabellenkalkulation · Dynamische Geometrie-Software

Zur Differenzierung

Der Aufbau der Lerneinheiten und die Übungen sind dem Schwierigkeitsgrad nach eingestuft. Sie bilden ein breites Spektrum an Lernmöglichkeiten, die den Bereich mathematischer Kernkompetenzen für mittlere Schulen umfassend abbilden. Neben Basiskompetenzen wird dabei auch das Kompetenzniveau starker Lerngruppen bzw. von Erweiterungskursen solide erfasst. Eine Hilfe für innere Differenzierung bilden die folgenden Zeichen:

Grundlegende allgemeine Bildung: keine Kennzeichnung
Erweiterte allgemeine Bildung: blaue Aufgabennummer, z. B. **7.**
Anspruchsvollere Aufgaben: rote Aufgabennummer, z. B. **7.**

Weiterführende Anforderungen sind durch **Z**, **Z** und **Z** gekennzeichnet.

IM BLICKPUNKT

LESEVERSTEHEN LEICHT GEMACHT
UMGANG MIT TEXTEN, TABELLEN UND DIAGRAMMEN

Längere und schwierigere Texte kann man leichter in mehreren Schritten lesen.

(1) Lies den Text aufmerksam durch. Kennst du alle Fremdwörter und Begriffe?
    Tipp: Frage in deiner Klasse, schlage im Lexikon nach oder suche im Internet.

(2) Beim ersten Lesen kann man nicht alles behalten. Mache dir deshalb klar, um was es geht.
    Tipp: Schreibe dir zu den einzelnen Absätzen Stichpunkte auf oder denke dir jeweils eine kurze passende Überschrift aus.

(3) Suche die Informationen, die du zum Lösen der Aufgabe brauchst.
    Tipp: Schreibe aus dem Text oder der Tabelle die entsprechenden Informationen in dein Heft.

Tierpark Sababurg

1571 richtete der damalige Landgraf Wilhelm IV. einen über 130 ha großen Tierpark am Fuße des Dornröschenschlosses Sababurg in Nordhessen ein. Es ist wohl der älteste Tierpark Europas.

Eine besondere Sehenswürdigkeit ist die Greifvogelstation, die sich an den Hängen des Burgbergs befindet. Von dort oben hat man einen malerischen Blick auf das Tierparkgelände.

In der Greifvogelstation finden vom 21. März bis 31. Oktober dreimal täglich (außer montags) Flugvorführungen statt. Die fast 30-minütigen Flugschauen beginnen jeweils um 11.30 Uhr, um 14.00 Uhr und um 16.15 Uhr. Mit der Flugschau haben die Besucher die Gelegenheit, Falken in pfeilschnellem Sturzflug, majestätisch kreisende Bussarde und Adler direkt über ihren Köpfen hinweg fliegend aus unmittelbarer Nähe zu erleben.

Sehr beliebt sind auch die Schaufütterungen, die es zu festen Zeiten gibt. Besonders lustig geht es bei den Pinguinen und Fischottern zu. Die Tierpfleger erklären, was bei Pinguinen, Fischottern oder Wildschweinen auf dem Speiseplan steht.

Interessant ist es auch, die Tiere im Wechsel der Jahreszeiten zu beobachten. Für Personen und Familien, die mehrmals im Jahr den Tierpark besuchen, lohnt es sich, über den Kauf einer Jahreskarte nachzudenken.

• Schaufütterung •

Fischotter	10:00 Uhr
Pinguine	11:00 Uhr
Vielfraß und Luchs	13:30 Uhr
Fischotter	14:30 Uhr
Pinguine	15:00 Uhr
Wildschweine	15:30 Uhr

Eintrittspreise (Kinder unter 4 Jahre frei)	Tageskarte	Jahreskarte	Gruppenkarte (ab 15 Personen)
Erwachsene und Jugendliche ab 16 Jahre	6,00 €	17,00 €	5,00 €
Kinder (4 bis 15 Jahre), Schüler, Studenten	3,50 €	11,00 €	2,80 €
Familienkarte (2 Erwachsene) mit Kindern	17,00 €	39,00 €	–
Schwerbehinderte (ab 50 % Behinderung)	5,00 €	17,00 €	–

1. Lies und bearbeite den Text nach der im Kasten beschriebenen Vorgehensweise. Beantworte danach die folgenden Fragen.
   a) Bestimme möglichst genau die Anzahl der Flugschauen in einem Jahr. Beschreibe dein Vorgehen.
   b) Eine Familie will von 9.00 bis 16.00 Uhr den Tierpark besuchen und auf jeden Fall die Flugschau der Greifvögel und die Fütterung der Pinguine, Fischotter und Wildschweine sehen. Erstelle einen Zeitplan.
   c) 4 Familien mit insgesamt 7 Erwachsenen und 10 Kindern über 4 Jahre stehen an der Kasse und überlegen, ob sie eine Gruppenkarte kaufen sollen.
   d) Eine allein erziehende Mutter mit zwei Kindern (2 Jahre und 7 Jahre alt) plant in diesem Jahr drei Tierparkbesuche. Welche Karten sollte sie kaufen? Begründe.

Streichelgehege

In den Streicheltieranlagen des Tierparks können Ziegen, Esel oder Damhirsche gestreichelt und gefüttert werden. Tüten mit einer speziellen Futtermischung (150 g) sind für 1,00 € am Kiosk erhältlich. Die Mischung ist so abgestimmt, dass das Futter von den Tieren auch dann noch gut vertragen wird, wenn sie sehr viel davon erhalten. Deshalb wird darum gebeten, nur dieses Futter zu verfüttern.
Während der Saison (April bis September) besuchen täglich ca. 120 Familien mit Kindern die Streicheltieranlage. Jede Familie kauft durchschnittlich 2 Tüten der Futtermischung. 20 Cent pro Tüte verbleiben dem Tierpark als Gewinn.
Die 21 Zwergziegen lieben die Futtermischung besonders. Sobald die Kinder mit dem Futter das Gehege betreten, werden sie von den Ziegen umringt.

Auch die 16 Damhirsche und 8 Esel sind sehr zutraulich und warten schon am Eingang der Streichelanlage auf Besucher, die Futter für sie mitbringen. Wenn die Hirsche Futter aus der Hand fressen, können von ganz nah die großen Augen und die Lauscher dieser kleinen, scheuen Tiere betrachtet werden. Außer den Eseln und Damhirschen im Streichelgehege gibt es noch 14 Esel und 60 Damhirsche in anderen Bereichen des Tierparks.

2. a) Stelle die Anzahl der genannten Tiere im Streichelgehege in einer Tabelle dar und zeichne dazu ein Säulendiagramm.
   b) (1) Wie viel Kilogramm Futter werden in einer Saison für die Tiere im Streichelgehege ungefähr von den Besuchern gekauft? Beschreibe deinen Rechenweg.
   (2) Wie groß ist der Gewinn des Tierparks durch den Futterverkauf?

3. a) Denke dir selbst Aufgaben zu den Texten und Tabellen auf den beiden Seiten aus.
   b) Du kannst den Tierpark auch im Internet aufsuchen und deinen Mitschülern berichten.

KAPITEL 1
KÖRPER – VOLUMEN UND OBERFLÄCHE

Ein neues Schulaquarium

Jeden Donnerstag treffen sich Schülerinnen und Schüler der Heinrich-Schütz-Schule aus den Klassen 5 bis 9 im Biologieraum zur Arbeitsgemeinschaft Aquarianer. Die AG hat ein neues Aquarium für die Schule bekommen.

» Wie könnte es eingerichtet werden? Worauf muss man beim Kauf von Fischen und Pflanzen achten?
» Schätze, wie viel Wasser in das Aquarium passt.
» Wie kann man den Rauminhalt bzw. das Volumen des Aquariums genau bestimmen?

Würfelkörper

>> Jakob will aus einer Holzstange kleine Würfel mit der Kantenlänge 2 cm aussägen. Er möchte aus diesen Würfeln einen großen Würfel mit der Kantenlänge 6 cm bauen.
Wie viele kleine Würfel sind dafür erforderlich?

>> Jakob hat nach einer Anleitung 7 Würfelkörper hergestellt, indem er kleine Würfel zusammengeklebt hat (mittleres Bild). Beschreibe die Würfelkörper. Was haben sie gemeinsam, worin unterscheiden sie sich?

>> Die 7 Würfelkörper lassen sich zu einem großen Würfel zusammensetzen, man nennt ihn *Somawürfel*. Vielleicht habt ihr solche Würfelkörper in der Schule. Ihr könnt euch aber auch selbst die 7 *Somateile* herstellen.
Versucht die Teile zusammenzusetzen. Es gibt verschiedene Möglichkeiten. Wie viele findet ihr?

Ein altes Umfüllrätsel

Früher wurden Flüssigkeiten in Kannen, Krügen oder Kübeln verkauft. Das Einkaufen war damals nicht so einfach wie heute. Dies zeigt uns folgende Geschichte aus dem alten Orient:

Ali-Baba möchte von einem Ölhändler 4 Liter Öl kaufen. Der Händler hat einen 8-Liter-Krug, der bis an den Rand mit Öl gefüllt ist. Außerdem hat er noch zwei leere Krüge, einen 3-Liter-Krug und einen 5-Liter-Krug.

>> Wie kann man durch mehrmaliges Umfüllen erreichen, dass in einem der Krüge genau 4 Liter sind?

IN DIESEM KAPITEL LERNST DU ...

... wie man Volumen messen kann.
... eine *Formel zur Berechnung des Volumens von Quadern*.
... wie man die Oberfläche von Quadern berechnet.
... wie man Sachaufgaben zu mathematischen Körpern lösen kann.

VOLUMENVERGLEICH – MESSEN VON VOLUMEN

Volumenvergleich von Körpern – Volumen

EINSTIEG

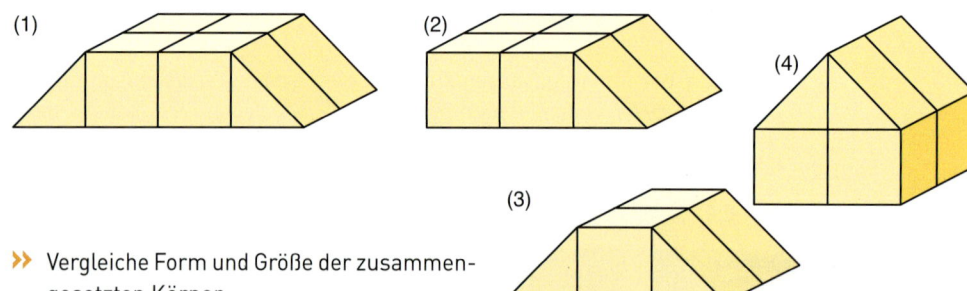

>> Vergleiche Form und Größe der zusammengesetzten Körper.

AUFGABE

1. a) Maria und Tanja haben unterschiedlich geformte Krüge auf dem Flohmarkt gekauft. In welchen Krug kann man mehr einfüllen? Wie kann man das feststellen?

b) Steine oder Holzstücke beanspruchen *Platz*, wir sagen, *sie füllen einen Raum aus*.
Wie kann man z. B. bei zwei Edelsteinen feststellen, welcher größer ist, welcher also mehr *Raum ausfüllt*?

Lösung

a) Man kann z. B. durch Umfüllen von Flüssigkeiten feststellen, in welchen der beiden Krüge mehr hineinpasst. Wir sagen: Der Krug, in den mehr Flüssigkeit hineinpasst, hat das größere Volumen (den größeren Rauminhalt).

gleiches Volumen

b) Taucht man einen Körper in Wasser, so steigt der Wasserspiegel. Wenn man z. B. beide Edelsteine nacheinander in dasselbe Wasserglas taucht, kann man feststellen, bei welchem Edelstein der Wasserspiegel höher steigt. Dieser Stein hat das größere Volumen. Das Volumen des eingetauchten Steins ist dabei jeweils so groß wie das Volumen des Wassers über dem alten Wasserstand.

FESTIGEN UND WEITERARBEITEN

2. Der Quader in der Zeichnung besteht aus zwei Teilkörpern. Man kann die Teilkörper zu neuen Körpern zusammensetzen. Vergleiche die entstehenden Körper.
Worin unterscheiden sie sich? Was haben sie gemeinsam?

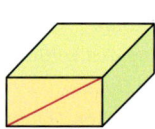 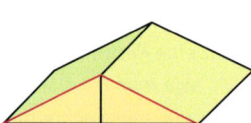 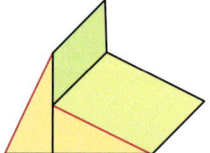 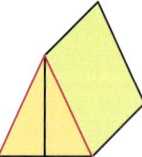

Körper – Volumen und Oberfläche 11

INFORMATION

Bei Gefäßen wie Flaschen, Töpfen, Eimern, Kästen, Fässern usw. kann man den Innenraum durch Flüssigkeit ausfüllen.
Die Größe des ausgefüllten Raumes heißt **Volumen** (oder Rauminhalt).
Auch Körper wie Steine, Holzstücke, Edelsteine usw. füllen einen Raum aus.
Die Körper rechts bestehen aus denselben Teilkörpern. Sie haben dasselbe Volumen (denselben Rauminhalt), aber unterschiedliche Formen.

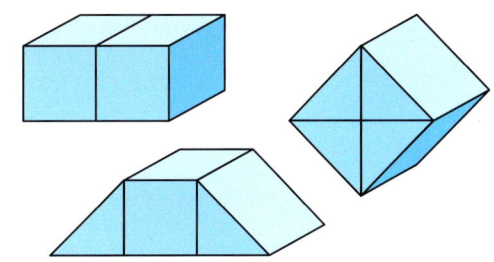

ÜBEN

3. Stelle aus drei gleichartigen Quadern (z. B. Schachteln mit Tintenpatronen, Streichholzschachteln oder Mathematikbüchern) neue Körper her. Zwei aneinander grenzende Quader sollen immer eine ganze Seitenfläche gemeinsam haben.
   a) Worin unterscheiden sie sich? Was ist bei allen gleich?
   b) Wie viele Körper kannst du auf diese Weise erhalten?

4. Haben die beiden Körper dasselbe Volumen? Begründe.
   a) (1)   **b)** (1)   **c)** (1)

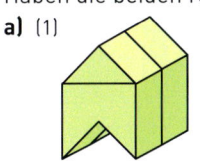 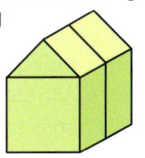 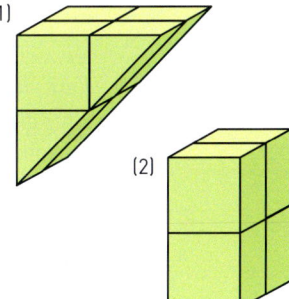

(2)   (2)   (2)

5. Ordne die Körper nach der Größe ihres Volumens. Begründe.
   (1)   (2)   (3)

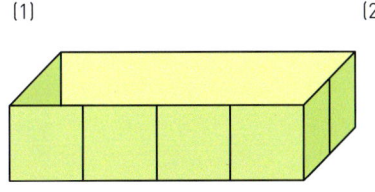 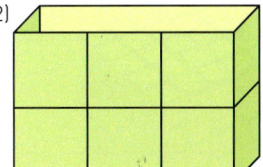 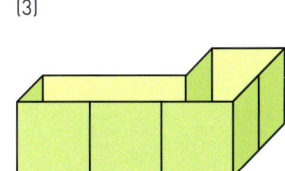

 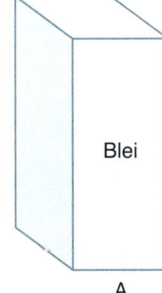 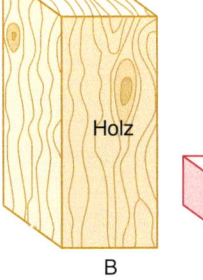 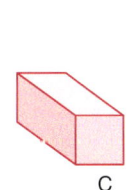

A   B   C

Besteht C aus Holz oder Blei?

6. Zwei der Körper links haben das gleiche Volumen, aber unterschiedliches Gewicht. Zwei der Körper haben das gleiche Gewicht, aber unterschiedliches Volumen.
Welche Körper haben gleiches Volumen?
Welche Körper haben das gleiche Gewicht?
Kann Körper C aus Holz oder aus Blei bestehen?
Entscheide und begründe.

Kapitel 1

Messen von Volumen (Rauminhalt) – Volumeneinheiten

EINSTIEG

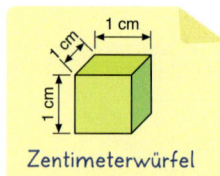

» Die Körper bestehen aus gleich großen Würfeln mit der Kantenlänge 1 cm. Wir nennen diese Würfel auch Zentimeterwürfel.
Wie kann man das Volumen (den Rauminhalt) der Körper vergleichen? Wie kann man die einzelnen Volumen angeben?

(1) 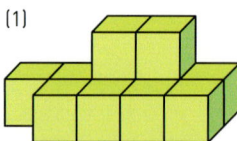 (2) 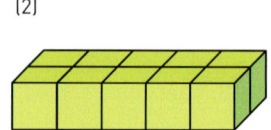 (3) 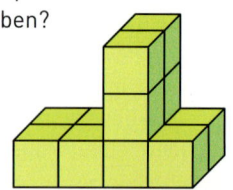 (4)

» Baue aus stabiler Pappe einen offenen Dezimeterwürfel (Kantenlänge 1 dm).
» Fülle den Dezimeterwürfel mit trockenem Sand. Schütte den Sand dann in ein Litermaß. Was stellst du fest?

INFORMATION

(1) Kubikzentimeter

Ein Würfel mit der Kantenlänge 1 cm (Zentimeterwürfel) hat das Volumen (den Rauminhalt) **1 cm³** (gelesen: **1 Kubikzentimeter**).
Ein Körper hat das Volumen 5 cm³, wenn er dasselbe Volumen hat wie 5 Zentimeterwürfel zusammen.

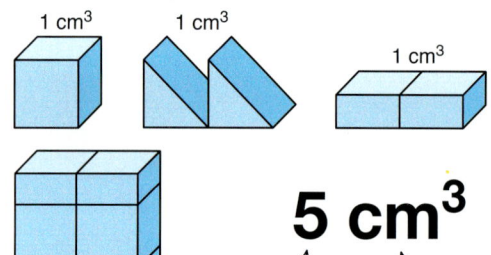

5 cm³ ↑ Maßzahl ↑ Einheit

(2) Einheiten für Volumen (Rauminhalte)

Kaminholz
Volumen 1 m³

Zauberwürfel
Volumen 1 dm³

Würfelzucker
Volumen 1 cm³

Salzkorn
Volumen 1 mm³

Einheiten für das Volumen sind: 1 mm³, 1 cm³, 1 dm³, 1 m³.
Die folgende Tabelle gibt einen Überblick über die Volumeneinheiten:

Kantenlänge des Würfels	Volumen des Würfels	Sprechweise
1 mm	1 mm³	1 Kubikmillimeter
1 cm	1 cm³	1 Kubikzentimeter
1 dm	1 dm³	1 Kubikdezimeter
1 m	1 m³	1 Kubikmeter

Körper – Volumen und Oberfläche

(3) Die Einheiten Liter (l), Milliliter (ml) und Hektoliter (hl) für Volumen

Man verwendet zum Messen des Fassungsvermögens von Gefäßen wie Töpfen, Eimern, Kannen, Fässern, Flaschen aber auch von Säcken mit Blumenerde oder Rucksäcken die Volumeneinheiten Milliliter (ml), Liter (l) und Hektoliter (hl).

Eine Filzstiftkappe fasst 1 ml Wasser.

Messbecher für 1 l

Weinfass für 100 l = 1 hl

Es gilt:

$1\ ml = 1\ cm^3$

1 ml Wasser wiegt 1 g

… bei 20 °C

$1\ l = 1\ dm^3$

1 l Wasser wiegt 1 kg

$1\ hl = 100\ l = 100\ dm^3$

FESTIGEN UND WEITERARBEITEN

1. a) Nicht nur Würfel mit der Kantenlänge 1 dm haben das Volumen 1 dm³. Denke dir den Würfel zerschnitten. Erkläre das Bild rechts.

b) Denke dir weitere Körper aus, die genau 1 dm³ Volumen haben. Skizziere die Körper.

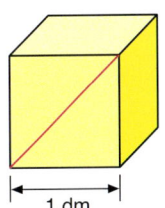
1 dm

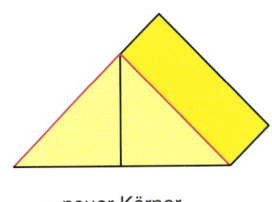
neuer Körper

2. Gib das Volumen des Körpers an.

a)
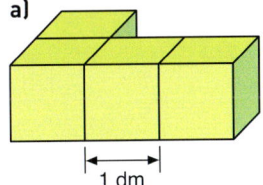
1 dm

b)
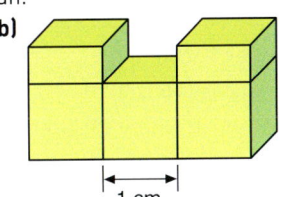
1 cm

c)
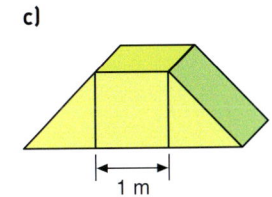
1 m

3. Gib das Volumen der Körper an. Hierbei wird für die Kantenlänge der einzelnen Würfel angenommen:

a) 1 cm; **b)** 1 dm; **c)** 1 m.

(1)
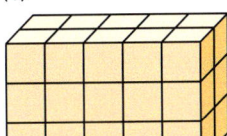

(2)

(3)

(4)
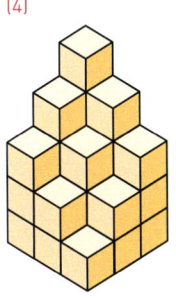

ÜBEN

4. Gib das Volumen an.

a)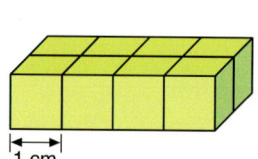
b)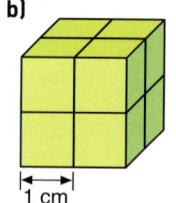
c)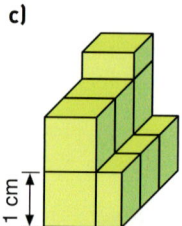
d)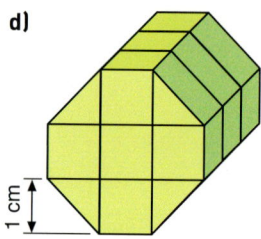

5. Jeder einzelne Würfel hat die Kantenlänge 1 dm.
  a) Bestimme das Volumen des Körpers.
  b) Ergänze den Körper dann (mit möglichst wenig Würfeln) zu einem Quader. Welches Volumen hat der Ergänzungskörper und welches Volumen hat der Quader?

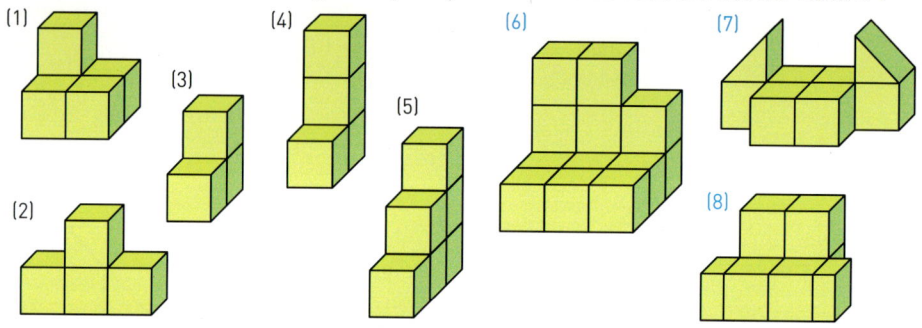

6. In welcher Volumeneinheit würdest du messen?
  (1) Erdaushub bei einer Baugrube
  (2) Inhalt einer Mineralwasserflasche
  (3) Inhalt eines Fläschchens mit Medizin
  (4) Nutzinhalt eines Kühlschranks
  (5) Eis in einer Packung
  (6) anzulieferndes Heizöl
  (7) Blumenerde in einem Plastiksack
  (8) Laderaum eines Frachtschiffs

7. 1 l Wasser hat das Gewicht 1 kg.
  a) Bestimme das Gewicht von   (1) 3 l Wasser;   (2) $\frac{1}{2}$ l Wasser;   (3) $\frac{1}{4}$ l Wasser.
  b) Wie viel l bzw. ml sind   (1) 5 kg;   (2) 200 g;   (3) 750 g;   (4) 4,5 kg Wasser?

 8. Versucht einen Schätzwert für das Volumen der Rucksäcke und des Lkws zu finden. Erklärt, wie ihr vorgegangen seid.

UMWANDELN IN ANDERE VOLUMENEINHEITEN – KOMMASCHREIBWEISE

Umwandeln in andere Volumeneinheiten

EINSTIEG

Wie viele Zentimeterwürfel (Kantenlänge 1 cm) passen in einen Meterwürfel?

AUFGABE

1. a) Ein Dezimeterwürfel wird mit Zentimeterwürfeln gefüllt.
Wie viele Zentimeterwürfel werden insgesamt benötigt?
Welches Volumen hat der Dezimeterwürfel?
b) Gib das Volumen 37 dm³ in cm³ an.

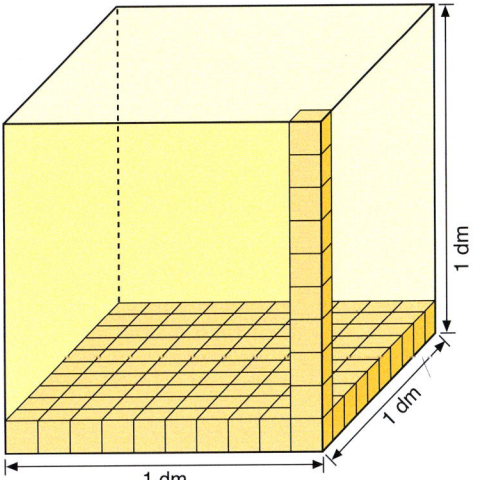

Lösung

a) In eine Reihe passen 10 Zentimeterwürfel.
Eine Schicht besteht aus 10 Reihen.
Eine Schicht besteht aus 10 · 10, also 100 Zentimeterwürfeln.
Es werden 10 Schichten benötigt, also 10 · 100, d. h. 1 000 Zentimeterwürfel.
Der große Würfel kann also mit 1 000 Zentimeterwürfeln ausgefüllt werden.
Es gilt: **1 dm³ = 1 000 cm³**

b) 37 Dezimeterwürfel haben zusammen das Volumen 37 dm³. Jeder Dezimeterwürfel besteht aus 1 000 Zentimeterwürfeln. Das sind zusammen 37 000 Zentimeterwürfel.
Es gilt: **37 dm³ = 37 000 cm³**

FESTIGEN UND WEITERARBEITEN

2. a) Denke dir einen Millimeterwürfel.
Wie viele Millimeterwürfel benötigst du, um damit einen Zentimeterwürfel auszufüllen?
b) Denke dir einen Meterwürfel. Wie viele
(1) Dezimeterwürfel
(2) Zentimeterwürfel
passen in einen Meterwürfel?

INFORMATION

Zusammenhang zwischen den Volumeneinheiten

(1) Volumeneinheiten und ihre Umwandlung

In einen Meterwürfel passen 1 000 Dezimeterwürfel: $1\ m^3 = 1\,000\ dm^3$
In einen Dezimeterwürfel passen 1 000 Zentimeterwürfel: $1\ dm^3 = 1\,000\ cm^3$
In einen Zentimeterwürfel passen 1 000 Millimeterwürfel: $1\ cm^3 = 1\,000\ mm^3$

$1\ m^3 = 1\,000\ dm^3$

$1\ dm^3 = 1\,000\ cm^3$

Umwandlungszahl 1 000

$1\ cm^3 = 1\,000\ mm^3$

$1\ mm^3$

(2) Volumeneinheiten, Liter und Milliliter

Für die Volumeneinheiten Liter und Milliliter gilt: $1\ dm^3 = 1\ l$ und $1\ cm^3 = 1\ ml$
Daher gelten auch folgende Umwandlungen:

$1\ l = 1\,000\ ml$ $1\ dm^3 = 1\ l = 1\,000\ ml$ $1\ m^3 = 1\,000\ l$

---

3. Schreibe in der Einheit, die in Klammern angegeben ist.

    a) $3\ dm^3$ (cm^3)   b) $5\ m^3$ (dm^3)   c) $3\ cm^3$ (mm^3)
         $18\ dm^3$ (cm^3) $28\ m^3$ (dm^3) $68\ cm^3$ (mm^3)   d) $8\ l$ (ml)   e) $15\ m^3$ (l)
        $319\ dm^3$ (cm^3) $413\ m^3$ (dm^3) $148\ cm^3$ (mm^3) $24\ l$ (ml) $3\ m^3$ (l)

> $1\ dm^3 = 1\,000\ cm^3$
> $9\ dm^3 = 9\,000\ cm^3$

4. Schreibe in der in Klammern angegebenen Einheit.

    a) $2\,000\ cm^3$ (dm^3)   b) $180\,000\ dm^3$ (m^3)
        $200\,000\ cm^3$ (dm^3) $4\,000\,000\ dm^3$ (m^3)
        $40\,000$ ml (l) $73\,000\ l$ (m^3)

> $1\,000\ cm^3 = 1\ dm^3$
> $4\,000\ cm^3 = 4\ dm^3$

5. Schreibe in zwei Einheiten.

    a) $3\,742\ cm^3$ b) $68\,540\ dm^3$ c) $2\,219$ ml
        $48\,046\ cm^3$ $8\,039\ dm^3$ $23\,003$ ml

> $2\,319\ cm^3 = 2\ dm^3\ 319\ cm^3$

6. Drücke in der kleineren Einheit aus.

    a) $2\ m^3\ 150\ dm^3$ b) $28\ cm^3\ 750\ mm^3$
        $63\ m^3\ 2\ dm^3$ $4\ cm^3\ 17\ mm^3$
        $18\ dm^3\ 280\ cm^3$ $9\ l\ 4$ ml
        $41\ dm^3\ 50\ cm^3$ $23\ l\ 48$ ml

> $4\ m^3\ 75\ dm^3 = 4\,075\ dm^3$

    c) $7\ m^3\ 90\ cm^3$
        $9\ m^3\ 200\ l$

7. Finde die Fehler und berichtige dann die Aufgabe.

    a) $2\ cm^3 = 20\ mm^3$ b) $9\ m^3 = 9\,000\ dm^3$ c) $5\,000\ mm^3 = 5\ cm^3$
        $6\ dm^3 = 6\,000\ m^3$ $14\ m^3 = 14\,000\ cm^3$ $12\ dm^3 = 12\,000\ mm^3$

Körper – Volumen und Oberfläche

ÜBEN

8. a) Ein Körper hat ein Volumen von 8 dm³. Er ist aus Zentimeterwürfeln zusammengesetzt. Wie viele sind das?
 b) Ein Körper hat das Volumen 12 m³. Er besteht aus Dezimeterwürfeln. Wie viele sind das?
 c) Wie viele Millimeterwürfel braucht man, um einen Körper mit dem Volumen 3 cm³ zu bilden?
 d) Ein Körper hat das Volumen 2 m³. Er ist aus Zentimeterwürfeln zusammengesetzt. Wie viele sind das?

9. Schreibe in der in Klammern angegebenen Einheit.
 a) 7 dm³ (cm³) **b)** 17 dm³ (cm³) **c)** 5 l (ml) **d)** 2 l (ml) **e)** 3 m³ (cm³)
 4 m³ (dm³) 18 m³ (dm³) 4 m³ (l) 30 m³ (l) 70 m³ (ml)
 18 dm³ (cm³) 24 m³ (dm³) 23 l (ml) 4 l (ml) 2 dm³ (mm³)

10. Schreibe in der in Klammern angegebenen Einheit.
 a) 7 000 dm³ (m³) **b)** 3 000 dm³ (cm³) **c)** 4 000 ml (l) **d)** 5 000 l (cm³)
 2 000 m³ (dm³) 40 000 cm³ (dm³) 5 000 l (ml) 24 000 ml (dm³)
 14 000 l (m³) 3 000 l (m³) 7 000 cm³ (mm³) 8 000 ml (mm³)

11. Was gehört zusammen? Findet ihr mehrere Möglichkeiten?

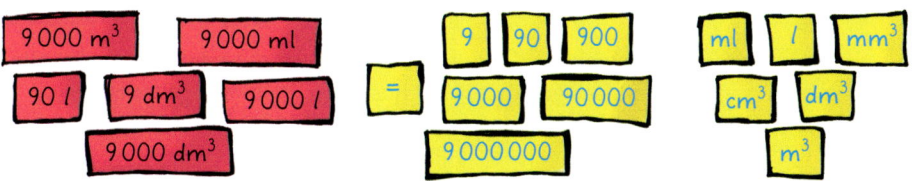

12. Schreibe in zwei Einheiten.

5 075 ml = 5 l 75 ml

 a) 38 537 ml **b)** 8 249 cm³ **c)** 49 307 dm³
 4 045 ml 62 049 cm³ 3 018 dm³ **d)** 2 031 mm³ **e)** 7 250 l
 87 005 ml 3 007 cm³ 70 090 dm³ 87 906 mm³ 10 500 l

13. *Brüche als Maßzahlen*
In einem Rezept für eine Suppe steht:
Man nehme $\frac{3}{4}$ l Brühe, $\frac{1}{8}$ l Rotwein, …
 a) Welcher Messbecher enthält die Brühe, welcher den Rotwein?
 b) Gib den Inhalt der anderen vier Messbecher in l und ml an.
 c) Gib für jeden Messbecher an, wie viel l Flüssigkeit bis zu einem Liter noch fehlt.

WIEDERHOLEN

14. Drücke in der in Klammern angegebenen Einheit aus.
 a) 31 m (dm) **b)** 720 dm (m) **c)** 17 m² (dm²) **d)** 3 dm² (cm²)
 210 cm (dm) 18 cm (mm) 3 km² (ha) 14 ha (a)
 37 km (m) 12 m (cm) 2 400 dm² (m²) 1 200 m² (a)
 2 100 cm (m) 8 000 m (km) 1 800 ha (km²) 2 800 cm² (dm²)

Kommaschreibweise – Einheitentabelle

EINSTIEG

Tanjas Mutter liest den Gaszähler ab.
Was bedeutet die Schreibweise 6 781,899 m³ mit Komma?
Versuche diese Angabe zu erklären.

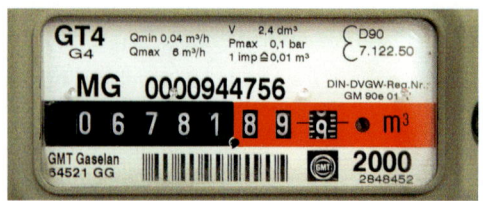

AUFGABE

1. Wie kann man die Angabe 473,570 m³ ohne Komma schreiben?

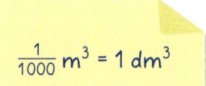

$\frac{1}{1000}$ m³ = 1 dm³

Lösung

An der nebenstehenden Einheitentabelle erkennst du:

473,570 m³ = 473 $\frac{570}{1000}$ m³
      = 473 m³ 570 dm³
      = 473 570 dm³

Vor dem Komma			Nach dem Komma		
m³			dm³		
4	7	3	5	7	0

$\frac{570}{1000}$ m³

INFORMATION

Die Einheitentabelle in Aufgabe 1 lässt sich zu einer größeren Tabelle erweitern.
Sie ist für das Verständnis der Kommaschreibweise hilfreich.
Bei **Volumen** ist die **Umwandlungszahl 1 000**.
Daher gehören zu jeder Einheit 3 Stellen: H, Z, E.

m³			dm³ (= l)			cm³ (= ml)			mm³			Schreibweise
H	Z	E	H	Z	E	H	Z	E	H	Z	E	
		5	0	0	8							5 m³ 8 dm³ = 5,008 m³ = 5 008 dm³
			3	2	0	4	3					32 dm³ 43 cm³ = 32,043 dm³ = 32 043 cm³
				3	7	0	2	0				37 l 20 ml = 37,02 l = 37 020 ml
						0	4	0	0			0 cm³ 400 mm³ = 0,4 cm³ = 400 mm³
			0	0	6	0						0 m³ 60 dm³ = 0,06 m³ = 60 dm³

FESTIGEN UND WEITERARBEITEN

$\frac{1}{1000}$ l = 1 ml
$\frac{1}{1000}$ dm³ = 1 cm³
$\frac{1}{1000}$ cm³ = 1 mm³

Bei den folgenden Aufgaben kannst du als Hilfe die Einheitentabelle verwenden.

2. Gib in zwei Volumeneinheiten an.
  a) 3,754 m³   b) 12,456 l   c) 2,55 m³   d) 18,4 l
     24,259 m³   3,55 l   43,7 m³   9,2 l

2,5 l = 2 $\frac{500}{1000}$ l
    = 2 l 500 ml

3. Schreibe mit Komma.
  a) 2 431 dm³   b) 7 200 cm³   c) 2 000 ml
      7 419 dm³   200 cm³   200 ml
     18 704 dm³   75 cm³   20 ml

4 739 dm³ = 4 m³ 739 dm³
        = 4 $\frac{739}{1000}$ m³
        = 4,739 m³

4. Trage in eine Einheitentabelle ein und lies drei Schreibweisen ab.
  a) 54 dm³ 800 cm³   b) 3,7 l   c) 28,533 cm³   d) 3 620,5 dm³   e) 8 340,5 l
     87 m³   200 dm³   2,8 m³   0,45 m³   0,0075 m³   3 m³ 80 l

5. Familie Müller möchte im Herbst 2 800 *l* Heizöl tanken, Familie Schuster 1 900 *l*.
   a) Mit welchen Kosten kann jede Familie rechnen?
   b) Die beiden benachbarten Familien denken an eine Sammelbestellung. Was hältst du davon?

Heizöl – jetzt bei günstigen Preisen kaufen

Bei Abnahme von	Preis je 100 *l*
bis 2000 *l*	89,82 €
bis 3000 *l*	88,73 €
bis 4500 *l*	88,00 €
über 4500 *l*	87,50 €

ÜBEN

6. Gib in zwei Einheiten an.
   a) 27,485 m³   b) 9,24 dm³   c) 74,5 m³   d) 0,075 cm³   e) 0,0085 m³
      8,9 dm³   2,4 m³   18,002 *l*   0,4 m³   0,07265 *l*
      4,02 *l*   6,07 cm³   7,8 *l*   0,703 dm³   4,2875 dm³

Beachte:
1 *l* = 1 000 ml

7. Schreibe mit Komma.
   a) 44 873 *l*   b) 8 470 dm³   c) 71 506 dm³   d) $\frac{1}{2}$ *l*   e) $3\frac{1}{2}$ *l*
      8 240 dm³   19 400 ml   9 070 ml $\frac{1}{4}$ *l* $4\frac{1}{8}$ *l*
      2 147 ml   8 040 *l*   30 548 *l* $\frac{3}{4}$ *l* $2\frac{3}{10}$ *l*
      803 ml   846 *l*   214 ml $\frac{2}{5}$ *l* $1\frac{4}{5}$ *l*

8. Findest du die Fehler? Berichtige.

(1) 2 413 dm³ = 241,3 m³   (2) 4 m³ = 4 *l*   (3) 2 ml = 0,002 *l*   (4) 220 cm³ = 220 ml

9. Trage in eine Einheitentabelle ein und lies zwei weitere Schreibweisen ab.
   a) 34,857 m³   b) 17 580 *l*   c) 14 m³ 275 dm³   d) 8 m³ 700 cm³
      48,73 *l*   250 dm³   25 dm³ 8 cm³   6 dm³ 50 mm³
      8,45 cm³   180 ml   7 *l* 35 ml   2 *l* 708,5 ml

10. Übertrage in dein Heft und setze <, > oder = ein.
   a) 4 m³ ■ 3 752 *l*   b) 2,5 m³ ■ 370 *l* 15 ml   c) 27,5 ml ■ 0,027 dm³

11. Frau Monske überträgt am 1. eines jeden Monats den Stand des Wasserzählers in die Tabelle.
   a) Vergleiche den Stand des Wasserzählers mit den Eintragungen in der Tabelle.
   Um welche Eintragung handelt es sich? Erkläre die Tabelle.
   b) Wie viel Wasser wurde vom 1.5. bis zum 1.6. verbraucht?
   c) Vom 1.5. bis 1.8. wurden insgesamt 82 571 dm³ Wasser verbraucht. Ergänze die Tabelle.

Tag	m³	dm³
1.5.	99	166
1.6.	125	456
1.7.	151	837
1.8.		

12. Bringt Gefäße mit und schätzt das Fassungsvermögen.
Welche Gruppe schätzt am besten?

RECHNEN MIT VOLUMEN

EINSTIEG

Faschingsmüll
Einen traurigen Rekord meldete die Narrenhochburg Köln:
Die Schaulustigen hinterließen am Rosenmontag 1 500 m³ Abfall, dazu kamen weitere 1 300 m³ am Faschingsdienstag.

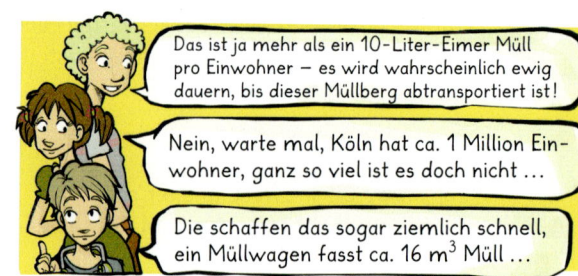

AUFGABE

1. *Addieren und Subtrahieren von Volumen*

Tims Vater kauft für seinen neuen Öltank zunächst 2 500 *l* Heizöl, dann während des Winters noch einmal 1 500 *l*. Am Ende der Heizperiode befinden sich noch 250 *l* im Tank.
a) Wie viel Liter Heizöl wurden insgesamt eingekauft?
b) Wie viel Liter Heizöl sind verbraucht worden?

Lösung

a) *Rechnung:* 2 500 *l* + 1 500 *l* = 4 000 *l*
   Ergebnis: Es wurden insgesamt 4 000 *l* eingekauft.
b) *Rechnung:* 4 000 *l* − 250 *l* = 3 750 *l*
   Ergebnis: Es sind 3 750 *l* verbraucht worden.

AUFGABE

2. *Multiplizieren und Dividieren von Volumen*

a) Der Laderaum eines Standard-Containers beträgt ca. 32 m³. Ein Binnenschiff (Typ A) kann die Ladung von 60 Containern aufnehmen.
   Welchen Laderaum hat das Schiff?
b) Ein anderes Binnenschiff (Typ B) hat eine Ladung von 2 240 m³ an Bord. Die Ladung soll mit Lkws weitertransportiert werden. Ein Lkw kann jeweils einen 32-m³-Container aufnehmen.
   Wie viele Lkw-Fahrten sind erforderlich?
c) Eine Schiffsladung von 960 m³ wird im Hafen umgeschlagen und mit 15 Lastzügen der gleichen Art weitertransportiert.
   Wie viele m³ Ladung werden von einem Lastzug transportiert?

Lösung

a) *Rechnung:*
   32 m³ · 60
   1 920 m³

   Ergebnis: Das Schiff hat einen Laderaum von 1 920 m³.

b) *Rechnung:*
   2240 m³ : 32 m³ = 70
   224
     00

   Ergebnis: Es sind 70 Fahrten erforderlich.

c) *Rechnung:*
   960 m³ : 15 = 64 m³
   90
    60
    60
     0

   Ergebnis: Ein Lastzug transportiert 64 m³.

FESTIGEN UND WEITERARBEITEN

3. Schreibe und rechne wie im Beispiel.
a) b)

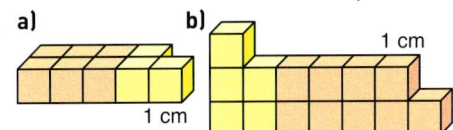 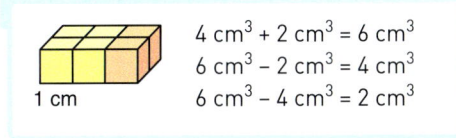

4. Schreibe und rechne wie im Beispiel.
a) b)

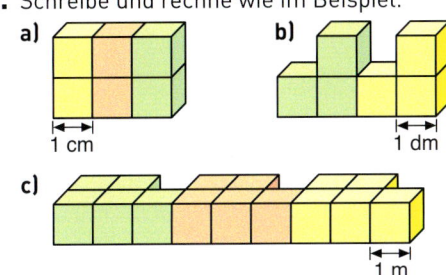 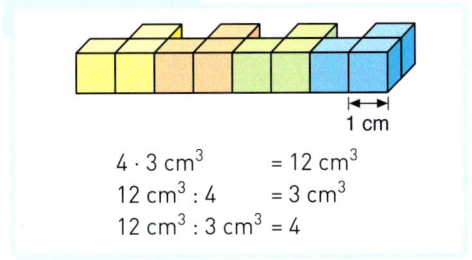

$4 \cdot 3 \text{ cm}^3 = 12 \text{ cm}^3$
$12 \text{ cm}^3 : 4 = 3 \text{ cm}^3$
$12 \text{ cm}^3 : 3 \text{ cm}^3 = 4$

c)

5. Berechne.
a) $8426 \text{ m}^3 - 4578 \text{ m}^3$ b) $65,9 \text{ ml} + 97,35 \text{ ml}$ c) $27 \cdot 12,5 \text{ m}^3$ d) $679 \text{ m}^3 : 7 \text{ m}^3$ e) $544 \, l : 8$

6. a) Der Inhalt eines Müllbunkers (126 m³) soll mit neun Müllwagen abtransportiert werden. Wie viel m³ muss bei gleichmäßiger Verteilung jeder Wagen aufnehmen?
b) Ein Müllwagen fasst 16 m³ Müll.
(1) Wie viele volle Mülltonnen mit einem Fassungsvermögen von 80 l können in einem Müllwagen geleert werden?
(2) Wie viele sind es, wenn jede Mülltone nur zu $\frac{3}{4}$ gefüllt ist?

ÜBEN

Addition und Subtraktion

7.
a) 7352 m³ + 8978 m³
b) 3870 l + 4231 l
c) 7654 ml + 8466 ml
d) 8947 m³ − 6948 m³
e) 2473 l − 1504 l

20172, 665, 22868, 25291, 1136

zu 8.

8.
a) 8654 m³ + 7243 m³ + 4928 m³ + 2043 m³
b) 7253 l + 4853 l + 8976 l + 4209 l
c) 8219 ml + 2473 ml + 4826 ml + 4654 ml
d) 9241 m³ − 2476 m³ − 4156 m³ − 1473 m³
e) 8040 l − 2194 l − 3197 l − 1984 l

9. Für ein Wohnhaus mit mehreren Wohnungen werden im Sommer zunächst 30 700 l Heizöl in den leeren Tank eingefüllt und während des Winters noch einmal 15 800 l. Am Ende der Heizperiode waren noch 175 l im Tank.
a) Wie viel l Heizöl wurden insgesamt eingekauft?
b) Wie viel l Heizöl wurden verbraucht?

216, 18, 144, 56, 3300, 13, 31, 36, 64, 12, 1100, 126

zu 10.

Multiplikation und Division

10. Rechne im Kopf.
a) $7 \cdot 18 \, l$
$9 \cdot 24 \text{ m}^3$
$3 \cdot 42 \text{ ml}$
b) $7 \cdot 8 \, l$
$4 \cdot 9 \text{ m}^3$
$8 \cdot 8 \, l$
c) $12 \, l \cdot 12$
$44 \text{ m}^3 \cdot 25$
$66 \, l \cdot 50$
d) $84 \, l : 7$
$104 \text{ m}^3 : 8$
$54 \text{ m}^3 : 3$
e) $96 \, l : 8 \, l$
$144 \text{ m}^3 : 12 \text{ m}^3$
$155 \, l : 5 \, l$

zu 11.

5 968, 535, 3 672, 482 973, 541, 154 396, 7 245, 689, 598, 273 266, 631, 286

11. Rechne schriftlich. Mache zunächst einen Überschlag.

a) 484 · 319 m³
597 · 809 l
298 · 917 m³

b) 29 376 m³ : 8
35 808 l : 6
50 715 m³ : 7

c) 12 305 l : 23 l
27 591 m³ : 51 m³
49 608 l : 72 l

d) 38 272 m³ : 64 m³
29 657 m³ : 47 m³
24 882 m³ : 87 m³

12. Den Wasserverbrauch bei der Spülung einer Toilette kann man zwischen 3 l und 6 l einstellen. Angenommen, eine Toilette wird täglich 16-mal benutzt.
Wie viel l kann man im Monat sparen?

13. a) Eine kleine Mülltonne fasst 80 l. In einem Ortsteil werden an einem Tag 315 Mülltonnen geleert. Wie viel Müll ist das?
b) Ein Müllgroßbehälter fasst 4 400 l Müll. In einer Stadt werden an einem Tag 45 volle Großbehälter geleert. Ein Müllwagen fasst 22 m³ Müll.
c) Ein Müllbunker (483 m³) soll mit einem Müllwagen (23 m³) entleert werden.
Wie viele Fahrten sind erforderlich?
d) Der Inhalt eines Müllbunkers (490 m³) soll mit 14 Müllwagen abtransportiert werden.
Wie viel m³ muss bei gleichmäßiger Verteilung jeder Wagen aufnehmen?
e) Ein Müllwagen fasst 17,6 m³ Müll. Wie viele Mülltonnen mit einem Fassungsvermögen von 110 l können in einem Müllwagen geleert werden? Wie viele sind es, wenn jede Mülltone nur zu $\frac{2}{3}$ gefüllt ist?
f) 1 m³ Müll wiegt ca. 350 kg. Überlegt euch jeweils eine Aufgabe hierzu.
Tauscht eure Aufgaben aus und löst sie gegenseitig.

14. Der Mensch nimmt durchschnittlich pro Tag 1,5 Liter an Getränken zu sich.
a) Wie viel Liter Flüssigkeit ist das in einem Jahr?
b) Wie viel Liter hat ein 70 Jahre alter Mensch in Form von Getränken zu sich genommen?

Vermischte Übungen

15. In Vancouver (Kanada) nehmen zwei deutsche Schiffe Holz an Bord. Das eine Schiff lädt 4 250 m³, das andere 4 550 m³ Holz. Die Fracht für 1 m³ Holz kostet 21 €.
a) Berechne die Frachtkosten für die gesamte Holzladung.
b) Vor der Vergabe des Auftrages wurden verschiedene Angebote eingeholt. Eine Reederei forderte 99 000 € für den Transport von 4 500 m³ Holz.
Warum wurde dieses Angebot abgelehnt?

Brutto-Rauminhalt ≈ Volumen des Hauses einschließlich der Außenmauern

16. Bei der Planung eines Hauses werden die Baukosten (ohne Grundstück) nach dem Brutto-Rauminhalt geschätzt.
Frau Schulz plant ein Einfamilienhaus mit Garage. Der Brutto-Rauminhalt wird mit insgesamt 540 m³ angegeben, davon entfallen auf den Wohnbereich 486 m³.
a) Berechne den Rauminhalt der Garage.
b) Die Architektin schätzt die Kosten für 1 m³ Brutto-Rauminhalt auf 285 €.
Berechne die voraussichtlichen Kosten.
c) Die Endkosten beliefen sich auf insgesamt 162 000 €.
Wie hoch waren die tatsächlichen Kosten für 1 m³ Brutto-Rauminhalt?

17. Frau Wassmann ließ Anfang November ihren Tank mit 3 218 l Heizöl füllen. Während des Winters wurden nacheinander 1 120 l und 879 l nachgefüllt. Ende Mai waren noch 550 l Öl im Tank.
   a) Wie viel Heizöl wurde verbraucht?
   b) 100 l Öl kosteten 49 €. Wie hoch waren die Heizkosten pro Monat?

18. Erfinde zu dem Rechenausdruck eine Rechengeschichte.

Beispiel: 34 m³ – 18 m³
Am Waldrand lagen 34 m³ Brennholz, davon werden 18 m³ abtransportiert. Wie viel m³ Holz bleiben noch übrig?

   a) 38 000 m³ + 17 000 m³
   b) 27 hl – 13 hl
   c) 7 · 325 l
   d) 78 m³ : 3
   e) 60 ml : 5 ml

19. An der Abfüllanlage für Fruchtsaft stehen zwei Abfüllmaschinen. Von der 1. Maschine werden stündlich dreihundert 1-l-Flaschen, von der 2. Maschine werden stündlich dreihundert 500-ml-Flaschen abgefüllt. Beide Maschinen laufen durchschnittlich 18 Stunden pro Tag. Wie viel Liter Fruchtsaft werden jeden Tag abgefüllt?

20. a) 1 cm³ Styropor wiegt 30 mg, 1 cm³ Kork ist 250 mg schwer. Kannst du 1 m³ Styropor tragen? Ist das auch bei 1 m³ Kork möglich?
   b) 1 cm³ Gold wiegt 19,3 g. Kann man 1 m³ Gold mit einem Pkw (Nutzlast einschließlich Personen: 505 kg) transportieren?

21. Das menschliche Herz drückt bei jedem Schlag ca. 80 cm³ Blut in die Blutbahn.
   a) Überschlage, wie oft das menschliche Herz an einem Tag schlägt; rechne mit 70 Schlägen pro Minute und runde auf Zehntausender.
   b) Wie viel Liter Blut drückt das Herz jeden Tag in die Blutbahn, wie viel in einem Jahr (365 Tage)?
   c) Wie viel Liter Blut wurden vom Herzen eines 85-Jährigen seit seiner Geburt in die Blutbahn gedrückt?
   d) Die durchschnittliche Blutmenge eines Menschen beträgt 6 Liter. Wie lange dauert es, bis das Herz das Blut einmal umgewälzt hat?

22. Der Bodensee erstreckt sich über eine Länge von ca. 60 km und hat eine maximale Tiefe von 252 m. Er fasst rund 20 Mrd. m³ Wasser.
Die Abbildung rechts zeigt den durchschnittlichen Wasserverbrauch eines Menschen pro Tag in l.
Wie viele Menschen könnte der Bodensee ein Leben lang (80 Jahre) komplett mit Wasser versorgen, wenn man ihn leerpumpen würde?
Löse die Aufgabe durch eine Überschlagsrechnung.

BERECHNUNGEN AM QUADER

Volumen eines Quaders

EINSTIEG

In den Karton rechts werden Zettelblocks verpackt. Die Zettelblocks sind würfelförmig und haben die Kantenlänge 1 dm.

» Wie viele Zettelblocks passen in den Karton?
» Wie groß ist das Volumen des Kartons?

AUFGABE

1. Berechne das Volumen V eines Quaders mit den Kantenlängen a = 5 cm, b = 4 cm und c = 3 cm.

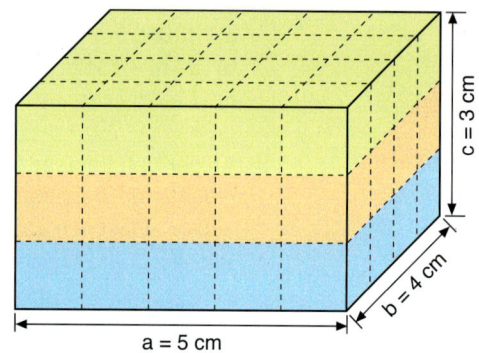

Lösung

Wir legen den Quader vollständig mit 1 cm³ großen Würfeln aus:
An die 5 cm lange Kante (vorn, unten) passen 5 solche Würfel nebeneinander.
4 dieser Reihen passen hintereinander.
Wir erhalten damit eine Schicht mit 4 · 5 Würfeln.
3 solche Schichten passen aufeinander.
Insgesamt kann man somit den Quader mit 3 · 4 · 5 Würfeln der Größe 1 cm³ ausfüllen.
Also: V = (3 · 4 · 5) cm³ = 60 cm³

INFORMATION

> Volumen eines Quaders =
> Länge · Breite · Höhe

Formel für das Volumen eines Quaders

Für das **Volumen V eines Quaders** mit den Kantenlängen a, b und c gilt:

V = a · b · c

Beispiel: a = 4 cm; b = 3 cm; c = 2 cm
V = 4 cm · 3 cm · 2 cm
  = (4 · 3 · 2) cm³
  = 24 cm³

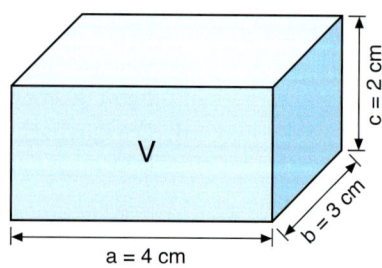

Paket L
45 x 35 x 20 cm
(Breite x Höhe x Tiefe)

Hinweis: Im Alltag gibt man das Volumen eines Quaders häufig durch das Produkt der Kantenlängen an, z. B. 45 × 35 × 20 cm für 45 cm × 35 cm × 20 cm.

FESTIGEN UND WEITERARBEITEN

2. Skizziere zunächst den Quader mit den angegebenen Seitenlängen. Berechne dann das Volumen.
   a) a = 9 cm; b = 4 cm; c = 10 cm   b) a = 12 dm; b = 3 m; c = 70 cm

3. Berechne die fehlende Kantenlänge.
   a) b = 6 cm; c = 5 cm; V = 240 cm³   b) a = 4 dm; b = 50 cm; V = 60 l

Körper – Volumen und Oberfläche   25

4. Bestimme das Volumen des Quaders. Erläutere dazu anhand der Zeichnung das Verfahren zur Berechnung des Volumens eines Quaders (vgl. Aufgabe 1, Seite 24).

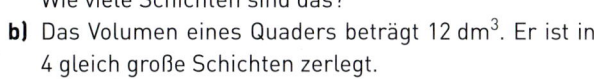

5. a) Das Volumen eines Quaders beträgt 18 cm³. Er ist in Schichten mit dem Volumen 6 cm³ zerlegt. Wie viele Schichten sind das?
b) Das Volumen eines Quaders beträgt 12 dm³. Er ist in 4 gleich große Schichten zerlegt. Wie groß ist das Volumen einer Schicht?
c) Berechne das Volumen bzw. die fehlende Kantenlänge des Quaders.
(1) a = 6 cm; b = 4 cm; c = 3 cm   (2) a = 10 cm; b = 3 cm; V = 150 cm³

ÜBEN

6. Berechne das Volumen V des Quaders aus den Kantenlängen.
a) a = 7 cm; b = 3 cm; c = 9 cm   **c)** a = 10 m; b = 50 cm; c = 8 m
b) a = 4 dm; b = 3 dm; c = 12 dm   **d)** a = 8 dm; b = 1,2 m; c = 80 cm

 7. Messt Länge, Breite und Höhe eines Raumes in eurer Schule und bestimmt sein Volumen.

8. a) Berechne das Volumen. Vergleiche mit der Angabe auf der Verpackung.

 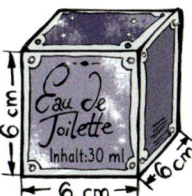 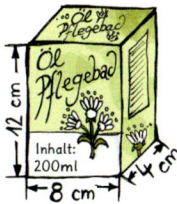 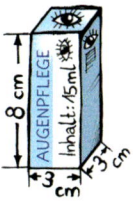

 b) Bringt selbst geeignete Verpackungen mit und berechnet das Volumen.

 **9.** Ein Aquarium ist 50 cm lang und 40 cm breit. Es ist 40 cm hoch mit Wasser gefüllt.
a) Wie viel l Wasser befindet sich in dem Aquarium?
b) In das Aquarium werden 5 l Wasser zusätzlich eingelassen. Um wie viel cm steigt der Wasserspiegel?

10. Ein Graben soll ausgehoben werden (200 m lang, 2 m tief, 3 m breit).
a) Wie viel Kubikmeter Erde müssen bewegt werden?
b) Ein Lkw hat einen Laderaum von rund 20 m³. Wie oft muss der Lkw fahren, um die Erde abzutransportieren?
c) Wie oft müsste jeder Lkw fahren, wenn (1) zwei, (2) vier, (3) 10 Lkws eingesetzt werden?

11. Berechne und erkläre.
a) a = 5 cm; b = 6 cm; c = 4 cm   **d)** a = 90 cm; c = 9 dm; V = 729 dm³
b) a = 3 m; b = 2 m; V = 24 m³   **e)** b = 30 dm; c = 15 m; V = 135 m³
c) a = 14 cm; b = 3 cm; V = 84 cm³   **f)** a = 6 m; c = $\frac{1}{2}$ m; V = 600 dm³

12. Eine Kiste hat ein Volumen von 60 l.
a) Wie lang, wie breit und wie hoch kann die Kiste sein?
b) Wie kann man einen nicht quaderförmigen Körper mit einem Volumen von 60 dm³ herstellen? Fertige eine Skizze an und erkläre.

Oberfläche eines Quaders

EINSTIEG

Zwei Geschenkkartons mit den angegebenen Maßen sollen aus Pappe hergestellt werden. Vergleiche das jeweilige Fassungsvermögen und den Bedarf an Pappe. Der erste Karton hat einen Deckel.

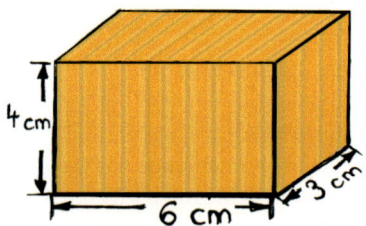
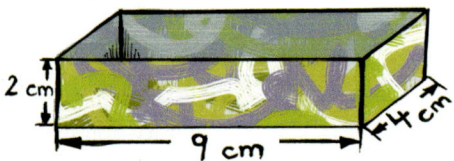

AUFGABE

1. Scheich Suleyman beauftragt seinen Silberschmied: „Beschlage diese Schatzkiste außen ganz mit Silberblech." Wie viel Blech braucht der Schmied? Gib das Ergebnis in einer geeigneten Einheit an.

Lösung

Die Schatzkiste hat die Form eines Quaders. Die sechs Flächen des Quaders zusammen bilden seine *Oberfläche*. Die Größe dieser Oberfläche gibt an, wie viel cm² Silberblech benötigt wird. Sie ist gleich dem Flächeninhalt des Quadernetzes. Gegenüberliegende Seitenflächen sind gleich groß.
Für die Größe der Seitenflächen gilt:

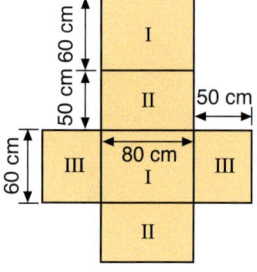

Fläche I:
$(80 \cdot 60)$ cm² = 4800 cm²
    = 48 dm²

Fläche II:
$(80 \cdot 50)$ cm² = 4000 cm²
    = 40 dm²

Fläche III:
$(60 \cdot 50)$ cm² = 3000 cm²
    = 30 dm²

Für die Größe der gesamten Oberfläche gilt dann:
O = 2 · 48 dm² + 2 · 40 dm² + 2 · 30 dm²
  = 236 dm²
  = 2,36 m²

Ergebnis: Es werden 2,36 m² Silberblech benötigt.

INFORMATION

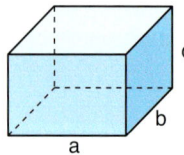

Alle sechs Flächen, die zum Netz eines Quaders gehören, bilden seine **Oberfläche**.
Die **Größe der Oberfläche O** ist der Flächeninhalt dieser sechs Flächen zusammen.

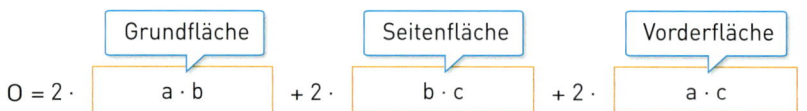

Körper – Volumen und Oberfläche **27**

FESTIGEN UND WEITERARBEITEN

2. a) Berechne die Oberfläche der Quader (1) und (2) (Maße in cm).
b) Zeichne jeweils auch ein Netz des Quaders.

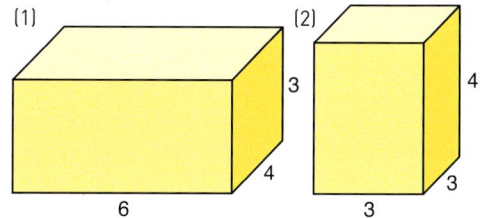

3. Berechne die Oberfläche und das Volumen des Quaders.
a) a = 4 cm; b = 2 cm; c = 3 cm
b) a = 7 cm; b = 5 cm; c = 3,5 cm

4. a) Würfel sind besondere Quader. Berechne die Oberfläche der Würfel (1) und (2) (Maße in cm).
b) Zeichne jeweils auch ein Netz.

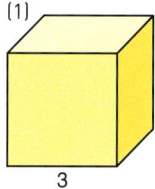
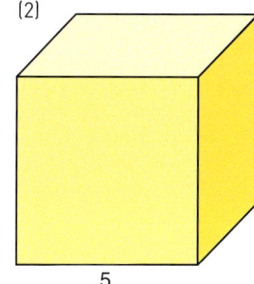

5. Gib drei Quader mit gleichem Volumen (z. B. 36 cm³), aber verschiedener Oberfläche an.

ÜBEN

6. Die abgebildeten quaderförmigen Dosen werden aus Blech hergestellt. Berechne, wie viel Blech man zur Herstellung braucht.
a) *Teedose* **b)** *Bonbondose*

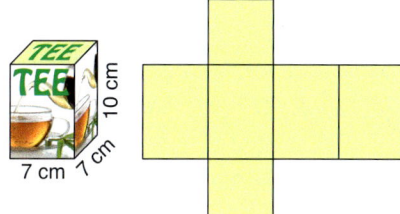
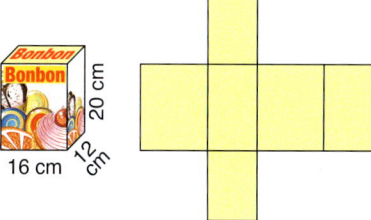

7. Berechne die Oberfläche des Quaders mit den angegebenen Kantenlängen.

a) a = 2 m	**b)** a = 9 m	**c)** a = 14 cm	**d)** a = 6 m	**e)** a = 1,2 m
b = 9 m	b = 7 m	b = c = a	b = 9 m	b = 7 dm
c = 4 m	c = 8 m		c = 12,5 m	c = 4,5 dm

8. Eine Kiste hat einen Rauminhalt von 24 m³. Gib verschiedene Möglichkeiten für die Kantenlängen an und berechne jeweils die zugehörige Oberfläche.

9. Lies den Zeitungsausschnitt über den Gletscherabsturz. Einen 30 000 m³ großen Eisblock kann man sich nur schwer vorstellen. Welche Kantenlängen könnte ein Quader haben, der das gleiche Volumen wie der Eisblock hat? Wie groß wäre die Oberfläche dieses Quaders? Schätze zunächst.

10. Die Oberfläche eines Würfels ist 216 cm² groß.
Bestimme die Kantenlänge.

Großer Gletscher in der Schweiz abgestürzt

Grindelwald. Bei einem großen Gletscherabsturz im Berner Oberland sind mehr als 30 000 Kubikmeter Eis talwärts gedonnert. Das beeindruckende Naturschauspiel am Wetterhorn oberhalb des Schweizer Skiortes Grindelwald fand am frühen Morgen fast unter Ausschluss der Öffentlichkeit statt, obwohl Kamerateams und Schaulustige den Berg seit Tagen belagert hatten.

Die Natur schlug den Neugierigen jedoch ein Schnippchen und ließ die Eismassen gegen 2.15 Uhr im tiefen Dunkel der Nacht vom Gutzgletscher auf die 1 500 Meter tiefer gelegene Alp Lauchbühl stürzen. Die Eisbrocken drangen fast bis zu einer vorsorglich gesperrten Bergstraße vor. Zu Schaden kam niemand.

Berechnungen an zusammengesetzten Körpern

EINSTIEG

Franziska möchte sich für ihr Zimmer unter einer Dachschräge die abgebildete Schrankkombination kaufen.

» Berechne das Volumen der Schrankkombination.
» Beschreibe dein Vorgehen.

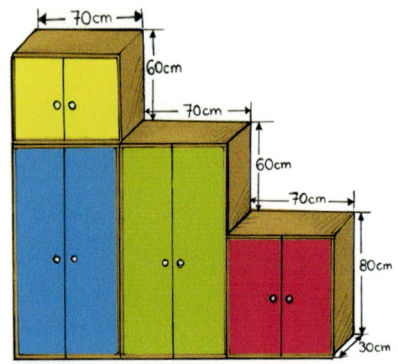

AUFGABE

1. Berechne das Volumen des zusammengesetzten Körpers. Leite daraus ein Verfahren ab, wie man das Volumen zusammengesetzter Körper berechnen kann.

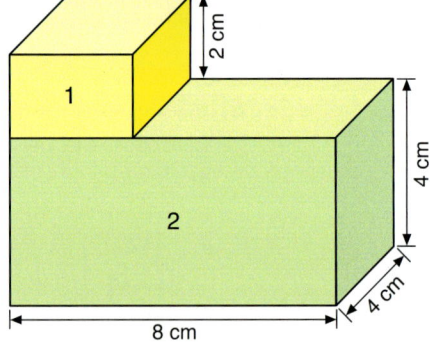

Lösung

Wir zerlegen den Körper in zwei Quader und berechnen deren Volumen.

Quader 1: $V_1 = 3\,\text{cm} \cdot 2\,\text{cm} \cdot 4\,\text{cm}$
  $V_1 = 24\,\text{cm}^3$

Quader 2: $V_2 = 8\,\text{cm} \cdot 4\,\text{cm} \cdot 4\,\text{cm}$
  $V_2 = 128\,\text{cm}^3$

Das Gesamtvolumen ergibt sich aus der Summe der Teilvolumen.

$V = V_1 + V_2$
$V = 24\,\text{cm}^3 + 128\,\text{cm}^3$
$V = 152\,\text{cm}^3$

Ergebnis: Das Volumen des zusammengesetzten Körpers beträgt $152\,\text{cm}^3$.

FESTIGEN UND WEITERARBEITEN

2. Lilly behauptet, dass in Aufgabe 1 aus einem großen Quader ein kleiner Quader herausgesägt wurde.
Versuche, auf diesem Weg das Volumen des Körpers zu bestimmen.

3. Der abgebildete Körper wurde aus einzelnen Würfeln mit der Kantenlänge 2 cm zusammengesetzt.
a) Berechne das Volumen des Körpers.
b) Wie viele Würfel musst du ergänzen, um
  (1) einen Quader, (2) einen Würfel
  zu erhalten?

Körper – Volumen und Oberfläche   29

4. Berechne jeweils das Volumen der Werkstücke.

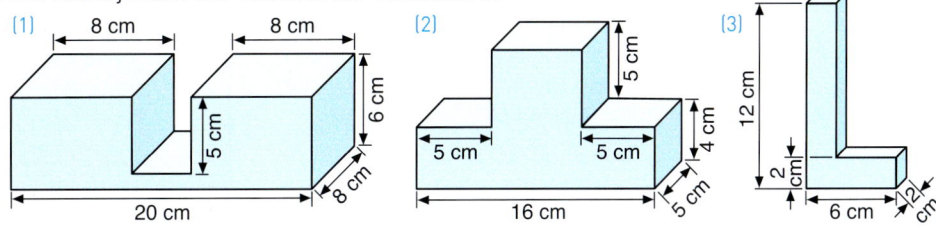

INFORMATION

Strategie: Zerlegen oder Ergänzen

Das Volumen zusammengesetzter Körper ermittelt man wie folgt:

1. Möglichkeit:

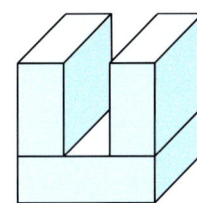

Man zerlegt den Körper in geeignete Teilkörper, berechnet deren Volumen und addiert diese.

2. Möglichkeit:

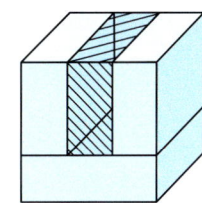

Man ergänzt den Körper geeignet und berechnet das Volumen des gesamten Körpers. Nun subtrahiert man das Volumen des ergänzten Körpers.

ÜBEN

5. Berechne das Volumen der zusammengesetzten Körper.

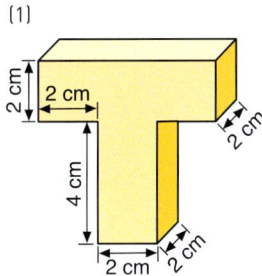
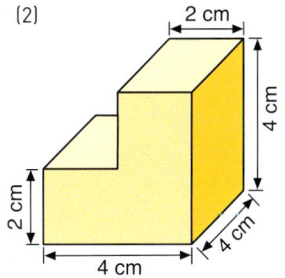
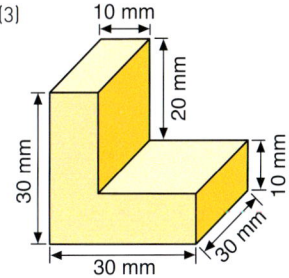

6. Im „Dichterviertel" steht ein L-förmiger Neubaublock der Wohnungsgenossenschaft (siehe Bild). Der Block hat eine Höhe von 22 m.
a) Wie groß ist der Brutto-Rauminhalt?
b) Wie groß ist die Dachfläche?

Brutto-Rauminhalt ≈ Volumen des Hauses einschließlich der Außenmauern

7. Berechnet auf verschiedenen Wegen das Volumen des Werkstücks.
Vergleicht die Lösungswege.

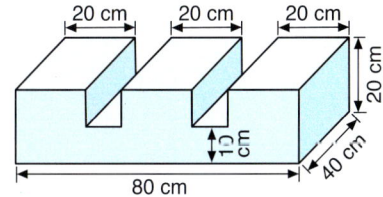

7 PUNKTE SAMMELN

★★
Der Klassenraum der 6b ist 10 m lang und 6 m breit. Er hat eine Höhe von 3 m.
Wie viele Würfel mit einem Volumen von 1 m³ passen höchstens in den Klassenraum?

★★★
Die Turnhalle der Erich-Kästner-Schule hat eine Größe von 44 m × 22 m × 7 m.
Die benachbarte Gesamtschule hat eine Turnhalle mit folgenden Maßen (in m):
42 × 24 × 6,50.
Welche der beiden Turnhallen hat
(1) eine größere Spielfläche,
(2) ein größeres Volumen?

★★★★
Die 27 Schülerinnen und Schüler der 6a haben einen Klassenraum, der ein Volumen von rund 180 m³ hat.
Lukas und Alina sind für das Lüften in den Pausen zuständig. Beim Stoßlüften (Fenster auf, Türen zu) strömen ungefähr 40 l frische Luft pro Sekunde in den Klassenraum hinein.
Lukas und Alina überlegen, ob die 10-Minuten-Pause ausreicht, um die Luft im Klassenraum einmal komplett auszutauschen.

★★
Der abgebildete Würfel ist aus Holzstäben mit quadratischer Grundfläche zusammengesetzt und hat eine Kantenlänge von 6 cm.
Gib das Volumen eines Holzstabes an.

★★★
Der Holzwürfel besteht aus zwei Teilkörpern, die längs der roten Linie zusammengesetzt wurden.
Bestimme das Volumen des größeren Teilkörpers.

★★★★
Der Holzwürfel wiegt insgesamt 1 024 g.
Wie schwer sind die beiden Teilkörper, die längs der roten Linie zusammengesetzt wurden?

8 cm

VERMISCHTE UND KOMPLEXE ÜBUNGEN

1. a) Ein Quader ist
  (1) 8 cm lang, 6 cm breit, 2 cm hoch;   (2) 7 cm lang, 4 cm breit, 3 cm hoch.
  Welche Längen haben alle Kanten zusammen?
  b) Ein Quader ist 4 cm lang und 3 cm breit. Wie hoch ist der Quader, wenn alle Kanten zusammen eine Länge von 48 cm haben?

2. Denke dir einen
  a) oben offenen Würfel der Kantenlänge 2 cm;
  b) oben geschlossenen Würfel der Kantenlänge 2 cm.
  Gib möglichst viele verschiedene Netze dieses Würfels an.
  Anleitung: Beginne mit einer Seitenfläche, füge eine weitere hinzu, überlege dann, wie viele Möglichkeiten es gibt die dritte anzulegen usw.

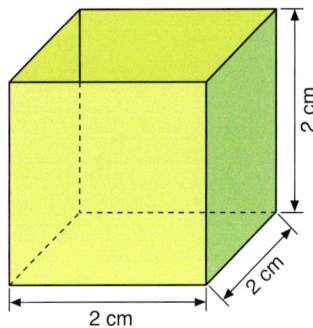

3. Für ein Pferd sind 40 m³ Luftraum vorgeschrieben.
  a) Ein Stall ist 24 m lang, 8 m breit und 4 m hoch.
    Wie viele Pferde dürfen in diesem Stall untergebracht werden?
  b) Ein anderer Stall ist 35 m lang, 8 m breit und 3 m hoch. Es sind 20 Pferde untergebracht.
    Ist das erlaubt?

4. Das Bild zeigt einen 12 m langen Balken.
  a) Wie viel m³ Holz hat der Balken?
  b) Die Oberfläche des Balkens soll durch Hobeln geglättet werden.
    Wie viel m² sind zu hobeln?
  c) 1 cm³ Holz wiegt 0,6 g. Kannst du den Balken zusammen mit drei Freunden tragen?
    Begründe deine Antwort.

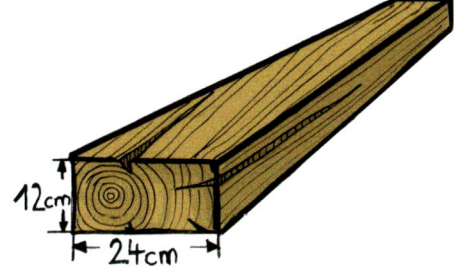

5. Ein Zimmer hat folgende Maße: 4 m breit; 5 m lang; 2,50 m hoch.
  Das Fenster im Zimmer ist 2,50 m breit und 1 m hoch. Die Tür ist 1 m breit und 2 m hoch.
  Die Tapete an den Zimmerwänden soll mit Farbe neu bestrichen werden.
  a) Wie viel l Farbe werden voraussichtlich benötigt?
  b) Wie teuer ist der Anstrich?

6. a) Das Schwimmbecken rechts soll innen neu gefliest werden.
    Wie viel m² sind zu fliesen?
  b) Das Schwimmbecken wird bis zum Rand gefüllt. 1 m³ Wasser kostet 2,20 €.
    Wie teuer ist die Füllung?

7. Ein Paketdienst bietet Verpackungen für Pakete an.

| XS | **EXTRA SMALL** 225 × 145 × 35 mm (Breite × Tiefe × Höhe) | S | **SMALL** 250 × 175 × 100 mm (Breite × Tiefe × Höhe) | M | **MEDIUM** 375 × 300 × 135 mm (Breite × Tiefe × Höhe) |
| L | **LARGE** 450 × 350 × 200 mm (Breite × Tiefe × Höhe) | F | **FLASCHE** 380 × 120 × 120 mm (Breite × Tiefe × Höhe) | | |

a) Eine Spielkonsole mit den Maßen 300 × 200 × 100 mm soll verschickt werden. Welches Paketmaß würdest du nehmen?
b) Welche Pakete fassen mehr als 1 l [4 l, 10 l, 15 l, 20 l]?
c) Überlege dir selbst einen Gegenstand zum Verschicken und suche dafür ein geeignetes Paketmaß.

8. a) Rechts ist das Netz eines Quaders gezeichnet. Skizziere den Körper.
b) Die Punkte A, B und C sind im Quader durch Strecken verbunden. Zeichne diese Strecken in deiner Skizze ein. Du erhältst ein Dreieck ABC. Male das Dreieck farbig an.

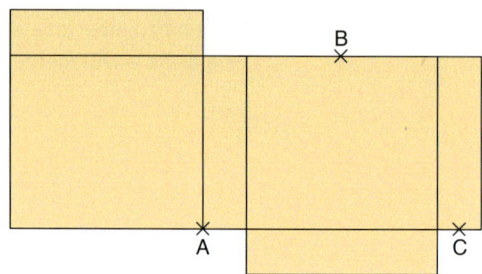

9. Frau Lilienthals Hobby sind Zierfische.
Sie hat ein Aquarium (2,00 m × 0,80 m × 1,40 m) im Wohnzimmer stehen.
Wie viel cm hoch steht das Wasser im Wohnzimmer (5,60 m × 4,00 m), wenn das Wasser auslaufen sollte? Schätze zuerst.

10. a) Welches Gewicht muss der Gabelstapler fortbewegen? Ein Paket wiegt 1 kg.
b) Jedes einzelne Paket hat die Maße 12 cm × 7 cm × 15 cm.
Welches Volumen nehmen alle Pakete zusammen ein?

11. Ein Tankschiff liegt an einer Ladebrücke im Persischen Golf. Stündlich werden 7000 m³ Rohöl in die Tanks des Schiffes gefüllt. Nach 8 Stunden sind alle Tanks gefüllt.
a) An der Löschbrücke im Wilhelmshavener Ölhafen wird die Ladung in 14 Stunden entladen; man sagt dazu auch „gelöscht".
Wie viel Kubikmeter Öl wurden in einer Stunde aus den Tanks gedrückt?
b) Das Schiff hat mehrere Öltanks mit je 3500 m³. Wie viele Tanks waren gefüllt?
c) 1 m³ Rohöl wiegt 950 kg. Berechne das Gewicht der Ladung.
d) Der Rohölpreis wird in Dollar oder Euro pro Barrel angegeben.
Erkundige dich, was ein Barrel ist und wie viel ein Barrel Rohöl kostet.
Berechne damit den Wert der Schiffsfracht.

Körper – Volumen und Oberfläche 33

  12.

🌼 1 m³ Wasser kostet 4,90 € incl. Kanalgebühren. Wie teuer ist die Wasserfüllung für die drei Becken?

🌸 Wie viel Liter Wasser passt in das 50-m-Sportbecken, wie viel in das Sprungbecken?

In der Schwimmhalle des Europasportparks in Berlin gibt es folgende drei Becken.
Das 50-m-Sportbecken ist 50 m lang, 25 m breit und 3 m tief.
Das Sprungbecken hat eine Grundfläche von 21 m × 25 m und ist 5 m tief.
Die Ausmaße des Nichtschwimmerbeckens betragen 16,70 m × 8 m × 1,15 m (Länge × Breite × Tiefe).

🌼 Freddy behauptet: Mit dem Wasser des gefüllten Nichtschwimmerbeckens könnte ich ein ganzes Jahr lang die Badewanne füllen. Was hältst du davon? Begründe deine Antwort.

🌸 Nach Renovierungsarbeiten werden in das Sprungbecken zunächst 450 000 Liter Wasser eingelassen, um zu prüfen, ob das Becken dicht ist. Wie hoch steht das Wasser im Sprungbecken?

Z 13. In die beiden Seehundbecken (siehe Grundflächen rechts) wird Wasser gefüllt. Jedes Becken ist 2 m tief.
1 m³ Wasser kostet einschließlich Kanalbenutzungsgebühr 4,40 €.
Berechne die Wasserkosten, die für beide Becken zusammen entstehen.

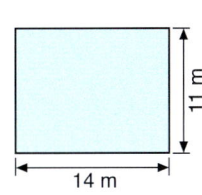
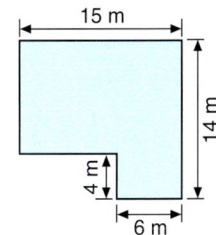

Z 14. Das abgebildete Gartenbeet soll gleichmäßig mit einer Rindenhumusschicht von 5 cm Dicke gemulcht werden. Wie viele Säcke mit Rindenhumus müssen bestellt werden?

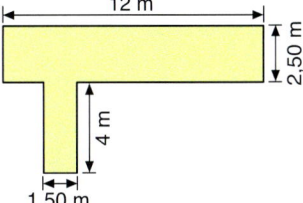

Z 15. Berechne das Volumen des Körpers (Maße in cm).

a)   b)   c)

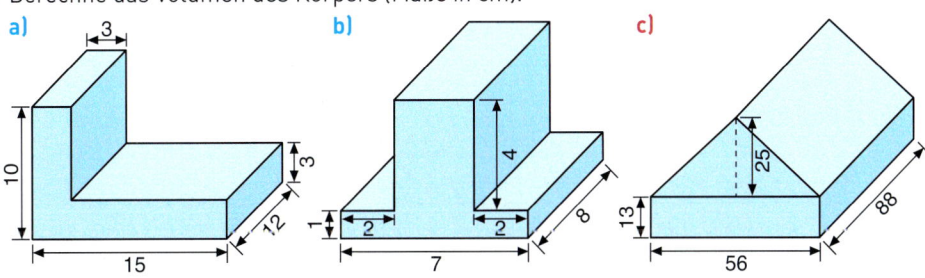

WAS DU GELERNT HAST

Volumeneinheiten – Umwandlung

Umwandlungszahl: 1 000

$1\,m^3 \xrightarrow{:1000} 1\,dm^3 \xrightarrow{:1000} 1\,cm^3 \xrightarrow{:1000} 1\,mm^3$
(·1 000 in Gegenrichtung)

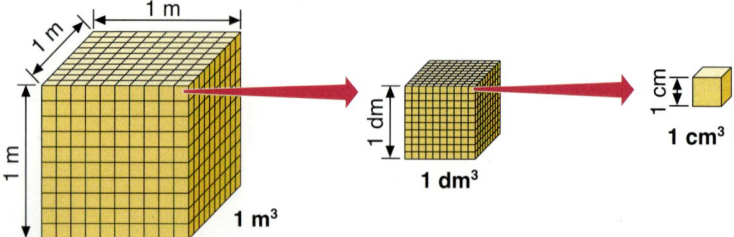

Es gilt: $1\,dm^3 = 1\,l$ und $1\,cm^3 = 1\,ml$
Weiter gilt: $1\,l = 1\,000\,ml$ und $1\,hl = 100\,l$

Beispiele für die Umrechnung von Volumenangaben

$4\,m^3 = 4\,000\,dm^3$
$7\,dm^3 = 7\,000\,cm^3$
$850\,cm^3 = 0{,}85\,dm^3$
$3{,}05\,cm^3 = 3\,050\,mm^3$

$7{,}5\,l = 7\,500\,ml$
$3\,hl\,35\,l = 3{,}35\,hl = 335\,l$
$5\,m^3\,70\,dm^3 = 5{,}7\,m^3 = 5\,700\,dm^3$
$6{,}5\,m^3 = 6\,500\,dm^3 = 6\,500\,l = 65\,hl$

Volumen eines Quaders

Volumen = Länge mal Breite mal Höhe

V = a · b · c

Beispiel: $V = 2\,cm \cdot 5\,cm \cdot 3\,cm = 30\,cm^3$

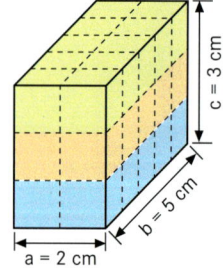

Oberfläche eines Quaders

O = 2 · (a · b) + 2 · (b · c) + 2 · (a · c)

Beispiel:
$O = 2 \cdot (2\,cm \cdot 5\,cm) + 2 \cdot (5\,cm \cdot 3\,cm) + 2 \cdot (2\,cm \cdot 3\,cm)$
$= 20\,cm^2 + 30\,cm^2 + 12\,cm^2 = 62\,cm^2$

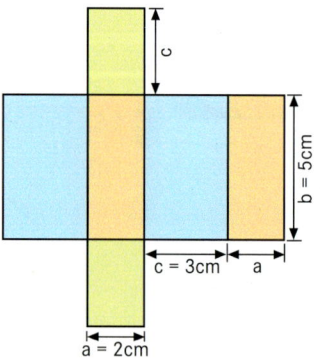

BIST DU FIT?

1. Ein Quader ist 4 cm lang, 2 cm breit und 3 cm hoch.
   a) Zeichne zwei verschiedene Netze des Quaders.
   b) Skizziere den Quader.

2. a) Gib das Volumen des Körpers an.
   b) Skizziere einen Körper mit folgendem Volumen:
      (1) $V = 7$ cm^3 (2) $V = 9$ cm^3

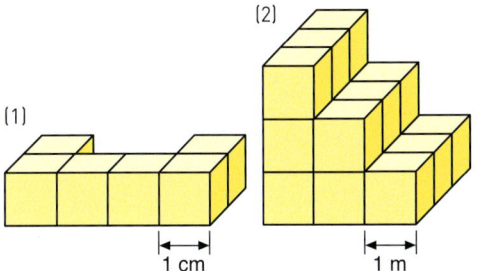

3. Gib Volumen und Oberfläche des Quaders mit folgenden Maßen an.
   a) $a = 8$ cm; $b = 7$ cm; $c = 11$ cm
   b) $a = 12$ m; $b = 14$ m; $c = 9$ m

4. Ein Quader ist 6,5 cm lang und 4 cm hoch. Sein Volumen beträgt 130 cm^3. Wie breit ist der Quader?

5. Schreibe in der in Klammern angegebenen Maßeinheit.
   a) 7 m^3 (dm^3)   b) 8 l (ml)   c) 4 000 l (m^3)   d) 3,475 m^3 (dm^3)
      4 000 dm^3 (m^3)   2 000 ml (l)   8 000 cm^3 (dm^3)   3,5 m^3 (l)

6. a) Schreibe mit Komma.
      (1) 8 500 l (2) 4 090 dm^3 (3) 7 089 cm^3 (4) 210 ml   (5) 300 cm^3
   b) Schreibe mit zwei Einheiten.
      (1) 2 619 cm^3 (2) 9 020 ml   (3) 4 856 l (4) 8 070 cm^3 (5) 12 040 dm^3

7. a) Das Bild zeigt 26 Schwimmdach-Tanks bei Wilhelmshaven. Jeder fasst 30 000 m^3 Erdöl. Wie viel fassen alle zusammen?
   b) Die Seeschleuse bei Emden hat die Maße 260 m mal 46 m mal 12 m. Wie viel m^3 Wasser fasst diese Schleuse?

8. Sarahs Großmutter hat 4 Balkonkästen (60 cm lang, 20 cm breit, 20 cm hoch). Sie werden nur bis 5 cm unter den Rand mit Blumenerde gefüllt.
   Ein Sack Blumenerde (25 l) kostet 4,10 €.
   Wie viel kostet das Auffüllen der vier Kästen mit Erde?

9. Das Winkelstück besteht aus Holz.
   a) Aus wie viel cm^3 Holz besteht das Winkelstück?
   b) Das Winkelstück soll von allen Seiten mit Kupferblech beschlagen werden. Wie viel cm^2 Kupferblech werden benötigt?

Maße in mm

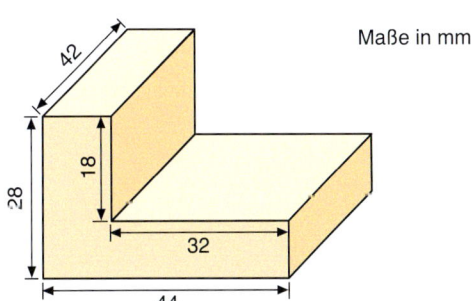

KAPITEL 2
WINKEL

Schrägseilbrücke

Die Fahrbahn der Oberkasseler Rheinbrücke in Düsseldorf ist mit langen Stahlseilen an einem hohen Pfeiler aufgehängt. Einen solchen Pfeiler nennt man Pylon.
Die Stahlseile bilden mit der Fahrbahn einen Winkel. Ein solcher Winkel ist in dem Foto markiert.

» Wo findest du in der Abbildung weitere Winkel?

» Übertrage den markierten Winkel auf eine Overheadfolie. Vergleiche durch Verschieben der Folie die Größe des markierten Winkels mit der Größe anderer Winkel.
Was fällt dir auf?

Herstellen einer Winkelscheibe

Baue dir selbst eine Winkelscheibe und bewahre sie anschließend gut auf, da du sie später bei einigen Aufgaben benötigen wirst.

» Zeichne auf verschiedenfarbiges Tonpapier mit dem Zirkel jeweils einen Kreis mit dem Radius 7 cm. Schneide sie sorgfältig aus.
» Schneide beide Kreisscheiben wie im Bild ein.
» Stecke beide Kreisscheiben ineinander.

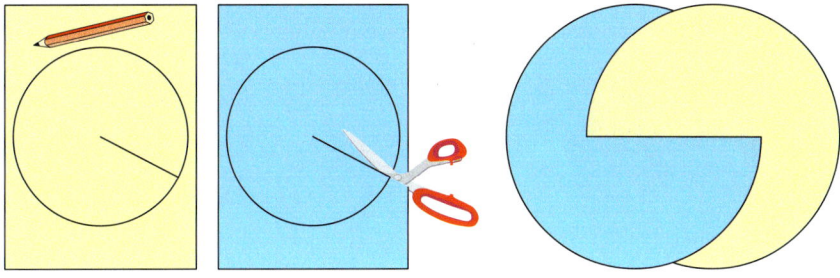

Fachwerkbau

Die Zeichnung zeigt einen Ausschnitt aus den Planungsunterlagen für den Bau eines Fachwerkhauses.
In der Abbildung kann man verschiedene Winkel erkennen.

» Suche verschiedene Winkel in der Zeichnung. Übertrage sie auf eine Overheadfolie und vergleiche die Größe der Winkel.
» Suche nach Winkeln, die gleich groß sind.

IN DIESEM KAPITEL LERNST DU ...

... welche Winkel es gibt und wozu man sie verwendet.
... wie man Winkel messen und zeichnen kann.
... wie man Winkel aus Winkelbeziehungen berechnen kann.

WINKEL – MESSEN UND ZEICHNEN

Winkel

EINSTIEG

Auf dem Bild der Skyline von Hongkong siehst du Laserstrahlen, die von Gebäuden aus in den Nachthimmel leuchten. Werden die Laserstrahlen bewegt, überstreichen sie dabei ein Winkelfeld.
» Wo findest du im Bild solche Winkelfelder?
» Skizziere ein Winkelfeld im Heft und färbe es.

AUFGABE

1. Wenn du deine Winkelscheibe (siehe Seite 37) z. B. um ein Viertel drehst, so entstehen zwei unterschiedlich gefärbte Flächen (siehe Bild rechts), die wir in der Mathematik als Winkelfeld, kurz Winkel, bezeichnen.
    a) Zeichne einen Winkel, der durch weniger als eine viertel Drehung der Winkelscheibe entsteht.
    b) Drehe die Winkelscheibe in die andere Richtung um etwas weniger als eine halbe Umdrehung. Zeichne den Winkel, der hierdurch entsteht.

Lösung

a)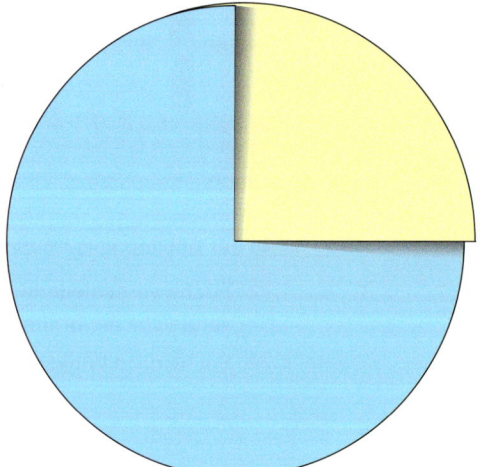

b)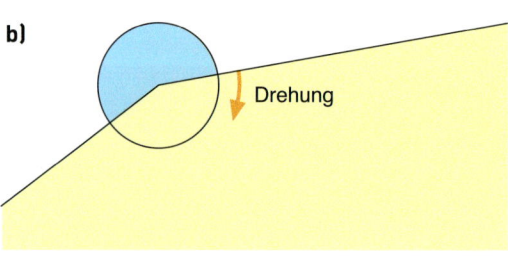

INFORMATION

(1) Strahl (Halbgerade)
Ein **Strahl** (*Halbgerade*) ist eine gerade Linie.
Er hat einen Anfangspunkt, aber keinen Endpunkt.

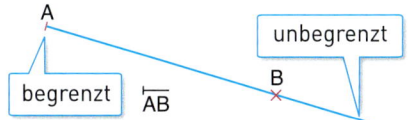

(2) Winkel – Scheitel – Schenkel

(a) Dreht man einen Strahl um seinen Anfangspunkt S, so wird eine Fläche überstrichen. Dieses Gebiet heißt **Winkel**.
Der Punkt S heißt **Scheitel** oder Scheitelpunkt.
Der Winkel wird von Strahlen begrenzt: sie heißen **Schenkel**.

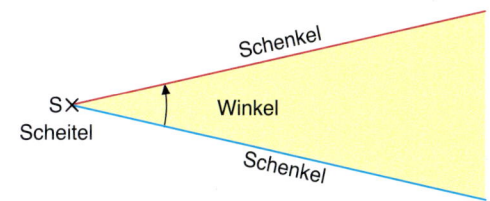

(b) Durch zwei Strahlen sind zwei Winkel festgelegt.

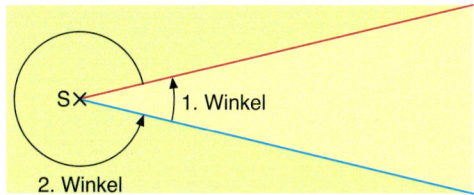

(c) Statt einen Winkel zu färben, kann man ihn auch durch einen Kreisbogen kennzeichnen. Dabei ist es üblich, Winkel mit griechischen Buchstaben zu bezeichnen.

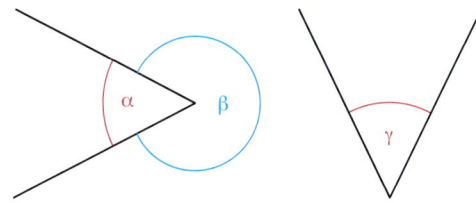

Griechische Buchstaben:	
α	β
Alpha	Beta
γ	δ
Gamma	Delta
ε	φ
Epsilon	Phi

FESTIGEN UND WEITERARBEITEN

2. a) Erkläre die Entstehung des Winkels β durch Drehung des Strahls c.
b) Erkläre die Entstehung des Winkels γ.

3. Auch in Figuren (z. B. im Dreieck ABC) treten Winkel auf. Man muss sich nur die Seiten (z. B. $\overline{AB}$ und $\overline{AC}$) unbegrenzt fortgesetzt denken.
In einem Dreieck werden die markierten Winkel häufig so bezeichnet:
Zum Eckpunkt A gehört der Winkel α,
zum Eckpunkt B gehört der Winkel β,
zum Eckpunkt C gehört der Winkel γ.
a) Übertrage das Dreieck in dein Heft und bezeichne die markierten Winkel.
b) Erkläre die Entstehung der Winkel durch Drehung von Strahlen.

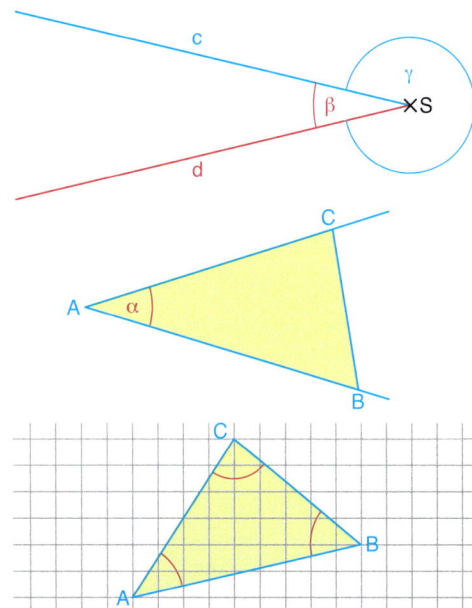

4. a) Wenn man die Schere öffnet, erzeugt man Winkel. Nenne andere Gegenstände des Alltags, mit denen du Winkel erzeugen kannst.
b) *Gehe auf Entdeckungsreise:* Wo findest du im Alltag Strahlen und Winkel? Beschreibe sie.

ÜBEN

5. Übertrage die Figur in dein Heft. Durch die beiden Strahlen a und b sind zwei Winkel festgelegt. Erkläre ihre Entstehung und bezeichne in deinem Heft jeden Winkel durch einen Bogen und einen griechischen Buchstaben.

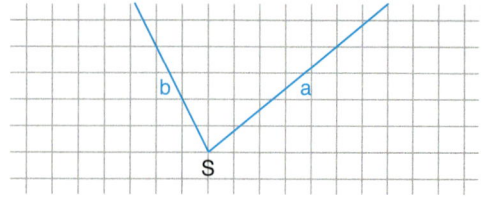

6. Schreibe jeweils eine Zeile mit den griechischen Buchstaben α, β, γ, δ, ε und ω.

7. Zeichne das Bild vergrößert nach Augenmaß in dein Heft. Wo entdeckst du Winkel? Bezeichne sechs von ihnen jeweils mit einem Bogen und einem griechischen Buchstaben.

a)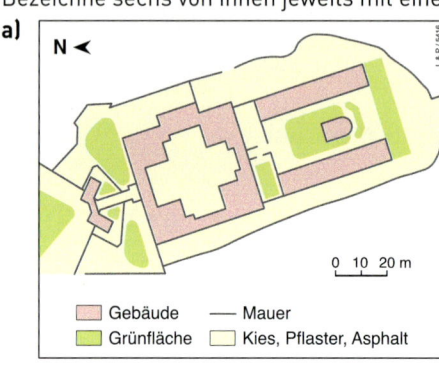

Augustusburg

b)

8. Zeichne ein Dreieck, ein Viereck, ein Fünfeck und ein Sechseck in dein Heft. Bezeichne die Eckpunkte und die Winkel in den Vielecken. Beginne links unten mit dem Punkt A.

9. Winkel kannst du auch durch drei Punkte bezeichnen: den Scheitelpunkt und je einen Punkt auf den Schenkeln. Achte bei der Bezeichnung darauf, dass
(1) der Scheitelpunkt in der Mitte steht und
(2) die Strahlen stets gegen den Uhrzeigersinn gedreht werden.

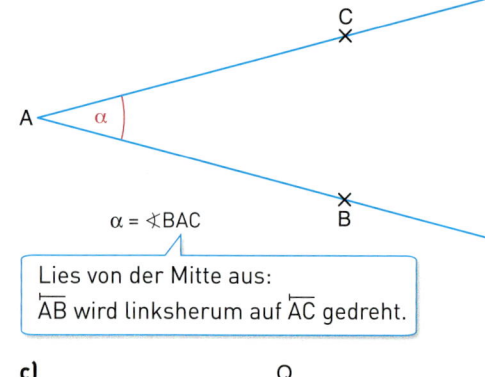

α = ∢BAC

Lies von der Mitte aus:
$\overrightarrow{AB}$ wird linksherum auf $\overrightarrow{AC}$ gedreht.

Bezeichne die Winkel wie im Beispiel.

a) b) c) d)

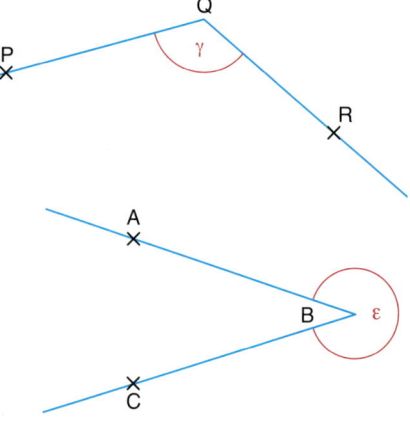

Vergleich von Winkeln – Winkelarten

EINSTIEG

Stehen Kanten senkrecht aufeinander, so sagt man auch, die Kanten bilden einen **rechten Winkel**.

rechter Winkel

>> Erzeuge durch zweimaliges Falten mit einem Stück Papier einen rechten Winkel.

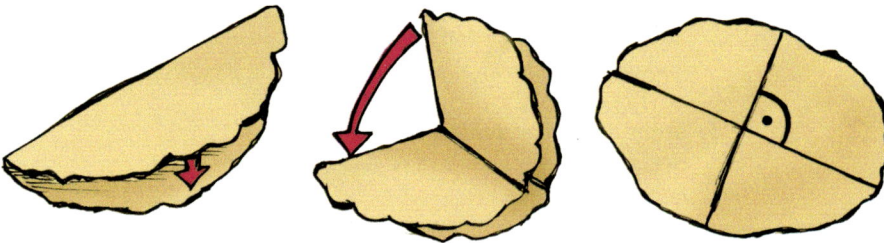

>> Vergleiche die Winkel α, β, γ, δ und ε mit dem rechten Winkel.

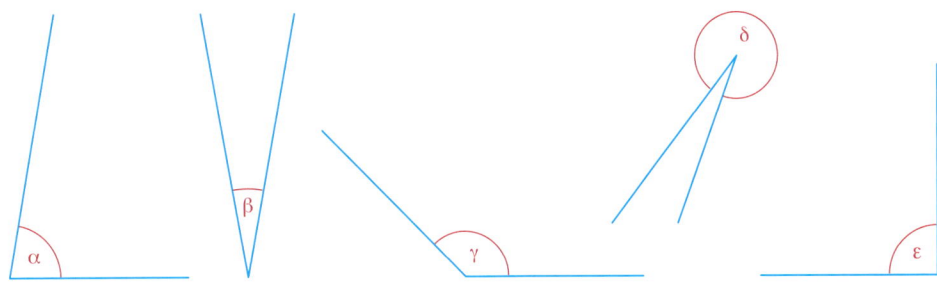

INFORMATION

Wenn die Schenkel a und b senkrecht zueinander sind, so bilden sie einen **rechten Winkel**.

Wenn die Schenkel a und b eine Gerade ergeben, so bilden sie einen **gestreckten Winkel**.

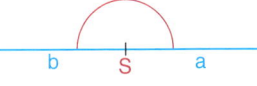

Fallen die beiden Schenkel a und b zusammen, so bilden sie einen **Vollwinkel**.

Ein Winkel, der kleiner als ein rechter Winkel ist, heißt **spitzer Winkel**.

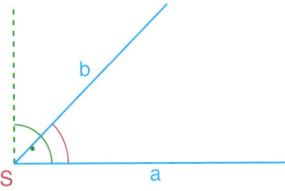

Ein Winkel, der größer als ein rechter und kleiner als ein gestreckter Winkel ist, heißt **stumpfer Winkel**.

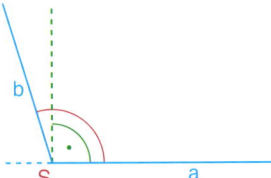

Ein Winkel, der größer als ein gestreckter Winkel ist, heißt **überstumpfer Winkel**.

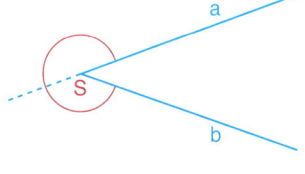

FESTIGEN UND WEITERARBEITEN

1. a) Stelle auf der Winkelscheibe einen Winkel ein. Dein Partner gibt an, ob dieser Winkel spitz, stumpf, überstumpf, ein rechter oder ein gestreckter Winkel ist.
 b) Bilde mit deinen Armen einen spitzen, einen rechten, einen stumpfen, einen gestreckten, einen überstumpfen Winkel.

2. *Geht auf Entdeckungsreise:*
Sucht rechte, spitze und stumpfe Winkel in eurer Umwelt.
Ihr könnt auch fotografieren und ein Plakat für den Klassenraum erstellen.

3. Ordne die Winkel der Größe nach.
Beginne mit dem kleinsten Winkel und benutze das Zeichen <.
Beachte: Es kommt nicht auf die Länge der Schenkel an. Du kannst auch Transparentpapier benutzen.

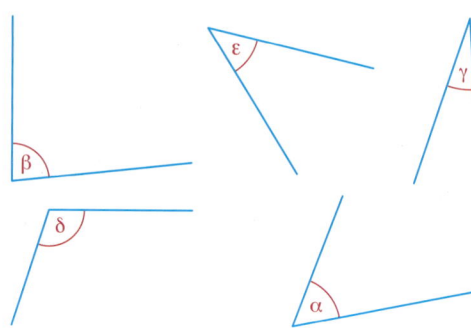

ÜBEN

4. Ordne die Winkel der Größe nach.
Gib jeweils an, ob es ein stumpfer, ein überstumpfer oder ein spitzer Winkel ist.

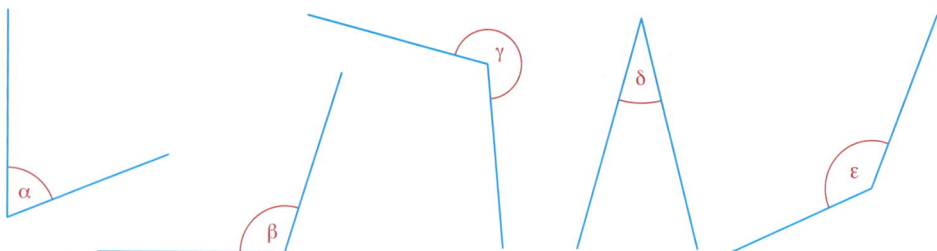

5. Gib bei jedem Winkel des Vierecks an, um was für einen Winkel es sich handelt.
 a) **b)** **c)**

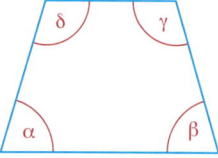 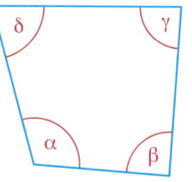 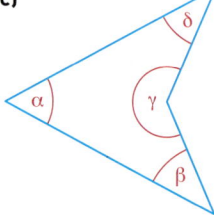

6. a) Versuche ein Dreieck zu zeichnen
 (1) mit drei spitzen Winkeln;
 (2) mit einem rechten Winkel;
 (3) mit einem stumpfen Winkel;
 (4) mit zwei rechten Winkeln;
 (5) mit zwei stumpfen Winkeln.
 b) Versuche ein Viereck zu zeichnen
 (1) mit zwei stumpfen und zwei spitzen Winkeln;
 (2) mit drei spitzen und einem stumpfen Winkel;
 (3) mit mindestens einem rechten Winkel;
 (4) mit einem überstumpfen Winkel;
 (5) mit zwei überstumpfen Winkeln.

Messen von Winkeln

EINSTIEG

Die Ägypter und Babylonier haben ein Maß für Winkel benutzt, das auch noch bis heute üblich ist. Der Kreislauf der Erde in rund 360 Tagen um die Sonne war wohl der Grund für die Einteilung des Vollwinkels in 360 gleich große Teilwinkel, die wir heute „*Grad*" nennen. Für 1 Grad schreiben wir 1°.

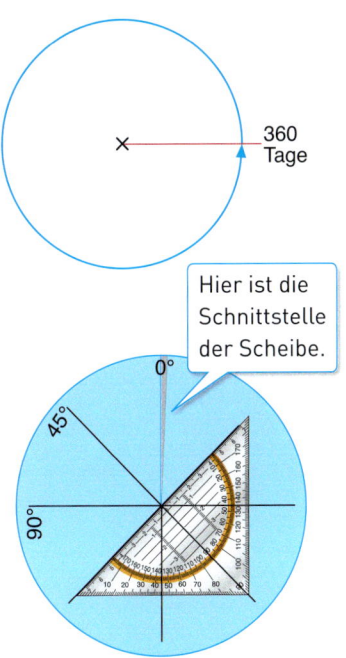

» Wie viel Grad hat ein rechter, wie viel ein gestreckter Winkel?

» Unterteile eine Scheibe deiner Winkelscheibe, wie rechts abgebildet, in 8 gleich große Felder.

» Beschrifte die Linien mit passenden Winkelmaßen. Beginne mit 0° dort, wo die Winkelscheibe aufgeschnitten wurde.

» Übe mit deinem Partner:
Ein Partner stellt mit der erstellten Skala einen Winkel ein, der andere gibt dessen Größe an, ohne die Skala zu sehen.

INFORMATION

(1) Angabe der Größe eines Winkels
Der 360. Teil eines Vollwinkels heißt **1 Grad**, geschrieben 1°.

Der Winkel α hat die Größe 34°.
Das bedeutet: Der Winkel α ist so groß wie 34 Winkel von 1° zusammen.

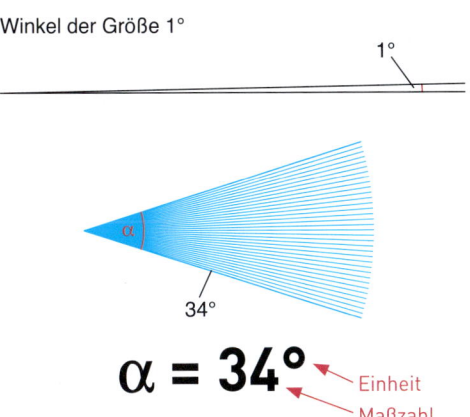

(2) Winkelmesser
Mit dem Geodreieck kannst du auch Winkel messen. Dazu besitzt es zwei Skalen von 0° bis 180°, eine innere und eine äußere. Die innere Skala beginnt links mit 0°; die äußere Skala beginnt rechts mit 0°.

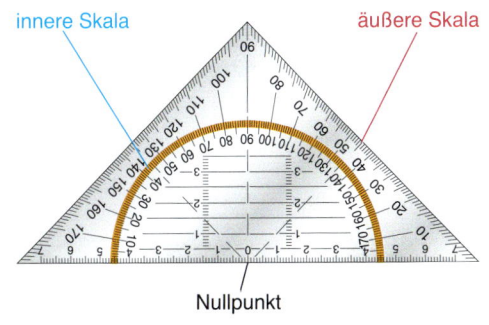

Kapitel 2

AUFGABE

1. Zeichne den Winkel in dein Heft.
   a) Was kannst du über die Größe des Winkels auf einen Blick aussagen?
   b) Miss mit dem Geodreieck die Größe des Winkels β.

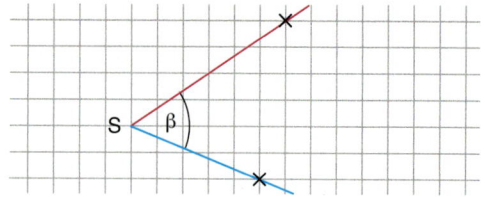

Lösung
a) Der Winkel ist spitz und damit kleiner als ein rechter Winkel, also kleiner als 90°.
b) *1. Möglichkeit*

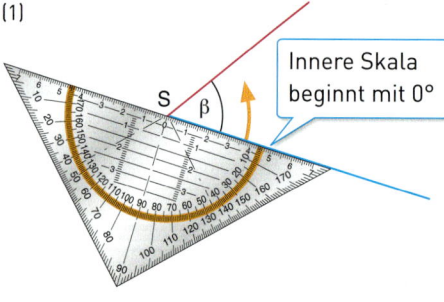

> Beim Ablesen muss der Nullpunkt genau auf dem Scheitelpunkt liegen.

1. Schritt: Lege das Geodreieck zunächst so an wie in Bild (1).
Beachte: Der 0-Punkt der Zentimeterskala muss genau auf dem Scheitel S liegen.

2. Schritt: Drehe das Geodreieck dann um S bis in die Lage von Bild (2).
Lies nun die Größe des Winkels β ab.
Ergebnis: β = 55°

2. Möglichkeit

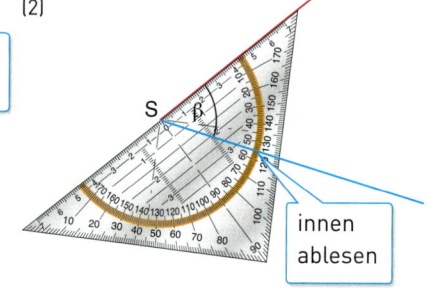

1. Schritt: Lege das Geodreieck zunächst so an wie in Bild (1).

2. Schritt: Drehe das Geodreieck dann um S bis in die Lage von Bild (2).
Lies nun die Größe des Winkels β ab.
Ergebnis: β = 55°

FESTIGEN UND WEITERARBEITEN

2. Lies die Größe der Winkel ab. Notiere in der Form α = 12°.

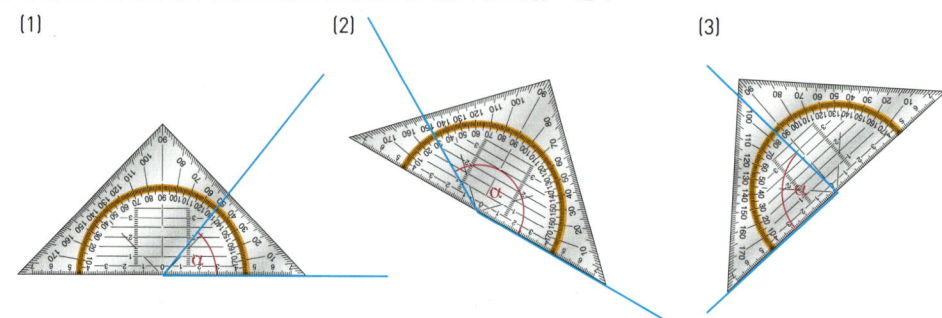

3. a) Vervollständige mit dem Geodreieck auf deiner Winkelscheibe die Gradeinteilung. Gehe in 5°-Schritten vor.

b) Übe mit deinem Partner: Einer stellt auf der Winkelscheibe einen Winkel ein, der andere schätzt dessen Größe, ohne die Skala zu sehen.

4. Übertrage die Winkel in dein Heft. Schätze und miss die Größe der Winkel. Zum genauen Messen musst du die Schenkel der Winkel verlängern.

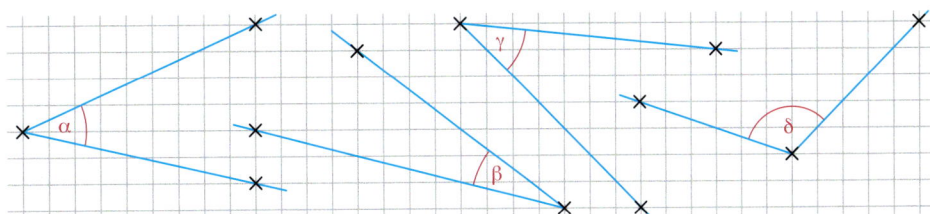

5. Die Winkelskala des Geodreiecks reicht nur bis 180°.
Übertrage den überstumpfen Winkel in dein Heft und erläutere, wie man seine Größe trotzdem bestimmen kann.
Es gibt verschiedene Möglichkeiten.

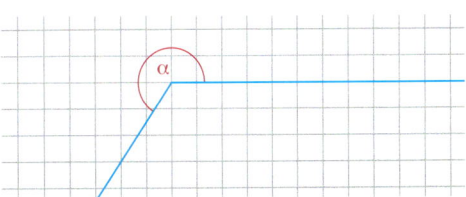

6. Was kannst du über die Größe eines spitzen, rechten, stumpfen, gestreckten und überstumpfen Winkels aussagen?

INFORMATION

(1) Einteilung der Winkel

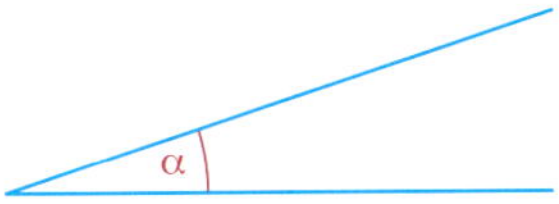

0° < α < 90°
bedeutet:
α liegt zwischen
0° und 90°

Lies von der Mitte nach links und nach rechts:
α > 0° und α < 90°

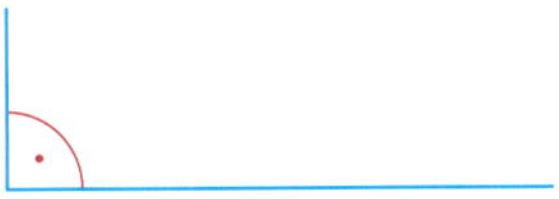

spitzer Winkel
0° < α < 90°

rechter Winkel
α = 90°

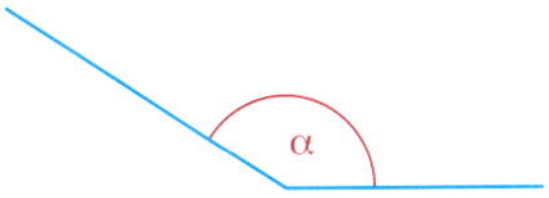

stumpfer Winkel
90° < α < 180°

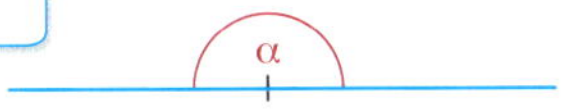

gestreckter Winkel
α = 180°

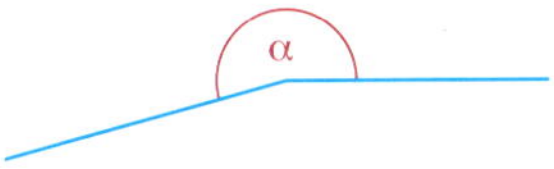

überstumpfer Winkel
180° < α < 360°

Vollwinkel
α = 360°

(2) Messen eines Winkels bis 180°

1. Möglichkeit

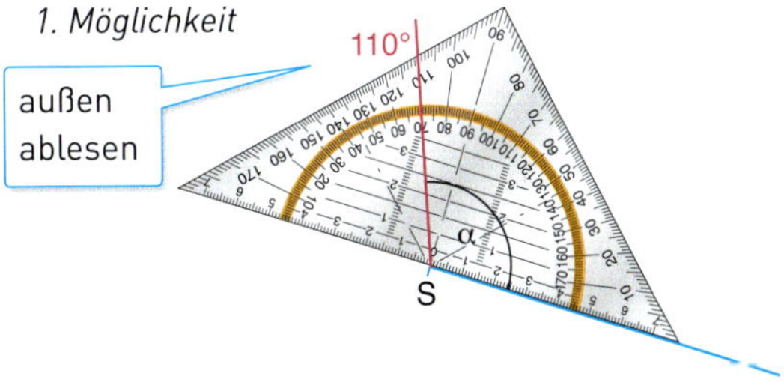

110°

außen ablesen

2. Möglichkeit

110°

innen ablesen

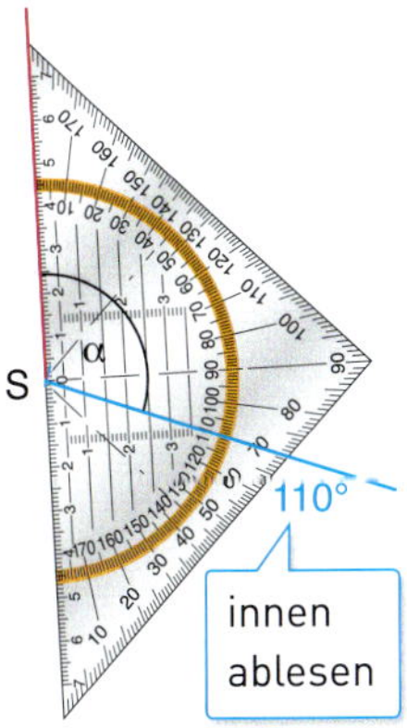

(3) Messen eines überstumpfen Winkels

1. Möglichkeit
α = 180° + 120°
α = 300°

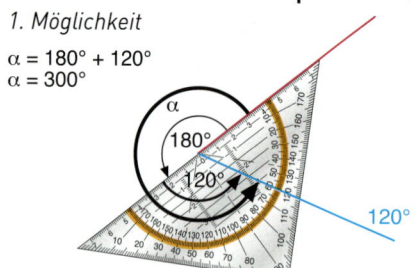

2. Möglichkeit
α = 360° − 60°
α = 300°

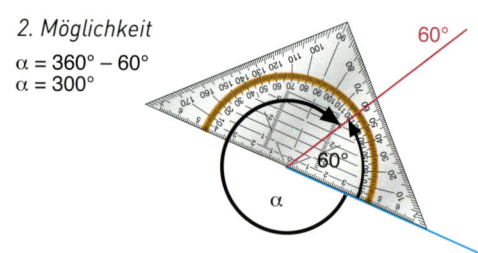

ÜBEN

7. Zeichne die Winkel in dein Heft, schätze und miss ihre Größe. Verlängere vorher die Schenkel.
a) b)

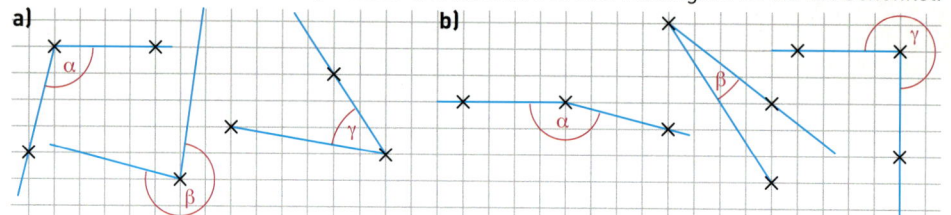

8. Übertrage das Dreieck in dein Heft. Schätze die Größe der drei Winkel in dem Dreieck ABC. Miss anschließend. Addiere die Winkelgrößen. Was stellst du fest?
a) b) c)

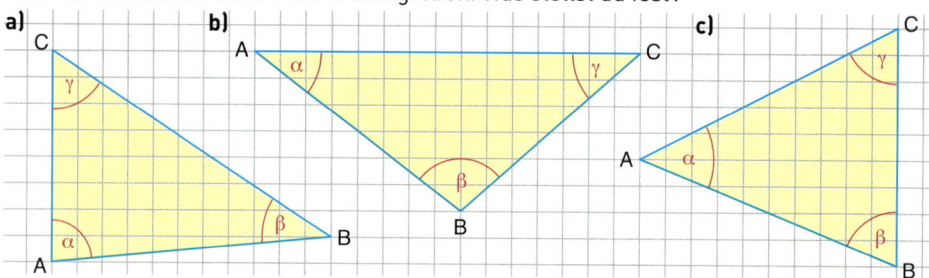

9. Spiel mit einem Partner.
Jeder zeichnet auf einem leeren weißen Blatt acht verschiedene Winkel. Die Blätter werden getauscht. Jeder schätzt die Größe der Winkel und schreibt sie auf. Nun wird gemeinsam jeder Winkel gemessen, die Abweichung zum Schätzwert berechnet und die Summe der Abweichungen bestimmt. Wer die kleinere Summe hat, hat gewonnen.

10. a) Zeichne ein Rechteck mit den Seitenlängen 5 cm und 7 cm. Zeichne die beiden Diagonalen. Miss die vier Winkel, die die beiden Diagonalen miteinander bilden.
b) Löse Teilaufgabe a) für (1) ein Quadrat, (2) eine Raute mit der Seitenlänge 6 cm. Was fällt dir auf? Begründe.

11.

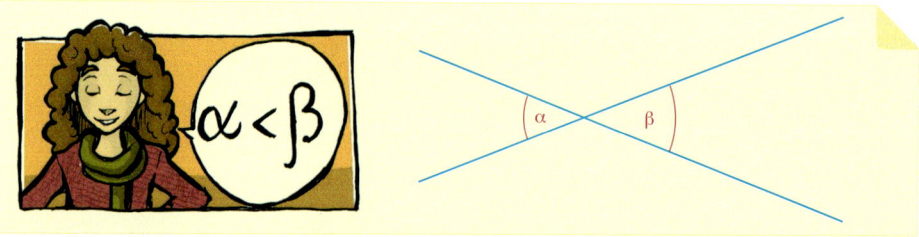

12. Zeichne in ein Koordinatensystem (Einheit 1 cm) das Viereck ABCD mit A(2|2), B(18|1), C(22|10), D(10|18) und miss die vier Winkel in dem Viereck. Addiere die Winkelgrößen. Was stellst du fest?

13. a) Eine runde Torte wird in acht gleich große Teile zerschnitten. Wie groß ist der Winkel an der Spitze der Tortenstücke?
b) Übertrage die Tabelle in dein Heft und fülle sie aus.

Zahl der Stücke	2	3	4	5	6	8	9	10	12
Größe des Winkels									

14. a) Wer von den drei Fußballspielern hat den größten Einschusswinkel und damit die beste Chance ein Tor zu erzielen?
Arbeite mit Transparentpapier.
b) Äußere dich zu:
„Der Torwart verkürzt den Winkel durch Herauslaufen."

15. Der Stundenzeiger einer Uhr überstreicht in einer bestimmten Zeit einen Winkel. Wie groß ist der Winkel, den der Stundenzeiger überstreicht
a) in 3 Stunden;   **c)** in 9 Stunden;   **e)** in 5 Stunden;
b) in 6 Stunden;   **d)** in 1 Stunde;   **f)** in 11 Stunden?

16. Der Scheinwerfer eines Leuchtturms benötigt für eine volle Umdrehung 30 Sekunden. Wie groß ist der Winkel, der von dem Lichtbündel des Scheinwerfers überstrichen wird in
a) 1 s;   **b)** 3 s;   **c)** 17 s;   **d)** 26 s?

17. zu **a)**

zu **b)**

zu **c)**

a) Neben einer Treppe ist eine Auffahrt (eine „schiefe Ebene") für Rollstuhlfahrer gebaut. Zeichne die Auffahrt in dein Heft und miss den Steigungswinkel α.
Wähle einen geeigneten Maßstab.
b) In der Bauvorschrift steht, dass die Dachneigung α eines Hauses in diesem Wohngebiet zwischen 30° und 40° liegen muss.
Prüfe, ob die Vorschrift hier eingehalten ist.
c) Parallel zur Treppe einer Straßenunterführung für Fußgänger verläuft eine Rampe zum Schieben für Fahrräder. Die Treppe hat eine Stufenhöhe von 14 cm und eine Stufentiefe von 38 cm.
Zeichne einen Teil der Rampe in dein Heft und bestimme den Neigungswinkel der Rampe.

Zeichnen von Winkeln

EINSTIEG

Die Sonnenstrahlen bilden mit dem waagerechten Boden einen Winkel von 30°. Dabei wirft eine Straßenlaterne einen 7 m langen Schatten.

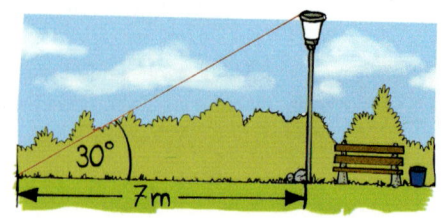

» Bestimme durch eine Zeichnung die Höhe der Laterne.
Fertige zuerst eine Skizze an.

AUFGABE

1. Zeichne mit dem Geodreieck an den Strahl g einen weiteren Strahl, so dass ein Winkel von 65° entsteht.

Lösung

1. Möglichkeit

(1) (2) (3)

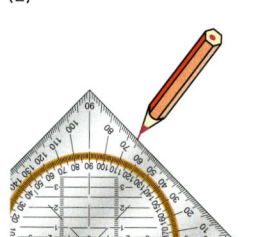 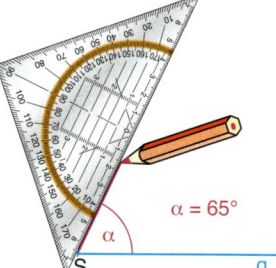

Lege das Geodreieck so an den Strahl g wie in Bild (1) dargestellt. Markiere bei 65° einen Punkt (Bild (2)).
Beachte: Der 0-Punkt des Geodreiecks muss auf dem Scheitel S liegen.
Verbinde den Markierungspunkt mit dem Scheitel S (Bild (3)).

2. Möglichkeit

(1) (2) (3)

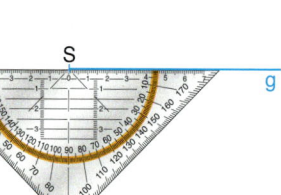 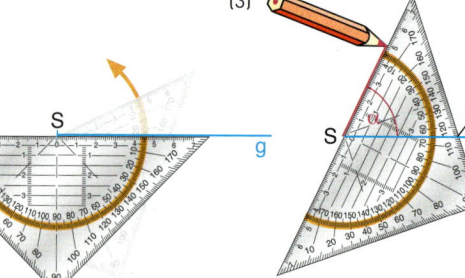

Lege das Geodreieck so an den Strahl g wie in Bild (1) dargestellt.
Drehe das Geodreieck um 65° (Bild (2)), bis es die Lage in Bild (3) erreicht hat. Zeichne den zweiten Schenkel des Winkels α von S aus.

FESTIGEN UND WEITERARBEITEN

2. Zeichne einen Winkel mit der angegebenen Größe.
a) 30°   b) 90°   c) 105°   d) 45°   e) 150°   f) 135°   g) 55°   h) 165°

3. a) Erkläre, wie man den überstumpfen Winkel mit der Größe 235° zeichnen kann.
Beachte: 235° = 180° + 55°
Finde noch eine zweite Möglichkeit.
b) Zeichne einen Winkel mit der Größe:
(1) 185° (3) 245° (5) 305° (7) 320°
(2) 190° (4) 270° (6) 336° (8) 195°

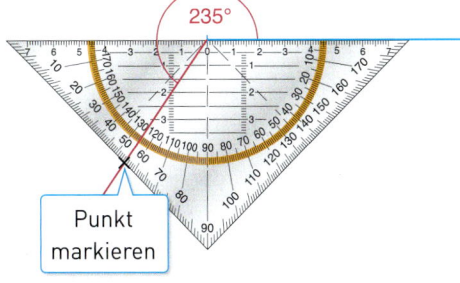

ÜBEN

4. Zeichne einen Winkel mit der angegebenen Größe. Überlege dir vorher, um was für einen Winkel es sich handelt.

a) 40°	d) 100°	g) 110°	j) 113°	m) 300°	p) 120°	s) 311°
b) 77°	e) 90°	h) 170°	k) 147°	n) 270°	q) 249°	t) 85°
c) 57°	f) 180°	i) 155°	l) 20°	o) 75°	r) 293°	u) 360°

5. Zeichne das Dreieck mit den angegebenen Maßen in dein Heft. Beginne mit der Strecke $\overline{AB}$. Bestimme die Größe des dritten Winkels.

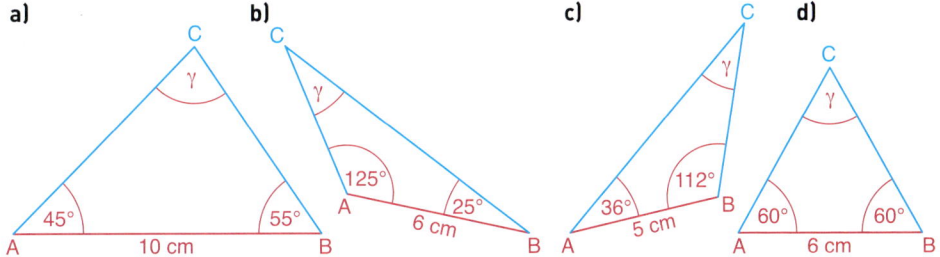

6. a) Eine 5 m lange Leiter ist an eine Hauswand gelehnt. Die Leiter ist unten 1,8 m von der Wand entfernt. Übertrage die Zeichnung in einem geeigneten Maßstab in dein Heft.
(1) Wie hoch reicht die Leiter?
(2) Aus Sicherheitsgründen muss der Anstellwinkel α zwischen 68° und 75° groß sein.
Trifft dies zu?

b) Eine steile Gebirgsstraße hat einen Steigungswinkel von α = 11°.
Welche Höhe würde man erreichen, wenn man 12 km geradeaus fahren könnte?
Lege eine geeignete Zeichnung an.

Welche Annahmen zur Vereinfachung machst du?

7. Die Sonnenstrahlen bilden mit dem waagerechten Boden einen Winkel von 55°. Dabei wirft ein Turm einen 7 m langen Schatten.
Wie hoch ist der Turm? Fertige eine passende Zeichnung an.

8. Beim Diskuswerfen beträgt der Radius des Wurfkreises 1,25 m, der Winkel des Wurfsektors ist 45° groß. Zeichne die Anlage in dein Heft. Wähle 2 cm für 1 m.

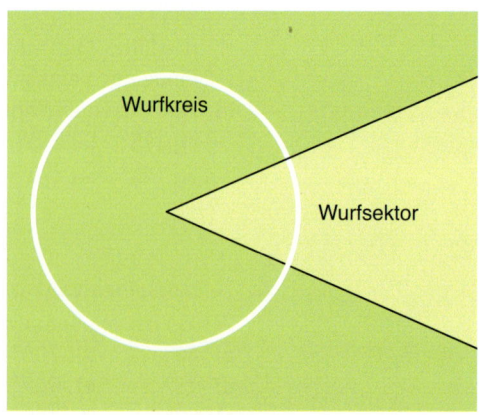

9. a) Zeichne einen Kreis mit dem Radius 3 cm. Markiere vorher den Mittelpunkt M.
Lege den Mittelpunktswinkel α = 72° von M aus fünfmal aneinander.

b) Zeichne einen Kreis mit dem Radius 3 cm. Teile ihn mithilfe des Mittelpunktswinkels in drei gleiche Teile.
Zeichne ebenso einen Farbkreis, der in 6 [in 9] gleich große Teile zerlegt ist.

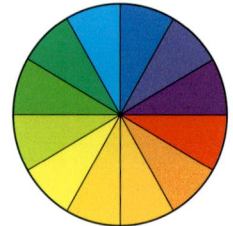
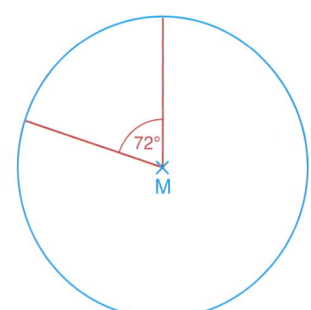
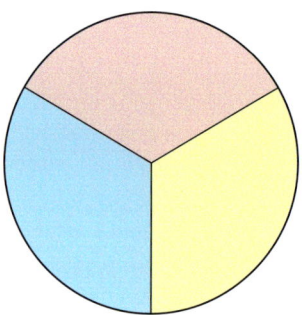

10. Zeichne einen Kreis mit dem Radius r = 5 cm. Färbe
  a) $\frac{3}{5}$,   **b)** $\frac{5}{6}$,   **c)** $\frac{7}{10}$,   **d)** $\frac{5}{12}$ des Kreises.
Überlege zunächst, welcher Mittelpunktswinkel dem gefärbten Anteil entspricht.

11. Zu einem Fotoapparat kann man drei Objektive mit unterschiedlichen Brennweiten erhalten.
Ein Normalobjektiv (50 mm Brennweite) hat einen Bildwinkel von 47°,
ein Weitwinkelobjektiv (28 mm Brennweite) hat einen Bildwinkel von 75°,
ein Teleobjektiv (200 mm Brennweite) hat einen Bildwinkel von 13°.
Zeichne die drei Winkel nebeneinander und erkläre, wie sich durch die unterschiedlichen Winkel (bei gleicher Entfernung) der Bildausschnitt ändert.

WINKEL AN GERADENKREUZUNGEN – SÄTZE ÜBER WINKELBEZIEHUNGEN

Winkel an einer Geradenkreuzung

EINSTIEG

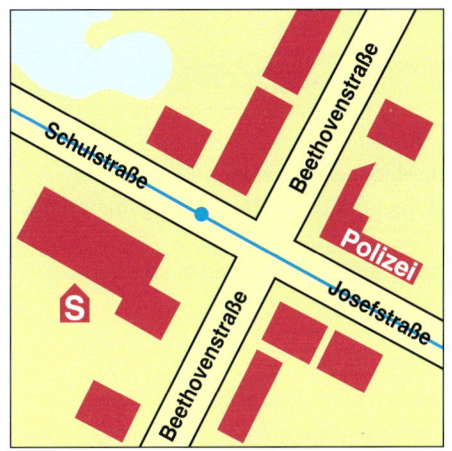
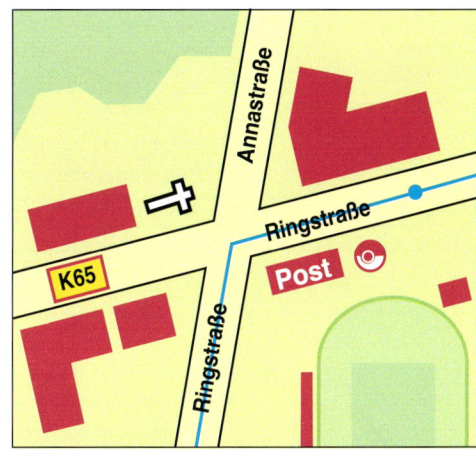

>> Beschreibe die Abbildungen.
>> Zeichne die Geradenkreuzung in dein Heft.
   Betrachte die Winkel. Was fällt dir auf? Formuliere eine Vermutung.
>> Zeichne weitere Geradenkreuzungen und überprüfe deine Vermutung.

AUFGABE

1. Zwei sich schneidende Geraden nennt man eine *Geradenkreuzung*. Es soll $\alpha = 34°$ sein.
Wie groß sind dann die anderen drei Winkel?
Begründe.

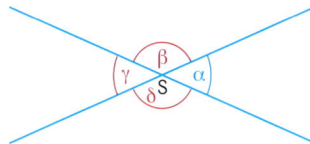

Griechische Buchstaben:

α	β
Alpha	Beta
γ	δ
Gamma	Delta
ε	φ
Epsilon	Phi

Lösung

Es gilt $\gamma = \alpha = 34°$. Denkt man sich nämlich die Figur um S mit 180° gedreht, so kommt sie mit sich selbst zur Deckung.
Die Winkel α und β bilden zusammen einen gestreckten Winkel.
Also gilt: $\beta = 180° - \alpha = 180° - 34° = 146°$.
Es gilt $\delta = \beta = 146°$.

INFORMATION

An Geradenkreuzungen entstehen vier Winkel.

Die gegenüberliegenden Winkel sind **Scheitelwinkel** zueinander.

Scheitelwinkel sind gleich groß: $\alpha = \gamma$

Je zwei benachbarte Winkel sind **Nebenwinkel** zueinander.

Nebenwinkel ergänzen sich zu 180°:
$\alpha + \beta = 180°$

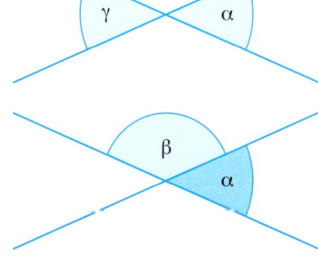

FESTIGEN UND WEITERARBEITEN

2. a) Welche der Winkel sind Scheitelwinkel zueinander, welche sind Nebenwinkel zueinander?
b) Es soll β = 138° sein. Berechne die Größe der übrigen Winkel. Begründe dein Vorgehen.

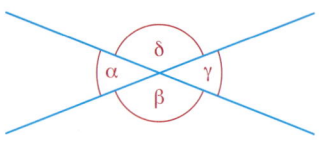

3. (1)   (2)   (3)

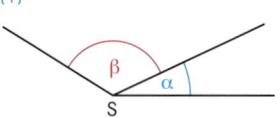 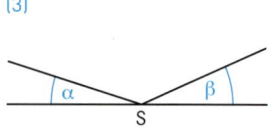

a) In Figur (1) besitzen beide Winkel denselben Scheitel S. Begründe, warum sie *keine* Nebenwinkel zueinander sind.
b) In den Figuren (2) und (3) liegen sich beide Winkel gegenüber und haben denselben Scheitel S. Begründe, warum sie *keine* Scheitelwinkel zueinander sind.

ÜBEN

4. Zeichne die Winkel   (1) α = 36°;   (2) β = 90°;   (3) γ = 152°;   (4) δ = 210°.
a) Zeichne jeweils – falls möglich – den zugehörigen Scheitelwinkel sowie die zugehörigen Nebenwinkel. Wie groß sind diese jeweils?
b) Wie viele Nebenwinkel [Scheitelwinkel] gehören höchstens zu einem Winkel?

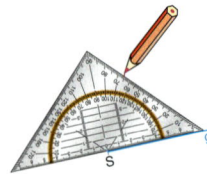

5. Berechne die Größe der anderen drei Winkel der Geradenkreuzung.

a) α = 150°   c) β = 179°   e) α = 60°
b) γ = 23°   d) δ = 90°   f) γ = 60°

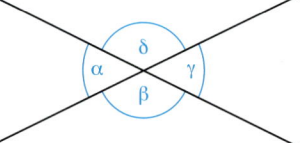

6. Paula behauptet: „Wenn an einer Geradenkreuzung ein Winkel ein rechter ist, dann sind alle Winkel rechte Winkel." Hat sie recht? Begründe.

7. Berechne in der Figur rechts die Größe der übrigen Winkel.

a) α = 37°; γ = 52°   c) ε = 24°; γ = 96°
b) α = 19°; β = 63°   d) δ = 42°; φ = 51°

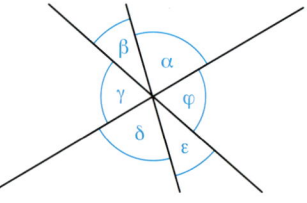

Winkel an einer doppelten Geradenkreuzung

EINSTIEG

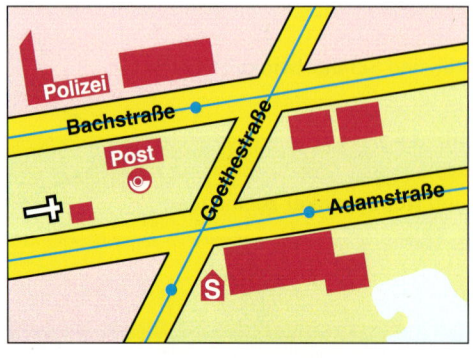

Links siehst du einen Stadtplan. Die Adamstraße und die Bachstraße verlaufen parallel zueinander. Die Goethestraße kreuzt beide. Die Straßenbahnlinien sind durch eine *doppelte Geradenkreuzung* dargestellt.

» Zeichne diese doppelte Geradenkreuzung. Beschreibe dein Vorgehen.
» Betrachte die Winkel. Was fällt dir auf?

Winkel

AUFGABE

1. In der nebenstehenden Figur werden zwei parallele Geraden a und b von einer dritten Geraden g geschnitten. Es entsteht eine doppelte Geradenkreuzung mit 8 Winkeln. Es soll $\alpha_1 = 56°$ sein.
Versuche, die übrigen Winkel zu bestimmen, ohne sie zu messen.

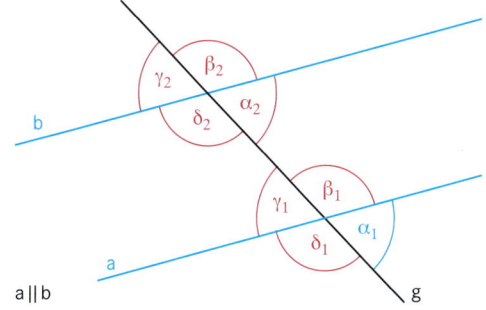

Lösung

$\gamma_1 = \alpha_1 = 56°$, da α_1 und γ_1 Scheitelwinkel zueinander sind.
$\beta_1 = 180° - \alpha_1 = 180° - 56° = 124°$, da α_1 und β_1 Nebenwinkel zueinander sind.
$\delta_1 = \beta_1 = 124°$, da β_1 und δ_1 Scheitelwinkel zueinander sind.

Legt man durch Verschieben die eine Kreuzung auf die andere, so erkennt man, dass $\alpha_2 = \alpha_1 = 56°$ ist. Ebenso gilt: $\beta_2 = \beta_1 = 124°$; $\gamma_2 = \gamma_1 = 56°$; $\delta_2 = \delta_1 = 124°$.

INFORMATION

Gegeben sind zwei zueinander *parallele* Geraden a und b, die von einer dritten Geraden geschnitten werden.

Die beiden Winkel α_1 und α_2 sind **Stufenwinkel** zueinander.
Stufenwinkel sind gleich groß: $\alpha_1 = \alpha_2$

Die beiden Winkel δ_1 und γ_2 sind **Wechselwinkel** zueinander.
Wechselwinkel sind gleich groß: $\delta_1 = \gamma_2$

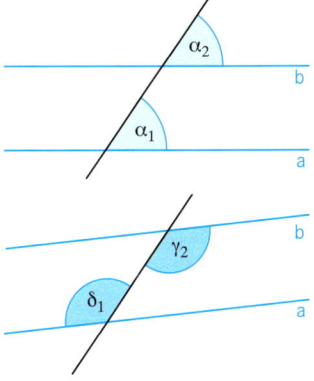

FESTIGEN UND WEITERARBEITEN

2. Welche Winkel sind
a) Wechselwinkel,
b) Stufenwinkel
zueinander?

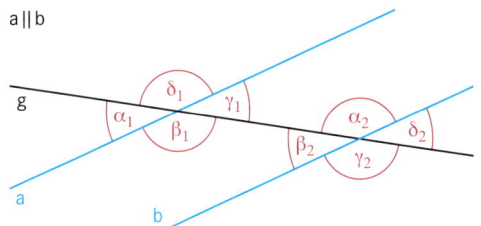

3. Wer hat recht?
a) Jonas behauptet, dass er an einer doppelten Geradenkreuzung alle Winkel berechnen kann, wenn ihm die Größe eines Winkels bekannt ist.
b) Veronique möchte an einer doppelten Geradenkreuzung jeweils gleich große Winkel färben. Ihre Schwester Angelina behauptet, dass sie dazu nur zwei Farbstifte benötigt.

4. Berechne – wenn möglich – die Größe der übrigen Winkel.

a) a∥b, 60°, $\delta_1, \gamma_1, \alpha_1, \beta_1$

b) a∥b, 120°, $\beta_1, \gamma_2, \alpha_1$

c) a∦b, 50°, $\beta_2, \gamma_2, \delta_2, \alpha_2, \beta_1, \gamma_1, \delta_1$

ÜBEN

5. Berechne die Größe der übrigen Winkel. Begründe.

a) $\beta_1 = 123°$ b) $\gamma_1 = 51°$ c) $\delta_2 = 111°$

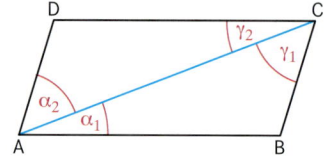

6. Zeichne zwei zueinander parallele Geraden a und b im Abstand von 3,5 cm. Zeichne eine Gerade g so, dass gilt:

a) $\alpha_1 = 33°$;   b) $\alpha_1 = 125°$;   c) $\alpha_1 = 137°$;   d) $\alpha_1 = 68°$.

Markiere farbig den zugehörigen Stufenwinkel und andersfarbig den Wechselwinkel.
Berechne die Größe der übrigen sieben Winkel.

7. a) In dem Parallelogramm ABCD werden die Winkel bei A und C durch die Diagonale $\overline{AC}$ in jeweils zwei Winkel zerlegt. Welche Winkel sind gleich groß? Begründe.

b) Zeichne ein Parallelogramm mit beiden Diagonalen. Markiere gleich große Winkel; begründe.

8. Die Geraden g und h sind parallel zueinander. Wie groß sind die gekennzeichneten Winkel? Begründe.

a) 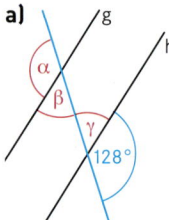   b) 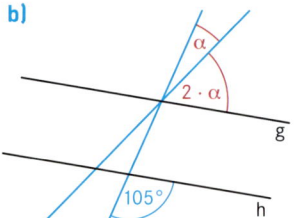   c)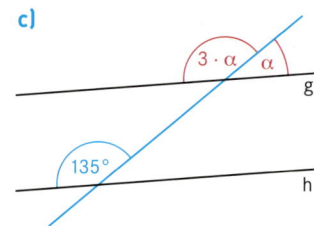

9. a) Auf dem Foto könnt ihr Stufen- und Wechselwinkel entdecken.

b) *Erkundet eure Umwelt:* Sucht weitere Beispiele für Stufen- und Wechselwinkel. Ihr könnt auch fotografieren und die Bilder im Klassenraum präsentieren.

WINKELSUMME IM DREIECK – EINTEILUNG DER DREIECKE NACH WINKELN

EINSTIEG

Zeichne mit einem dynamischen Geometriesystem ein Dreieck und lass die drei Innenwinkel auf eine Nachkommastelle messen.

Eine Einführung in Dynamische Geometrie-Systeme findest du auf Seite 64.

» Was kannst du über die Summe der drei Winkel (Winkelsumme) aussagen?
» Ziehe an den Punkten A, B und C und verändere dadurch die Winkel. Was geschieht mit der Winkelsumme?
» Stelle eine Vermutung auf und überprüfe sie.

AUFGABE

 1. Zeichne ein beliebiges Dreieck ABC, markiere die Winkel α, β und γ und schneide es aus. Reiße die drei Winkel ab und lege sie mit den Spitzen zusammen.
a) Was stellst du fest?
b) Begründe deine Aussage.

Lösung

a) Die drei Innenwinkel des Dreiecks lassen sich zu einem gestreckten Winkel zusammenlegen. Ihre Summe beträgt somit 180°.

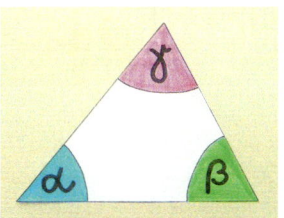  

b) Zur Begründung des Ergebnisses aus a) zeichnen wir zur Seite $\overline{AB}$ des Dreiecks ABC die Parallele durch C. Dann gilt:
(1) α* + γ + β* = 180°;
(2) α* = α, da α* und α Wechselwinkel zueinander sind;
(3) β* = β, da β* und β Wechselwinkel zueinander sind.
Damit erhalten wir: α + β + γ = 180°

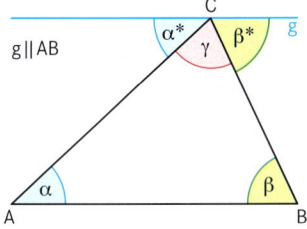

INFORMATION

(1) Bezeichnungen am Dreieck

Bei einem Dreieck ABC bezeichnet man den Winkel bei A mit α, den Winkel bei B mit β und den Winkel bei C mit γ.
α, β und γ heißen *Innenwinkel* oder kurz *Winkel* des Dreiecks ABC.

(2) Innenwinkelsatz für Dreiecke

In jedem Dreieck sind die Innenwinkel zusammen 180° groß.
α + β + γ = 180°

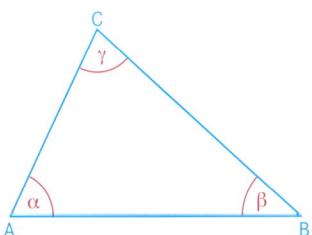

INFORMATION

Einteilung der Dreiecke nach Winkeln

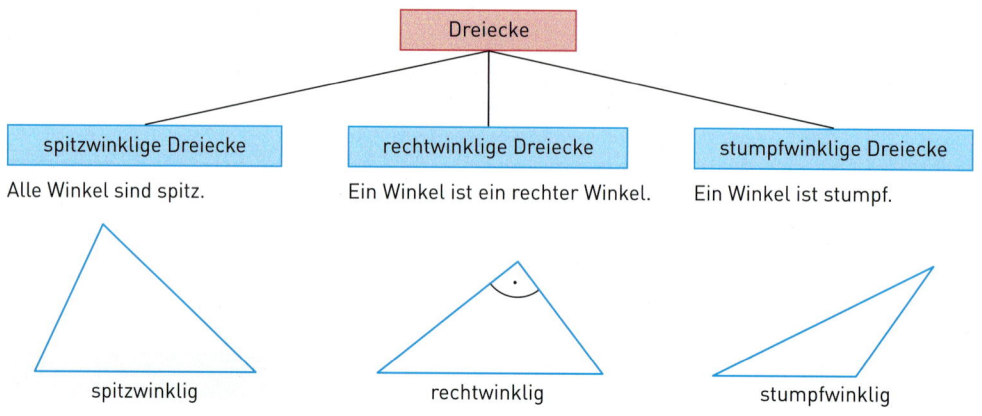

spitzwinklige Dreiecke	rechtwinklige Dreiecke	stumpfwinklige Dreiecke
Alle Winkel sind spitz.	Ein Winkel ist ein rechter Winkel.	Ein Winkel ist stumpf.
spitzwinklig	rechtwinklig	stumpfwinklig

FESTIGEN UND WEITERARBEITEN

2. Zeichne auf ein DIN-A4-Blatt ein möglichst großes, beliebiges Dreieck.
Lege einen (möglichst kleinen) Bleistift in die Lage 1. Verschiebe dann den Bleistift längs der Seite $\overline{AB}$ in die Lage 2, drehe ihn um B in die Lage 3; fahre fort, bis er wieder auf der Seite $\overline{AB}$ in der Ecke A liegt.
Was stellst du fest? Um wie viel Grad wurde der Bleistift insgesamt gedreht?

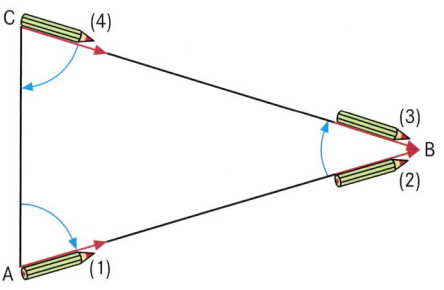

3. a) Berechne den dritten Innenwinkel des Dreiecks ABC. Beschreibe dein Vorgehen.
(1) $\alpha = 112°$; $\beta = 25°$ (2) $\alpha = 56°$; $\gamma = 85°$ (3) $\alpha = 90°$; $\gamma = 61°$
b) Gegeben sind im Dreieck ABC die Innenwinkel α und β. Wie kann man daraus den Innenwinkel γ berechnen? Du kannst auch eine Formel aufstellen.
c) Stelle eine Formel für β auf, wenn die Innenwinkel α und γ gegeben sind.

4. Welche der Aussagen ist wahr? Begründe.

5. Hier sind von drei Dreiecken die Ecken abgerissen worden. Welche gehören zum selben Dreieck? Erkläre.

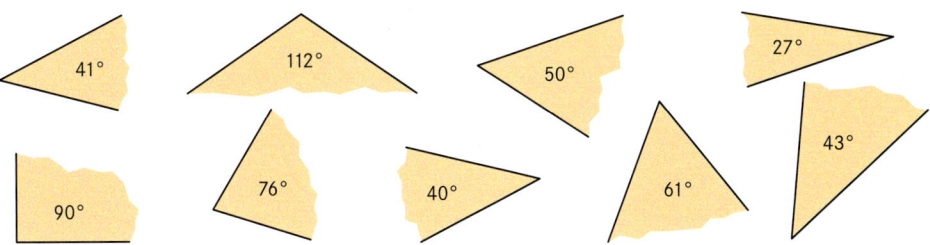

ÜBEN

6. Wie groß ist der fehlende Winkel?

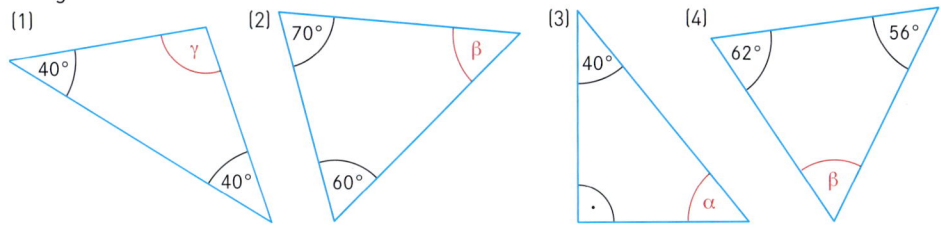

7. a) Berechne den dritten Innenwinkel des Dreiecks ABC.
(1) $\alpha = 38°$; $\gamma = 81°$ (3) $\alpha = 90°$; $\gamma = 39°$ (5) $\alpha = 126°$; $\gamma = 43°$
(2) $\alpha = 128°$; $\beta = 47°$ (4) $\beta = 77°$; $\gamma = 56°$ (6) $\beta = 90°$; $\gamma = 27°$
b) Kann man ein Dreieck ABC mit den angegebenen Winkeln zeichnen? Erkläre.
(1) $\beta = 86°$; $\gamma = 25°$ (2) $\alpha = 89°$; $\beta = 91°$ (3) $\alpha = 89°$; $\beta = 89°$

8. ABC soll ein rechtwinkliges Dreieck mit $\gamma = 90°$ sein.
a) (1) Es soll $\alpha = 37°$ sein; berechne den Winkel β.
(2) Es soll $\beta = 49°$ sein; berechne den Winkel α.
b) Wie kann man den Winkel β aus dem Winkel α berechnen?
Du kannst auch eine Formel aufstellen.
c) Wie kann man den Winkel α aus dem Winkel β berechnen? Stelle eine Formel auf.

9. Skizziere die Figur in deinem Heft und berechne die rot markierten Winkel.

a)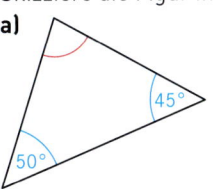

c)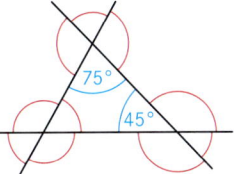

e)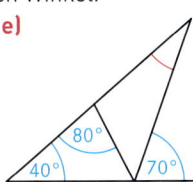

b)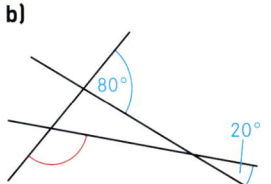

d)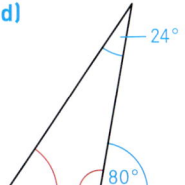

f)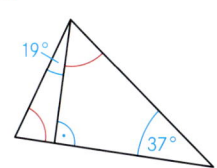

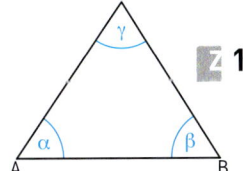

10. Zeichne drei verschiedene Dreiecke mit $\alpha = 55°$. Miss die beiden anderen Winkel β und γ und berechne ihre Summe. Was stellst du fest? Begründe.

11. Entscheide, ob das Dreieck spitzwinklig, rechtwinklig oder stumpfwinklig ist. Begründe.
(1) α = 67°; β = 90° (3) β = 60°; γ = 60° (5) β = 160°; γ = 10°
(2) γ = 19°; β = 54° (4) α = 27°; β = 53° (6) α = 45°; β = 45°

12. a) In einem Dreieck ABC ist α = 76°. Wie groß können β und γ sein? Gib zwei verschiedene Möglichkeiten an.
b) In einem Dreieck ABC gilt α = β. Außerdem ist α = 28°. Berechne γ.
c) Für ein Dreieck ABC soll α = β sein. Außerdem ist γ = 84°.

13. a) Übertrage die Figur in dein Heft, miss die Winkel α, β₁, β₂, γ, δ₁ und δ₂ und bilde ihre Summe.
b) Wie groß ist die Summe der Innenwinkel in einem Viereck? Begründe.

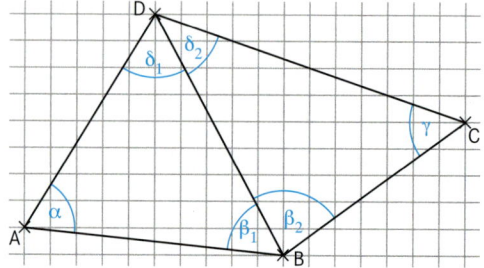

14. Die Geraden g und h sind parallel zueinander.
Berechne die Innenwinkel α und γ des Dreiecks ABC.

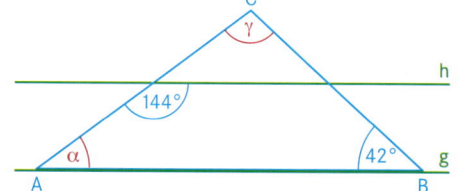

15. Für ein Dreieck ABC soll gelten:
a) β = 2 · α und γ = 5 · α;
b) β = ½ · α und γ = 3/2 · α;
c) β = α + 25° und γ = α + 35°;
d) β = 2 · α und α = 3 · γ.
Wie groß ist der Winkel α?

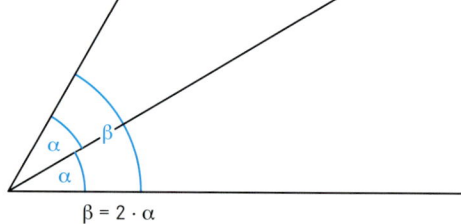

16. Die Schenkel der beiden Winkel stehen paarweise senkrecht aufeinander.
Der Winkel α ist gegeben, z. B. 35°.
Berechne den rot markierten Winkel und vergleiche ihn mit α.
Was stellst du fest?

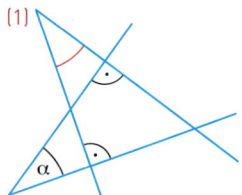
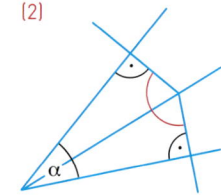

17. a) In einem Dreieck soll die Summe zweier Innenwinkel so groß wie der dritte Innenwinkel sein. Um was für ein Dreieck handelt es sich?
b) ABC soll ein rechtwinkliges Dreieck sein. Der größte Innenwinkel ist 6-mal so groß wie der kleinste.
c) In einem Dreieck sind zwei Innenwinkel gleich groß. Der dritte Innenwinkel ist doppelt so groß wie die Summe der gleich großen Winkel.
Wie groß sind die Winkel? Um was für ein Dreieck handelt es sich?

7 PUNKTE SAMMELN ★★★★★★★ 59

In dem Kreisdiagramm wird das Ergebnis einer Befragung über die Lieblingssportarten an der Geschwister-Scholl-Schule dargestellt.

★★
An der Befragung haben sich insgesamt 480 Schülerinnen und Schüler der Geschwister-Scholl-Schule beteiligt.
Für wie viele der Befragten ist Fußball die Lieblingssportart?

★★★
Miss die Winkel in dem Kreisdiagramm und übertrage das Diagramm auf unliniertes Papier. Wähle einen Radius von 7 cm.

★★★★
Julian behauptet: „Jeder Fünfte der Befragten hat als Lieblingssportart Tennis angegeben."
Hat Julian recht? Begründe.

Mithilfe der Winkelbeziehungen an einfachen und doppelten Geradenkreuzungen ist es oft möglich die Größe von Winkeln zu berechnen.

★★
Berechne die markierten Winkel.
Begründe dein Vorgehen.

★★★
Übertrage in dein Heft.
Berechne die Größe des Winkels β.
Vergleiche mit den gegebenen Winkelgrößen.
Was fällt auf?

★★★★
Die Geraden g und h sind parallel.
Übertrage die Zeichnung in dein Heft.
Wie groß sind die markierten Winkel?
Beschreibe deine Überlegungen.

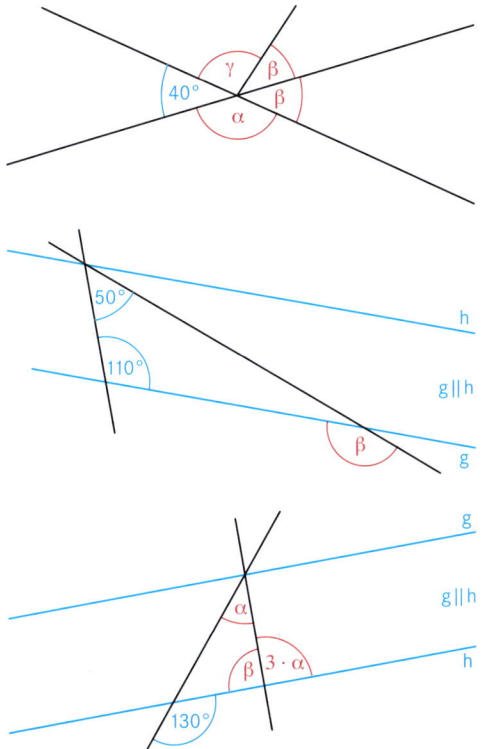

VERMISCHTE UND KOMPLEXE ÜBUNGEN

1. zu **a)**   zu **b)**   zu **c)**

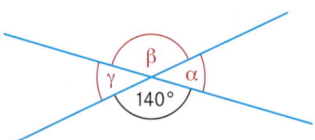
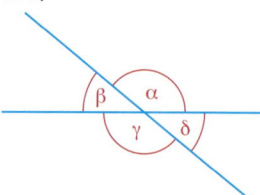
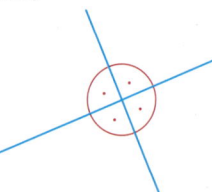

a) Wie groß sind die Winkel α, β und γ?
b) Welche Winkel sind gleich groß? Welche Winkel ergänzen sich zu 180°?
c) Welche Winkel ergänzen sich zu einem Vollwinkel?

2. a) Zeichne die Figur rechts in dein Heft. Beginne mit dem Strahl a.
b) Wie groß ist der Restwinkel α? Schätze zunächst. Miss und berechne dann.

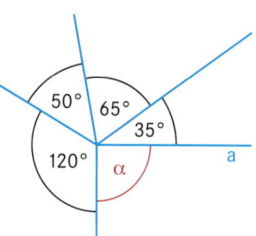

3. Zeichne eine entsprechende Figur in dein Heft. Die Geraden a und b sollen jeweils parallel zueinander sein. Berechne die rot markierten Winkel und trage die Ergebnisse ein.

a)   b)   c) a ∥ b ∥ c

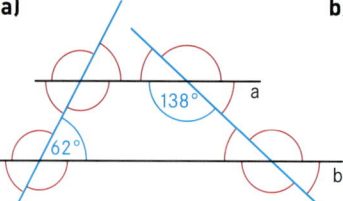
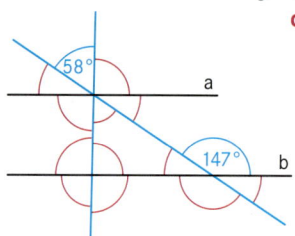
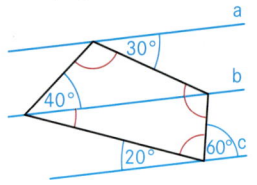

4. Es soll g parallel zu h sein. Wie groß sind die gekennzeichneten Winkel? Begründe.

a)   b)   c)

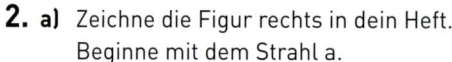
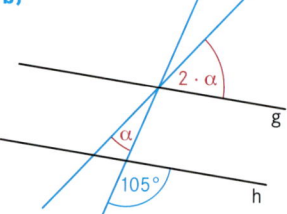
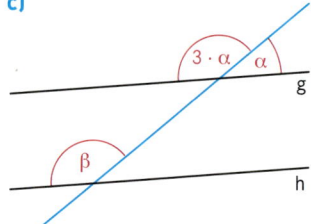

5. Der Kranführer kann den Kranarm um den Winkel α heben oder senken.
Wie ändert sich dadurch der Winkel γ, den der Kranarm und das Lastenseil bei S miteinander bilden?

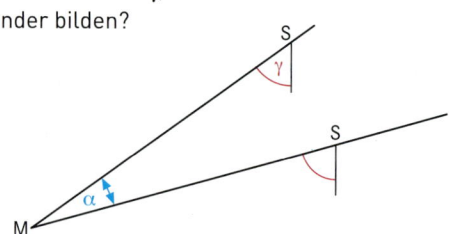

 Schätze zunächst die Größe der Gesichtsfelder von Eule und Pferd. Übertrage sie dann mit einer Schablone vergrößert in dein Heft und miss die Winkel.

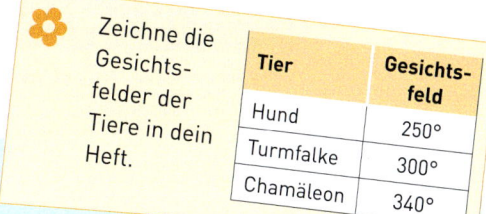 Zeichne die Gesichtsfelder der Tiere in dein Heft.

Tier	Gesichtsfeld
Hund	250°
Turmfalke	300°
Chamäleon	340°

 6.

Gesichtsfelder
Um Gesichtsfelder der Menschen und Tiere zu veranschaulichen, zeichnet man den Kopf von oben und markiert den Winkelbereich, der ohne Kopf- und Augenbewegung wahrnehmbar ist.

Eule   Pferd

 Überlege dir ein Experiment, mit dem du die Größe deines Gesichtsfeldes bestimmen kannst. Beschreibe es und führe es, gegebenenfalls mit Hilfe eines Mitschülers, durch. Stelle das Ergebnis zeichnerisch dar und vergleiche mit deinen Mitschülern.

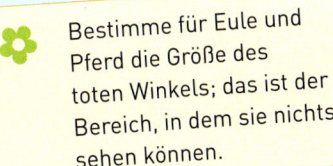 Bestimme für Eule und Pferd die Größe des toten Winkels; das ist der Bereich, in dem sie nichts sehen können.

7. Der Mond braucht rund 28 Tage, um einmal um die Erde zu kreisen. Da die Sonne ihn, von der Erde aus gesehen, verschieden beleuchtet, ist der Mond manchmal **ganz** (Vollmond), **halb** oder auch **fast gar nicht** (Neumond) zu sehen.

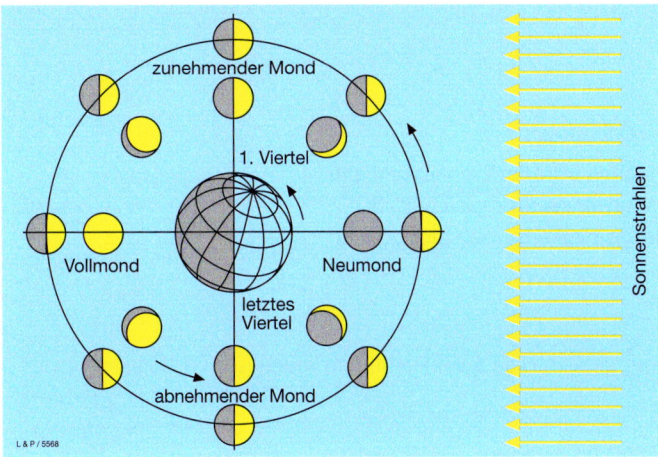

a) Mach dich zunächst mit der Abbildung vertraut.
   Welchen Winkel überstreicht der Mond zwischen Neumond und Vollmond?
b) Um wie viel Grad dreht sich der Mond in 14 Tagen, in 21 Tagen und in 3,5 Tagen um die Erde?
c) Wie viele Tage benötigt der Mond, wenn er sich um 90°, 135° und 315° um die Erde dreht?

WAS DU GELERNT HAST

Winkel – Winkelarten

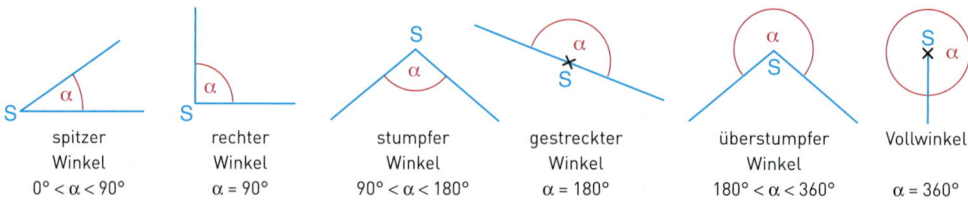

Winkel messen und zeichnen

Mithilfe deines Geodreiecks kannst du Winkel messen. Dabei ist es hilfreich, wenn du zunächst überlegst, ob der Winkel spitz oder stumpf oder überstumpf ist.

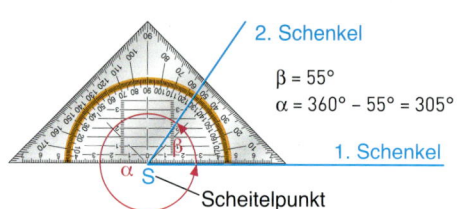

$\beta = 55°$
$\alpha = 360° - 55° = 305°$

Zum Zeichnen von Winkeln kennst du 2 Möglichkeiten.

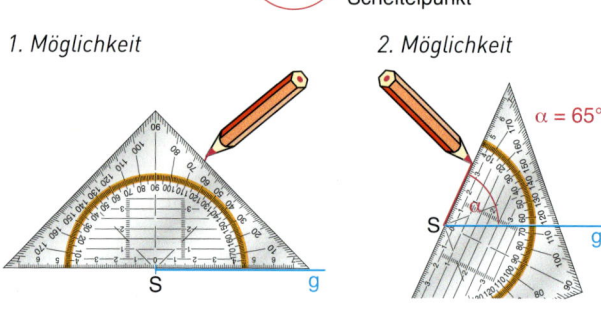

Winkelbeziehungen

Bei einfachen Geradenkreuzungen gilt:
» Scheitelwinkel sind gleich groß,
» Nebenwinkel ergänzen sich zu 180°.

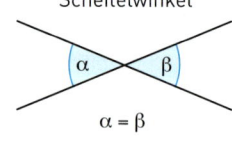

Scheitelwinkel
$\alpha = \beta$

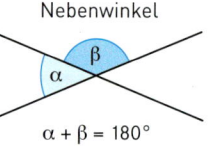

Nebenwinkel
$\alpha + \beta = 180°$

Schneidet eine Gerade zwei Parallelen, dann gilt:
» Stufenwinkel sind gleich groß,
» Wechselwinkel sind gleich groß.

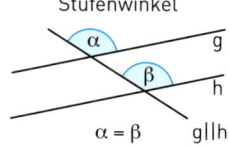

Stufenwinkel
$\alpha = \beta \quad g \| h$

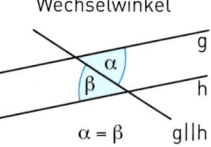

Wechselwinkel
$\alpha = \beta \quad g \| h$

BIST DU FIT?

1. a) Gib ohne zu messen an, ob der Winkel ein spitzer, ein stumpfer, ein überstumpfer oder ein rechter Winkel ist.

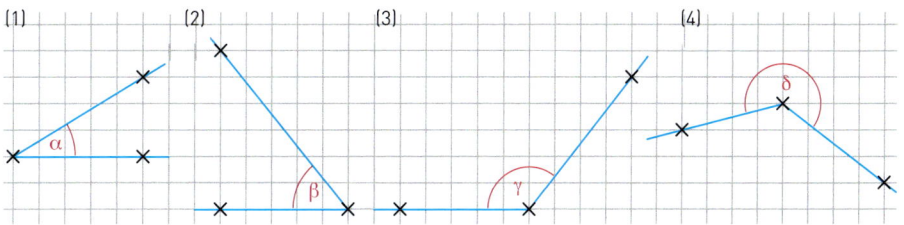

b) Schätze die Größe der Winkel, übertrage sie in dein Heft und miss nach.

2. Zeichne folgende Winkel: 50°; 74°; 119°; 148°; 210°; 315°; 173°; 290°; 87°.

3. Übertrage die Figur rechts in dein Heft. Markiere einen
   a) Winkel und seinen Nebenwinkel blau;
   b) Winkel und seinen Scheitelwinkel rot;
   c) Winkel und seinen Stufenwinkel grün;
   d) Winkel und seinen Wechselwinkel gelb.

4. Die Geraden a und b sind parallel zueinander. Die Gerade g schneidet a und b.
   a) Welche der Winkel sind Wechselwinkel zueinander, welche Stufenwinkel zueinander?
   b) Wähle $\alpha_1 = 37°$. Bestimme die Größe der übrigen Winkel.

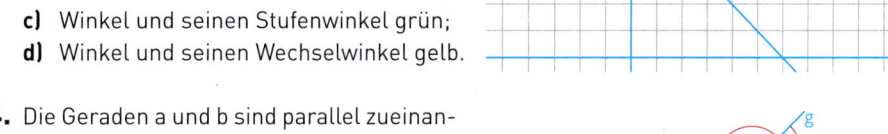

5. Berechne den Winkel α. Begründe jeden Schritt.

a) 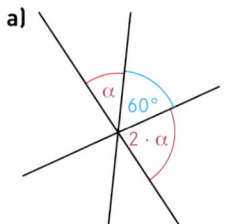   b) 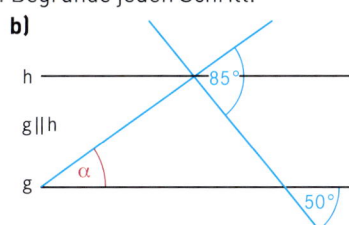   c)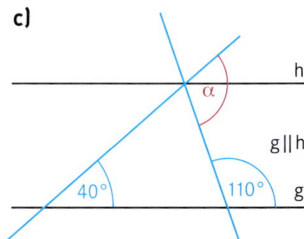

6. a) Zeichne eine Geradenkreuzung, bei der ein Winkel dreimal so groß wie sein Nebenwinkel ist.
   b) Zeichne eine doppelte Geradenkreuzung, bei der α und β Wechselwinkel zueinander sind und der Nebenwinkel von β um 40° größer als α ist.

7. Zeichne einen Farbkreis (Seite 50). Er soll fünf gleich große Kreisausschnitte besitzen.

8. Die Erde dreht sich in 24 Stunden um ihre eigene Achse. Um wie viel Grad dreht sie sich in 20 Stunden?

IM BLICKPUNKT

ARBEITEN MIT DYNAMISCHER GEOMETRIE-SOFTWARE

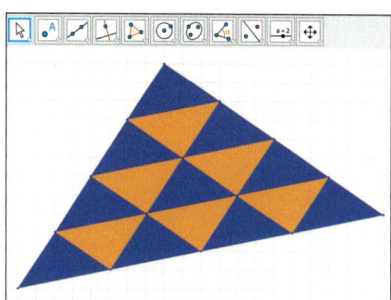
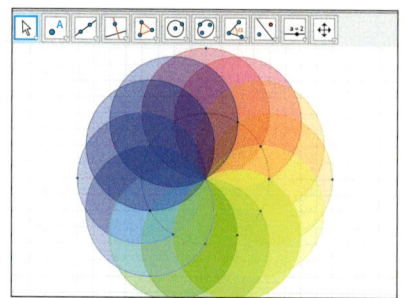

Änderungen einer Zeichnung im Heft sind nicht einfach möglich: Wenn du dich vertan hast, musst du radieren, und das bleibt nicht spurenlos. Auch beispielsweise die Farbe oder Größe einer Figur lässt sich nicht verändern, ohne neu zu zeichnen.
Für Computer gibt es dynamische Geometrie-Systeme (DGS). Das ist Software, mit der du in der Lage bist, Konstruktionen ähnlich wie im Heft auszuführen.

Die gezeichnete Figur kannst du anschließend bewegen und auch wieder einfach verändern, zum Beispiel ihre Form, die Namen der Eckpunkte oder auch die Farbe.

Erzeugen von Objekten – Punkte, Strecken, Geraden und Kreise

In der **Symbolleiste** am oberen Bildschirmrand findest du verschiedene Symbole, einige zeigen die **Objekte**, die du zeichnen kannst. So findest du beispielsweise einen Punkt.
Klicke mit der linken Maustaste einmal hierauf. Damit zeigst du dem Programm an, dass du nun einen Punkt zeichnen möchtest.
Bewege nun die Maus in das Zeichenfeld in der Mitte und klicke einmal: Du hast einen Punkt gezeichnet – man sagt auch **erzeugt**.
Manche Programme benennen den Punkt automatisch mit A, bei anderen musst du den Namen nachträglich noch eingeben.

Linke Maustaste

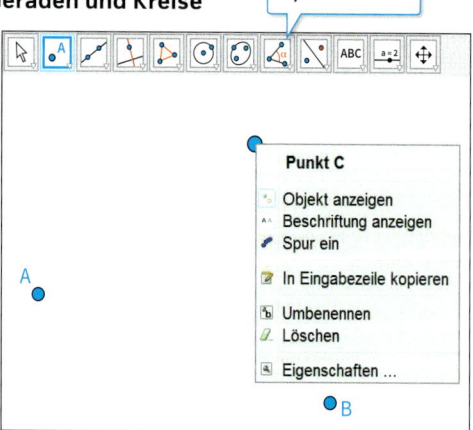

1. Erzeuge drei Punkte mit einem dynamischen Geometrie-System.

Du möchtest einen gezeichneten Punkt wieder löschen?
Kein Problem: Klicke mit der rechten Maustaste den Punkt an. In dem Fenster, das sich öffnet, findest du „Löschen".
Probiere es aus.

Arbeiten mit dynamischer Geometrie-Software **65**

Die Punkte kannst du durch Strecken verbinden. Klicke dazu das passende Zeichen in der Symbolleiste an und wähle den Menüpunkt *Strecke* zwischen zwei Punkten aus.
Wenn du nun nacheinander den Punkt A und den Punkt B anklickst, werden diese durch eine Strecke verbunden.

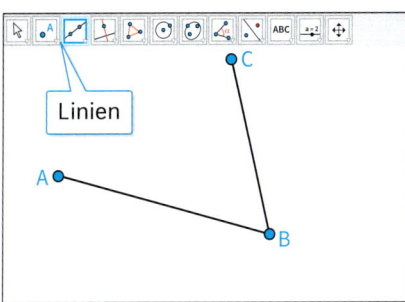 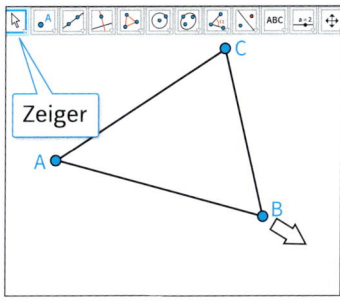 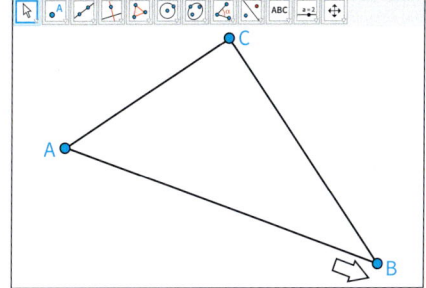

Das Dreieck, das entstanden ist, kannst du nun auch noch verändern. Wähle dazu zunächst das Symbol *Zeiger* aus, klicke dann einmal mit der linken Maustaste auf den Punkt B und halte sie gedrückt. Durch Bewegen der Maus lässt sich auch der Punkt B bewegen.

2. Zeichne drei Punkte und verbinde sie durch Strecken zu einem Dreieck. Bewege anschließend die Eckpunkte. Erzeuge so ein möglichst großes und ein möglichst kleines Dreieck.

Geraden und Strahlen kannst du auswählen, wenn du auf das Symbol *Linien* klickst. Im Zeichenfeld musst du nur noch zwei Punkte angeben, durch die die Gerade oder der Strahl verlaufen soll.

3. Zeichne zwei Geraden und einen Strahl. Verändere die Objekte nun so, dass
   a) sich beide Geraden einmal schneiden;
   b) beide Geraden den Strahl schneiden;
   c) sich alle drei Linien in einem Punkt schneiden.

4. Erstelle mindestens eine der Abbildungen.

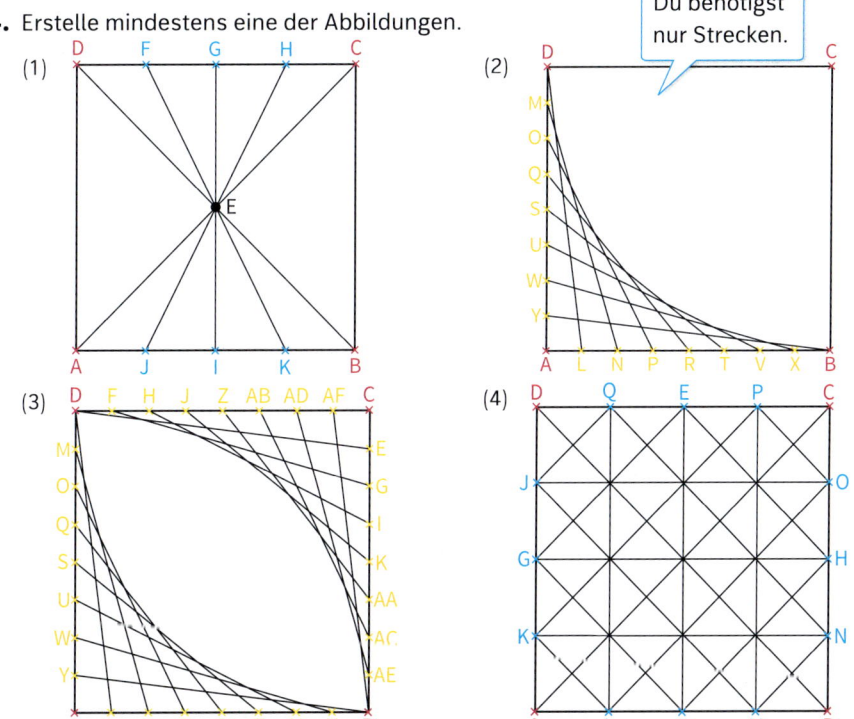

IM BLICKPUNKT

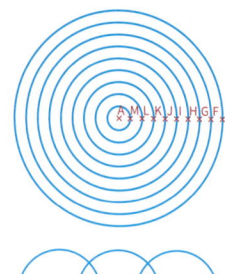

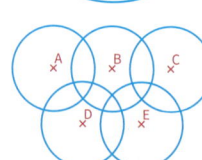

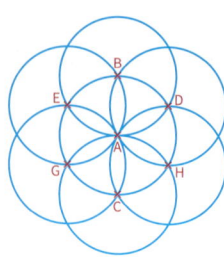

In der Symbolleiste findest du auch das Symbol **Kreise**. Im Zeichenfeld beschreibst du einen Kreis durch zwei Punkte: den Mittelpunkt und einen Punkt auf der Kreislinie.

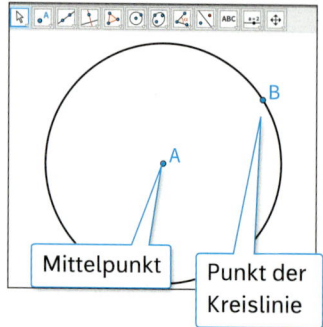

5. Erzeuge einen Kreis. Bewege zunächst den Punkt B der Kreislinie, anschließend den Mittelpunkt A.
Kannst du deinen Kreis so anordnen, dass er die Zeichenfläche möglichst groß ausfüllt?

6. Erstelle ein Kreismuster. Du kannst dich an den Beispielen orientieren.

Untersuchen der gezeichneten Objekte – Längen- und Winkelmessung

In der Geometrie nutzt du dein Geodreieck als Handwerkszeug, nicht nur um Strecken und Geraden zu zeichnen, sondern auch, um beispielsweise die Länge einer Strecke oder die Größe eines Winkels im Dreieck zu bestimmen. Solche Messungen kannst du auch mit einem dynamischen Geometrie-System ausführen.

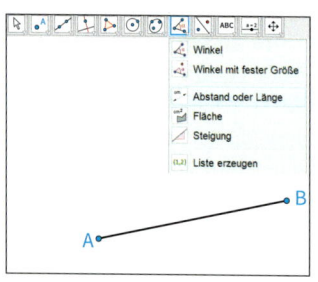 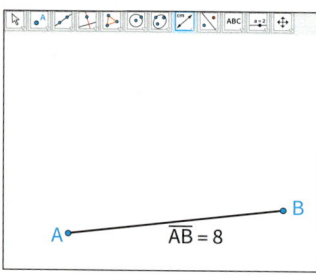 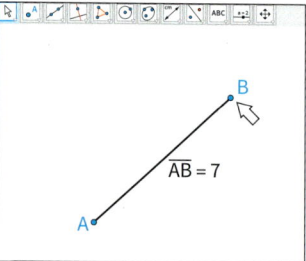

7. a) Zeichne eine Strecke $\overline{AB}$ und miss ihre Länge.
   b) Verändere einen der Eckpunkte, sodass die Strecke eine Länge von 12 (cm) hat.

8. a) Zeichne fünf verschiedene Strecken, die alle die Länge 14,5 (cm) haben.
   b) Kannst du die Strecken so legen, dass sie sich nicht schneiden?

Dynamische Geometrie-Systeme bieten oft die Möglichkeiten, sowohl Winkel wie im Heft einzuzeichnen als auch deren Größe zu messen. In der Symbolleiste findest du beide Befehle.

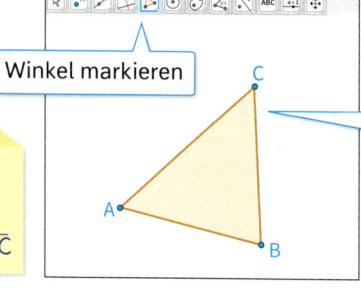 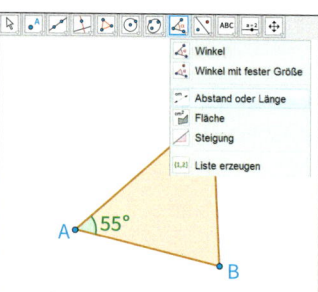

∢ BAC
Winkel mit dem Scheitel A und den Schenkeln $\overline{AB}$ und $\overline{AC}$

9. a) Zeichne folgende Winkel: (1) 49° (2) 90° (3) 114° (4) 180° (5) 253°
   b) Zeichne fünf verschiedene Winkel und miss ihre Größe.

10. Zeichne einen Strahl $\overrightarrow{AB}$ und einen Strahl $\overrightarrow{AC}$.
   a) Markiere den eingeschlossenen Winkel.
   b) Miss die Größe des eingeschlossenen Winkels.
   c) Verändere die Lage der Halbgeraden so, dass der eingeschlossene Winkel
      (1) 75°,   (2) 90°,   (3) 124°,   (4) 180°,   (5) 267°   groß ist.

11. a) Zeichne ein Dreieck ABC und bestimme die Größe aller Innenwinkel.
   b) In dem Dreieck sollen zwei Winkel gleich groß sein.
   c) Erzeuge ein Dreieck mit drei gleich großen Innenwinkeln.
   d) Erzeuge ein Dreieck, bei dem ein Innenwinkel 80° groß ist, ein zweiter 65°.

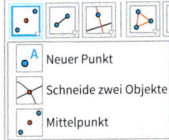

In dynamischen Geometrie-Systemen hast du oft auch die Möglichkeit, besondere Punkte zu erzeugen. Ein solcher besonderer Punkt ist z. B. der Mittelpunkt einer Strecke.
Diesen Punkt benötigst du, um beispielsweise das Ornament auf der Seite 60 oben zu erzeugen. Wähle zunächst den Befehl in der Symbolleiste aus und klicke anschließend auf die Strecke, deren Mittelpunkt erzeugt werden soll.

12. a) Zeichne eine Strecke $\overline{AB}$ und bestimme ihren Mittelpunkt C.
   b) Miss nach. Ist C tatsächlich der Mittelpunkt von $\overline{AB}$?

13. Zeichne ein Dreieck ABC und verbinde die Mittelpunkte der Dreieckseiten wieder zu einem neuen Dreieck DEF.
   a) Vergleiche die Seitenlängen des roten Dreiecks mit denen des gelben Dreiecks.
   b) Vergleiche ebenso die Größe der Winkel miteinander.

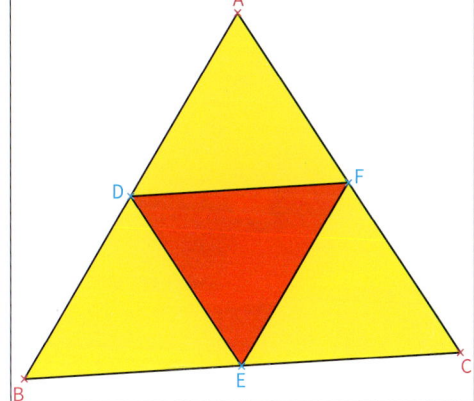

14. Zeichne ein Dreieck ABC. Verbinde A mit dem Mittelpunkt von a, B mit dem Mittelpunkt von b und C mit dem Mittelpunkt von c. Was stellst du fest? Verändere auch das Dreieck.

15. Zeichne eine Figur wie in der Abbildung rechts.
   Beachte, dass die Gerade durch A und B parallel zur Gerade durch den Punkt C ist.
   a) Vergleiche die Größe des Winkels β mit den Winkelgrößen von α und γ.
   b) Formuliere eine Vermutung.
   c) Verändere die Figur und überprüfe deine Vermutung.

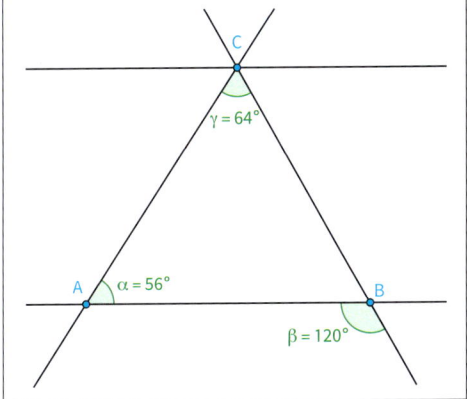

KAPITEL 3
BRUCHZAHLEN – ADDIEREN UND SUBTRAHIEREN

Kuchenrezept

Zutaten für 1 Himbeer-Torte (12 Portionen)

- $\frac{1}{4}$ kg Mehl
- 130 g Zucker
- Salz
- 150 g kalte Butter, in kleinen Stücken
- 2 Eier (Kl. M)
- 1 $\frac{1}{2}$ Pk. Vanillepuddingpulver

- $\frac{1}{2}$ l Milch
- $\frac{1}{4}$ l Schmand
- $\frac{1}{2}$ kg Quark
- 300 g Himbeeren
- 4 EL Himbeerfruchtaufstrich

▸▸ Was bedeuten die Mengenangaben?
▸▸ Wie viel von den Zutaten braucht man für 2, wie viel für 3 Torten?

Farbkreis

In dem Bild rechts ist ein Farbkreis abgebildet.

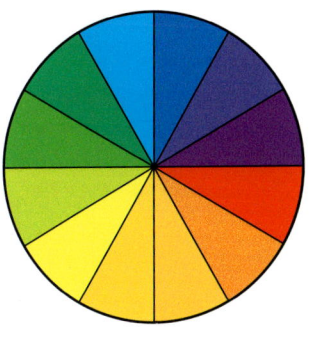

» Wie viele Farben sind dargestellt?

» Welcher Anteil des Farbkreises ist gelb gefärbt?
Welcher Anteil des Kreises ist mit Grüntönen gefärbt?

» Wie groß ist der Anteil des Farbkreises an Rot- und Orangetönen?

Brüche in Hieroglyphen

Auf dem Bild links siehst du an der Wand Hieroglyphen. Das ist eine Bilderschrift, die von den Ägyptern bereits vor über 5000 Jahren benutzt wurde. Auch für die Zahlen benutzten die Ägypter Bildzeichen. Sie kannten auch schon Brüche mit dem Zähler 1 wie z. B. $\frac{1}{2}$ oder $\frac{1}{4}$.

$\frac{1}{2}$ wurde z. B. mit der Hieroglyphe ⌒ oder ⌒ für „Hälfte" ausgedrückt.

In der Tabelle siehst du einige ägyptische Zahlzeichen. Wenn die Ägypter einen Bruch, z. B. $\frac{1}{3}$, darstellen wollten, malten sie einfach über das Zeichen für 3 einen Mund.

$\frac{1}{3}$ war dann:

Die Zeichen in der Tabelle bedeuten:

Einer:	kleiner senkrechter Strich
Zehner:	Henkel (Hufeisen)
Hunderter:	Spirale (Tau)
Tausender:	Lotusblüte

» Versuche die folgenden Brüche mit dem Zähler 1 in der altägyptischen Schreibweise aufzuschreiben: $\frac{1}{7}, \frac{1}{25}, \frac{1}{30}, \frac{1}{12}$

» Denke dir selbst einige ägyptische Brüche aus. Dein Nachbar soll versuchen sie zu entschlüsseln.

IN DIESEM KAPITEL LERNST DU

... wie man Anteile bestimmen und berechnen kann.
... wie man Anteile in Prozent angeben kann.
... wie man Brüche addiert und subtrahiert.

Kapitel 3

BRÜCHE

EINSTIEG

» Welcher Anteil der Tafel Schokolade ist gegessen worden, welcher ist noch vorhanden?

(1) 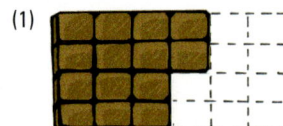 (2)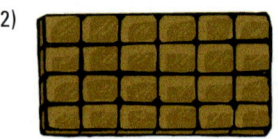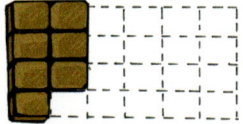

» Beschreibe, wie du die Zutaten abmessen kannst.

» Welcher Anteil ist in dem Bild blau, welcher gelb gefärbt? Gib jeweils mehrere Brüche an.

(1)  (2) 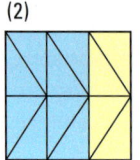 (3) 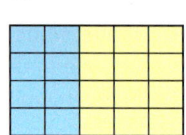 (4)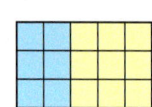

WIEDERHOLUNG

(1) Brüche

Der Nenner eines Bruches gibt an, in wie viele gleich große Teile ein Ganzes zerlegt wird.
Der Zähler gibt an, wie viele solcher Teile davon genommen werden.

Brüche, bei denen der Zähler größer als der Nenner ist, kann man auch in der *gemischten Schreibweise* schreiben: $\frac{11}{8} = 1\frac{3}{8}$; $\frac{23}{7} = 3\frac{2}{7}$

Sonderfälle: Brüche, bei denen der Zähler ein Vielfaches vom Nenner ist, lassen sich als natürliche Zahlen schreiben: $\frac{3}{3} = 1$; $\frac{6}{2} = 3$; $\frac{10}{5} = 2$

$\frac{5}{6}$ ← Zähler / Nenner

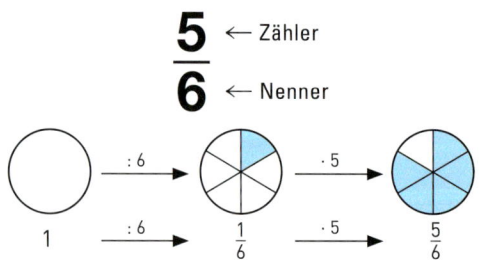

(2) Brüche als Maßzahlen in Größenangaben

Mit Brüchen kann man Größen wie Längen, Flächeninhalte, Volumina, Gewichte und Zeitspannen angeben.

Maßzahl → $\frac{5}{8}$ **kg** ← Einheit

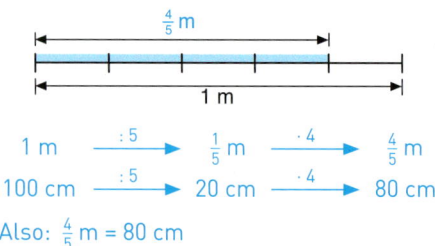

Also: $\frac{4}{5}$ m = 80 cm

Bruchzahlen – Addieren und Subtrahieren

(3) Gleichwertige Brüche – Erweitern und Kürzen

Erweitern eines Bruches

Ein Bruch wird erweitert, indem man seinen Zähler und seinen Nenner mit derselben Zahl multipliziert.

Erweiterungszahl

Beispiel: $\frac{3}{4} \overset{2}{=} \frac{3 \cdot 2}{4 \cdot 2} = \frac{6}{8}$; $\frac{3}{4} \overset{3}{=} \frac{3 \cdot 3}{4 \cdot 3} = \frac{9}{12}$

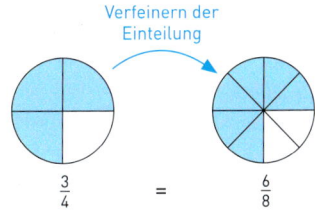

Kürzen eines Bruches

Ein Bruch wird gekürzt, indem man seinen Zähler und seinen Nenner durch dieselbe Zahl ungleich 0 dividiert.

Kürzungszahl

Beispiel: $\frac{12}{30} \overset{2}{=} \frac{12:2}{30:2} = \frac{6}{15}$; $\frac{12}{30} \overset{3}{=} \frac{12:3}{30:3} = \frac{4}{10}$

Beim Erweitern und Kürzen ändert sich der Anteil nicht.

> Die Kürzungszahl ist ein **gemeinsamer** Teiler von Zähler und Nenner.

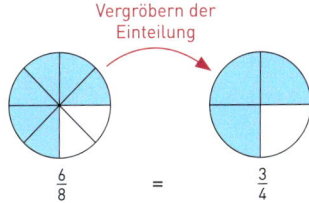

(4) Brüche vergleichen – Zahlenstrahl

Brüchen vergleichen und der Größe nach ordnen

(1) Bei Brüchen mit gleichem Nenner: die Zähler vergleichen

$\frac{5}{12} < \frac{7}{12}$, denn $5 < 7$

(2) Bei Brüchen mit verschiedenen Nennern: gleichnamig machen, wie in (1)

$\frac{2}{3} = \frac{8}{12}$ und $\frac{3}{4} = \frac{9}{12}$, also $\frac{2}{3} < \frac{3}{4}$, denn $\frac{8}{12} < \frac{9}{12}$

Bruchzahlen am Zahlenstrahl

Man kann Bruchzahlen am Zahlenstrahl markieren. Zu einer Bruchzahl kann man mehrere Brüche angeben.

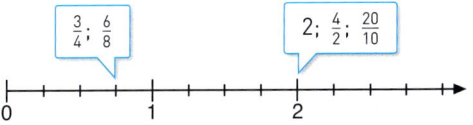

ÜBEN

1. Gib die Tortenvorräte mithilfe von Brüchen bzw. in der gemischten Schreibweise an.

(1) Pfirsichtorte
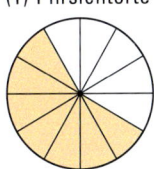

(2) Kirschtorte
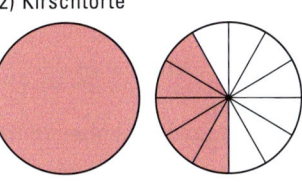

(3) Kiwitorte
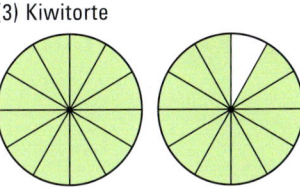

2. Welche Brüche sind dargestellt? Erkläre, wie sie entstanden sind.

(1)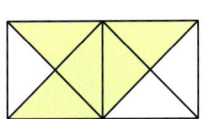
(2)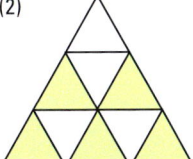
(3)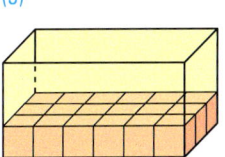
(4)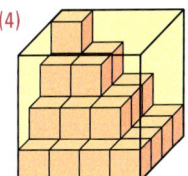

3. Felix behauptet:

> $\frac{5}{6}$ des Rechtecks sind blau.

Was meinst du?

4. Wähle auf Karopapier günstige Rechtecke als Ganzes. Färbe den jeweiligen Anteil grün.
   a) $\frac{3}{5}$ b) $\frac{5}{9}$ c) $\frac{7}{12}$ d) $\frac{3}{7}$ e) $\frac{7}{16}$ f) $\frac{7}{6}$ g) $\frac{11}{8}$ h) $1\frac{4}{5}$ i) $2\frac{7}{9}$

5. Wähle auf Karopapier günstige Strecken als Ganzes. Färbe den jeweiligen Anteil blau.
   a) $\frac{9}{11}$ b) $\frac{7}{15}$ c) $\frac{3}{10}$ d) $\frac{9}{10}$ e) $\frac{11}{7}$ f) $\frac{13}{8}$ g) $\frac{13}{10}$ h) $1\frac{6}{7}$ i) $2\frac{9}{10}$ j) $3\frac{1}{10}$

6. Wie viel fehlt am nächsten Ganzen?
   a) $\frac{3}{5}$ b) $2\frac{4}{7}$ c) $4\frac{5}{11}$ d) $3\frac{7}{10}$ e) $2\frac{49}{100}$

7. Gib die Größenangaben in einer kleineren Einheit ohne Brüche an.

   $\frac{3}{8}$ l Brühe $\frac{1}{4}$ kg Butter $\frac{3}{4}$ m Stoff

   1 m = 100 cm
   1 kg = 1000 g
   1 l = 1000 ml
   1 m³ = 1000 l

8. Gib die Größenangaben in der jeweiligen Einheit an:
   a) in cm: $\frac{7}{10}$ m; $\frac{4}{5}$ m; $\frac{51}{100}$ m; $1\frac{9}{10}$ m
   b) in ml: $\frac{7}{8}$ l; $\frac{6}{10}$ l; $\frac{2}{5}$ l; $\frac{17}{20}$ l; $1\frac{67}{100}$ l
   c) in g: $\frac{7}{8}$ kg; $\frac{4}{5}$ kg; $\frac{3}{10}$ kg; $3\frac{104}{1000}$ kg
   d) in l: $\frac{3}{4}$ m³; $\frac{5}{8}$ m³; $\frac{4}{5}$ m³; $3\frac{7}{10}$ m³

Erweitern und Kürzen

$\frac{3}{4} = \frac{24}{\square}$?

9. Die Brüche $\frac{2}{3}$, $\frac{4}{6}$ und $\frac{8}{12}$ sind gleichwertig. Begründe dies, indem du die Anteile darstellst. Versuche, mehrere Möglichkeiten zu finden.

10. Erweitere die Brüche $\frac{2}{3}$; $\frac{1}{6}$; $\frac{3}{2}$; $\frac{8}{15}$; $\frac{4}{1}$ und $\frac{3}{10}$
    a) mit der Erweiterungszahl 12;
    b) so, dass der Nenner 30 ist.

11. Erweitere nacheinander mit 2, 3, 5, 10, 11, 12, 24 und 25.
    a) $\frac{2}{3}$ b) $\frac{1}{8}$ c) $\frac{3}{5}$ d) $\frac{4}{7}$ e) $\frac{5}{12}$ f) $\frac{11}{1}$ g) $\frac{8}{15}$ h) $\frac{7}{12}$ i) $\frac{18}{25}$ j) $\frac{24}{13}$

12. Erweitere jeweils so, dass der Nenner 10, 100 oder 1 000 ist.
    a) $\frac{11}{5}$; $\frac{5}{4}$
    b) $\frac{9}{2}$; $\frac{3}{25}$
    c) $\frac{9}{20}$; $\frac{7}{25}$
    d) $\frac{13}{40}$; $\frac{37}{200}$
    e) $\frac{21}{250}$; $\frac{52}{125}$
    f) $\frac{5}{8}$; $\frac{131}{200}$

    $\frac{7}{20} \overset{6}{=} \frac{35}{100}$

13. Bestimme die Erweiterungszahl. Welche Aussagen sind falsch?
    Berichtige bei der zweiten Zahl dann nur den Nenner.

    a) $\frac{5}{8} = \frac{35}{56}$ b) $\frac{4}{11} = \frac{36}{99}$ c) $\frac{12}{7} = \frac{48}{28}$ d) $\frac{11}{9} = \frac{110}{99}$ e) $\frac{17}{23} = \frac{51}{96}$ f) $\frac{16}{15} = \frac{256}{225}$
    $\frac{7}{9} = \frac{42}{63}$ $\frac{13}{5} = \frac{65}{25}$ $\frac{8}{15} = \frac{48}{90}$ $\frac{25}{8} = \frac{125}{56}$ $\frac{37}{46} = \frac{111}{138}$ $\frac{52}{63} = \frac{364}{441}$

14. Erweitere die Brüche so, dass sie dann einen gemeinsamen Nenner haben.

    $\frac{2}{3}$; $\frac{4}{5}$ $\frac{2}{3} = \frac{10}{15}$ $\frac{4}{5} = \frac{12}{15}$

    a) $\frac{1}{2}$; $\frac{3}{4}$ b) $\frac{5}{4}$; $\frac{1}{6}$ c) $\frac{9}{10}$; $\frac{4}{25}$ d) $\frac{5}{6}$; $\frac{3}{8}$ e) $\frac{3}{2}$; $\frac{2}{3}$; $\frac{4}{5}$ f) $\frac{15}{14}$; $\frac{10}{21}$; $\frac{3}{35}$; $\frac{9}{70}$

Bruchzahlen – Addieren und Subtrahieren

15. Kürze die Brüche $\frac{12}{30}, \frac{18}{24}, \frac{24}{6}, \frac{48}{60}$ und $\frac{6}{54}$ **a)** mit 2;   **b)** mit 3;   **c)** mit 6.

16. Kürze; es gibt mehrere Möglichkeiten. Gib wie im Beispiel jeweils die Kürzungszahl an.

$$\frac{30}{48} \underset{2}{=} \frac{15}{24} \qquad \frac{30}{48} \underset{3}{=} \frac{10}{16} \qquad \frac{30}{48} \underset{6}{=} \frac{5}{8}$$

a) $\frac{30}{40}$ **b)** $\frac{28}{16}$ **c)** $\frac{18}{12}$ **d)** $\frac{45}{30}$ **e)** $\frac{34}{36}$ **f)** $\frac{16}{40}$ **g)** $\frac{40}{60}$ **h)** $\frac{20}{10}$ **i)** $\frac{80}{120}$ **j)** $\frac{144}{60}$ **k)** $\frac{108}{180}$

17. Kürze so weit wie möglich.

$$\frac{60}{90} \underset{2}{=} \frac{30}{45} \qquad \frac{60}{90} \underset{15}{=} \frac{4}{6}$$

a) $\frac{12}{16}; \frac{84}{21}; \frac{12}{18}$ **c)** $\frac{36}{90}; \frac{48}{80}; \frac{75}{60}$ **e)** $\frac{63}{36}; \frac{45}{54}; \frac{84}{48}$

b) $\frac{40}{50}; \frac{28}{24}; \frac{24}{36}$ **d)** $\frac{42}{28}; \frac{75}{45}; \frac{32}{48}$ **f)** $\frac{24}{60}; \frac{96}{120}; \frac{112}{84}$ **g)** $\frac{42}{30}; \frac{90}{135}; \frac{36}{40}$ **h)** $\frac{60}{144}; \frac{48}{128}; \frac{42}{126}$

18. Welche der Brüche $\frac{5}{6}; \frac{9}{15}; \frac{12}{48}; \frac{45}{72}; \frac{8}{12}; \frac{20}{24}; \frac{30}{48}; \frac{27}{49}$ sind gleichwertig? Begründe durch geeignetes Kürzen oder Erweitern.

19. Julia behauptet: Ich kann einen Bruch immer erweitern, aber nicht immer kürzen. Was meinst du dazu? Finde Beispiele und erkläre.

Vergleichen und ordnen – Zahlenstrahl

20. Vergleiche. Setze das passende Zeichen <, > oder = ein.

a) $\frac{7}{12}$ ■ $\frac{5}{8}$ **b)** $\frac{35}{25}$ ■ $\frac{21}{15}$ **c)** $\frac{13}{9}$ ■ $\frac{17}{12}$ **d)** $\frac{5}{7}$ ■ $\frac{8}{11}$ **e)** $\frac{13}{25}$ ■ $\frac{7}{15}$ **f)** $\frac{11}{24}$ ■ $\frac{19}{40}$

21. Verwandle zunächst in die gemischte Schreibweise. Ordne dann nach der Größe.

a) $\frac{37}{8}; \frac{52}{9}; \frac{17}{6}; \frac{55}{12}; \frac{19}{6}$ **b)** $\frac{16}{3}; \frac{40}{9}; \frac{26}{7}; \frac{80}{17}; \frac{79}{15}$ **c)** $\frac{53}{12}; \frac{43}{18}; \frac{52}{15}; \frac{153}{25}; \frac{28}{5}; \frac{29}{12}; \frac{82}{25}; \frac{27}{4}; \frac{61}{11}$

22.

```
    A   B       C   D           E   F   G               H
├───┼───┼───┼───┼───┼───┼───┼───┼───┼───┼───┼───┼───┼───┼───┼───────►
0                                                       1
```

Gib zu jedem der Punkte A bis H den zugehörigen Bruch an. Kürze falls möglich.

Gemischte Schreibweise

23. Schreibe als gewöhnlichen Bruch: $4\frac{1}{2}; 8\frac{1}{4}; 5\frac{2}{3}; 7\frac{9}{10}; 5\frac{4}{10}; 7\frac{11}{20}; 6\frac{24}{100}; 5\frac{8}{100}; 3\frac{125}{1000}; 4\frac{83}{1000}$

24. Gib in der gemischten Schreibweise an: $\frac{11}{2}; \frac{25}{3}; \frac{76}{8}; \frac{39}{6}; \frac{75}{10}; \frac{36}{20}; \frac{136}{100}; \frac{240}{100}; \frac{1005}{1000}$

25. Ordne zu.

26. Gib in der gemischten Schreibweise an.

a) $\frac{7}{2}$ kg; $\frac{15}{4}$ kg; $\frac{13}{8}$ kg; $\frac{43}{10}$ t; $\frac{219}{100}$ t   **b)** $\frac{7}{4}$ m; $\frac{11}{8}$ l; $\frac{4}{3}$ h; $\frac{15}{2}$ km; $\frac{13}{4}$ l; $\frac{53}{10}$ m²; $\frac{9}{5}$ kg

27. Korrigiere die Hausaufgaben von Alex.

a) $3\frac{1}{2} = \frac{3}{2}$ **c)** $2\frac{3}{8} = \frac{23}{8}$ **e)** $1\frac{2}{9} = \frac{3}{9}$

b) $4\frac{1}{4} = \frac{16}{4}$ **d)** $7\frac{4}{7} = \frac{53}{7}$ **f)** $10\frac{9}{10} = \frac{109}{10}$

BRÜCHE ALS QUOTIENTEN NATÜRLICHER ZAHLEN

EINSTIEG

Es sind noch 3 Waffeln übrig. Fünf Freunde wollen sich diese Waffeln gerecht teilen.
➤➤ Welchen Anteil an einer Waffel bekommt jeder?

INFORMATION

Den *Quotienten zweier natürlicher Zahlen* kann man auch als *Bruch* schreiben.
Beispiele: $2 : 3 = \frac{2}{3}$; $3 : 2 = \frac{3}{2} = 1\frac{1}{2}$

> Bruchstrich bedeutet Dividieren

Auch Quotienten mit dem Nenner 1, wie 3 : 1, oder Quotienten mit dem Zähler 0, wie 0 : 4, können wir als Bruch schreiben.
Beispiele: $3 : 1 = \frac{3}{1} = 3$; $0 : 4 = \frac{0}{4} = 0$

FESTIGEN UND WEITERARBEITEN

1. Welchen Anteil erhält jeder?
   a) 3 Geschwister teilen sich 2 Äpfel
   b) 5 Freunde teilen 2 Tafeln Schokolade

2. Notiere als Bruch. Gib das Ergebnis – falls möglich – auch als natürliche Zahl oder in der gemischten Schreibweise an.
   a) 7 : 2   b) 3 : 4   c) 2 : 4   d) 3 : 5   e) 3 : 12   f) 1 : 5   g) 0 : 3
      1 : 2   7 : 4   4 : 2   18 : 5   28 : 12   5 : 1   0 : 5

ÜBEN

3. Notiere als Bruch. Gib das Ergebnis – wenn möglich – auch als natürliche Zahl oder in der gemischten Schreibweise an.
   a) 5 : 8   b) 3 : 4   c) 2 : 6   d) 17 : 25   e) 9 : 1   f) 93 : 8   g) 178 : 18
      11 : 8   5 : 4   15 : 6   31 : 25   15 : 1   251 : 10   113 : 12
      0 : 8   1 : 4   0 : 6   25 : 25   1 : 7   84 : 5   1415 : 60

4. Wandle durch Dividieren in die gemischte Schreibweise um.
   a) $\frac{23}{7}$ d) $\frac{43}{3}$ g) $\frac{143}{12}$ j) $\frac{133}{20}$ m) $\frac{7428}{100}$
   b) $\frac{29}{8}$ e) $\frac{99}{7}$ h) $\frac{190}{15}$ k) $\frac{511}{25}$ n) $\frac{3395}{1000}$
   c) $\frac{67}{5}$ f) $\frac{100}{6}$ i) $\frac{131}{11}$ l) $\frac{387}{50}$ o) $\frac{5294}{1000}$

> $\frac{13}{5} = 13 : 5$
> $= 2 + (3 : 5)$
> $= 2 + \frac{3}{5}$
> $= 2\frac{3}{5}$

5. Schreibe als Bruch. Gib das Ergebnis auch in einer kleineren Einheit an.
   a) $3\,m^2 : 4$; $2\,km^2 : 5$; $7\,cm^2 : 10$ b) $7\,m^2 : 8$; $6\,dm^2 : 40$; $11\,m^2 : 125$

6. Es soll gerecht verteilt werden. Wie viel bekommt jeder?
   a) 5 Birnen werden an 8 Mädchen verteilt.
   b) 4 Freunde teilen sich 14 Cookies.
   c) 5 kg Zwetschgen werden an 12 Personen verteilt.

ANTEILE VON BELIEBIGEN GRÖßEN – DREI GRUNDAUFGABEN

Bestimmen eines Teils von einer Größe

EINSTIEG

Jans Mutter besitzt einen Bauernhof mit einer 96 ha großen landwirtschaftlichen Fläche. Auf $\frac{5}{8}$ dieser Fläche wird Getreide angebaut.

» Wie viel ha Land sind das?

WIEDERHOLUNG

$\frac{3}{4}$ von bedeutet: dividiere durch 4, multipliziere mit 3

Man kann mit Brüchen *Rechenanweisungen* angeben.

Die Rechenanweisung **davon $\frac{3}{4}$** bedeutet:

Zerlege das Ganze in vier gleich große Teile und nimm 3 davon.

oder

Dividiere eine Größe durch 4.
Multipliziere das Zwischenergebnis mit 3.

Beispiel: Eine Parkanlage besitzt eine Fläche von 1 600 m², $\frac{3}{4}$ davon ist Rasenfläche. Wie viel m² sind das?

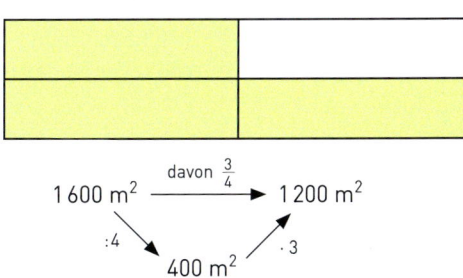

Lösung: Die Rasenfläche beträgt 1 200 m².

FESTIGEN UND WEITERARBEITEN

1. Der menschliche Körper besteht zu $\frac{3}{5}$ seines Gewichts aus Wasser. Julia wiegt 35 kg. Wie viel kg Wasser ist in ihrem Körper enthalten?

2. Bestimme:
- **a)** $\frac{2}{9}$ von 45 km
- **b)** 360 h, davon $\frac{7}{12}$
- **c)** $\frac{2}{6}$ von 54 m²
- **d)** 460 l, davon $\frac{11}{20}$

  $\frac{3}{7}$ von 28 m   360 h, davon $\frac{4}{5}$ $\frac{5}{12}$ von 48 cm² $\frac{5}{6}$ von 72 m³

ÜBEN

3. Bestimme: **a)** $\frac{2}{3}$, **b)** $\frac{5}{6}$, **c)** $\frac{5}{10}$, **d)** $\frac{3}{9}$ von (1) 12 cm; (2) 24 cm; (3) 54 kg.

4. Die Klasse 6c hat 30 Schülerinnen und Schüler. In der großen Pause trinken alle Milch oder Kakao. Es tranken
- **a)** vorgestern $\frac{7}{15}$ der Klasse Kakao;
- **b)** gestern $\frac{3}{5}$ der Klasse Milch;
- **c)** heute $\frac{7}{10}$ der Klasse Kakao.

Wie viele Päckchen von jeder Sorte wurden jeweils zur großen Pause geholt?

Bestimmen des Ganzen

EINSTIEG

AUFGABE

1. a) Miriam will sich einen MP3-Player kaufen. Sie hat dafür 36 € gespart.
Miriam sagt:
„Leider habe ich erst $\frac{1}{3}$ des Kaufpreises gespart."
Wie viel Euro kostet der MP3-Player?

b) Patrick will sich ein Fahrrad kaufen.
Er hat 240 € gespart.
Patrick sagt:
„Ich habe schon $\frac{2}{3}$ des Kaufpreises zusammen."
Wie teuer ist das Fahrrad?

Lösung

a) *Wir suchen:*
den Kaufpreis, das Ganze.

Wir wissen:
$\frac{1}{3}$ des Kaufpreises beträgt 36 €.

Wir überlegen und rechnen:
1 Drittel des Kaufpreises beträgt 36 €.
3 Drittel des Kaufpreises, also das Ganze, beträgt 3 · 36 €, also 108 €.

Ergebnis: Der MP3-Player kostet 108 €.

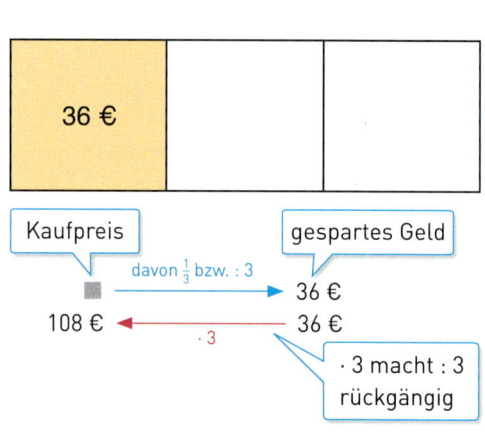

b) *Wir suchen:*
den Kaufpreis, das Ganze.

Wir wissen:
$\frac{2}{3}$ des Kaufpreises beträgt 240 €.

Wir überlegen und rechnen:
2 Drittel des Kaufpreises sind 240 €.
1 Drittel des Kaufpreises ist 240 € : 2, also 120 €.
3 Drittel des Kaufpreises, also das Ganze, beträgt 3 · 120 €, also 360 €.

Ergebnis: Das Fahrrad kostet 360 €.

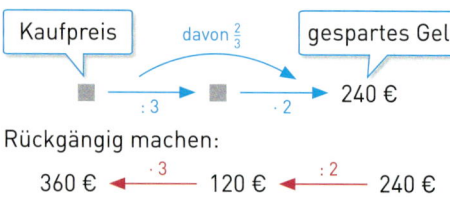

Bruchzahlen – Addieren und Subtrahieren

FESTIGEN UND WEITERARBEITEN

2. Conny: „Wir sitzen jetzt schon 2 Stunden im Zug."
   Luise: „Ja, aber wir haben schon $\frac{3}{4}$ der Fahrtzeit hinter uns."
   Wie lange dauert Connys und Luises Zugfahrt?

3. Bei einer Fahrradkontrolle wurden an 34 Fahrrädern Mängel festgestellt. Das waren $\frac{2}{7}$ aller kontrollierten Räder.
   An wie vielen Fahrrädern wurden keine Mängel festgestellt?

ÜBEN

4. Wie groß ist die Gesamtgröße (das Ganze)? Denke dir die Rechenanweisung in eine Divisions- und eine Multiplikationsanweisung zerlegt; rechne dann rückwärts.

   a) ▨ $\xrightarrow{\text{davon } \frac{1}{4}}$ 21 l   b) ▨ $\xrightarrow{\text{davon } \frac{2}{4}}$ 300 g   c) ▨ $\xrightarrow{\text{davon } \frac{1}{5}}$ 12 s   d) ▨ $\xrightarrow{\text{davon } \frac{2}{5}}$ 60 kg

   ▨ $\xrightarrow{\text{davon } \frac{3}{4}}$ 21 l   ▨ $\xrightarrow{\text{davon } \frac{3}{5}}$ 330 €   ▨ $\xrightarrow{\text{davon } \frac{1}{4}}$ 36 s   ▨ $\xrightarrow{\text{davon } \frac{5}{8}}$ 15 kg

5. Wie groß ist das Ganze?
   a) $\frac{1}{6}$ des Gewichts sind 9 kg   d) $\frac{1}{10}$ der Länge sind 12 km   g) $\frac{1}{12}$ der Zeitdauer sind 3 h
   b) $\frac{5}{6}$ des Gewichts sind 45 t   e) $\frac{9}{10}$ der Länge sind 540 m   h) $\frac{7}{12}$ der Zeitdauer sind 28 h
   c) $\frac{4}{5}$ des Gewichts sind 24 g   f) $\frac{3}{5}$ der Länge sind 21 km   i) $\frac{5}{6}$ der Zeitdauer sind 15 h

6. Kai verlor beim Spiel 6 Spielmarken. Das waren $\frac{2}{3}$ seiner Spielmarken.
   Wie viele besaß er vorher?

7. Carolin wurde zur Klassensprecherin gewählt. Sie erhielt $\frac{9}{14}$ aller abgegebenen Stimmen.
   Wie viele Stimmen wurden insgesamt abgegeben?

8. Übertrage in dein Heft. Schreibe zu dem Pfeilbild eine Sachaufgabe. Gib deinem Partner/deiner Partnerin die Aufgabe zum Lösen.

   a) 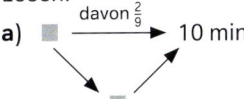   b) 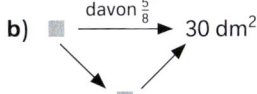   c)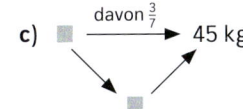

9.  Herr Neumann hat Rasensamen eingekauft. Jakob schaut sich die Verpackung an und sagt: „Das reicht aber nur für $\frac{3}{5}$ der Fläche."

Bestimmen von Anteilen bei beliebigen Größen

EINSTIEG

Lukas unternimmt mit zwei Freunden in den Ferien eine Wanderung. Die gesamte Wanderstrecke ist 12 km lang. Nach $1\frac{3}{4}$ Stunden sieht Lukas einen Wegweiser und ruft:
„Ich glaube, $\frac{3}{4}$ der gesamten Strecke haben wir geschafft."

AUFGABE

1. Sarah bekommt monatlich 15 € Taschengeld. Davon spart sie immer 4 €. Welchen Anteil des Taschengeldes spart sie?

Lösung

Denke dir 15 € in 15 Euromünzen.
Jeder Euro ist $\frac{1}{15}$ des Taschengeldes, 4 € sind dann viermal so viel, also $\frac{4}{15}$ des Taschengeldes.

Ergebnis: Sarah spart wöchentlich $\frac{4}{15}$ ihres Taschengeldes.

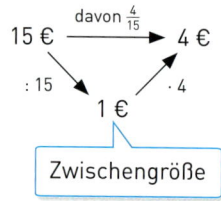

Zwischengröße

FESTIGEN UND WEITERARBEITEN

2. Gib die Rechenanweisung an.

a)   b)   c)

3. Übertrage ins Heft und fülle die Lücken aus.

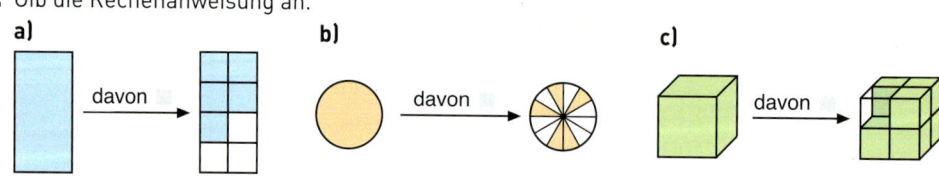

4. Gib die Rechenanweisung an; schreibe wie im Beispiel.

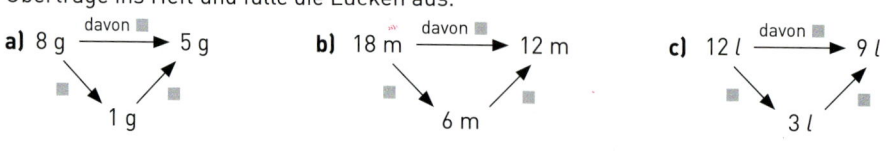

$7 € \xrightarrow{\text{davon } \frac{2}{7}} 2 €$
$\frac{2}{7}$ von 7 € sind 2 €

5. 8 von 24 Schülerinnen und Schülern einer Klasse sind in einem Sportverein. Gib diesen Anteil der Schülerinnen und Schüler als Bruch an.

Bruchzahlen – Addieren und Subtrahieren

6. Welcher Anteil ist das? Kürze, falls möglich.
- a) 3 € von 7 €
- b) 3 g von 12 g
- c) 24 m von 80 m
- d) 7 l von 15 l
- e) 7 Monate von 12 Monaten
- f) 18 Schüler von 25 Schülern

INFORMATION

Bestimmen von Anteilen
12 von 27 Schülerinnen und Schülern kommen mit dem Fahrrad zur Schule.
Ihr Anteil beträgt dann: $\frac{12}{27} = \frac{4}{9}$

ÜBEN

7. Gib jeweils die Rechenanweisung an. Vergleiche dann die drei Rechenwege.

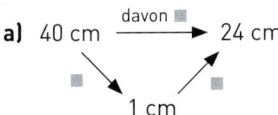
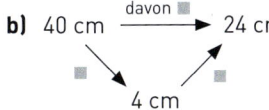
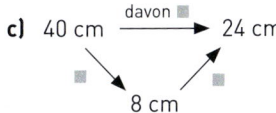

8. Bestimme eine Rechenanweisung. Suche zuerst eine passende Zwischengröße (siehe Aufgabe 7).
- a) 30 m davon ■ → 18 m
- b) 35 m davon ■ → 25 m
- c) 30 l davon ■ → 25 l
- d) 100 l davon ■ → 75 l
- e) 50 kg davon ■ → 10 kg
- f) 100 kg davon ■ → 5 kg

9. Übertrage ins Heft und fülle die Lücke aus. Bestimme den Anteil. Kürze auch.
- a) 16 m sind ■ von 24 m
- b) 28 kg sind ■ von 70 kg
- c) 10 l sind ■ von 14 l
- d) 56 g sind ■ von 88 g
- e) 18 cm sind ■ von 27 cm
- f) 36 kg sind ■ von 48 kg

10. Welcher Anteil ist das? Kürze, falls möglich.
- a) 7 € von 15 €
- b) 14 km von 21 km
- c) 27 kg von 54 kg
- d) 4 t von 12 t
- e) 8 t von 20 t
- f) 45 s von 60 s
- g) 3 kg von 8 kg
- h) 48 l von 54 l

11. Bei einer Klassensprecherwahl wurden insgesamt 32 Stimmen abgegeben.
Welcher Anteil der abgegebenen Stimmen entfiel auf Dennis, welcher auf Sarah, welcher auf Anne und welcher auf Markus?

12. In einer Klasse sind 26 Schülerinnen und Schüler. Davon kommen 7 zu Fuß in die Schule, 5 mit dem Fahrrad und 14 mit dem Bus.
Welcher Anteil der Klasse kommt
- a) zu Fuß;
- b) mit dem Fahrrad;
- c) mit dem Bus?

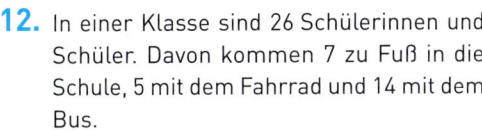

13. In eine a) 2-Liter-Flasche, b) 1-Liter-Flasche; c) $\frac{3}{4}$-Liter-Flasche
wird $\frac{1}{2}$ l Apfelsaft gefüllt.
Wie voll ist die Flasche? Gib den Anteil als Bruch an.

Vermischte Übungen

Der Teil ist gesucht	**Das Ganze ist gesucht**	**Der Anteil ist gesucht**
$\frac{3}{4}$ von 60 €	$\frac{3}{4}$ von einem Ganzen beträgt 90 €	30 € von 80 €
Gegeben: Anteil: $\frac{3}{4}$ Ganzes: 60 €	*Gegeben:* Anteil: $\frac{3}{4}$ Teil des Ganzen: 90 €	*Gegeben:* Ganzes: 80 € Teil des Ganzen: 30 €
Ansatz: 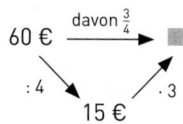	*Ansatz:* 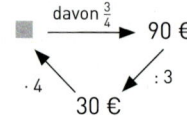	*Ansatz:* 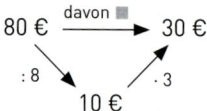
Rechnung: 60 € : 4 = 15 € 15 € · 3 = 45 €	*Rechnung:* 90 € : 3 = 30 € 30 € · 4 = 120 €	*Rechnung:* 80 € : 8 = 10 € 10 € · 3 = 30 €
Ergebnis: $\frac{3}{4}$ von 60 € sind **45 €**.	*Ergebnis:* $\frac{3}{4}$ von **120 €** sind 90 €.	*Ergebnis:* $\frac{3}{8}$ von 80 € sind 30 €.

> Überlege dir bei den Aufgaben zunächst, was gesucht ist.

1. Eine geplante Umgehungsstraße ist 12 km lang. $\frac{5}{6}$ der Straße sind schon fertig gestellt. Wie viel km sind das?

2. Wegen einer Grippe-Erkrankung fehlen 9 Schülerinnen und Schüler, das sind genau $\frac{3}{8}$ der Klasse.
   Wie viele Schülerinnen und Schüler hat die Klasse?

3. Hamed will sich ein Fahrrad kaufen. Er hat schon 280 € gespart.
   Welchen Anteil des Preises muss er noch sparen?

4. a) In der Bundesrepublik Deutschland leben rund 82 Mio. Menschen, in Niedersachsen etwa 8 Mio.
      Welcher Anteil ist das?
   b) Die Bundesrepublik Deutschland hat eine Fläche von ca. 357 000 km². $\frac{2}{15}$ davon entfällt auf Niedersachsen.

5. Von 36 Schülerinnen und Schülern sind $\frac{5}{12}$ Mädchen, $\frac{2}{9}$ Fahrschüler und $\frac{7}{18}$ älter als 11 Jahre.
   Prüfe folgende Aussagen. Korrigiere sie, falls nötig.
   (1) In der Klasse sind 15 Mädchen.
   (2) Der Anteil der Jungen beträgt $\frac{21}{36}$.
   (3) 2 Schüler(innen) sind Fahrschüler.
   (4) 14 Schüler(innen) sind höchstens 11 Jahre alt.

Bruchzahlen – Addieren und Subtrahieren **81**

6. Michaels Mutter möchte einen LCD-Fernseher kaufen. Der Händler verlangt eine Anzahlung von $\frac{3}{10}$ des Preises, der Rest ist bei Lieferung zu zahlen. Die Anzahlung beträgt 330 €. Wie viel kostet das Gerät?

7. a) Julia hat sich eine Digitalkamera ausgesucht. Sie kostet 175 €. Zum Geburtstag hat sie von ihrer Patentante 140 € geschenkt bekommen. Welcher Anteil am Kaufpreis ist das?
   b) Eine Jugendherberge hat 120 Betten; $\frac{3}{5}$ der Plätze sind besetzt. Wie viele sind das?
   c) An einer Schiffsfahrt nehmen 240 Personen teil. Der Kapitän erzählt: „Das Schiff ist zu $\frac{5}{6}$ ausgebucht." Wie viele Fahrgäste kann das Schiff befördern?

8. In einer Klasse sind 4 von 10 Schülern Jungen. Gib drei mögliche Klassenstärken und Jungenzahlen an.

9. In Annes Klasse sind 24 Schülerinnen und Schüler. Alle wurden nach ihrer Lieblingssportart befragt. Rechts siehst du das Ergebnis.

 10.

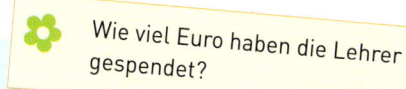
Wie hoch ist der Anteil der Klasse 6b am Spendenbetrag der sechsten Klassen?

Wie viel Euro haben die Lehrer gespendet?

Die 6. Klassen der Willy-Brandt-Schule haben für UNICEF gesammelt. Insgesamt betragen die Einnahmen 280 €. Die Klasse 6a hat $\frac{2}{5}$ dieses Betrags gesammelt, die Klasse 6b 120 € und die Klasse 6c den Rest.
Auch die Lehrer haben sich an der Sammelaktion beteiligt. 45 € sind alleine von der Schulleitung gespendet worden. Das sind $\frac{3}{10}$ des Sammelbetrags aller Lehrer.

UNICEF hilft Kindern bei Hunger, Krankheit und fehlender Schulbildung. Für 10 € können zum Beispiel 6 Packungen mit Milchpulver je 2,5 Liter Milch verteilt werden. Für 15 € können 70 Dosen Impfstoff gegen Masern besorgt werden. Für 30 € können 100 Schulhefte verteilt werden. Wofür könnte die Spende von der Willy-Brandt-Schule verwendet werden?

Wie viel Euro hat die Klasse 6a gesammelt?

Kapitel 3

ANGABE VON ANTEILEN IN PROZENT

EINSTIEG

Die folgenden Angaben findest du häufig im Alltag.
» Erkläre sie.
» Finde weitere Beispiele.

Wegen Umbau 20% auf alle Preise

30°C 100% Baumwolle

50% weniger Kalorien als herkömmliche Konfitüre

AUFGABE

1. Katrin und Björn studieren die Eintrittspreise des „Kino Apollo". Es hat insgesamt 100 Sitzplätze.
Wie viel Prozent (%) der Sitzplätze kosten 5 €, wie viel Prozent 6 € und wie viel Prozent 8 €?

Lösung

20 von 100 Sitzplätzen kosten 5 €. Das sind $\frac{20}{100}$, also 20 Prozent aller Sitzplätze.

30 von 100 Sitzplätzen kosten 6 €. Das sind $\frac{30}{100}$, also 30 Prozent aller Sitzplätze.

50 von 100 Sitzplätzen kosten 8 €. Das sind $\frac{50}{100}$, also 50 Prozent aller Sitzplätze.

INFORMATION

pro (lat.) für
centum (lat.) Hundert

Anteile an einem Ganzen werden durch gewöhnliche Brüche angegeben. Dabei verwendet man häufig Hundertstelbrüche in der **Prozentschreibweise**.
Einen Hundertstelbruch kann man auch als Dezimalbruch angeben.

$1\% = \frac{1}{100} = 0{,}01$ (ein **Prozent**)

$36\% = \frac{36}{100} = 0{,}36$

$100\% = \frac{100}{100} = 1{,}00$

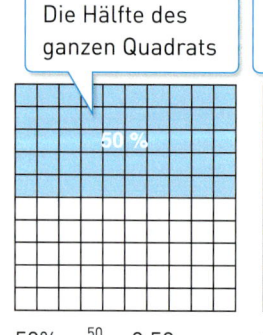

Die Hälfte des ganzen Quadrats

Ein Viertel des ganzen Quadrats

$50\% = \frac{50}{100} = 0{,}50$ $25\% = \frac{25}{100} = 0{,}25$

FESTIGEN UND WEITERARBEITEN

2. a) Schreibe als Hundertstelbruch: 4 %; 17 %; 64 %; 28 %; 95 %; 5 %.

b) Schreibe in Prozent: $\frac{35}{100}$; $\frac{56}{100}$; $\frac{2}{100}$; $\frac{30}{100}$; $\frac{72}{100}$; $\frac{15}{100}$; $\frac{75}{100}$; $\frac{5}{100}$; $\frac{10}{100}$.

c) Erweitere oder kürze, bis du einen Hundertstelbruch erhältst. Schreibe dann in Prozent.

$\frac{1}{2}$; $\frac{3}{4}$; $\frac{1}{5}$; $\frac{2}{5}$; $\frac{40}{200}$; $\frac{4}{5}$; $\frac{1}{10}$; $\frac{3}{10}$; $\frac{48}{600}$; $\frac{9}{10}$; $\frac{160}{1000}$

$\frac{1}{4} = \frac{25}{100} = 25\%$

$\frac{24}{200} = \frac{12}{100} = 12\%$

Bruchzahlen – Addieren und Subtrahieren

3. a) Schreibe als Dezimalbruch:
17 %; 48 %; 8 %; 60 %; 95 %; 1 %.

$38\% = \frac{38}{100} = 0{,}38$

b) Schreibe in Prozent: 0,26; 0,12; 0,09; 0,70; 0,9; 0,05.

ÜBEN

4. Links siehst du, wie Frau Mai ihren Garten aufgeteilt hat. Wie viel Prozent der gesamten Gartenfläche entfallen auf Gemüse, wie viel Prozent auf das Gartenhaus usw.?

5. Färbe ein Quadrat mit 100 Karokästchen
  a) zu 60 % rot, zu 30 % blau;
  b) zu 25 % rot, zu 45 % blau, zu 12 % gelb;
  c) zu 20 % rot, zu 15 % blau, zu 57 % gelb.
Wie viel Prozent des Quadrates bleiben ungefärbt?

6. Forme in die Prozentschreibweise um.
  a) $\frac{1}{20}$; $\frac{7}{20}$; $\frac{9}{20}$; $\frac{3}{25}$; $\frac{11}{25}$
  b) $\frac{16}{200}$; $\frac{50}{200}$; $\frac{60}{300}$; $\frac{15}{300}$; $\frac{65}{500}$; $\frac{450}{600}$
  c) $\frac{3}{12}$; $\frac{9}{15}$; $\frac{6}{30}$; $\frac{16}{40}$; $\frac{24}{80}$; $\frac{135}{150}$

7. a) Schreibe als gekürzten Bruch und als Dezimalbruch:
40 %; 15 %; 37 %; 45 %; 4 %; 36 %; 28 %.
  b) Schreibe in Prozent: 0,97; 0,08; 0,80; 0,8; 0,07; 0,01; 0,62.

8. Schreibe wie im Beispiel:
25 %; 10 %; 5 %; 20 %; 75 %; 40 %; 60 %; 30 %; 90 %; 70 %.

$50\% = \frac{50}{100} = \frac{1}{2} = 0{,}5$

9. Wie viel Prozent der Fläche sind rot, wie viel blau, wie viel gelb gefärbt? Wie viel Prozent sind nicht gefärbt?

a) 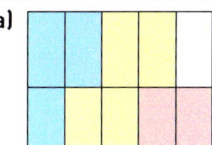 b)  c)  d)

10. Übertrage die Figuren in dein Heft und ergänze zu 100 %.

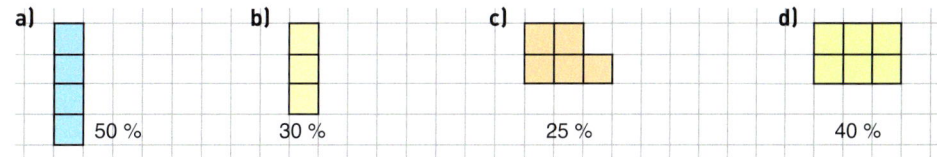

SPIELEN **11.** *Prozentquartett.* Fertigt euch wie im Bild zu jeder der folgenden Prozentangaben 4 Karten an: 50 %; 25 %; 10 %; 5 %; 20 %; 75 %; 40 %; 60 %; 30 %.

Spielregel: Verteilt die Karten an die Mitspieler. Es wird reihum gespielt. Jeder zieht eine Karte von seinem Nachbarn. Wer ein Quartett mit 4 zusammen gehörenden Zahlen hat (Beispiel rechts), legt diese 4 Karten ab. Sieger ist, wer die meisten Karten abgelegt hat.

GRUNDAUFGABEN DER PROZENT- UND ZINSRECHNUNG

INFORMATION

Grundwert – Prozentsatz – Prozentwert

Von den 300 Schülerinnen und Schülern eines Schulzentrums kommen 120 mit dem Bus zur Schule. Das sind 40 %.

Das *Ganze* (300 Schülerinnen und Schüler) ist der **Grundwert**.
Der *Anteil am Ganzen* (40 %) heißt **Prozentsatz**.
Die *Größe des Teils* (120 Schülerinnen und Schüler) heißt **Prozentwert**.

40 % von 300 Schülerinnen und Schülern = 120 Schülerinnen und Schüler
— Prozentsatz — Grundwert — Prozentwert

Grundschema der Prozentrechnung: Grundwert $\xrightarrow{\cdot\text{Prozentsatz}}$ Prozentwert

ÜBEN

Berechnen des Prozentwertes

1. a) 18 % von 200 kg
b) 25 % von 80 m³
c) 3 % von 4 000 €
d) 88 % von 500 l
e) 35 % von 60 m
f) 10 % von 720 €

Aufgabe: 15 % von 40 € = Prozentwert

Rechnung: 40 € $\xrightarrow{\frac{15}{100}=\frac{3}{20}}$ 6 €
: 20 ↘   ↗ · 3
2 €

2. Die Klasse 6b hat 20 Schülerinnen und Schüler.
a) 75 % davon haben Geschwister.
b) 20 % davon kommen mit dem Fahrrad zur Schule.

3. Die Länge des Rheins innerhalb Deutschlands beträgt etwa 860 km. Davon sind 90 % schiffbar.

4. Bei einem Schulfest wird ein Gewinn von 1 500 € gemacht. 12 % des Betrages ist für den Neukauf von Spielen geplant.

Berechnen des Grundwertes

5. a) 10 % vom Grundwert = 150 kg
b) 25 % vom Grundwert = 200 m
c) 60 % vom Grundwert = 630 cm³
d) 9 % vom Grundwert = 108 €

Aufgabe: 40 % vom Grundwert = 800 kg

Rechnung: 2 000 kg $\xrightarrow{\frac{40}{100}=\frac{2}{5}}$ 800 kg
· 5 ↗   ↘ : 2
400 kg

6. 30 % des Schulhofes sind Rasenfläche; das sind 420 m². Wie groß ist der Schulhof?

7. 153 Mio. km² der Erdoberfläche sind festes Land. Das sind 30 % der gesamten Erdoberfläche. Wie groß ist die Wasserfläche der Erde in km²?

8. Annabel unternimmt eine Fahrradtour. Am ersten Tag legt sie 34 km zurück; das sind 40 % der gesamten Strecke. Wie viel km muss sie noch zurücklegen?

Berechnen des Prozentsatzes

Z 9. Wie viel Prozent sind
a) 20 € von 100 €;
b) 44 kg von 200 kg;
c) 560 m von 7 000 m;
d) 7 m² von 20 m²?

Aufgabe: Wie viel Prozent sind 120 € von 160 €?

Rechnung: 160 € $\xrightarrow{\frac{120}{160}=\frac{3}{4}=\frac{75}{100}=75\%}$ 120 €

$:160 \searrow \quad \nearrow \cdot 120$

1 €

Z 10. In Janniks Schule wurde eine Fahrradkontrolle durchgeführt. 120 Fahrräder wurden überprüft.
a) Bei 60 Fahrrädern waren die Reifen abgefahren.
b) Bei 30 Rädern war die Beleuchtung defekt.
c) Bei 24 Rädern waren die Bremsen defekt.

Z 11. Bei den Bundesjugendspielen haben von den 80 Schülerinnen und Schülern der 6. Klassen 32 eine Urkunde erhalten, von den 120 Schülerinnen und Schülern der 7. Klassen waren es 54.
In welchem Jahrgang ist der prozentuale Anteil höher?

Z 12. Die Klasse 6a hat 25 Schülerinnen und Schüler. Bei der Klassensprecherwahl entfielen auf Julia 15 Stimmen und auf Tim 10 Stimmen. Gib die Anteile in Prozent an.

INFORMATION

Zinsrechnung

Die Zinsrechnung ist ein Sonderfall der Prozentrechnung. Es ändert sich nur die Ausdrucksweise.

Malte hat 600 € auf seinem Sparbuch. Er bekommt nach einem Jahr 12 € Zinsen.
Das sind 2 %.
Das *Ganze* (600 €) ist das **Kapital**.
Der *Anteil am Ganzen* (2 %) heißt **Zinssatz**.
Die *Größe des Teils* (12 €) heißt **Zinsen**.

Grundschema der Zinsrechnung: Kapital $\xrightarrow{\cdot \text{Zinssatz}}$ Zinsen

ÜBEN

Z 13. Rieke hat 400 € auf ihrem Sparkonto. Nach einem Jahr werden ihr 3 % dieses Betrages als Zinsen gutgeschrieben. Wie viel € Zinsen bekommt sie?

Z 14. Philip hat am Ende des Jahres 42 € Zinsen gutgeschrieben bekommen. Der Zinssatz betrug 6 %.
Welches Kapital hatte er auf seinem Konto?

Z 15. Frau Lehmann hat 8 500 € gespart. Nach einem Jahr bekommt sie 425 € Zinsen von der Bank. Wie hoch ist der Zinssatz?

Z 16. Herr Wiese hat am Anfang des Jahres 6 000 € auf seinem Konto. Am Ende des Jahres kann er mit den gutgeschriebenen Zinsen über 6 240 € verfügen. Wie hoch war der Zinssatz?

VERHÄLTNISSE UND ANTEILE

EINSTIEG

Anne will bei ihrer Geburtstagsfeier ein Fruchtgetränk durch Mischen von Sodawasser und Himbeersirup herstellen.

» Wie viel Sodawasser muss sie mit 200 ml Sirup mischen? Wie viel Saft erhält sie?

» Wie viel von den einzelnen Zutaten benötigt man für
(1) 300 ml, (2) 900 ml, (3) 1,8 l Saft?

AUFGABE

1. *Mischen in einem Verhältnis*

Zum Kochen von Konfitüre mit einer besonderen Sorte Gelierzucker sind Früchte und Gelierzucker im Verhältnis 3 : 2 (gelesen *3 zu 2*) zu mischen.
Das bedeutet:
Für 3 Gewichtsteile Früchte sind 2 Gewichtsteile Gelierzucker zu verwenden.

a) Für wie viel Früchte reicht eine 500-g-Packung Gelierzucker?

b) Gib andere Früchte- und Gelierzuckermengen an, die zusammen gehören. Vergleiche jeweils die Früchtemenge mit der Gelierzuckermenge.

c) Welchen Fruchtanteil hat die fertige Konfitüre, welchen Zuckeranteil hat sie?

Lösung

a)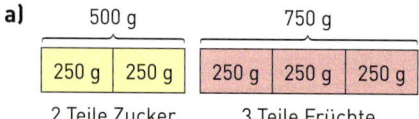

500 g Gelierzucker sind 2 Teile, also wiegt 1 Teil 250 g. Dafür sind dann 3 solcher Teile Früchte, 3 · 250 g, also 750 g zu verwenden.

Ergebnis: Die Packung reicht für 750 g Früchte.

b) Berechne die Fruchtmenge aus der Gelierzuckermenge wie in Teilaufgabe a):
100 g : 2 · 3 = 150 g. Das gilt auch für andere Gewichtsmengen. Die Fruchtmenge muss also jeweils anderthalb mal so groß sein wie die Gelierzuckermenge, zum Beispiel:

Menge an Gelierzucker (in g)	100	200	300	400
Menge an Früchten (in g)	100 : 2 · 3 = 150	300	450	600

c)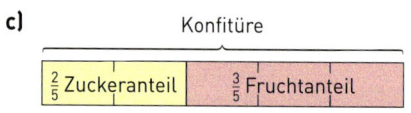

Mit 200 g Gelierzucker und 300 g Früchten erhält man 500 g Konfitüre. 300 g von 500 g Konfitüre sind Früchte.

Also beträgt der Fruchtanteil $\frac{300}{500} = \frac{3}{5}$.

Dieses Ergebnis kannst du auch sofort dem Mischungsverhältnis 3 : 2 entnehmen. Aus 3 Teilen Früchte und 2 Teilen Gelierzucker erhält man 5 Teile Konfitüre.

Also beträgt der Fruchtanteil $\frac{3 \text{ Teile}}{5 \text{ Teile}} = \frac{3}{5}$.

Der Zuckeranteil beträgt $\frac{200}{500} = \frac{2}{5}$ bzw. $\frac{2 \text{ Teile}}{5 \text{ Teile}} = \frac{2}{5}$.

FESTIGEN UND WEITERARBEITEN

2. *Teilen eines Betrages in einem Verhältnis*
Herr Klein und Frau Groß teilen sich einen Gewinn von 2 400 € im Verhältnis 3 : 5.
Wie ist der Gewinn aufzuteilen?
Welchen Anteil erhält jeder der beiden?

INFORMATION

Mischen und Aufteilen erfolgt häufig nach einem bestimmten *Verhältnis*, z. B. 3 : 5, gelesen: *3 zu 5*.

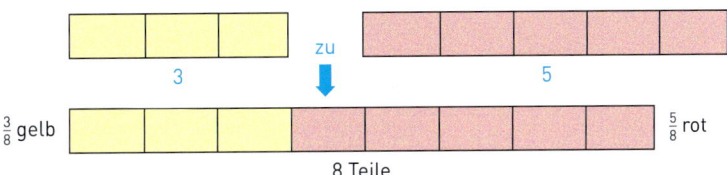

Mit einem Bruch kann man dann die jeweiligen Anteile am Ganzen angeben.

ÜBEN

3. Violette Farbtöne können aus blauer und roter Farbe gemischt werden; je nach Mischungsverhältnis ergibt sich ein anderer Farbton.

Farbton					
Mischungsverhältnis blau : rot	1 : 1	1 : 2	2 : 1	2 : 3	3 : 5

a) Gib jeweils an, welchen Anteil die blaue Farbe an der Mischung hat.
b) Bestimme, wie viel blaue bzw. wie viel rote Farbe man benötigt, um 240 ml eines Farbtons herzustellen.

4. Eine Erbschaft soll im Verhältnis 3 : 4 zwischen Frau Stamp und Herrn Heine aufgeteilt werden.
Wie ist ein Vermögen von 35 000 € aufzuteilen? Welchen Anteil erhält jeder?

5. Herr Meyer und Frau Schulz tragen einen Streit vor Gericht aus. Die Kosten für den Prozess betragen 750 €. Sie sollen von beiden im Verhältnis 2 : 3 getragen werden.
Wie viel muss jeder zahlen?
Welchen Anteil an den Prozesskosten muss jeder zahlen?

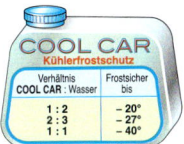

6. Die Flüssigkeit für die Scheibenwaschanlage eines Pkw besteht bei einer Frostsicherheit bis −27 °C aus 2 Teilen Frostschutzmittel und 3 Teilen Wasser. Das Kühlsystem fasst 2,5 *l*.

7. In der Klasse 6a der Erich Kästner-Schule sind 28 Schülerinnen und Schüler. Das Verhältnis von Mädchen zu Jungen beträgt 4 : 3.

8. In einem Fußballspiel der Klassen 6a und 6b gewinnt die Mannschaft der 6b mit 3 : 2. Welchen Anteil der Tore hat die Klasse 6a, welchen die Klasse 6b geschossen?

9. Für Zweitakt-Motoren – z. B. in Mofas oder Rasenmähern – wird ein Öl-Benzin-Gemisch im Verhältnis 1 : 50 hergestellt.
a) Wie viel Benzin braucht man bei 500 ml Öl?
b) Marc hat 5,1 *l* Zweitakt-Gemisch getankt. Wie viel Benzin ist darin enthalten?
c) Wie groß ist der Anteil des Öls an dem Gemisch? Gib einen Bruchteil an.

ADDIEREN UND SUBTRAHIEREN VON BRUCHZAHLEN

Addieren und Subtrahieren von ungleichnamigen Brüchen

EINSTIEG

Luca schaut nach der Party in die Küche. Wie viel Pizza ist noch da?

AUFGABE

1. Auf dem Schulfest gibt es einen Pizza-Stand. Die Pizzas sind unterschiedlich aufgeschnitten.
   (1) Claudio kauft $\frac{3}{8}$ Pizza mit Champignons und $\frac{1}{4}$ Pizza mit Peperoni.
   (2) Mario kauft $\frac{2}{3}$ Pizza mit Thunfisch und $\frac{1}{4}$ Pizza mit Peperoni.
   Wie viel Pizza hat jeder der beiden Jungen insgesamt?

Lösung

(1) *Claudio*

Einteilung verfeinern bedeutet Erweitern

(2) *Mario*

Brüche gleichnamig machen, dann addieren

$\frac{3}{8} + \frac{1}{4} = \frac{3}{8} + \frac{2}{8} = \frac{5}{8}$

Ergebnis:
Claudio hat insgesamt $\frac{5}{8}$ Pizza.

$\frac{2}{3} + \frac{1}{4} = \frac{8}{12} + \frac{3}{12} = \frac{11}{12}$

Ergebnis:
Mario hat insgesamt $\frac{11}{12}$ Pizza.

INFORMATION

Additions- und Subtraktionsregel bei gleichnamigen Brüchen

Addiere die Zähler.
Behalte den gemeinsamen Nenner bei.
$\frac{5}{8} + \frac{2}{8} = \frac{5+2}{8} = \frac{7}{8}$

Subtrahiere die Zähler.
Behalte den gemeinsamen Nenner bei.
$\frac{5}{8} - \frac{2}{8} = \frac{5-2}{8} = \frac{3}{8}$

Additions- und Subtraktionsregel bei ungleichnamigen Brüchen

Mache zuerst die Brüche gleichnamig. Verfahre dann wie bei gleichnamigen Brüchen.

Zuerst gleichnamig machen

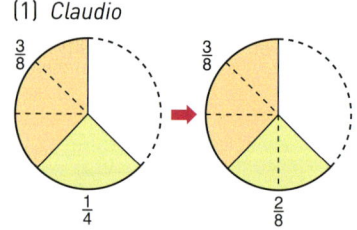

$\frac{3}{4} + \frac{1}{6} = \frac{9}{12} + \frac{2}{12} = \frac{11}{12}$

Zuerst gleichnamig machen

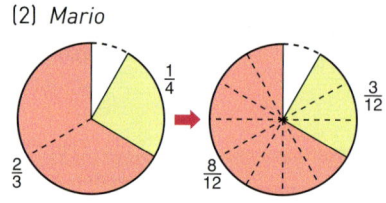

$\frac{4}{5} - \frac{3}{20} = \frac{16}{20} - \frac{3}{20} = \frac{13}{20}$

FESTIGEN UND WEITERARBEITEN

2. Berechne; kürze dann das Ergebnis, falls möglich.
a) $\frac{2}{7} + \frac{3}{7}$ b) $\frac{5}{7} - \frac{3}{7}$ c) $\frac{11}{15} + \frac{7}{15}$ d) $\frac{14}{15} - \frac{7}{15}$ e) $\frac{17}{100} + \frac{19}{100}$ f) $\frac{35}{100} - \frac{13}{100}$

3. Lisas Mutter hat $\frac{3}{4}$ einer ganzen Schoko-Sahnetorte gekauft. Es wird gegessen:
a) $\frac{1}{2}$ der ganzen Torte; b) $\frac{1}{3}$ der ganzen Torte.
Welcher Anteil einer ganzen Torte bleibt übrig?
Notiere den Rechenweg und löse die Aufgabe.

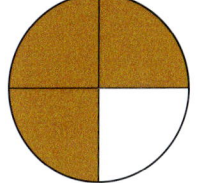

4. Mache die Brüche gleichnamig. Berechne.
a) $\frac{1}{4} + \frac{1}{2}$ b) $\frac{5}{6} - \frac{2}{3}$ c) $\frac{2}{15} + \frac{3}{5}$ d) $\frac{15}{16} - \frac{3}{4}$ e) $\frac{3}{10} + \frac{3}{100}$ f) $\frac{71}{125} + \frac{311}{1000}$

5. Mache die Brüche gleichnamig. Berechne. Kürze das Ergebnis, falls möglich.
a) $\frac{2}{3} + \frac{1}{4}$ b) $\frac{1}{2} - \frac{2}{5}$ c) $\frac{3}{4} + \frac{3}{5}$ d) $\frac{3}{10} + \frac{7}{12}$ e) $\frac{17}{125} + \frac{59}{100}$
$\frac{1}{2} + \frac{1}{3}$ $\frac{5}{6} - \frac{3}{4}$ $\frac{7}{10} - \frac{8}{15}$ $\frac{3}{4} - \frac{7}{25}$ $\frac{14}{15} - \frac{19}{21}$

ÜBEN

6. Bei einem Schulfest ist an drei Ständen Kuchen übrig geblieben.

a) Wie viel Kuchen ist an jedem Stand insgesamt übrig geblieben?
b) An welchem Stand ist am wenigsten, an welchem am meisten übrig geblieben?
c) An welchem Stand wurde am meisten verkauft? Wie viel Kuchen ist an diesem Stand mehr verkauft worden als an den anderen beiden Ständen?

7. Addiere die dargestellten Brüche. Notiere den Rechenweg.

a) 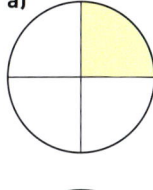 b) 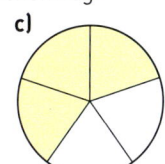 c) 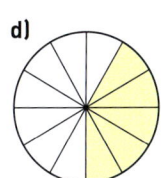 d)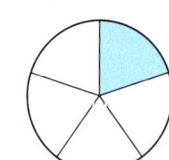

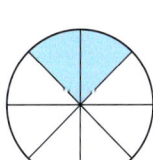 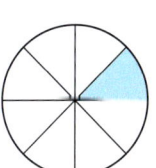

8. Mache die Brüche gleichnamig. Kürze das Ergebnis, falls möglich.

a) $\frac{3}{4} + \frac{1}{8}$ b) $\frac{9}{10} - \frac{3}{5}$ c) $\frac{3}{20} + \frac{2}{5}$ d) $\frac{17}{18} - \frac{5}{6}$ e) $\frac{3}{80} + \frac{2}{5}$ f) $\frac{11}{25} + \frac{17}{100}$

$\frac{1}{5} + \frac{1}{10}$ $\frac{1}{2} - \frac{3}{10}$ $\frac{2}{3} + \frac{7}{12}$ $\frac{7}{8} - \frac{11}{40}$ $\frac{5}{6} - \frac{7}{36}$ $\frac{7}{8} - \frac{863}{1000}$

9. Berechne. Kürze das Ergebnis, falls möglich.

a) $\frac{3}{4} + \frac{5}{6}$ c) $\frac{1}{2} - \frac{1}{7}$ e) $\frac{19}{125} - \frac{23}{250}$ g) $\frac{17}{24} - \frac{7}{20}$

$\frac{3}{10} + \frac{7}{12}$ $\frac{4}{5} - \frac{4}{13}$ $\frac{11}{75} - \frac{13}{100}$ $\frac{19}{20} - \frac{11}{30}$

b) $\frac{7}{10} - \frac{8}{15}$ d) $\frac{14}{21} + \frac{19}{21}$ f) $\frac{29}{45} + \frac{9}{10}$ h) $\frac{1}{19} - \frac{1}{31}$

$\frac{9}{12} - \frac{3}{20}$ $\frac{4}{35} + \frac{17}{45}$ $\frac{17}{125} + \frac{59}{100}$ $\frac{1}{25} - \frac{1}{32}$

$\frac{7}{12} + \frac{4}{15} = \frac{35}{60} + \frac{16}{60}$
$= \frac{51}{60}$
$= \frac{17}{20}$

10. Berechne. Kürze das Ergebnis falls möglich.

a) $\frac{5}{4} - \frac{1}{2}$ c) $\frac{15}{16} - \frac{4}{8}$ e) $\frac{47}{55} - \frac{8}{11}$

b) $\frac{17}{30} - \frac{4}{15}$ d) $\frac{59}{72} - \frac{4}{9}$ f) $\frac{71}{84} - \frac{3}{7}$

$\frac{22}{15} - \frac{2}{3} = \frac{22}{15} - \frac{10}{15}$
$= \frac{12}{15}$
$= \frac{4}{5}$

11. Berechne.

a) $\frac{1}{6} + \frac{1}{4} + \frac{5}{12}$ b) $\frac{3}{20} + \frac{3}{10} + \frac{1}{5}$ c) $\frac{13}{20} + \frac{1}{10} - \frac{1}{2}$ d) $\frac{13}{15} - \frac{1}{90} - \frac{2}{9}$ e) $\frac{671}{1000} + \frac{19}{200} - \frac{3}{125}$

$\frac{5}{18} + \frac{2}{9} + \frac{1}{3}$ $\frac{37}{50} + \frac{4}{5} + \frac{3}{10}$ $\frac{14}{15} + \frac{1}{3} - \frac{2}{5}$ $\frac{44}{75} - \frac{4}{25} - \frac{4}{15}$ $\frac{7}{12} + \frac{5}{18} - \frac{301}{360}$

12. Kontrolliere die Hausaufgaben. Was wurde falsch gemacht?

a) $\frac{2}{5} + \frac{1}{2} = \frac{3}{7}$ b) $\frac{5}{6} - \frac{3}{4} = \frac{2}{24}$ c) $\frac{3}{8} - \frac{1}{3} = \frac{2}{5}$ d) $\frac{3}{8} + \frac{1}{2} = \frac{14}{16}$

13. Ein Naturschutzgebiet besteht aus einem $\frac{7}{8}$ km² großen See und einem angrenzenden Gelände, das $\frac{3}{10}$ km² groß ist. Wie groß ist das gesamte Naturschutzgebiet?

14. Julia kommt beim Fahrradrennen $\frac{3}{10}$ Sekunden später ins Ziel als die Siegerin. Sarah kommt $\frac{1}{2}$ Sekunde später ins Ziel als ihre Freundin Julia.
Um wie viel ist Sarah langsamer als die Siegerin?

15. a) Addiere.   b) Subtrahiere.

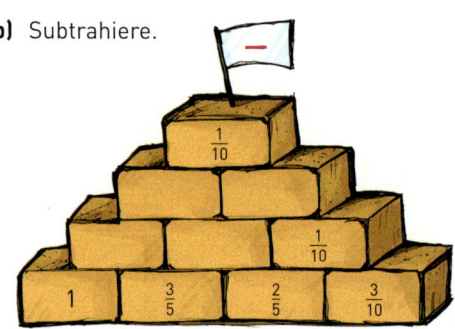

16. Berechne. Kommst du ohne Erweitern aus?

a) $\frac{9}{12} + \frac{1}{4}$ b) $\frac{12}{21} + \frac{8}{28}$ c) $\frac{4}{5} - \frac{21}{35}$ d) $\frac{50}{55} - \frac{42}{66}$ e) $\frac{35}{84} + \frac{45}{108}$ f) $\frac{52}{117} - \frac{60}{135}$

Bruchzahlen – Addieren und Subtrahieren

17. $\frac{1}{8}$ l Himbeersirup soll mit Wasser so verdünnt werden, dass man $\frac{7}{10}$ l Flüssigkeit erhält. Wie viel Wasser muss zugegossen werden?

18. Paulas Eltern wollen ein Haus bauen. Ein Drittel der Baukosten haben sie angespart, $\frac{3}{8}$ der Baukosten erhalten sie durch eine Erbschaft.
 a) Über welchen Anteil an den Baukosten verfügen Paulas Eltern schon?
 b) Welchen Anteil an den Baukosten müssen sie sich bei einer Bank leihen?

19. Eine Werbesendung für eine Eistorte im Fernsehen besteht aus zwei Teilen. Der erste Teil dauert $\frac{5}{12}$ Minuten, der zweite Teil $\frac{1}{4}$ Minute.
 a) Welcher Teil dauert länger? Um wie viel Minuten dauert dieser Teil länger? Gib das Ergebnis auch in Sekunden an.
 b) Wie lange dauert die gesamte Werbesendung? Gib das Ergebnis in Minuten an. Gib das Ergebnis auch in Sekunden an.

20. Berechne die Summe und die Differenz der beiden Bruchzahlen.
 a) $\frac{3}{5}$; $\frac{3}{8}$ b) $\frac{1}{2}$; $\frac{1}{9}$ c) $\frac{7}{15}$; $\frac{7}{20}$ d) $\frac{7}{8}$; $\frac{6}{7}$ e) $\frac{4}{5}$; $\frac{3}{4}$

21. Addiere.   a) $\frac{2}{3}$ und $\frac{1}{10}$;   b) $\frac{1}{2}$ und $\frac{1}{6}$;   c) $\frac{5}{6}$ und $\frac{1}{8}$.
Welche der Bruchzahlen $\frac{2}{3}$; $\frac{23}{30}$; $\frac{7}{15}$; $\frac{23}{24}$ ist der richtige Wert der Summe?

22. Welche Bruchzahl musst du für x einsetzen?
 a) $\frac{1}{3} + x = \frac{5}{9}$ b) $x - \frac{3}{4} = \frac{5}{8}$ c) $x + \frac{3}{10} = \frac{8}{15}$ d) $\frac{3}{9} = x + \frac{1}{6}$ e) $\frac{1}{6} = \frac{3}{4} - x$
 $x + \frac{2}{5} = \frac{7}{10}$ $\frac{1}{2} - x = \frac{1}{6}$ $x - \frac{7}{12} = \frac{9}{10}$ $\frac{4}{15} = x - \frac{5}{12}$ $0 = \frac{17}{25} - x$

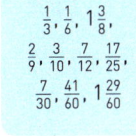

zu 22.

23. Anne erzählt ihrer Freundin:
„Von meinem Taschengeld gebe ich $\frac{1}{3}$ fürs Kino und $\frac{1}{5}$ für Eis aus. Das ist weniger als die Hälfte."

24. Skizziere die Rechenschlange im Heft und ergänze die fehlenden Zahlen.
In den gelben Feldern findest du Kontrollzahlen.

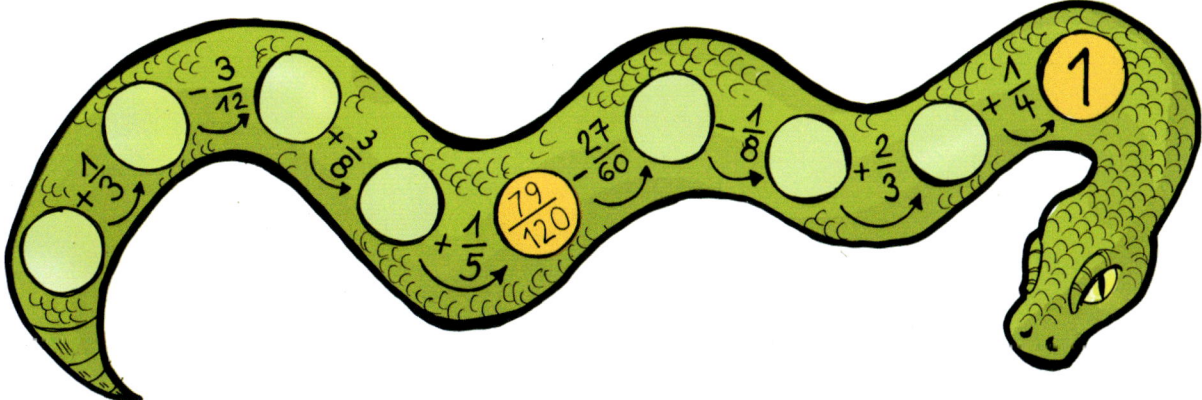

Addieren und Subtrahieren bei gemischter Schreibweise

EINSTIEG

Ein Konditor hat noch Himbeer- und Brombeertorte.

» Wie viel Obsttorte hat er insgesamt noch?

AUFGABE

1. Berechne.

a) $2\frac{1}{4} + 1\frac{7}{8}$ b) $3 - \frac{1}{7}$ c) $2\frac{1}{4} - \frac{3}{8}$

Lösung

a)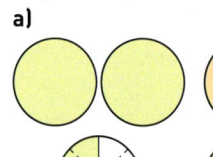

b)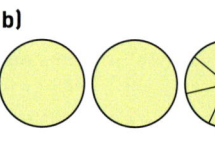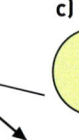

c)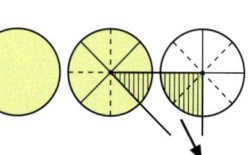

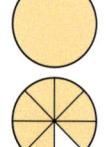

$2\frac{1}{4} + 1\frac{7}{8}$
$= 2\frac{2}{8} + 1\frac{7}{8}$
$= 3\frac{9}{8} = 3 + \frac{8}{8} + \frac{1}{8}$
$= 4\frac{1}{8}$

$3 - \frac{1}{7}$
$= 2\frac{7}{7} - \frac{1}{7}$
$= 2\frac{6}{7}$

$2\frac{1}{4} - \frac{3}{8}$
$= 2\frac{2}{8} - \frac{3}{8}$

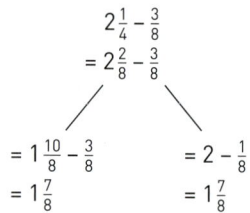

$= 1\frac{10}{8} - \frac{3}{8}$ $= 2 - \frac{1}{8}$
$= 1\frac{7}{8}$ $= 1\frac{7}{8}$

FESTIGEN UND WEITERARBEITEN

2. Schreibe eine Additionsaufgabe und berechne.

    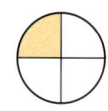

3. Mache die Brüche gleichnamig. Addiere.

a) $5\frac{1}{2} + \frac{1}{6}$ c) $4\frac{7}{9} + 1\frac{2}{3}$ e) $2\frac{1}{2} + \frac{1}{3}$ g) $1\frac{5}{6} + 2\frac{4}{9}$

b) $1\frac{3}{4} + \frac{5}{8}$ d) $8\frac{5}{6} + 2\frac{7}{18}$ f) $6\frac{4}{5} + \frac{1}{2}$ h) $4\frac{5}{8} + 3\frac{7}{10}$

4. a) $9 - \frac{2}{5}$ c) $8\frac{2}{3} - \frac{4}{9}$ e) $6\frac{1}{3} - \frac{1}{2}$ g) $4\frac{5}{8} - \frac{9}{20}$

b) $6 - 2\frac{3}{8}$ d) $5\frac{9}{10} - 3\frac{1}{2}$ f) $4\frac{3}{5} - 1\frac{2}{3}$ h) $6\frac{7}{25} - 5\frac{9}{20}$

ÜBEN

5. a) $2\frac{1}{2} + \frac{1}{4}$ b) $5\frac{3}{4} + \frac{1}{2}$ c) $8\frac{1}{2} + 7\frac{1}{3}$ d) $4\frac{2}{3} + 2\frac{1}{2}$ e) $4\frac{5}{6} + 6\frac{4}{5}$

$\frac{3}{8} + 4\frac{1}{4}$ $\frac{2}{3} + 1\frac{5}{6}$ $5\frac{3}{4} + 4\frac{1}{6}$ $2\frac{5}{6} + 1\frac{3}{8}$ $2\frac{7}{8} + 5\frac{5}{12}$

Bruchzahlen – Addieren und Subtrahieren

6. Kontrolliere die Hausaufgaben. Was wurde falsch gemacht?

a) $2\frac{4}{9} + 3\frac{5}{8} = 5\frac{9}{17}$ b) $6\frac{1}{3} + 4\frac{7}{11} = 10\frac{14}{11}$ c) $9\frac{4}{15} + 3\frac{1}{25} = 12\frac{13}{75}$

7. Ein Lastwagen ist $10\frac{1}{2}$ m lang, sein Anhänger $6\frac{3}{4}$ m.
Wie viel Meter ist der ganze Lastzug lang?

8. Ein Landwirt hat auf seinen Feldern $5\frac{4}{5}$ ha mit Weizen, $6\frac{7}{8}$ ha mit Gerste und $3\frac{1}{2}$ ha mit Roggen angebaut. Wie groß sind seine Getreidefelder zusammen? Schätze zunächst.

9. Auf dem Wochenmarkt kauft Frau Ude bei einem Händler $2\frac{1}{2}$ kg Kartoffeln, $\frac{3}{4}$ kg Äpfel und $1\frac{1}{4}$ kg Weintrauben. Herr Wagner kauft bei demselben Händler $3\frac{1}{4}$ kg Kartoffeln, $1\frac{1}{2}$ kg Äpfel und $2\frac{1}{8}$ kg Weintrauben. Stelle geeignete Aufgaben und löse sie.

10. a) $1 - \frac{1}{7}$ **b)** $7 - \frac{3}{4}$ **c)** $9 - \frac{2}{5}$ **d)** $8 - \frac{5}{6}$ **e)** $7 - 1\frac{5}{8}$ **f)** $5 - 2\frac{3}{10}$

11. a) $5\frac{1}{2} - \frac{1}{4}$ **b)** $5\frac{7}{10} - 2\frac{3}{5}$ **c)** $6\frac{1}{4} - \frac{1}{2}$ **d)** $4\frac{1}{2} - 1\frac{3}{4}$ **e)** $7\frac{19}{60} - 4\frac{19}{20}$

$8\frac{2}{3} - \frac{1}{6}$ $9\frac{2}{3} - 1\frac{2}{9}$ $8\frac{1}{6} - \frac{2}{3}$ $5\frac{3}{8} - 2\frac{1}{2}$ $8\frac{11}{100} - 1\frac{11}{25}$

12. a) $9\frac{1}{2} - 1\frac{2}{5}$ **b)** $7\frac{1}{2} - \frac{2}{3}$ **c)** $6\frac{1}{4} - 2\frac{2}{3}$ **d)** $8\frac{3}{50} - 2\frac{7}{40}$ **e)** $3\frac{17}{30} - 1\frac{9}{80}$

$3\frac{4}{5} - 2\frac{3}{10}$ $8\frac{2}{5} - \frac{1}{2}$ $5\frac{3}{4} - 3\frac{5}{6}$ $4\frac{11}{50} - 1\frac{37}{90}$ $9\frac{51}{80} - 4\frac{113}{120}$

13. a) $4\frac{1}{2} + 2\frac{3}{4} + 5\frac{1}{4}$ **b)** $7\frac{3}{10} + 1\frac{4}{5} + 2\frac{3}{10}$ **c)** $7\frac{2}{3} + 2\frac{11}{12} + 4\frac{17}{24}$ **d)** $3\frac{5}{9} + 7\frac{1}{4} + \frac{5}{6}$

14. Kontrolliere die Hausaufgaben.

a) $3\frac{3}{8} - \frac{7}{8} = 3\frac{4}{8}$ b) $4\frac{3}{4} - 1\frac{1}{2} = 4\frac{1}{4}$ c) $3\frac{1}{6} - 1\frac{1}{5} = 2\frac{1}{30}$

15. Eine Gießkanne fasst $3\frac{1}{2}$ l. Sie ist mit $2\frac{3}{4}$ l Wasser gefüllt.
Wie viel l Wasser passen noch hinein?

16. Ein Lastwagen wiegt unbeladen $1\frac{4}{5}$ t. Das zulässige Gesamtgewicht beträgt $3\frac{1}{2}$ t.
Wie viel t darf man höchstens zuladen?

17. Von einem $7\frac{1}{4}$ ha großen Waldstück werden $2\frac{2}{3}$ ha in ein Freizeitgelände umgestaltet. Außerdem werden für Straßen, Wege und Parkplätze noch $\frac{2}{5}$ ha Wald gerodet.
Wie groß ist das verbleibende Waldstück?
Schätze zunächst.

18. Tim transportiert 5 Kugeln vom Geräteschuppen zum Kugelstoßring. Sein Drahtkorb wiegt $1\frac{5}{8}$ kg. Er hat zwei Kugeln mit dem Gewicht von 4 kg sowie drei Kugeln mit dem Gewicht von $7\frac{1}{4}$ kg eingeladen.
Welches Gewicht muss Tim schleppen?

PUNKTE SAMMELN

★★
Für eine Fahrradrundfahrt wird eine Fahrzeit von $3\frac{1}{2}$ h angegeben.
Rechne Pausen von insgesamt $1\frac{1}{4}$ Stunden ein.
Wie lange dauert die Tour insgesamt?

★★★
Für eine Fahrradtour plant Herr Weise eine reine Fahrzeit von $3\frac{1}{2}$ Stunden ein. Nach jeweils einem Drittel der Fahrzeit soll eine 20-minütige Pause gemacht werden.
Stelle einen Zeitplan auf.

★★★★
Familie Heide plant eine Tageswanderung. Nach $1\frac{1}{2}$ Stunden Wanderung möchte sie eine $\frac{3}{4}$ Stunde Pause machen. Dann soll es in $2\frac{1}{4}$ Stunden zum Bergsee gehen. Hier plant die Familie 2 Stunden 20 Minuten zum Baden ein und rechnet für den Heimweg mit $1\frac{3}{4}$ Stunden.
Um 17 Uhr möchte Familie Heide wieder am Ausgangspunkt sein.
Wann sollte sie morgens dort starten?

Die Erdoberfläche ist 510 Mio. km² groß. 30 % der Erdoberfläche ist festes Land, der Rest ist mit Wasser bedeckt.

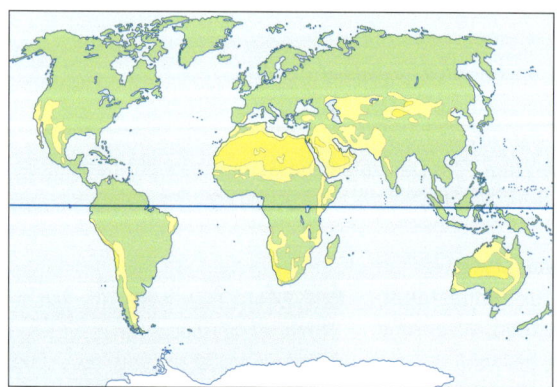

★★
Wie viel km² der Erdoberfläche ist mit Land, wie viel mit Wasser bedeckt?

★★★
Die Karte zeigt die Wüstenzonen der Erde.
In der Tabelle sind die größten Wüstenflächen angegeben.
Welcher Kontinent hat den größten Wüstenanteil, welcher den kleinsten?

★★★★
Schätze, wie groß der Anteil der Wüstenflächen an der gesamten Festlandfläche der Erde ist.
Berechne diesen Anteil auch.

Kontinent	Fläche in Mio. km²	Wüstenflächen in Mio. km²
Afrika	30	10
Asien	44	3
Australien	8	1,5
Nordamerika	25	0,5
Südamerika	18	0,9

VERMISCHTE UND KOMPLEXE ÜBUNGEN

1. Beginne mit einer beliebigen Aufgabe. Rechne dann immer die Aufgabe, die mit dem errechneten Ergebnis beginnt. Dein letztes Ergebnis führt dich wieder zu deinem Start.

a) $\frac{1}{5} + \frac{3}{8}$
$\frac{7}{12} + \frac{8}{3}$
$\frac{5}{6} - \frac{1}{9}$
$\frac{5}{2} + \frac{4}{15}$
$\frac{23}{40} + \frac{31}{120}$
$\frac{13}{18} - \frac{5}{36}$
$\frac{83}{30} - \frac{77}{30}$
$\frac{13}{4} - \frac{12}{16}$

b) $1\frac{2}{9} + 4\frac{1}{3}$
$1\frac{13}{15} + 7\frac{4}{5}$
$5\frac{5}{9} - 3\frac{1}{18}$
$4\frac{25}{72} - 3\frac{1}{8}$
$9\frac{2}{3} - 6\frac{13}{24}$
$4\frac{1}{5} - 2\frac{1}{3}$
$2\frac{1}{2} + 1\frac{7}{10}$
$3\frac{1}{8} + 1\frac{2}{9}$

2. Europa ist 10 Mio. km² groß. Davon entfällt auf Deutschland etwa $\frac{9}{250}$, auf Frankreich $\frac{11}{200}$ und auf die Schweiz $\frac{1}{250}$ der Fläche.
a) Vergleiche die Größe der Fläche von Deutschland und der Schweiz.
b) Stelle selbst zwei weitere Fragen und beantworte sie.

3. Bei einer Tombola anlässlich eines Schulfestes werden von den 6. Klassen Lose verkauft: Die Klasse 6a hat $\frac{2}{15}$, die 6b 30 %, die 6c $\frac{1}{12}$ und die 6d 15 % der Lose verkauft.
a) Ordne die Klassen nach dem Anteil der verkauften Lose.
b) Die 6d hat 54 Lose verkauft. Wie viele wurden in den anderen Klassen verkauft?

4. Addiere zunächst. Wie viel fehlt dann noch am nächsten Ganzen?
a) $4\frac{1}{5} + 3\frac{3}{10}$
b) $7\frac{5}{8} + 1\frac{3}{5}$
c) $\frac{8}{15} + \frac{11}{20}$
d) $1\frac{13}{24} + 5\frac{11}{16}$

$4\frac{1}{9} + 3\frac{4}{9} = 7\frac{5}{9}$
$\frac{4}{9}$ fehlt noch an 8 Ganzen

5. Welche Bruchzahlen gehören in die leeren Kästchen?

a)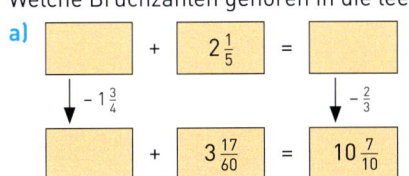

b)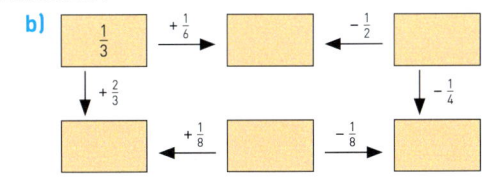

6. Eine Wandergruppe startet um 8.30 Uhr zu einer Tageswanderung. Nach $1\frac{1}{2}$ Stunden macht sie zum ersten Mal Rast ($\frac{1}{2}$ Stunde). Dann geht es in $2\frac{1}{2}$ Stunden zum Badesee. Hier bleibt sie $2\frac{1}{3}$ Stunden und macht sich dann auf den $1\frac{1}{2}$ Stunden dauernden Heimweg. Wann ist die Wandergruppe wieder zu Hause?

7. Marie ist $14\frac{1}{2}$ Jahre, Laura $12\frac{2}{3}$ Jahre, Felix $10\frac{3}{4}$ Jahre und Anne $8\frac{5}{6}$ Jahre alt. Zwischen welchen beiden Schulkindern ist der Altersunterschied am kleinsten?

WAS DU GELERNT HAST

Brüche erweitern
Multipliziere Zähler und Nenner mit derselben Zahl. Beide Brüche haben denselben Wert.

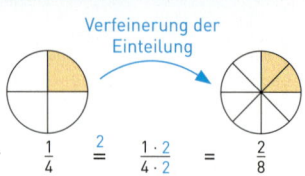

Brüche kürzen
Dividiere Zähler und Nenner durch dieselbe Zahl. Beide Brüche haben denselben Wert.

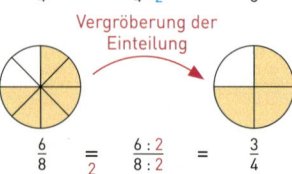

Brüche vergleichen
Gleichnamig machen,
dann die Zähler vergleichen

$\frac{2}{3} = \frac{8}{12}$ und $\frac{3}{4} = \frac{9}{12}$, also $\frac{2}{3} < \frac{3}{4}$

Zahlenstrahl
Zu einem Punkt am Zahlenstrahl kann man mehrere Brüche angeben.

Bestimmen des Teils

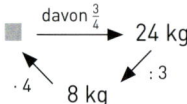

Rechnung:
60 € : 5 = 12 €;   12 € · 2 = 24 €
$\frac{2}{5}$ von 60 € sind 24 €.

Bestimmen des Ganzen

Rechnung:
24 kg : 3 = 8 kg;   8 kg · 4 = 32 kg
$\frac{3}{4}$ von 32 kg sind 24 kg.

Bestimmen des Anteils

Rechnung:
$\frac{18}{27} = \frac{2}{3}$
$\frac{2}{3}$ von 27 m sind 18 m.

Brüche umformen

$2\frac{1}{4} = 2\frac{25}{100} = 2{,}25$; $0{,}15 = \frac{15}{100} = \frac{3}{20}$

Prozent
Für 1 Hundertstel sagt man auch:
1 Prozent, kurz: 1 %
Anteile werden oft in Prozent angegeben.

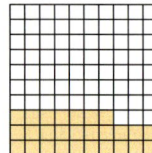

$27\,\% = \frac{27}{100}$

Gewöhnliche Brüche addieren und subtrahieren
Mache zuerst die Brüche gleichnamig.
Addiere (Subtrahiere) dann die Zähler.
Behalte den Nenner bei.

(1) $\frac{3}{8} + \frac{2}{3} = \frac{9}{24} + \frac{16}{24} = \frac{25}{24} = 1\frac{1}{24}$

(2) $2\frac{1}{3} + 1\frac{2}{5} = 2\frac{5}{15} + 1\frac{6}{15} = 3\frac{11}{15}$

(3) $\frac{1}{2} - \frac{2}{5} = \frac{5}{10} - \frac{4}{10} = \frac{5-4}{10} = \frac{1}{10}$

(4) $3\frac{1}{4} - \frac{1}{2} = 3\frac{1}{4} - \frac{2}{4} = 2\frac{5}{4} - \frac{2}{4} = 2\frac{3}{4}$

BIST DU FIT?

1. Gib den Anteil der gefärbten Fläche an der gesamten Fläche an.

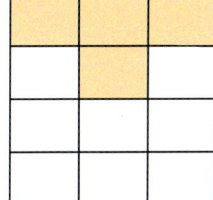 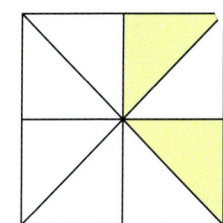

2. a) Notiere die Brüche in gemischter Schreibweise oder als natürliche Zahl.
$\frac{13}{2}$; $\frac{12}{3}$; $\frac{15}{4}$; $\frac{30}{5}$; $\frac{37}{6}$; $\frac{47}{8}$; $\frac{79}{10}$; $\frac{72}{12}$; $\frac{349}{100}$

b) Notiere als Bruch: $24\frac{1}{3}$; $16\frac{3}{4}$; 12.

3. Notiere die Quotienten jeweils als Bruch: $7:8$; $8:7$; $3:6$; $6:3$; $30:7$; $49:7$.
Gib das Ergebnis gegebenenfalls in gemischter Schreibweise oder als natürliche Zahl an.

4. a) Die Wandfläche in Tims Zimmer ist 36 m² groß. Auf $\frac{4}{9}$ der gesamten Wandfläche hängen Poster von Tims Lieblingsband. Wie groß ist diese Fläche?

b) Patrick muss oft rennen, um pünktlich in der Schule zu sein. Er schafft $\frac{2}{5}$ des Schulweges im Dauerlauf. Das sind 400 m. Wie lang ist sein Schulweg?

c) Beim Schulfest führt die Klasse 6b ein Theaterstück vor. Es beteiligen sich 21 von 28 Schüler(innen). Welcher Anteil ist das?

5. Wandle in Brüche mit dem angegebenen Nenner um. Notiere in Teilaufgabe a) die Brüche auch in der Prozentschreibweise.

a) $\frac{3}{2}$; $\frac{7}{4}$; $\frac{6}{5}$; $\frac{7}{10}$; $\frac{11}{20}$; $\frac{18}{25}$; $\frac{14}{35}$ (Nenner 100)   **b)** $\frac{5}{4}$; $\frac{11}{25}$; $\frac{9}{8}$; $\frac{11}{125}$; $\frac{41}{200}$; $\frac{9}{50}$; $\frac{27}{75}$ (Nenner 1 000)

6. Vergleiche. Setze das passende Zeichen <, > oder = ein.

(1) $\frac{11}{6}$ ■ $\frac{9}{5}$ (2) $\frac{5}{12}$ ■ $\frac{13}{20}$ (3) $\frac{40}{24}$ ■ $\frac{25}{15}$ (4) $\frac{11}{15}$ ■ $\frac{7}{9}$ (5) $\frac{13}{25}$ ■ $\frac{7}{15}$ (6) $\frac{11}{24}$ ■ $\frac{19}{40}$

7. a) $\frac{1}{2}+\frac{1}{4}$ **b)** $\frac{4}{5}+\frac{7}{10}$ **c)** $\frac{7}{10}+\frac{2}{25}$ **d)** $\frac{11}{15}+7$ **e)** $2\frac{2}{3}+\frac{1}{9}$ **f)** $4\frac{2}{3}+1\frac{4}{5}$

$\frac{2}{3}-\frac{1}{6}$ $\frac{3}{4}-\frac{9}{20}$ $\frac{19}{20}-\frac{11}{30}$ $6-\frac{5}{8}$ $6\frac{4}{5}-\frac{7}{10}$ $4\frac{2}{3}-1\frac{4}{5}$

8. Einfache Ergebnisse.

a) $\frac{1}{2}+\frac{1}{3}+\frac{1}{6}$ **b)** $4\frac{3}{10}+\frac{1}{5}+\frac{1}{2}$ **c)** $\frac{3}{4}+\frac{5}{12}-\frac{1}{6}$ **d)** $8\frac{3}{14}-5\frac{5}{6}-1\frac{8}{21}$

9. Jana hat eingekauft.
Wie schwer ist der Inhalt ihrer Einkaufstasche?

10. In der Klasse 6c sind 24 Schüler(innen). Das Verhältnis von Jungen zu Mädchen beträgt 5 : 7. Gib den Anteil der Mädchen an.

11. a) Bilde die Summe aus $\frac{1}{2}$, $\frac{1}{4}$, $\frac{1}{8}$, $\frac{1}{16}$ und $\frac{1}{32}$. Wie viel fehlt dann noch am nächsten Ganzen?

b) Berechne die Differenz aus $\frac{1}{2}$ und $\frac{1}{3}$ sowie die Differenz aus $\frac{1}{3}$ und $\frac{1}{4}$.
Um wie viel ist die erste Differenz größer als die zweite?

PROJEKT

SPIELE MIT BRUCHZAHLEN

Du hast bisher die natürlichen Zahlen und die Bruchzahlen kennen gelernt. Bei den meisten Spielen, die du aus dem Alltag kennst, werden Punkte oder Spielstände mit natürlichen Zahlen angegeben.

Bruchzahlen kann man auch sehr gut zum Spielen verwenden. So sollt ihr bei diesem Projekt Spiele erfinden oder bekannte Spiele so abändern, dass man sie mit Brüchen oder Dezimalbrüchen spielen kann. Natürlich dürft ihr auch ganz andere oder eigene Spielideen verwirklichen. Neben einer guten Idee solltet ihr aber auch gutes Spielmaterial herstellen.

Vorschlag A: Bruchwürfelspiel

Das Würfelspiel „Mensch ärgere dich nicht" kann man auch mit Brüchen spielen. Stelle dir z. B. einen eigenen Würfel mit den Zahlen $\frac{1}{3}$, $\frac{1}{6}$, $\frac{1}{2}$, $\frac{1}{4}$, $\frac{2}{3}$, 1 her.
Wie muss dann das passende Spielfeld dazu aussehen?
Wie viele Felder darf man bei $\frac{1}{2}$ oder bei $\frac{1}{3}$ gehen?
Vielleicht könnt ihr auch andere Brüche verwenden oder andere Würfelspiele mit Brüchen spielen. Vielleicht fällt euch auch ein eigenes Bruchspiel ein.

Vorschlag B: Bruchmemory

Sicher kennt ihr das normale Bildermemory. Diese Spielidee kann man gut in ein Zahlenmemory umwandeln. Ein Memorypaar besteht diesmal aus zwei Bruchzahlen, die zwar denselben Wert haben, aber nicht unbedingt gleich geschrieben werden müssen (z. B. 0,3 und $\frac{3}{10}$).
Man kann das auch noch schwieriger machen, indem man Memoryvierlinge herstellt; hier müssen dann vier Bruchzahlen den gleichen Wert haben.

Fragt dazu einmal eure Kunstlehrerin oder euren Kunstlehrer. Denkt auch an eine gute und genaue Spielanleitung; ohne sie wird euer Spiel nur die Hälfte wert sein; hier hilft sicherlich eure Deutschlehrerin oder euer Deutschlehrer. Wir haben hier für euch einige Spielideen vorbereitet, die ihr aufgreifen könnt.
Weitere Anregungen könnt ihr im Internet bekommen:
www.mathematik-heute.de

Vorschlag C: Bruchschwarzer Peter

Hier müsst ihr für eine Bruchzahl vier verschiedene Darstellungen finden. Diese notiert ihr auf vier Spielkarten. Insgesamt braucht ihr 8 verschiedene Bruchzahlen in jeweils vier verschiedenen Darstellungen und einen Schwarzen Peter mit einer Bruchzahl, die auf den anderen Karten nicht vorkommt.

Das Spiel funktioniert wie üblich: Die Karten werden an die Mitspieler verteilt. Jeder Spieler zieht ein Blatt aus den verdeckten Karten seines rechten Nachbarn und kann ein Paar aus zwei Karten mit derselben Bruchzahl abwerfen. Wer die einzelne Karte zum Schluss behält, hat verloren.

Vorschlag D: Bruchdomino

Beim Bruchdomino werden die Spielsteine aus Karton hergestellt. Auf jedem Spielstein werden zwei Bruchzahlen notiert. Die gleichen Bruchzahlen müssen auf verschiedenen Spielsteinen mit unterschiedlichem Wert auftauchen, z. B. 0,75 und $\frac{3}{4}$.

Nun dürft ihr wie beim richtigen Domino nur die Spielsteine mit den Seiten aneinanderlegen, die den gleichen Wert haben.

Vorschlag E: Bruchrechenübungsspiel

Auch hier könnt ihr euch Spielkarten anfertigen:
Die Spielkarten sollen nur Brüche mit dem Nenner 2, 3, 4, 6, 12 oder entsprechende Dezimalbrüche haben. Wichtig ist, dass beim Addieren oder Subtrahieren der Brüche keine neuen Nenner entstehen. Nun werden die Karten der Reihe nach abgelegt und die Werte addiert oder subtrahiert. Ergibt sich nach dem Ablegen einer Karte eine natürliche Zahl als Ergebnis, so erhält der Spieler einen Punkt, der den letzten Bruch abgelegt hat.
Vielleicht findet ihr auch eigene Spielregeln.

KAPITEL 4
BRUCHZAHLEN – MULTIPLIZIEREN UND DIVIDIEREN

Smoothies

Auf einem Schulfest sollen Smoothies verkauft werden. Hier drei Rezepte mit den Zutaten für 1 Portion:

Maracuja Smoothie

1/4 *l* Maracujasaft
3/8 *l* Orangensaft
1/4 Apfel
1 Teelöffel Honig

Erdbeer Smoothie

100 g Erdbeeren
1/4 Banane
3/10 *l* Orangensaft
1/8 *l* Vollmilch

Schoko Smoothie

1/4 *l* Kakao
1/10 *l* Sahne
1/2 Banane
100 g Joghurt

» Wie viel von den Zutaten braucht man für 10, 20, 50 Portionen?

Kreisscheibe falten

» Halbiere die Kreisscheibe fortlaufend durch Falten wie in den Bildern.
Welchen Bruchteil des ganzen Kreises erhält man nach jedem Schritt?

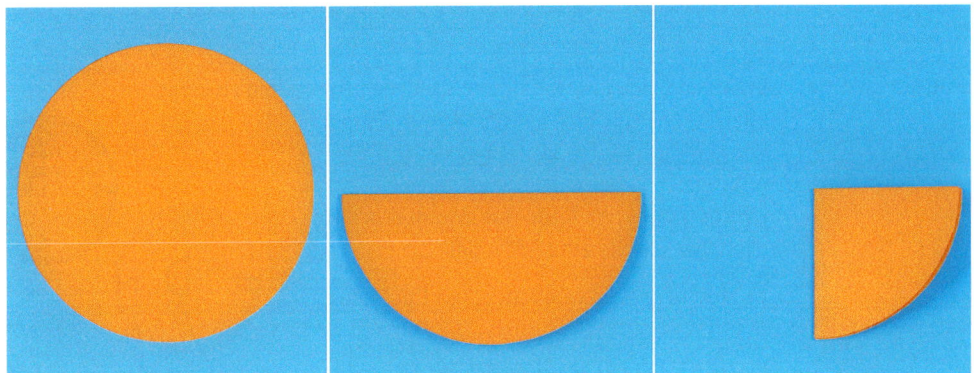

Saftglas

Manchmal werden Säfte in Achtel-Gläsern angeboten.
Das sind Gläser, in die $\frac{1}{8}$ Liter hineinpasst.

» Wie viele Achtel-Gläser erhält man aus einer Flasche mit
1 l Saft? Erkläre.

»

Hat Karim recht? Begründe.

IN DIESEM KAPITEL LERNST DU ...

... wie man Bruchzahlen mit einer natürlichen Zahl multipliziert.
... wie man Bruchzahlen durch natürliche Zahlen teilt.
... wie man Dezimalbrüche multipliziert und dividiert.
... wie man Anwendungsaufgaben mit Bruchzahlen lösen kann.

VERVIELFACHEN UND TEILEN VON BRÜCHEN

Vervielfachen von Brüchen mit natürlichen Zahlen

EINSTIEG

Laura und ihre Eltern nehmen sich vor, regelmäßig zu joggen.
Laura: „Ich jogge dreimal pro Woche $\frac{1}{4}$ Stunde."
Lauras Mutter: „Ich laufe dreimal pro Woche $\frac{1}{2}$ Stunde."
Lauras Vater: „Ich laufe nur zweimal pro Woche, aber jeweils eine $\frac{3}{4}$ Stunde."

» Vergleiche die wöchentlichen Laufzeiten.

AUFGABE

1. Nach Annas Geburtstag sind noch $\frac{2}{7}$ von der Erdbeertorte übrig. Von der Bananentorte ist dreimal so viel übrig. Wie viel ist das?

Lösung

Dreimal soviel wie $\frac{2}{7}$ bedeutet: $\frac{2}{7} \cdot 3$

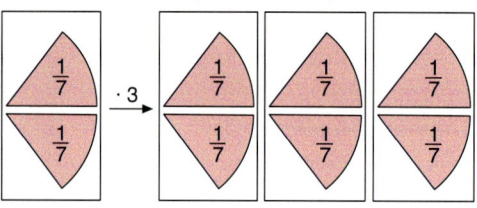 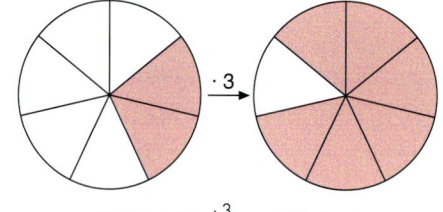

2 Siebtel · 3 = 2 Siebtel + 2 Siebtel + 2 Siebtel   2 Siebtel $\xrightarrow{\cdot 3}$ 6 Siebtel
Wir schreiben: $\frac{2}{7} \cdot 3 = \frac{2 \cdot 3}{7} = \frac{6}{7}$
Ergebnis: Von der Bananentorte sind noch $\frac{6}{7}$ übrig.

INFORMATION

Regel für das Vervielfachen eines Bruchs

Wir vervielfachen (multiplizieren) den Bruch $\frac{4}{5}$ mit 3, indem wir nur den Zähler des Bruches mit 3 multiplizieren.
Der Nenner bleibt unverändert.

$$\frac{4}{5} \cdot 3 = \frac{4 \cdot 3}{5} = \frac{12}{5} = 2\frac{2}{5}$$

FESTIGEN UND WEITERARBEITEN

2. Schreibe sowohl als Additions- als auch als Multiplikationsaufgabe und berechne. Bestätige die obige Regel.

a) 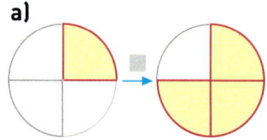   b) 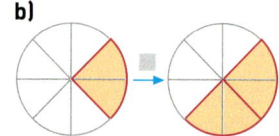   c)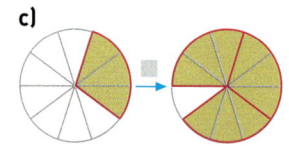

Bruchzahlen – Multiplizieren und Dividieren

3. Lege **a)** $\frac{3}{4} \cdot 5$, **b)** $\frac{5}{8} \cdot 3$ mit Kreisscheiben oder zeichne. Berechne das Produkt.

4. Schreibe als Summe. Berechne auch.
a) $\frac{3}{5} \cdot 4$ **b)** $\frac{3}{8} \cdot 5$ **c)** $\frac{6}{7} \cdot 2$

$\frac{2}{5} \cdot 3 = \frac{2}{5} + \frac{2}{5} + \frac{2}{5} = \frac{6}{5} = 1\frac{1}{5}$

5. Berechne: **a)** $\frac{2}{5} \cdot 2$ **b)** $\frac{3}{4} \cdot 3$ **c)** $\frac{2}{9} \cdot 4$ **d)** $\frac{2}{3} \cdot 7$ **e)** $\frac{3}{8} \cdot 1$ **f)** $\frac{6}{7} \cdot 5$

6. a) Vervielfache $\frac{3}{5}$ mit 8; erweitere $\frac{3}{5}$ mit 8. Vergleiche die Ergebnisse.
b) Vervielfache $\frac{7}{8}, \frac{4}{7}, \frac{5}{9}$ jeweils mit 3. Erweitere auch jeden der Brüche mit 3. Vergleiche.
c) Worin besteht der Unterschied zwischen Vervielfachen (Multiplizieren) und Erweitern?

7. Mit welcher natürlichen Zahl muss man $\frac{4}{5}$ multiplizieren, damit man
a) $\frac{16}{5}$, **b)** $\frac{24}{5}$, **c)** $\frac{56}{5}$, **d)** $\frac{72}{5}$ erhält?

8. a) Vergleiche und beschreibe die beiden Rechenwege.

Maria	Patrick
$3\frac{1}{5} \cdot 4 = \frac{16}{5} \cdot 4 = \frac{64}{5} = 12\frac{4}{5}$	$3\frac{1}{5} \cdot 4 = 3 \cdot 4 + \frac{1}{5} \cdot 4 = 12 + \frac{4}{5} = 12\frac{4}{5}$

b) Rechne möglichst einfach. Kürze das Ergebnis, wenn möglich.
(1) $2\frac{1}{2} \cdot 3$ (3) $4\frac{2}{3} \cdot 3$ (5) $6\frac{5}{6} \cdot 7$ (7) $3\frac{3}{4} \cdot 3$ (9) $5\frac{7}{9} \cdot 8$
(2) $3\frac{1}{5} \cdot 6$ (4) $5\frac{1}{4} \cdot 6$ (6) $3\frac{2}{9} \cdot 4$ (8) $4\frac{3}{5} \cdot 4$ (10) $6\frac{5}{8} \cdot 12$

9. Multipliziere die Brüche $\frac{3}{4}; \frac{7}{5}; \frac{15}{17}; \frac{11}{30}; \frac{9}{2}; \frac{14}{3}$ der Reihe nach
(1) mit 6; (2) mit 30.

ÜBEN

10. Schreibe eine Multiplikationsaufgabe und berechne.
a)
b)

11. Schreibe als Summe. Berechne auch. **a)** $\frac{2}{3} \cdot 4$ **b)** $\frac{5}{8} \cdot 3$ **c)** $\frac{7}{8} \cdot 5$

12. a) $\frac{1}{4} \cdot 3$ **b)** $\frac{1}{8} \cdot 7$ **c)** $\frac{1}{5} \cdot 4$ **d)** $\frac{1}{7} \cdot 5$ **e)** $\frac{3}{20} \cdot 3$ **f)** $\frac{5}{50} \cdot 7$ **g)** $\frac{4}{17} \cdot 3$
 $\frac{2}{5} \cdot 2$ $\frac{2}{9} \cdot 4$ $\frac{2}{7} \cdot 3$ $\frac{3}{11} \cdot 2$ $\frac{9}{100} \cdot 11$ $\frac{9}{1000} \cdot 11$ $\frac{3}{23} \cdot 5$
 $\frac{3}{10} \cdot 3$ $\frac{2}{11} \cdot 5$ $\frac{3}{8} \cdot 5$ $\frac{5}{16} \cdot 3$ $\frac{11}{100} \cdot 7$ $\frac{13}{1000} \cdot 9$ $\frac{7}{35} \cdot 4$

13. Aus diesen Zahlenkarten kannst du neun Produkte bilden.
Berechne. Gib das Ergebnis auch in gemischter Schreibweise an. Kürze das Ergebnis, falls möglich.

$\frac{5}{6} \cdot 9 = \frac{5 \cdot 9}{6} = \frac{45}{6} = 7\frac{3}{6} = 7\frac{1}{2}$

a)

b)

14. **a)** Multipliziere $\frac{3}{4}$ mit 3; 7; 1; 0; 11; 20.
b) Berechne das 15-Fache von $\frac{2}{3}$; $\frac{3}{4}$; $\frac{7}{8}$; $\frac{8}{9}$; $\frac{9}{10}$; $\frac{20}{30}$.
c) Verdreifache die Zahlen $\frac{1}{5}$; $\frac{2}{7}$; $\frac{3}{4}$; $\frac{4}{5}$; $\frac{6}{11}$; $\frac{12}{13}$.

15. Rechne möglichst einfach.
a) $3\frac{1}{4} \cdot 3$ **c)** $3\frac{2}{9} \cdot 4$ **e)** $3\frac{3}{4} \cdot 3$ **g)** $5\frac{7}{9} \cdot 8$ **i)** $8\frac{9}{11} \cdot 7$
b) $4\frac{2}{5} \cdot 2$ **d)** $5\frac{3}{10} \cdot 3$ **f)** $4\frac{3}{5} \cdot 4$ **h)** $6\frac{5}{8} \cdot 12$ **j)** $12\frac{5}{6} \cdot 9$

$11\frac{1}{4}$; $9\frac{3}{4}$;
$18\frac{2}{5}$; $12\frac{8}{9}$;
$79\frac{1}{2}$; $61\frac{8}{11}$;
$15\frac{9}{10}$; $46\frac{2}{9}$;
$8\frac{4}{5}$; $115\frac{1}{2}$

zu 15.

16. Setze für ■ eine passende natürliche Zahl ein.
a) $\frac{1}{5} \cdot \blacksquare = \frac{4}{5}$ **c)** $\frac{3}{10} \cdot \blacksquare = \frac{9}{10}$ **e)** $\frac{\blacksquare}{12} \cdot 5 = \frac{10}{12}$ **g)** $\frac{3}{8} \cdot \blacksquare = 1\frac{7}{8}$ **i)** $\frac{7}{9} \cdot \blacksquare = 6\frac{2}{9}$
b) $\frac{2}{9} \cdot \blacksquare = \frac{8}{9}$ **d)** $\frac{\blacksquare}{7} \cdot 3 = \frac{6}{7}$ **f)** $\frac{\blacksquare}{15} \cdot 7 = \frac{14}{15}$ **h)** $\frac{5}{7} \cdot \blacksquare = 6\frac{3}{7}$ **j)** $\frac{5}{13} \cdot \blacksquare = 5\frac{10}{13}$

17. Wo steckt der Fehler? Rechne richtig.

a) $\frac{3}{7} \cdot 2 = \frac{3 \cdot 2}{7 \cdot 2} = \frac{6}{14}$ b) $1\frac{3}{10} \cdot 3 = 1\frac{3 \cdot 3}{10} = 1\frac{9}{10}$ c) $2\frac{4}{5} \cdot 5 = 2 \cdot \frac{4 \cdot \cancel{5}^1}{\cancel{5}_1} = 2 \cdot 4 = 8$

18. **a)** Ein Trinkbecher enthält $\frac{1}{4}$ l Saft.
Wie viel l Saft enthalten 3 Trinkbecher?
b) Eine Tasse fasst $\frac{1}{8}$ l Milch.
Wie viel l Milch fassen 5 Tassen?
c) In einer Flasche sind $\frac{7}{10}$ l Mineralwasser.
Wie viel l Mineralwasser sind in einem Kasten mit 12 Flaschen?

19. **a)** Eine Flasche enthält $\frac{3}{4}$ l Orangensaft.
Wie viel l Saft enthalten 6 Flaschen?
b) Für 1 Päckchen Puddingpulver benötigt man $\frac{3}{8}$ l Milch.
Wie viel l Milch benötigt man für 4 Päckchen?

20. Maria hat viele Freundinnen und Freunde zu ihrer Party eingeladen. Sie nimmt deshalb von allen Zutaten des Rezeptes die dreifache Menge. Wie viel muss sie jeweils einkaufen.

21. Ein Zoll sind etwa $2\frac{1}{2}$ cm.
Der Durchmesser der Felgen eines Fahrrads kann 14 Zoll, 16 Zoll, 18 Zoll, 20 Zoll, 22 Zoll, 24 Zoll, 26 Zoll oder 28 Zoll betragen. Rechne in cm um.

22. **a)** $\frac{3}{7}$ soll mit einer natürlichen Zahl multipliziert werden. Das Produkt soll auch eine natürliche Zahl sein. Gib drei passende Zahlen an.
b) $\frac{7}{30}$ soll mit einer natürlichen Zahl multipliziert werden. Das Produkt soll kleiner als 1 sein. Gib alle passenden Zahlen an.
c) $\frac{5}{9}$ soll mit einer natürlichen Zahl multipliziert werden, sodass das Ergebnis in gemischter Schreibweise mit $\frac{8}{9}$ endet. Gib eine passende Zahl an; versuche, weitere zu finden.

Teilen von Brüchen durch natürliche Zahlen

EINSTIEG

» Laura und Marc teilen sich einen halben Apfel und $\frac{1}{4}$ Tafel Schokolade.

» Vom Mittagessen sind noch $\frac{3}{4}$ einer Pizza übrig. Birgül und ihre beiden Geschwister teilen sich diesen Rest.

» Außerdem ist noch ein halber Blechkuchen da. Marc und drei seiner Freunde wollen sich den Kuchen teilen.

AUFGABE

1. Nach Lisas Geburtstagsparty sind noch $\frac{4}{5}$ Kiwitorte und $\frac{3}{4}$ Ananastorte übrig.
Lisa will die übriggebliebenen Torten mit ihrer Schwester gerecht teilen. Wie viel erhält jedes Mädchen?

Lösung

Kiwitorte

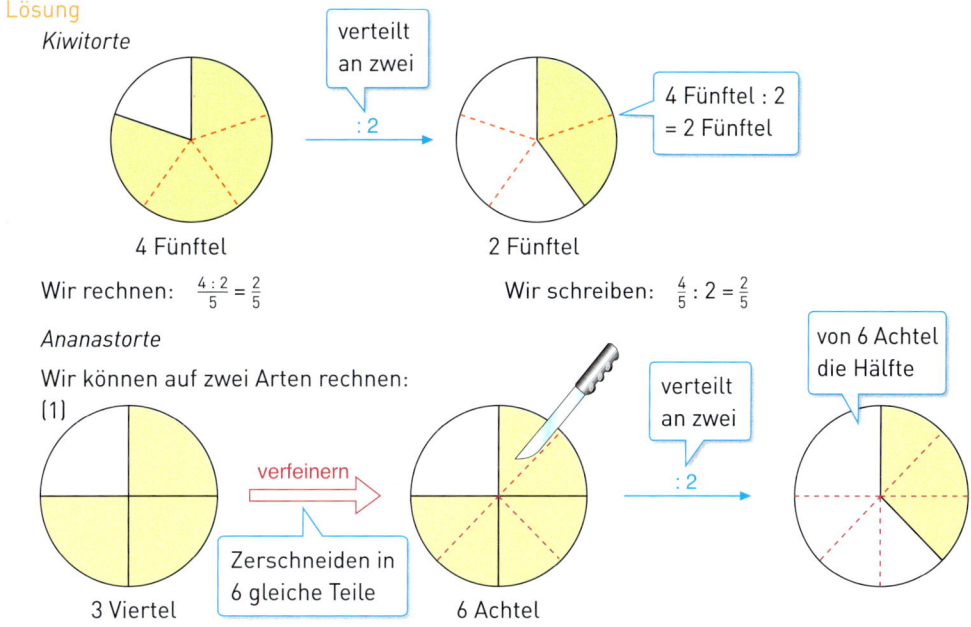

Wir rechnen: $\frac{4:2}{5} = \frac{2}{5}$ Wir schreiben: $\frac{4}{5} : 2 = \frac{2}{5}$

Ananastorte

Wir können auf zwei Arten rechnen:

(1)

Jede bekommt die Hälfte von $\frac{6}{8}$ Ananastorte, das sind $\frac{3}{8}$ der Torte.

(2)

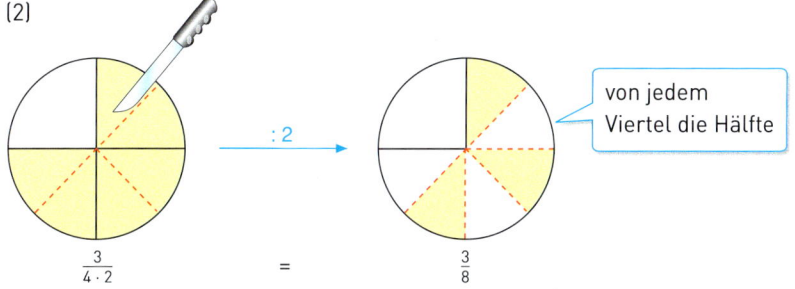

Jede bekommt von jedem Viertel die Hälfte, das sind $\frac{3}{8}$ der Torte. Wir schreiben

$\frac{3}{4} : 2 = \frac{3}{4 \cdot 2} = \frac{3}{8}$ *Ergebnis:* Für jedes Mädchen bleiben $\frac{2}{5}$ Kiwitorte und $\frac{3}{8}$ Ananastorte übrig.

Wenn wir Viertel durch 2 teilen, erhalten wir Achtel.

INFORMATION

Regel für die Division eines Bruchs durch eine natürliche Zahl

1. Möglichkeit: Immer anwendbar
Der Nenner des Bruchs wird mit der natürlichen Zahl multipliziert.
Der Zähler bleibt erhalten.

Beispiel: $\frac{4}{5} : 3 = \frac{4}{5 \cdot 3} = \frac{4}{15}$

2. Möglichkeit: Nur anwendbar, wenn der Zähler durch die natürliche Zahl teilbar ist.
Der Zähler des Bruchs wird durch die natürliche Zahl dividiert.
Der Nenner bleibt erhalten.

Beispiel: $\frac{9}{10} : 3 = \frac{9:3}{10} = \frac{3}{10}$

FESTIGEN UND WEITERARBEITEN

2. Schreibe eine Divisionsaufgabe und berechne.

a) 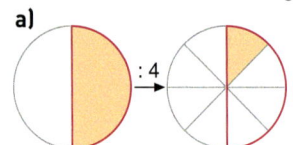   b) 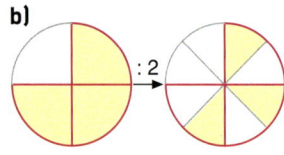   c)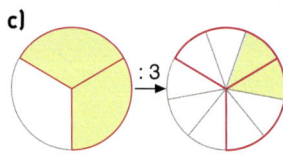

3. Berechne.

a) $\frac{1}{5} : 2$ c) $\frac{6}{7} : 3$ e) $\frac{8}{9} : 4$ g) $\frac{4}{5} : 3$ i) $\frac{1}{3} : 2$ k) $\frac{4}{5} : 5$ m) $\frac{8}{9} : 5$

b) $\frac{2}{3} : 3$ d) $\frac{7}{8} : 5$ f) $\frac{5}{6} : 7$ h) $\frac{3}{4} : 7$ j) $\frac{1}{4} : 5$ l) $\frac{7}{10} : 4$ n) $\frac{7}{15} : 6$

4. Worin besteht der Unterschied zwischen Dividieren und Kürzen? Erkläre am Beispiel rechts.

$\frac{6}{9} : 3 = \ldots$

$\frac{6}{9}_{\,3} = \ldots$

5. Durch welche Zahl muss man $\frac{3}{5}$ dividieren, damit man   a) $\frac{3}{10}$,   b) $\frac{3}{20}$,   c) $\frac{3}{25}$ erhält?

6. a) Julian rechnet so: $\frac{6}{7} : 3 = \frac{6:3}{7} = \frac{2}{7}$.
Überprüfe seine Rechnung. Mache auch eine Zeichnung.

b) Rechne ebenso: $\frac{2}{3} : 2$; $\frac{8}{5} : 4$; $\frac{9}{7} : 3$; $\frac{15}{8} : 5$; $\frac{21}{6} : 7$; $\frac{24}{7} : 8$; $\frac{8}{10} : 4$

c) In welchen Fällen kann man wie Julian rechnen?

7. a) Erläutere die Rechenwege von Dennis und Diana. Vergleiche sie.

b) Berechne günstig.

	(1)	(2)	(3)	(4)
	$6\frac{4}{7} : 3$	$10\frac{2}{5} : 5$	$48\frac{1}{4} : 12$	$5\frac{1}{2} : 10$
	$3\frac{4}{5} : 3$	$12\frac{3}{4} : 6$	$75\frac{1}{2} : 15$	$14\frac{4}{5} : 4$
	$12\frac{6}{7} : 3$	$27\frac{7}{8} : 9$	$39\frac{2}{3} : 13$	$10\frac{2}{3} : 3$
	$6\frac{7}{8} : 3$	$20\frac{2}{3} : 10$	$44\frac{11}{20} : 11$	$16\frac{1}{2} : 5$

Dennis	Diana
$6\frac{1}{4} : 3$	$6\frac{1}{4} : 3$
$= \frac{25}{4} : 3$	$= 6 : 3 + \frac{1}{4} : 3$
$= \frac{25}{4 \cdot 3}$	$= 2 + \frac{1}{4 \cdot 3}$
$= \frac{25}{12}$	$= 2 + \frac{1}{12}$
$= 2\frac{1}{12}$	$= 2\frac{1}{12}$

8. Wo steckt der Fehler? Erkläre.

a) $\frac{6}{16} : 2 = \frac{6:2}{16:2} = \frac{3}{8}$ b) $6\frac{9}{10} : 3 = 6\frac{9:3}{10}$ c) $2\frac{3}{5} : 4 = 2\frac{3}{5 \cdot 4} = 2\frac{3}{20}$

ÜBEN

9. Schreibe eine Divisionsaufgabe und berechne.

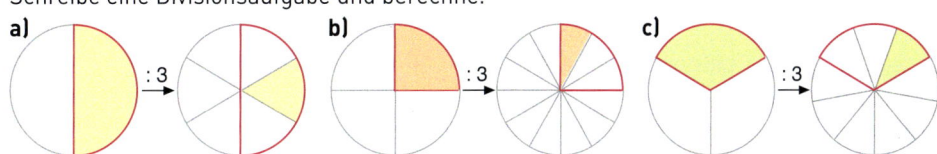

10. Rechne im Kopf.

a) $\frac{1}{2} : 3$ b) $\frac{1}{4} : 5$ c) $\frac{2}{3} : 3$ d) $\frac{3}{5} : 2$ e) $\frac{6}{8} : 3$ f) $\frac{3}{7} : 9$ g) $\frac{8}{13} : 8$ h) $\frac{3}{5} : 10$

$\frac{1}{3} : 2$ $\quad$ $\frac{9}{10} : 3$ $\quad$ $\frac{3}{4} : 2$ $\quad$ $\frac{4}{5} : 3$ $\quad$ $\frac{7}{9} : 4$ $\quad$ $\frac{7}{8} : 9$ $\quad$ $\frac{7}{8} : 8$ $\quad$ $\frac{21}{25} : 7$

11. Berechne. Kürze das Ergebnis, falls möglich.

a) $\frac{1}{6} : 4$ b) $\frac{15}{7} : 8$ c) $\frac{6}{7} : 7$ d) $\frac{7}{8} : 5$ e) $3\frac{4}{5} : 3$ f) $84\frac{1}{4} : 12$

$\frac{7}{8} : 3$ $\quad$ $\frac{3}{4} : 3$ $\quad$ $\frac{4}{5} : 7$ $\quad$ $\frac{6}{7} : 9$ $\quad$ $6\frac{7}{8} : 3$ $\quad$ $105\frac{1}{5} : 15$

$\frac{5}{9} : 7$ $\quad$ $\frac{3}{8} : 5$ $\quad$ $\frac{10}{11} : 5$ $\quad$ $\frac{14}{15} : 7$ $\quad$ $12\frac{3}{4} : 6$ $\quad$ $78\frac{3}{4} : 13$

zu 11 e), f)

$\frac{17}{8}$; $\frac{526}{75}$;

$\frac{55}{24}$; $\frac{337}{48}$;

$\frac{19}{15}$; $\frac{315}{52}$

12. Setze für ■ eine passende natürliche Zahl ein.

a) $\frac{1}{4} : ■ = \frac{1}{12}$ c) $\frac{7}{8} : ■ = \frac{7}{32}$ e) $\frac{7}{■} : 6 = \frac{7}{48}$ g) $1\frac{2}{7} : ■ = \frac{9}{28}$ i) $2\frac{5}{9} : ■ \frac{23}{27}$

b) $\frac{3}{5} : ■ = \frac{3}{20}$ d) $\frac{4}{■} : 5 = \frac{4}{15}$ f) $\frac{9}{■} : 8 = \frac{9}{56}$ h) $1\frac{5}{8} : ■ = \frac{13}{56}$ j) $3\frac{2}{13} : ■ = \frac{41}{78}$

13. a) Ein halber Liter Milch wird an drei Kinder verteilt. Wie viel l bekommt ein Kind?

b) Zwei Freundinnen teilen sich $\frac{3}{4}$ l Apfelsaft. Wie viel l bekommt jedes Mädchen?

c) In einer Flasche sind $1\frac{1}{2}$ l Apfelsaft. Sechs Freunde teilen sich den Saft. Wie viel l bekommt jeder?

14. Der Umfang eines Quadrates beträgt $30\frac{1}{5}$ cm. Wie lang ist eine Seite?

15. Berechne

a) den 4. Teil von einer halben Tafel Schokolade;

b) den 5. Teil von $\frac{3}{4}$ l Milch;

c) den 3. Teil von $1\frac{1}{2}$ Stunden;

d) die Hälfte von $1\frac{3}{4}$ l Saft.

16. Janinas Freundin Karina kommt zu Besuch. Daher möchte Janina das nebenstehende Fruchtsaftgetränk für sich und ihre Freundin zubereiten.

Wieviel benötigt sie von den einzelnen Zutaten?

17. Das äußere Quadrat hat einen Flächeninhalt von $\frac{1}{4}$ m².

a) Begründe: Das nächstkleinere Quadrat ist halb so groß wie das äußere Quadrat usw.

b) Berechne den Flächeninhalt aller Quadrate der Reihe nach bis zum grünen Quadrat.

c) Setze die Reihe fort.

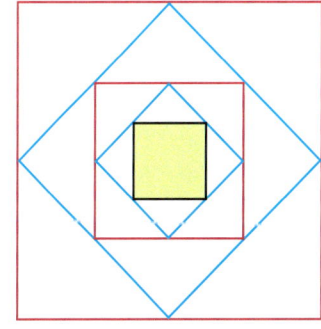

Kürzen vor dem Ausrechnen

EINSTIEG

Lilly hat ihre Hausaufgaben gelöst und ihrem älteren Bruder Ben gezeigt.
Ben meint: „Die Aufgaben sind richtig. Aber ich zeige dir einen anderen Rechenweg, mit dem man solche Aufgaben schneller lösen kann."

Lilly
(1) $\frac{5}{18} \cdot 12 = \frac{5 \cdot 12}{18} = \frac{\cancel{60}^{10}}{\cancel{18}_3} = \frac{10}{3}$
(2) $\frac{12}{7} : 15 = \frac{\cancel{12}^4}{\cancel{105}_{35}} = \frac{4}{35}$

Ben
(1) $\frac{5}{18} \cdot 12 = \frac{5 \cdot \cancel{12}^2}{\cancel{18}_3} = \frac{10}{3}$
(2) $\frac{12}{7} : 15 = \frac{\cancel{12}^4}{7 \cdot \cancel{15}_5} = \frac{4}{35}$

» Vergleiche die beiden Rechenwege. Worin besteht der Unterschied? Welcher ist günstiger?

INFORMATION

Kürzen vor dem Ausrechnen
Oft ist es besser, vor dem Ausrechnen zu kürzen, weil man dadurch kleinere Zahlen erhält.

Beispiele: Erst kürzen, dann ausrechnen

(1) $\frac{8}{21} \cdot 14 = \frac{8 \cdot \cancel{14}^2}{\cancel{21}_3} = \frac{16}{3} = 5\frac{1}{3}$ (2) $\frac{5}{6} : 15 = \frac{\cancel{5}^1}{6 \cdot \cancel{15}_3} = \frac{1}{18}$

FESTIGEN UND WEITERARBEITEN

1. Kürze vor dem Ausrechnen.

a) $\frac{4}{9} \cdot 3$ b) $\frac{4}{7} \cdot 14$ c) $\frac{8}{9} : 12$ d) $\frac{12}{5} : 9$ e) $\frac{14}{5} : 21$ f) $\frac{36}{7} : 48$
$\frac{5}{8} \cdot 6$ $\frac{8}{9} \cdot 27$ $\frac{6}{7} : 9$ $\frac{6}{11} : 24$ $\frac{6}{35} \cdot 15$ $\frac{7}{36} \cdot 24$

2. Bei diesen Aufgaben kann man mehrfach kürzen.

a) $\frac{4}{8} \cdot 6$ b) $\frac{5}{15} \cdot 21$ c) $\frac{4}{6} : 10$ d) $\frac{15}{20} : 12$ $\frac{6}{8} \cdot 10 = \frac{\cancel{6}^3 \cdot \cancel{10}^5}{\cancel{8}_{\cancel{4}_2}} = \frac{15}{2} = 7\frac{1}{2}$
$\frac{6}{9} \cdot 12$ $\frac{8}{12} \cdot 9$ $\frac{6}{8} : 15$ $\frac{16}{24} : 8$

ÜBEN

3. Berechne. Kürze vor dem Ausrechnen.

a) $\frac{7}{20} \cdot 5$ b) $\frac{7}{12} \cdot 24$ c) $\frac{7}{15} \cdot 25$ d) $\frac{6}{7} : 9$ e) $\frac{15}{8} : 25$ f) $\frac{14}{9} : 21$
$\frac{5}{6} \cdot 6$ $\frac{8}{15} \cdot 35$ $\frac{17}{24} \cdot 8$ $\frac{18}{7} : 6$ $\frac{32}{27} : 8$ $\frac{15}{8} : 12$
$\frac{7}{9} \cdot 12$ $\frac{3}{25} \cdot 15$ $\frac{7}{18} \cdot 27$ $\frac{12}{5} : 8$ $\frac{32}{25} : 16$ $\frac{56}{17} : 32$

4. Wo steckt ein Fehler? Erkläre.

(1) $\frac{8}{9} \cdot 4 = \frac{\cancel{8}^2 \cdot \cancel{4}^1}{9} = \frac{2}{9}$ (2) $\frac{7}{12} : 3 = \frac{7}{\cancel{12}_4 \cdot \cancel{3}_1} = \frac{7}{4} = 2\frac{1}{4}$ (3) $\frac{3}{15} \cdot 9 = \frac{\cancel{3}^1 \cdot \cancel{9}^3}{\cancel{15}_5} = \frac{3}{5}$

5. Kürze vor dem Ausrechnen, wenn möglich.

a) $\frac{5}{12} \cdot 15$ b) $\frac{19}{21} : 7$ c) $\frac{8}{69} \cdot 12$ d) $\frac{72}{23} : 48$ e) $3\frac{7}{8} \cdot 12$ f) $5\frac{9}{15} : 12$ g) $9\frac{9}{12} : 26$
$\frac{18}{7} : 21$ $\frac{25}{27} \cdot 18$ $\frac{17}{19} \cdot 12$ $\frac{7}{37} \cdot 23$ $2\frac{1}{17} \cdot 9$ $1\frac{45}{48} \cdot 36$ $5\frac{18}{27} : 17$
$\frac{12}{17} \cdot 9$ $\frac{7}{8} \cdot 4$ $\frac{19}{34} \cdot 17$ $\frac{153}{72} : 34$ $4\frac{4}{13} : 8$ $5\frac{6}{17} \cdot 13$ $5\frac{32}{43} : 38$

$69\frac{3}{4}; \frac{13}{86};$
$46\frac{1}{2}; \frac{7}{17}; 18\frac{9}{17};$
$\frac{1}{3}; \frac{7}{13}; \frac{7}{15}; \frac{3}{8}$
zu 5e bis g)

MULTIPLIZIEREN MIT EINEM BRUCH – DIVIDIEREN DURCH EINEN BRUCH

Bestimmen des Teils eines Ganzen – Multiplizieren mit einem Bruch

EINSTIEG

>> Eine Schulstunde an der Luisenschule dauert 45 min. Ein Drittel davon wurde für Teamarbeit verwendet.
>> Eine Großpackung Grillwürstchen wiegt 1 200 g. Drei Zehntel von dem Gewicht geht beim Braten verloren.
>> Lara hat 12 € Taschengeld. $\frac{2}{3}$ davon gibt sie für eine Kinokarte aus.

AUFGABE

1. a) Eine normale Dose Schokocreme hat einen Inhalt von 400 g. Zum Jubiläum der Firma wird für begrenzte Zeit zum gleichen Preis eine Dose mit dem $1\frac{1}{2}$-fachen Inhalt angeboten.
Wie viel g enthält die Jubiläumsdose?

b) Eine Großpackung Sahneeis hat einen Inhalt von 900 g. $\frac{2}{3}$ davon sind Wasser.
Wie viel Wasser sind in der Großpackung Sahneeis enthalten?

Lösung

a) Das $1\frac{1}{2}$**-Fache von 400 g** bedeutet: Nimm 400 g eineinhalbmal, also **400 g · $1\frac{1}{2}$**.
Statt das $1\frac{1}{2}$-Fache von 400 g kann man auch schreiben: $\frac{3}{2}$ von 400 g, also 400 · $\frac{3}{2}$.
Das bedeutet:
Teile 400 g in zwei gleich große Teile und nimm von einem solchen Teil das Dreifache.

b) Statt $\frac{2}{3}$ **von 900 g** kann man auch sagen: Nimm 900 g zweidrittelmal, also **900 g · $\frac{2}{3}$**.

Das bedeutet:
Teile 900 g in 3 gleich große Teile und nimm von einem solchen Teil das Doppelte.

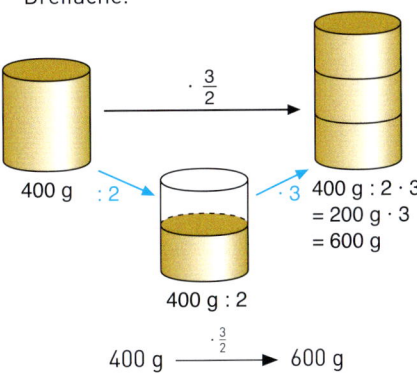

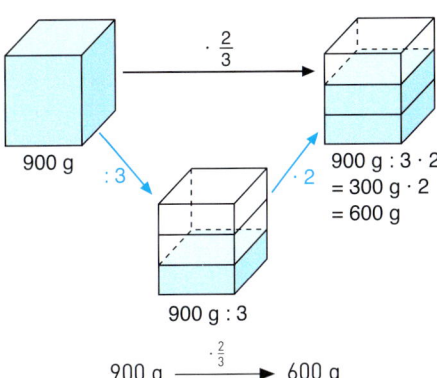

Wir schreiben:
400 · $\frac{3}{2}$ = 400 : 2 · 3 = 200 · 3 = 600

Ergebnis: In der Jubiläumsdose sind 600 g Schokocreme.

Wir schreiben:
900 g · $\frac{2}{3}$ = 900 g : 3 · 2 = 300 g · 2 = 600 g

Ergebnis: 900 g Sahneeis enthält 600 g Wasser.

INFORMATION

(1) Anschauliche Bedeutung der Multiplikation mit einem Bruch

Aus dem Alltag kennst du folgende Sprechweise:
- Nimm das **3-Fache von 500 g**. Das bedeutet rechnerisch: **500 g · 3**

Ebenso kann man sagen:
- Nimm das **2½-Fache von 250 g**. Das bedeutet rechnerisch: **250 g · 2½**

Genauso können wir bei Brüchen auch sagen:
- Nimm $\frac{3}{4}$ **von 100 g**. Das bedeutet rechnerisch: **100 g · $\frac{3}{4}$**

(2) Multiplikation mit einem Bruch

$60 \cdot \frac{2}{3}$ bedeutet: $\frac{2}{3}$ von 60

Wir rechnen: $60 \cdot \frac{2}{3} = 60 : 3 \cdot 2 = 20 \cdot 2 = 40$

oder $60 \cdot \frac{2}{3} = 60 \cdot 2 : 3 = 120 : 3 = 40$

Pfeilbild: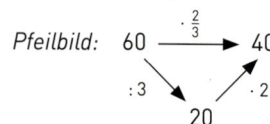

> Wie viel ist $\frac{3}{4}$ von 1 600 g?
>
> $\frac{3}{4}$ von 1 600 g bedeutet: $1\,600\,g \cdot \frac{3}{4}$
>
> *Rechnung:* $1\,600 \cdot \frac{3}{4} = 1\,600 : 4 \cdot 3 = 400 \cdot 3 = 1\,200$
>
> *Ergebnis:* $\frac{3}{4}$ von 1 600 g sind 1 200 g.

FESTIGEN UND WEITERARBEITEN

2. Schreibe als Produkt; berechne dann.

a) $\frac{3}{4}$ von 120 min   b) $\frac{1}{4}$ von 800 g   c) $\frac{2}{5}$ von 120 €   d) 140; davon $\frac{3}{7}$ e) 400; davon $\frac{1}{8}$

$\frac{7}{8}$ von 120 min $\frac{2}{4}$ von 800 g $\frac{3}{5}$ von 120 €   140; davon $\frac{4}{5}$ 400; davon $\frac{3}{10}$

3. Berechne.

a) $1\,260 \cdot \frac{2}{3}$ b) $50 \cdot \frac{2}{5}$ c) $28 \cdot \frac{3}{7}$ d) $120 \cdot \frac{3}{4}$ e) $40 \cdot \frac{1}{10}$ f) $88 \cdot \frac{3}{8}$

4. a) Berechne und vergleiche. Was fällt dir auf?

(1) $12 : 4$ und $12 \cdot \frac{1}{4}$ (2) $75\,l : \frac{1}{3}$ und $75\,l : 3$ (3) $12\,098\,€ : 2$ und $12\,098\,€ \cdot \frac{1}{2}$

b) Finde weitere Beispiele wie bei Teilaufgabe a) und formuliere eine allgemeine Regel.

5. Nimm Stellung zu den Schüleräußerungen. Wer hat recht?

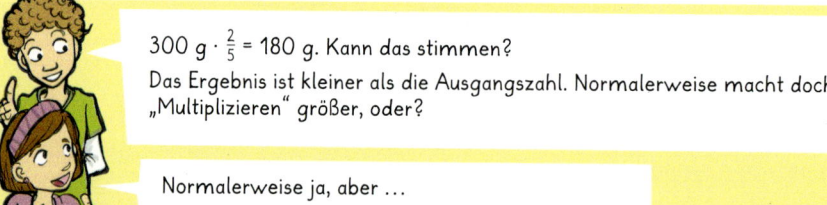

INFORMATION

Wenn man eine Zahl mit einem Bruch größer als 1 multipliziert, dann ist das Ergebnis größer als die Zahl.
Multipliziert man jedoch eine Zahl mit einem Bruch zwischen 0 und 1, dann ist das Ergebnis kleiner als die Zahl.

Beispiele: $72 \cdot \frac{5}{4} = 72 : 4 \cdot 5 = 90 > 72$ $72 \cdot \frac{3}{4} = 72 : 4 \cdot 3 = 54 < 72$

ÜBEN

6. Schreibe als Produkt; berechne dann.

a) $\frac{1}{2}$ von 220 g b) $\frac{1}{3}$ von 300 g c) $\frac{3}{7}$ von 140 € d) $\frac{3}{10}$ von 2 e) $\frac{1}{8}$ von 48

$\frac{1}{3}$ von 90 min $\frac{1}{3}$ von 600 g $\frac{4}{7}$ von 140 € $\frac{3}{10}$ von 20 $\frac{3}{4}$ von 36

7. a) $60 \cdot \frac{1}{2}$ b) $150 \cdot \frac{1}{5}$ c) $20 \cdot \frac{3}{4}$ d) $21 \cdot \frac{3}{7}$ e) $20 \cdot \frac{1}{2}$ f) $124 \cdot \frac{3}{4}$ g) $224 \cdot \frac{3}{8}$

$60 \cdot \frac{1}{3}$ $150 \cdot \frac{2}{5}$ $40 \cdot \frac{3}{4}$ $210 \cdot \frac{3}{7}$ $40 \cdot \frac{1}{4}$ $171 \cdot \frac{2}{3}$ $287 \cdot \frac{3}{7}$

8. Wie viel ist
a) die Hälfte von 120 min;
b) ein Drittel von 75 €;
c) ein Zehntel von 15 m;
d) drei Viertel von 80 km;
e) zwei Drittel von 1 500 g;
f) sieben Zehntel von 1 000 €?

9. Fleisch besteht zu $\frac{2}{3}$ aus Wasser.
Wie viel kg Wasser sind enthalten in
a) 600 g;
b) 1 800 g;
c) 3 600 g;
d) 7 500 g Fleisch?

10. Schreibe eine Rechengeschichte zu dem Term und berechne.
a) $1500 \text{ g} \cdot \frac{2}{10}$
b) $220 \text{ €} \cdot \frac{3}{4}$
c) $70 \text{ cl} \cdot \frac{1}{2}$
d) $3600 \text{ m}^2 \cdot \frac{7}{10}$

Beispiel: $2700 \text{ m} \cdot \frac{2}{3}$
Durch einen Berg soll ein Tunnel von 2 700 m Länge gegraben werden. $\frac{2}{3}$ der Tunnelstrecke ist bereits fertig gestellt. Wie viel km sind das?
Rechnung: $2700 \cdot \frac{2}{3} = 2700 : 3 \cdot 2$
$= 900 \cdot 2 = 1800$
Antwort: 1 800 m sind bereits fertig gestellt.

11. a) Wie viel ist das Doppelte des dritten Teils von 60 Minuten?
b) Wie viel ist das Dreifache des vierten Teils von 80 g?
c) Wie viel ist die Hälfte vom Dreifachen von 60 cm?
d) Wie viel ist das Vierfache des vierten Teils von 1 260 Euro?

12. Frau Schwarzkopf verdient 2 168 € im Monat.
$\frac{3}{8}$ davon gibt sie für ihre Eigentumswohnung aus.
Wie viel Euro bleiben ihr dann noch?

Bestimmen des Ganzen – Dividieren durch einen Bruch

EINSTIEG

Ein Landwirt hat seine Getreideproduktion erhöht. Im Jahr 2010 erntete er 48 t Weizen, das ist dreimal so viel wie im Jahr 1970.
» Wie viel t Weizen erntete er 1970? Notiere auch einen Term (Rechenausdruck).

In einer Mühle wird aus Weizenkörnern Mehl gewonnen. Das Gewicht von hellem Mehl (Type 405) beträgt $\frac{2}{5}$ des Gewichts der Weizenkörner.
» Wie viel kg Weizenkörner benötigt man, um 100 kg helles Weizenmehl zu erhalten? Notiere den Rechenweg auch mithilfe eines Terms (Rechenausdruck).

AUFGABE

1. Herr Wag bekommt bei einer Lotterie 81 € ausgezahlt; das ist das Dreifache seines Einsatzes.
Herr Los erhält 58 €; das sind $\frac{2}{3}$ seines Einsatzes.
Wie viel Geld hat jeder eingesetzt?

Lösung

(1) Wir suchen den Einsatz von Herrn Wag, also das Ganze.

Die Multiplikation mit 3 wird durch die Division durch 3 rückgängig gemacht.

: 3 macht · 3 rückgängig

Rechnung: 81 € : 3 = 27 €
Ergebnis: Herr Wag hat 27 € eingesetzt.

(2) Wir suchen den Einsatz von Herrn Los, also das Ganze.

Um $\cdot \frac{2}{3}$ rückgängig zu machen, machen wir die beiden Teilschritte rückgängig.

$\cdot \frac{3}{2}$ macht $\cdot \frac{2}{3}$ rückgängig

Rechnung: 58 € : 2 · 3 = 29 € · 3 = 87 €
Ergebnis: Herr Los hat 87 € eingesetzt.

Bruchzahlen – Multiplizieren und Dividieren

INFORMATION

(1) Dividieren macht Multiplizieren rückgängig

Wir wissen bereits aus dem Rechnen mit natürlichen Zahlen, dass man Multiplizieren durch Dividieren rückgängig machen kann.

Das gilt auch bei Brüchen:

Das Dividieren durch eine Bruchzahl macht rückgängig, was das Multiplizieren mit derselben Bruchzahl bewirkt hat.

In Aufgabe 1 haben wir gesehen, dass man $\cdot \frac{2}{3}$ durch $\cdot \frac{3}{2}$ rückgängig machen kann. Genauso kann man $\cdot \frac{2}{3}$ durch $: \frac{2}{3}$ rückgängig machen. $\cdot \frac{3}{2}$ und $: \frac{2}{3}$ bewirken also das Gleiche. Statt durch $\frac{2}{3}$ zu dividieren, können wir daher auch mit $\frac{3}{2}$ multiplizieren. Daraus ergibt sich folgende Regel:

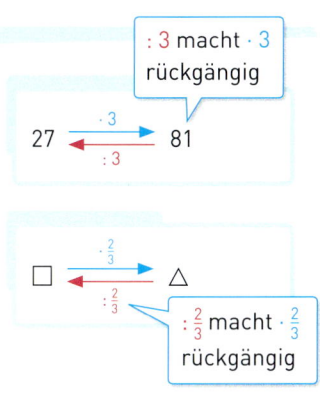

(2) Regel über das Dividieren durch einen Bruch

Man dividiert eine Zahl oder Größe durch einen Bruch, indem man mit dem Kehrwert des Bruches multipliziert.

Man erhält den Kehrwert eines Bruches durch Vertauschen von Zähler und Nenner.

Beispiel: $16 : \frac{2}{3} = 16 \cdot \frac{3}{2} = 24$

FESTIGEN UND WEITERARBEITEN

2. Rechne rückwärts.

a) ■ $\xrightarrow{\cdot \frac{2}{9}}$ 8 min

b) ■ $\xrightarrow{\cdot \frac{3}{5}}$ 12 s

c) ■ $\xrightarrow{\cdot \frac{3}{4}}$ 20 l

d) ■ $\xrightarrow{\cdot \frac{6}{11}}$ 31 dm²

e) ■ $\xrightarrow{\cdot \frac{2}{5}}$ 60 km

f) ■ $\xrightarrow{\cdot \frac{5}{8}}$ 16 m³

3. Wie groß ist das Ganze? Schreibe auch als Divisionsaufgabe.

a) $\frac{1}{4}$ des Gewichts sind 3 kg

$\frac{1}{3}$ des Gewichts sind 5 kg

b) $\frac{2}{5}$ des Volumens sind 12 l

$\frac{3}{10}$ des Volumens sind 15 m³

> $\frac{3}{4}$ des Gewichts sind 6 kg
> ■ $\cdot \frac{3}{4}$ = 6 kg
> 6 kg $: \frac{3}{4}$ = 6 kg $\cdot \frac{4}{3}$ = $\frac{24}{3}$ kg = 8 kg

4. Du weißt: Wenn man eine Zahl durch eine natürliche Zahl größer 1 dividiert, dann ist das Ergebnis kleiner als die Zahl; z. B.:
36 : 2 = 18 < 36

a) Untersuche das bei der Division durch einen von 0 verschiedenen Bruch an folgendem Sachverhalt:
21 l Saft sollen in $1\frac{1}{2}$-l-Flaschen abgefüllt werden.
Wie viele Flaschen benötigt man? Wie viele $\frac{3}{4}$-l-Flaschen würde man benötigen?

b) Vergleiche die Ausgangszahl mit dem Ergebnis.
(1) $15 : \frac{3}{4}$;   (2) $64 : \frac{8}{3}$;   (3) $75 \text{ kg} : \frac{3}{8}$;   (4) $24 \text{ m} : \frac{7}{4}$
Was stellst du fest? Formuliere einen Ergebnissatz.

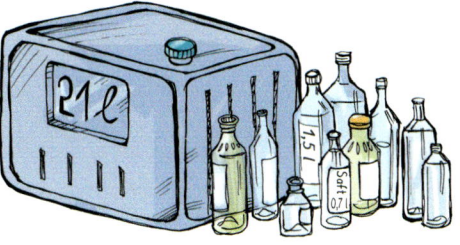

5. a) Erkläre: $18 \text{ m} : \frac{1}{4}$ bedeutet dasselbe wie $18 \text{ m} \cdot 4$.

b) Berechne: $15 : \frac{1}{2}$; $12 : \frac{1}{5}$; $14 : \frac{1}{6}$; $16 : \frac{1}{8}$; $13 : \frac{1}{3}$; $11 : \frac{1}{4}$; $9 : \frac{1}{7}$

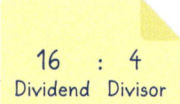

6. Der Divisor wird jedes Mal halbiert.
   a) Wie ändert sich der Wert des Quotienten?
   b) Setze die Kette rechts um drei Zeilen fort.
   c) Verfahre entsprechend mit den folgenden Quotienten (jeweils 6 Zeilen).
      (1) 76 : 4 = ■   (2) 36 : 9 = ■   (3) 150 : 25 = ■
          ↓ :2 ↓ ■   ↓ :3 ↓ ■   ↓ :5 ↓ ■

```
16 : 4 = 4
  ↓ :2   ↓ ■
16 : 2 = 8
  ↓ :2   ↓ ■
16 : 1 = 16
  ↓ :2
```

INFORMATION

Wenn man eine Zahl durch einen Bruch größer als 1 dividiert, dann ist das Ergebnis kleiner als die Zahl.
Dividiert man jedoch eine Zahl durch einen Bruch zwischen 0 und 1, dann ist das Ergebnis größer als die Zahl.
Beispiele: $6 : \frac{3}{2} = 6 \cdot \frac{2}{3} = 4 < 6$ $6 : \frac{2}{3} = 6 \cdot \frac{3}{2} = 9 > 6$

ÜBEN

7. Rechne rückwärts.

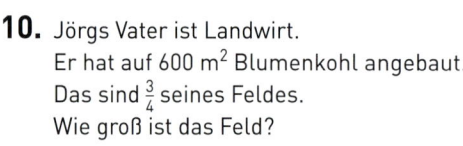

a) ■ —·½→ 15 l   b) ■ —·⁷⁄₈→ 49 m   c) ■ —·¾→ 2,4 l   d) ■ —·⁵⁄₆→ 3½ kg

8. a) $54 : \frac{2}{3}$ b) $36 : \frac{6}{7}$ c) $72 : \frac{8}{9}$ d) $24 : \frac{4}{5}$ e) $18 : \frac{6}{7}$ f) $150 : \frac{5}{6}$ g) $120 : \frac{3}{4}$

9. Patrick muss oft rennen, um pünktlich in der Schule zu sein. Er schafft $\frac{2}{5}$ des Schulweges im Dauerlauf. Das sind 400 m. Wie lang ist der Schulweg?

10. Jörgs Vater ist Landwirt. Er hat auf 600 m² Blumenkohl angebaut. Das sind $\frac{3}{4}$ seines Feldes. Wie groß ist das Feld?

11. Beim Mahlen von Weizen entsteht Mehl; es macht $\frac{2}{3}$ des Weizengewichts aus. Wie viel kg Mehl erhält man aus   a) 346 kg Weizen;   b) 472 kg Weizen?

12. Die Goetheschule besuchen 336 Mädchen. Das sind $\frac{4}{7}$ aller Schülerinnen und Schüler. Wie viele Jungen hat die Goetheschule?

13. Mark und Lisa streichen einen Zaun. Mittags haben sie $\frac{3}{8}$ des Zaunes gestrichen; das sind 15 m.

14. a) $\frac{1}{2}$ l Buttermilch kostet 0,39 €. Wie viel kostet 1 l?
   b) $\frac{1}{5}$ l Schlagsahne kostet 0,39 €. Wie viel kostet 1 l?
   c) $\frac{3}{4}$ kg Broccoli kostet 1,08 €. Wie viel kostet 1 kg?
   d) $\frac{3}{2}$ kg Bananen kosten 1,35 €. Wie viel kostet 1 kg?
   e) $\frac{1}{8}$ kg Wurst kostet 0,99 €. Wie viel kostet 1 kg?

15. Herr Hellmann füllt 14 Liter frisch gepressten Apfelsaft in $\frac{7}{10}$-Liter-Flaschen. Wie viele volle Flaschen erhält er?

MULTIPLIZIEREN UND DIVIDIEREN VON BRÜCHEN

Multiplizieren von Brüchen mit Brüchen

EINSTIEG

Die Arbeiten an dem neuen Autobahnabschnitt schreiten gut voran. Für $\frac{4}{5}$ der Gesamtlänge ist der Schotteraufbau schon fertig, $\frac{2}{3}$ davon sind bereits asphaltiert.

>> Welcher Anteil an dem ganzen Bauabschnitt ist asphaltiert?

AUFGABE

Z 1. a) Von einem Kuchen ist die Hälfte übrig geblieben. Julia und Jan essen $\frac{3}{4}$ davon. Welchen Anteil des ganzen Kuchens haben sie gegessen?

b) Philipp und Anna wollen einen Kuchen backen. Nach dem Rezept benötigt man für 4 Personen $\frac{1}{4}$ kg Butter. Für 6 Personen braucht man das $1\frac{1}{2}$-Fache von $\frac{1}{4}$ kg Butter. Wie viel ist das?

Lösung

a) Julia und Jan haben drei Viertel von einem halben Kuchen gegessen. Wir teilen den halben Kuchen in vier gleich große Teile auf. Drei dieser Teile haben sie gegessen.

$\frac{3}{4}$ von bedeutet mal $\frac{3}{4}$

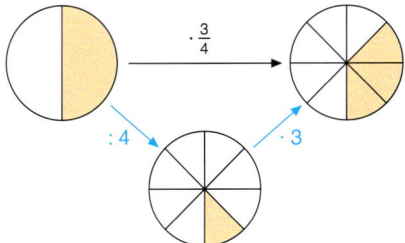

Rechnung:

$\frac{3}{4}$ von $\frac{1}{2}$ =

$\frac{1}{2} \cdot \frac{3}{4} = \frac{1}{2} : 4 \cdot 3 = \frac{1}{2 \cdot 4} \cdot 3 = \frac{1 \cdot 3}{2 \cdot 4} = \frac{3}{8}$

„Zähler mal Zähler" durch „Nenner mal Nenner"

Ergebnis: Julia und Jan haben $\frac{3}{8}$ eines ganzen Kuchens gegessen.

b)

$1\frac{1}{2} = \frac{3}{2}$

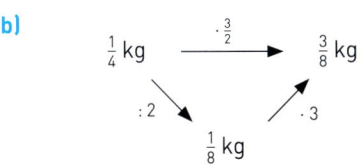

Rechnung:

$1\frac{1}{2}$-Fache von $\frac{1}{4}$ = $\frac{3}{2}$ von $\frac{1}{4}$ =

$\frac{1}{4} \cdot \frac{3}{2} = \frac{1}{4} : 2 \cdot 3 = \frac{1}{4 \cdot 2} \cdot 3 = \frac{1 \cdot 3}{4 \cdot 2} = \frac{3}{8}$

„Zähler mal Zähler" durch „Nenner mal Nenner"

Ergebnis: Philipp und Anna brauchen $\frac{3}{8}$ kg Butter.

INFORMATION

Multiplikationsregel für Brüche

Brüche werden miteinander multipliziert, indem man Zähler mit Zähler und Nenner mit Nenner multipliziert. Brüche in gemischter Schreibweise müssen zuerst in unechte Brüche umgeformt werden.

Beispiele: (1) $\frac{3}{5} \cdot \frac{3}{4} = \frac{3 \cdot 3}{5 \cdot 4} = \frac{9}{20}$ (2) $1\frac{1}{2} \cdot \frac{4}{9} = \frac{3}{2} \cdot \frac{4}{9} = \frac{3 \cdot 4}{2 \cdot 9} = \frac{12}{18} = \frac{2}{3}$

„Zähler mal Zähler" durch „Nenner mal Nenner"

FESTIGEN UND WEITERARBEITEN

Z 2. Berechne.
a) $\frac{5}{6} \cdot \frac{7}{10}$
b) $\frac{3}{8} \cdot \frac{7}{9}$
c) $\frac{2}{5} \cdot \frac{8}{15}$
d) $\frac{2}{3} \cdot \frac{9}{10}$
e) $\frac{4}{9} \cdot \frac{4}{9}$
f) $\left(\frac{3}{4}\right)^2$
g) $\left(\frac{5}{7}\right)^2$

Z 3. Schreibe als Produkt und berechne.
a) $\frac{3}{5}$; davon $\frac{4}{7}$
b) $\frac{3}{4}$ von $\frac{5}{8}$ kg
c) das $3\frac{1}{2}$-Fache von $\frac{3}{4}$ l
d) $\frac{4}{5}$; davon $\frac{2}{3}$

Z 4. Berechne mit der Multiplikationsregel.
a) $\frac{2}{5} \cdot 1\frac{1}{9}$
b) $\frac{5}{7} \cdot 3\frac{2}{11}$
c) $3\frac{1}{4} \cdot \frac{3}{4}$
d) $5\frac{1}{6} \cdot 0$
e) $1\frac{5}{7} \cdot 4$
f) $2\frac{1}{2} \cdot \frac{4}{9} \cdot \frac{2}{3}$

INFORMATION

Kürzen beim Multiplizieren von Brüchen

(1) Kürzen nach dem Ausrechnen:
$\frac{4}{9} \cdot \frac{3}{2} = \frac{\cancel{12}^2}{\cancel{18}_3} = \frac{2}{3}$

(2) Kürzen vor dem Ausrechnen:
$\frac{4}{9} \cdot \frac{3}{2} = \frac{{}^2\cancel{4} \cdot \cancel{3}^1}{{}_3\cancel{9} \cdot \cancel{2}_1} = \frac{2}{3}$

ÜBEN

Vor dem Ausrechnen kürzen, falls möglich!

Z 5. Schreibe als Produkt und berechne.
a) $\frac{2}{5}$ von $\frac{3}{4}$ kg
b) $\frac{7}{8}$ ha, davon $\frac{2}{3}$
c) $\frac{2}{5}$ von $1\frac{1}{2}$ l
d) $\frac{5}{6}$ von $\frac{3}{10}$
e) das $2\frac{1}{2}$-Fache von $\frac{4}{9}$

Z 6. Berechne. Hier kann man mehrfach kürzen.
a) $\frac{16}{35} \cdot \frac{21}{32}$
b) $\frac{27}{56} \cdot \frac{48}{63}$
c) $1\frac{4}{21} \cdot \frac{33}{50}$
d) $\frac{18}{35} \cdot \frac{14}{63} \cdot \frac{25}{36}$
e) $1\frac{4}{51} \cdot \frac{34}{39} \cdot \frac{13}{22}$

Z 7. Berechne.
a) $\frac{3}{7} \cdot \frac{4}{5}$
b) $\frac{7}{8} \cdot \frac{4}{9}$
c) $\frac{9}{10} \cdot \frac{5}{6}$
d) $\frac{5}{7} \cdot \frac{4}{15}$
e) $2\frac{1}{3} \cdot \frac{6}{7}$
f) $2\frac{3}{5} \cdot 3$
g) $\frac{4}{9} \cdot \frac{6}{25} \cdot \frac{15}{16}$

Z 8. a) Goran hat heute schon $1\frac{3}{4}$ Flaschen Mineralwasser getrunken. In einer Flasche sind $\frac{7}{10}$ l. Wie viel Liter hat er getrunken?
b) Ein $2\frac{4}{5}$ ha großes Feld ist zu $\frac{3}{4}$ mit Kartoffeln bepflanzt. Wie viel ha sind das?

Z 9. Erfinde Rechengeschichten: a) $\frac{3}{5}$ von $\frac{2}{3}$ Pizza b) das $2\frac{1}{2}$-Fache von $\frac{3}{4}$ kg c) $1\frac{1}{4}$ l $\cdot \frac{2}{3}$

Z 10. Richtig oder falsch? Begründe gegebenenfalls.

(1) $\frac{3}{7} \cdot \frac{5}{7} = \frac{15}{7} = 2\frac{1}{7}$
(2) $\frac{5}{7} \cdot 3 = \frac{15}{21}$
(3) $\frac{{}^2\cancel{6}}{5} \cdot \frac{\cancel{3}^1}{7} = \frac{2}{35}$

Z 11. Drei Viertel aller Schülerinnen und Schüler beteiligten sich an der Vertrauenslehrerwahl. Frau Zahn erhielt zwei Fünftel der abgegebenen Stimmen.
Von welchem Anteil der gesamten Schülerschaft wurde Frau Zahn gewählt?

Z 12. Formuliere geeignete Fragen und berechne.
a) Ein Blumenbeet ist $3\frac{1}{2}$ m lang und $\frac{3}{4}$ m breit. $\frac{2}{5}$ des Beets sind mit Rosen bepflanzt.
b) In einer Klasse spielen $\frac{3}{4}$ aller Kinder ein Musikinstrument. $\frac{2}{3}$ dieser Kinder sind Mädchen. In der Klasse sind 16 Mädchen und 12 Jungen.

Dividieren von Brüchen durch Brüche

EINSTIEG

Die Baumschule der Gärtnerei Grünmarkt ist $\frac{3}{4}$ ha groß. Dies sind $\frac{2}{5}$ der gesamten Fläche, die die Gärtnerei bewirtschaftet.

AUFGABE

1. Maria denkt sich eine Zahl. Sie multipliziert sie mit $\frac{4}{5}$ und erhält $\frac{2}{7}$. Welche Zahl hat sich Maria gedacht?

Lösung

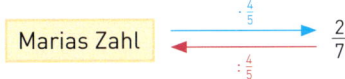

Die Multiplikation mit $\frac{4}{5}$ soll durch die Division durch $\frac{4}{5}$ rückgängig gemacht werden. Dazu müssen wir die beiden Teilschritte der Multiplikation rückgängig machen.

Multiplikation mit $\frac{4}{5}$:
Division durch $\frac{4}{5}$ (Rückgängigmachen der Multiplikation):

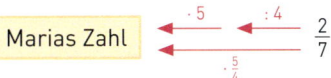

Wir sehen: $\cdot \frac{5}{4}$ macht rückgängig, was $\cdot \frac{4}{5}$ bewirkt.

Deshalb können wir sagen: $\frac{2}{7} : \frac{4}{5}$ bedeutet dasselbe wie $\frac{2}{7} \cdot \frac{5}{4}$.

Rechnung: Marias Zahl $= \frac{2}{7} : \frac{4}{5} = \frac{2}{7} \cdot \frac{5}{4} = \frac{2 \cdot 5}{7 \cdot 4} = \frac{10}{28} = \frac{5}{14}$

Ergebnis: Maria hat sich die Zahl $\frac{5}{14}$ gedacht.

INFORMATION

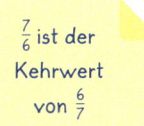

$\frac{7}{6}$ ist der Kehrwert von $\frac{6}{7}$

Dividieren eines Bruchs durch einen Bruch

Man dividiert durch einen Bruch, indem man mit dem Kehrwert des Bruches multipliziert.

Beispiel:
$\frac{3}{4} : \frac{6}{7} = \frac{3}{4} \cdot \frac{7}{6} = \frac{\cancel{3} \cdot 7}{4 \cdot \cancel{6}_2} = \frac{7}{8}$

Dividieren heißt Multiplizieren mit dem Kehrwert.

FESTIGEN UND WEITERARBEITEN

2. Fülle die Lücken aus.

a)

b)

c)

3. Berechne und überprüfe das Ergebnis durch Multiplikation.

a) $\frac{4}{5} : \frac{3}{7}$ b) $\frac{3}{8} : \frac{5}{6}$ c) $\frac{7}{12} : \frac{4}{9}$ d) $\frac{3}{4} : \frac{9}{10}$ e) $\frac{24}{15} : \frac{36}{9}$ f) $\frac{32}{35} : \frac{24}{25}$ g) $\frac{108}{119} : \frac{72}{85}$

Z 4. Wie heißt die gedachte Zahl?
a) Bianca denkt sich eine Zahl und multipliziert sie mit $\frac{5}{8}$; das Ergebnis ist $\frac{1}{2}$.
b) Bernhard multipliziert seine gedachte Zahl mit $\frac{17}{13}$ und erhält 1.

Z 5. Schreibe zunächst die gemischten Zahlen als Brüche und berechne dann.
a) $2\frac{1}{4} : \frac{3}{8}$ b) $\frac{4}{5} : 1\frac{1}{2}$ c) $4\frac{3}{4} : 5$ d) $7 : 2\frac{1}{3}$ e) $4\frac{1}{5} : \frac{3}{10}$ f) $1\frac{1}{6} : 2\frac{1}{3}$

Z 6. a) $\frac{3}{4}$ seines Feldes bepflanzt Bauer Bracht mit Grünkohl, das sind $1\frac{1}{2}$ ha. Wie groß ist das ganze Feld?
b) $4\frac{1}{4}$ l Brombeersaft sollen in $\frac{7}{10}$-l-Flaschen abgefüllt werden. Wie viele volle Flaschen gibt das?

ÜBEN

Z 7. Berechne und überprüfe das Ergebnis durch Multiplikation.
a) $\frac{5}{6} : \frac{7}{9}$ b) $\frac{3}{8} : \frac{1}{4}$ c) $\frac{14}{15} : \frac{7}{10}$ d) $\frac{4}{9} : \frac{5}{6}$ e) $\frac{40}{63} : \frac{25}{27}$ f) $\frac{14}{19} : \frac{5}{9}$ g) $\frac{121}{144} : \frac{77}{120}$

Vor dem Ausrechnen kürzen, erspart Arbeit.

Z 8. Berechne.
a) $1\frac{1}{3} : \frac{4}{5}$ b) $3\frac{3}{8} : 9$ c) $2\frac{7}{8} : \frac{7}{16}$ d) $0 : 1\frac{2}{3}$ e) $8 : 2\frac{2}{5}$ f) $3\frac{3}{8} : \frac{9}{10}$ g) $1\frac{5}{6} : 3\frac{2}{3}$

Z 9. Berechne das Ganze.
a) $\frac{1}{5}$ des Gewichts sind $\frac{2}{3}$ kg
b) $\frac{5}{6}$ der Weglänge sind $2\frac{1}{2}$ km
c) $\frac{2}{3}$ der Zeitspanne sind $\frac{3}{4}$ h
d) das $1\frac{1}{3}$-Fache des Volumens sind $1\frac{4}{10}$ l

Z 10. a) In einem Gefäß, das noch zu $\frac{2}{3}$ gefüllt ist, sind $1\frac{1}{4}$ Liter Orangensaft. Wie viel Liter gehen insgesamt in das Gefäß?
b) $\frac{3}{8}$ kg Wurst kosten 1,60 €. Wie teuer ist 1 kg Wurst?
c) $3\frac{3}{4}$ kg Erdbeermarmelade werden in Portionen zu jeweils $\frac{2}{5}$ kg in Gläser gefüllt. Wie viele volle Gläser erhält man?

Z 11. Berechne.
Erfinde zu jeder Rechnung auch eine kurze Rechengeschichte.
a) $12\frac{1}{2}$ km $: \frac{5}{8}$ b) $6\frac{1}{4}$ ha $: \frac{5}{9}$ c) $4\frac{1}{2}$ l $: \frac{3}{5}$ l d) 24,60 € $: \frac{3}{4}$

Z 12. Wo steckt der Fehler? Erkläre und korrigiere.

(1) $\frac{6}{7} : \frac{2}{3} = \frac{6:2}{7} = \frac{3}{7}$ (2) $\frac{1}{12} : \frac{8}{5} = \frac{1}{3} : \frac{2}{5} = \frac{1}{3} \cdot \frac{5}{2} = \frac{5}{6}$ (3) $\frac{6}{7} : \frac{3}{5} = \frac{7}{6} \cdot \frac{3}{5} = \frac{7}{15}$

Z 13. Formuliere geeignete Fragen und berechne.
a) Bauer Luhmann hat in diesem Jahr $28\frac{1}{2}$ t Weizen geerntet. Das sind das $1\frac{1}{4}$-Fache der letzten Ernte.
b) In der Mühle wird aus Weizen Mehl gewonnen. Das Gewicht des hellen Mehls (Typ 405) beträgt $\frac{2}{5}$ des Gewichts der gemahlenen Weizenkörner.
Bäcker Wulf bestellt $\frac{3}{5}$ t Weizenmehl.
c) Yvonne und Thomas machen mit dem Rad eine 44 km lange Tagestour. Nach $1\frac{1}{2}$ h haben sie schon $\frac{3}{8}$ der Strecke geschafft.

PUNKTE SAMMELN

★★

Eine Gärtnerei baut auf 1 800 m² Herbstblumen an. $\frac{1}{4}$ dieser Fläche wird mit Sonnenblumen und $\frac{3}{10}$ mit Astern bepflanzt.
Wie viel m² sind das jeweils?

★★★

Auf einer anderen Fläche wird Gemüse angebaut. Diese Fläche ist 1 600 m² groß. Davon wird $\frac{3}{8}$ mit Blumenkohl bepflanzt, $\frac{1}{4}$ mit Möhren.
Wie viel m² sind noch für andere Gemüsearten übrig?

★★★★

Im Gewächshaus wird $\frac{3}{10}$ der Fläche für den Anbau von Kräutern benutzt; das sind 270 m².
Wie groß ist das Gewächshaus?

★★

Ein Obstbauer hat eine Anbaufläche von $3\frac{1}{2}$ ha. Auf einem Hektar stehen ca. 1 800 Apfelbäume. Von einem Apfelbaum erntet er ca. 50 kg Äpfel.
Wie groß ist sein gesamter Ertrag an Äpfeln?

★★★

Eine Saftfabrik stellt Apfelsaft her. 1 Kilogramm Äpfel ergibt dabei $\frac{2}{3}$ l Apfelsaft.
a) Wie viel Liter Apfelsaft erhält man aus 750 kg Äpfeln?
b) Wie viel kg Äpfel braucht am für 100 l Apfelsaft?
c) Die 1200 Liter Saft sollen in $\frac{3}{4}$-Liter-Flaschen abgefüllt werden. Wie viel Flaschen Saft erhält man?

★★★★

Für Apfel-Kirsch-Bananen-Saft verwendet man $\frac{2}{3}$ Apfelsaft und $\frac{1}{4}$ Bananensaft. Der Rest besteht aus Kirschsaft.
a) Wie viel Apfelsaft, Bananensaft und Kirschsaft braucht man für 2 100 Liter Apfel-Kirsch-Bananen-Saft?
b) Die 2 100 Liter Saft werden in $\frac{7}{10}$-Liter-Flaschen abgefüllt, 6 Flaschen werden in einen Kasten verpackt. Wie viel Kästen Saft erhält man?

VERMISCHTE UND KOMPLEXE ÜBUNGEN

1.
a) $\frac{3}{4} \cdot 5$; $\frac{3}{4} : 5$
b) $\frac{7}{8} \cdot 3$; $\frac{7}{8} : 3$
c) $\frac{7}{8} \cdot 5$; $\frac{7}{8} : 5$
d) $\frac{6}{7} \cdot 8$; $\frac{6}{7} : 8$
e) $\frac{4}{5} \cdot 13$; $\frac{4}{5} : 13$
f) $\frac{11}{12} \cdot 7$; $\frac{11}{12} : 7$
g) $\frac{5}{9} \cdot 14$; $\frac{5}{9} : 14$
h) $\frac{12}{13} \cdot 7$; $\frac{12}{13} : 7$
i) $1\frac{1}{4} \cdot 9$; $1\frac{1}{4} : 9$
j) $2\frac{3}{8} \cdot 7$; $2\frac{3}{8} : 7$
k) $7\frac{4}{7} \cdot 9$; $7\frac{4}{7} : 9$
l) $9\frac{5}{8} \cdot 5$; $9\frac{5}{8} : 5$

2. Berechne. Kürze vor dem Ausrechnen, wenn möglich.
a) $\frac{12}{15} \cdot 6$; $\frac{12}{15} : 6$
b) $\frac{63}{72} \cdot 9$; $\frac{63}{72} : 9$
c) $\frac{49}{35} \cdot 7$; $\frac{49}{35} : 7$
d) $\frac{16}{24} \cdot 8$; $\frac{16}{24} : 8$
e) $\frac{25}{30} \cdot 5$; $\frac{25}{30} : 5$
f) $\frac{42}{54} \cdot 6$; $\frac{42}{54} : 6$
g) $1\frac{1}{3} \cdot 72$; $1\frac{1}{3} : 72$
h) $8\frac{2}{5} \cdot 35$; $8\frac{2}{5} : 35$
i) $6\frac{2}{9} \cdot 12$; $6\frac{2}{9} : 12$
j) $8\frac{2}{8} \cdot 24$; $8\frac{2}{8} : 24$
k) $7\frac{5}{7} \cdot 28$; $7\frac{5}{7} : 28$
l) $6\frac{6}{9} \cdot 18$; $6\frac{6}{9} : 18$

3. Setze für ■ eine passende natürliche Zahl ein.
a) $\frac{3}{5} \cdot ■ = \frac{12}{5}$
b) $\frac{9}{11} \cdot ■ = \frac{72}{11}$
c) $\frac{4}{3} : ■ = \frac{4}{6}$
d) $\frac{5}{6} : ■ = \frac{5}{24}$
e) $\frac{2}{5} \cdot ■ = \frac{54}{15}$
f) $\frac{2}{3} \cdot ■ = \frac{42}{9}$
g) $\frac{6}{7} : ■ = \frac{18}{105}$
h) $\frac{8}{3} : ■ = \frac{2}{9}$

4. Aus einem Liter Milch kann man $\frac{3}{20}$ kg Käse herstellen.
Wie viel kg Käse erhält man aus
(1) 5 l Milch;   (2) 25 l Milch;   (3) 70 l Milch?

5. Eine Flasche enthält $\frac{7}{10}$ l Traubensaft. Der Saft wird gleichmäßig in 6 Gläser verteilt.
Wie viel l Saft ist in jedem Glas?

6. Erfinde eine Rechengeschichte.
Berechne dann.
a) $1\frac{1}{2}$ l : 4
b) $\frac{3}{4}$ m · 3
c) $2\frac{1}{10}$ kg · 3
d) $4\frac{1}{2}$ h : 6

> $28\frac{3}{4}$ g : 5
> Fünf Goldgräber teilen sich $28\frac{3}{4}$ g Goldstaub. Wie viel g Gold bekommt jeder?
> $28\frac{3}{4}$ g : 5 = $5\frac{3}{4}$ g
> Jeder bekommt $5\frac{3}{4}$ g.

7.
a) $6 \cdot \frac{1}{2}$; $6 : \frac{1}{2}$
b) $20 \cdot \frac{1}{5}$; $20 : \frac{1}{5}$
c) $12 \cdot \frac{3}{4}$; $12 : \frac{3}{4}$
d) $15 \cdot \frac{3}{2}$; $15 : \frac{3}{2}$
e) $140 \cdot \frac{3}{7}$; $140 : \frac{3}{7}$
f) $7 \cdot 6\frac{2}{3}$; $7 : 6\frac{2}{3}$

8. Für ein Erfrischungsgetränk mischt Lena $\frac{3}{4}$ l Mineralwasser und $\frac{3}{8}$ l Zitronensaft.
Sie verteilt das Erfrischungsgetränk gleichmäßig in 7 Gläser.

9. Schreibe zu jeder Aussage einen Term und berechne.
Welche Bedeutung hat jeweils das Wort *von* bzw. *davon*?

> In meine Klasse gehen 24 Schüler, 3 von ihnen kommen aus dem gleichen Ort wie ich.
>
> Wir haben unsere Klassenfahrt verschoben, da 8 von 24 Schülern krank waren.
>
> Unser Dorf hat 580 Einwohner; 8 betreiben Landwirtschaft.
>
> Unser Sportverein hat 1228 Mitglieder, $\frac{3}{4}$ davon sind Jugendliche.

10.

 Welche Energieleistung erbrachten die Windkraftanlagen im Jahr 2000?

🟠 Deutschland gehört zu den größten Erzeugern von Windenergie in der EU. 2010 betrug der Anteil der Leistung aus deutschen Windkraftanlagen gemessen an der gesamten EU ca. 30 %. Welche Leistung erbrachten alle Windkraftanlagen 2010 innerhalb der EU?

Windkraftanlagen boomen in Deutschland

Im Jahr 2000 gab es in Deutschland ca. 7 200 Windkraftanlagen. Bis zum Jahr 2010 konnte die Anzahl der Anlagen verdreifacht werden.
Damit wurde auch die Leistung der Windenergie in Deutschland enorm erhöht. Im Jahr 2010 erbrachten alle Windkraftanlagen eine Leistung von ca. 27 Gigawatt. Das ist $4\frac{1}{2}$-mal so viel wie im Jahr 2000.

 Für das Jahr 2020 wird eine Leistung der Windenergie in Deutschland von ca. 55 Gigawatt erwartet. Wie viele Windkraftanlagen gleicher Leistung (ca. 27 Gigawatt) werden dafür benötigt?

 Wie viele Windkraftanlagen gab es in Deutschland im Jahr 2010?

11. a) $\frac{3}{4} : \frac{2}{5}$ b) $\frac{7}{6} \cdot \frac{5}{6}$ c) $\frac{8}{9} \cdot \frac{4}{5}$ d) $\frac{5}{7} \cdot \frac{5}{6}$ e) $5\frac{1}{2} \cdot 1\frac{4}{10}$ f) $3\frac{1}{3} - 2\frac{2}{5}$

$\frac{3}{4} \cdot \frac{2}{5}$ $\frac{7}{6} + \frac{5}{6}$ $\frac{8}{9} + \frac{4}{5}$ $\frac{5}{7} - \frac{5}{6}$ $5\frac{1}{2} - 1\frac{4}{10}$ $3\frac{1}{3} : 2\frac{2}{5}$

12. Berechne. Kürze, wenn möglich.

a) $\frac{35}{36} \cdot \frac{54}{49}$ b) $\frac{8}{15} : \frac{4}{5}$ c) $25 : \frac{5}{4}$ d) $\frac{7}{26} \cdot 13$ e) $\frac{15}{18} : \frac{5}{3}$ f) $\frac{28}{39} : \frac{56}{52}$

$\frac{21}{22} : 7$ $15 \cdot \frac{48}{75}$ $\frac{24}{39} \cdot \frac{26}{60}$ $\frac{48}{55} : \frac{32}{65}$ $\frac{56}{81} \cdot \frac{27}{14}$ $\frac{54}{34} \cdot \frac{51}{81}$

$\frac{24}{25} \cdot \frac{15}{16}$ $\frac{18}{35} : \frac{9}{70}$ $\frac{36}{35} \cdot \frac{49}{81}$ $\frac{72}{49} \cdot \frac{63}{48}$ $\frac{12}{21} : \frac{4}{42}$ $\frac{63}{64} : \frac{56}{72}$

13. Der Schall legt ca. $\frac{1}{3}$ km in 1 s zurück.
Wie viel km legt er zurück in   (1) 7 s,   (2) $\frac{1}{2}$ s,   (3) $2\frac{1}{2}$ s,   (4) $\frac{1}{10}$ s?

14. Eine $\frac{7}{10}$-l-Flasche Mineralwasser und eine $\frac{3}{4}$-l-Flasche Orangensaft sind beide nur noch halb voll. Katharina mischt aus den Resten ein Erfrischungsgetränk.
Das Getränk soll auf 3 Mädchen verteilt werden.

15. Michael und Anne messen die Größe eines rechteckigen Spielplatzes aus.
Michael misst mit 26 Schritten die Länge, Anne mit 27 Schritten die Breite.
Michael macht Schritte von je $\frac{4}{5}$ m Länge, Annes Schrittlänge beträgt $\frac{3}{5}$ m.

WAS DU GELERNT HAST

Brüche vervielfachen und teilen
Vervielfache einen Bruch mit einer Zahl, indem du den Zähler mit der Zahl multiplizierst.

$$\frac{3}{8} \cdot 2 = \frac{3 \cdot 2}{8} = \frac{6}{8}$$

Dividiere einen Bruch durch eine Zahl, indem du den Nenner mit der Zahl multiplizierst.

$$\frac{3}{4} : 2 = \frac{3}{4 \cdot 2} = \frac{3}{8}$$

Multiplizieren mit Brüchen
Multipliziere eine Zahl mit einem Bruch, indem du die Zahl durch den Nenner teilst und mit dem Zähler multiplizierst.

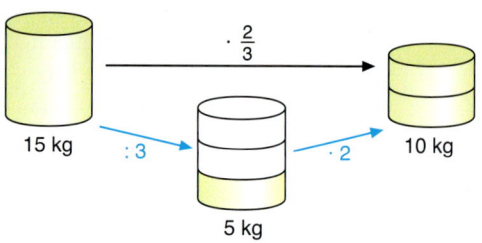

$$15 \text{ kg} \cdot \frac{2}{3} = 15 \text{ kg} : 3 \cdot 2 = 5 \text{ kg} \cdot 2 = 10 \text{ kg}$$

Dividieren durch einen Bruch
Dividiere eine Zahl durch einen Bruch, indem du die Zahl mit dem Kehrwert multiplizierst.

Kehrwert von $\frac{3}{7}$

$$27 : \frac{3}{7} = 27 \cdot \frac{7}{3} = 27 : 3 \cdot 7 = 9 \cdot 7 = 63$$

Multiplizieren mit Brüchen
Multipliziere zwei Brüche, indem du Zähler mit Zähler und Nenner mit Nenner multiplizierst.

$$\frac{3}{7} \cdot \frac{2}{5} = \frac{3 \cdot 2}{7 \cdot 5} = \frac{6}{35}$$

„Zähler mal Zähler" durch „Nenner mal Nenner"

Dividieren von Brüchen
Dividiere einen Bruch durch einen Bruch, indem du mit dem Kehrwert multiplizierst.

$$\frac{2}{5} : \frac{3}{8} = \frac{2}{5} \cdot \frac{8}{3} = \frac{2 \cdot 8}{5 \cdot 3} = \frac{16}{15} = 1\frac{1}{15}$$

Dividieren heißt Multiplizieren mit dem Kehrwert

BIST DU FIT?

1. a) $\frac{5}{12}+\frac{2}{3}$ b) $\frac{2}{3}+\frac{3}{4}$ c) $\frac{5}{7}+\frac{5}{8}$ d) $4\frac{1}{3}+\frac{2}{3}$ e) $1\frac{1}{2}+\frac{7}{8}$ f) $6\frac{4}{15}+3\frac{5}{6}$

$\frac{11}{15}-\frac{3}{5}$ $\frac{5}{6}-\frac{3}{4}$ $\frac{5}{7}-\frac{5}{8}$ $9-1\frac{1}{6}$ $4\frac{3}{10}-\frac{1}{2}$ $6\frac{4}{15}-3\frac{5}{6}$

2. Berechne.
a) $\frac{1}{3}\cdot 4$; $\frac{2}{7}\cdot 5$ b) $\frac{4}{5}:2$; $\frac{3}{7}:4$ c) $\frac{4}{5}\cdot 2$; $\frac{4}{5}:3$ d) $\frac{7}{12}\cdot 4$; $\frac{12}{7}:5$

3. a) $\frac{3}{8}$ kg $\cdot 5$ b) $\frac{4}{9}l \cdot 3$ c) $\frac{5}{6}$ h $\cdot 9$ d) $1\frac{3}{4}$ m $\cdot 6$ e) $6\frac{2}{5}$ kg $\cdot 2$

$\frac{7}{9}l : 3$ $\frac{4}{5}$ ha $: 2$ $\frac{8}{15}$ h $: 6$ $1\frac{1}{5}$ kg $: 4$ $4\frac{1}{2}$ m $: 5$

6 ha $\cdot \frac{2}{3}$ 17,50 € $\cdot \frac{3}{5}$ 0,8 g $\cdot \frac{7}{20}$ 3,6 m $\cdot 1\frac{3}{4}$ 1,7 ml $\cdot 3\frac{1}{2}$

4. a) Schreibe als Produkt; berechne dann.
(1) $\frac{3}{4}$ von 164 g   (2) $\frac{2}{3}$ von 279 €   (3) $\frac{4}{5}$ von 83 ha   (4) 4564 m², davon $\frac{3}{8}$

b) Stelle zu jeder Teilaufgabe eine sinnvolle Frage und beantworte sie rechnerisch.
(1) Goran hat 252 € gespart. Davon gibt er $\frac{2}{3}$ für eine Xbox aus.
(2) $\frac{3}{4}$ des Benzintanks von Frau Korks Pkw ist gefüllt. Das sind 40 l.
(3) 1 kg Aufschnitt kostet 11,60 €. Herr Bach kauft $\frac{3}{4}$ kg Aufschnitt.

5. Laura hat noch 5 Flaschen Orangensaft. Jede Flasche enthält $\frac{3}{4}$ l Saft. Sie will den Inhalt der Flaschen gleichmäßig an 6 Kinder verteilen. Wie viel l Saft bekommt jedes Kind?

Z 6. a) $\frac{3}{5}\cdot\frac{3}{4}$ b) $\frac{4}{9}\cdot\frac{3}{16}$ c) $2\frac{1}{4}\cdot\frac{2}{3}$ d) $\frac{6}{7}:\frac{2}{3}$ e) $\frac{5}{8}:\frac{10}{11}$ f) $4\frac{1}{8}:\frac{11}{16}$

Z 7. Nahrungsmittel enthalten Wasser. Wie viel kg Wasser sind enthalten
a) in $2\frac{1}{2}$ kg Kartoffeln;
b) in $\frac{3}{8}$ kg Rindfleisch;
c) in $1\frac{1}{4}$ kg Butter?

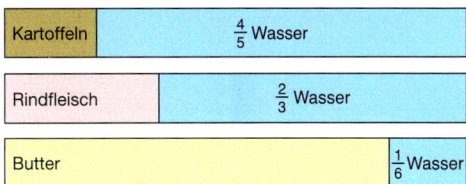

Z 8. Erfinde eine kurze Rechengeschichte und berechne.
a) $\frac{5}{7}$ von 5,6 ha   b) $3\frac{1}{2}$ kg $\cdot\frac{3}{5}$ c) $4\frac{5}{8}l:\frac{3}{4}l$ d) $\frac{7}{10}l \cdot 12$ e) $2\frac{2}{5}$ kg $: 10$

Z 9. Onkel Theodor vererbt sein Vermögen an seine Neffen Kai und Dirk und an seine Nichte Claudia.
Kai erbt $\frac{2}{5}$, Dirk $\frac{1}{3}$ des Vermögens, Claudia erhält den Rest.
a) Welcher Anteil des gesamten Erbes geht an die Neffen?
b) Welchen Anteil erbt die Nichte?
c) Wie groß ist das gesamte Vermögen, wenn Claudias Erbteil 80 000 € beträgt?

KAPITEL 5
ERZEUGEN SYMMETRISCHER UND DECKUNGSGLEICHER FIGUREN

Schwibbögen

In der Adventszeit sieht man als Fensterdekoration häufig sogenannte Schwibbögen. Sie stammen ursprünglich aus dem Erzgebirge.

» Welche Besonderheiten erkennst du bei der Gestaltung der Schwibbögen?
» Suche nach weiteren Gestaltungsmöglichkeiten solcher Schwibbögen.
» Gestalte selbst einen Schwibbogen mit Bäumen, Figuren und Häusern.

Puzzle

Für dieses Puzzle benötigst du 14 aus Quadraten zusammengesetzte Figuren.
Die Figur „Einsitzer" besteht aus drei Quadraten und wird 8-mal benötigt.
Die Figur „Zweisitzer" besteht aus vier Quadraten und wird 2-mal benötigt.
Die Figuren „Katze" und „Hund" bestehen auch aus vier Quadraten und werden jeweils 2-mal benötigt.

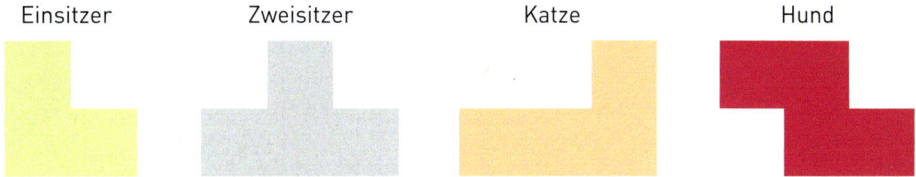

Einsitzer   Zweisitzer   Katze   Hund

Hast du alle 14 Figuren sorgfältig ausgeschnitten, so lassen sich damit verschiedene Bilder legen. Dabei können interessante Kunstwerke entstehen.

>> Erkennst du in den beiden Bildern eine Besonderheit? Beschreibe sie.
>> Erfinde selber besondere Bilder mit den Puzzleteilen.

IN DIESEM KAPITEL LERNST DU ...

... *symmetrische Figuren herzustellen.*
... *was Bandornamente sind.*
... *wie man Figuren verschiebt.*
... *was drehsymmetrische Figuren sind.*
... *wie man Figuren dreht.*

Kapitel 5

ACHSENSYMMETRISCHE FIGUREN

WIEDERHOLUNG

Achsensymmetrie
Passen beim Falten einer Figur längs einer Geraden g beide Teile genau aufeinander, so ist sie **achsensymmetrisch**. Die Gerade g heißt **Symmetrieachse** der Figur.

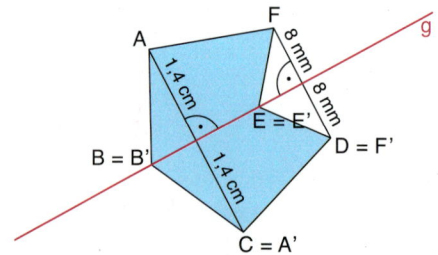

EINSTIEG

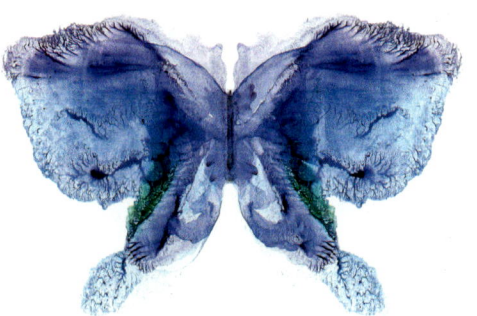

Erzeuge mit Farbe oder Tinte achsensymmetrische Klecksbilder.
» Beschreibe dein Vorgehen.
» Erzeuge eine ähnliche Figur wie in der Abbildung.
» Wie kann man durch Falten eines Zeichenblatts und Ausschneiden des doppelt liegenden Blatts achsensymmetrische Figuren erzeugen? Beschreibe.

ÜBEN

1. Benutze die Bilder als Anregung und zeichne vergrößert Figuren, die achsensymmetrisch sind.

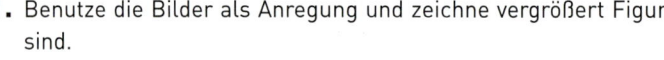
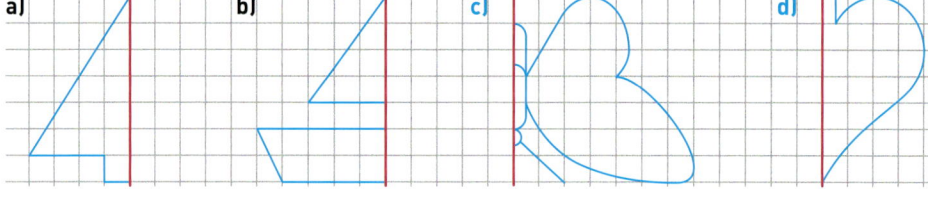

2. Während sich die Eltern in einem Uhrengeschäft eine Damenarmbanduhr anschauen, sieht Tina im Spiegel mehrere Wanduhren.
Welche Uhrzeiten zeigen sie an?

3. Zeichne eine Figur und eine Symmetrieachse.
Deine Partnerin oder dein Partner soll jetzt die Figur an der Symmetrieachse spiegeln.
Ihr könnt einen kleinen Spiegel zum Kontrollieren nutzen.
Gestaltet mit den schönsten Bildern eine Ausstellung.

Erzeugen symmetrischer und deckungsgleicher Figuren

VERSCHIEBUNGSSYMMETRISCHE FIGUREN

EINSTIEG

Hier findest du verschiedene Bandverzierungen. Man findet solche Muster schon in vorgeschichtlicher Zeit.

» Betrachte die obigen Muster. Jedes enthält eine Grundfigur.
» Wie entsteht die Bandverzierung aus der Grundfigur?

AUFGABE

1. Das folgende Ornamentband war in der griechischen Kunst sehr beliebt. Diese Art nennt man auch Mäander.

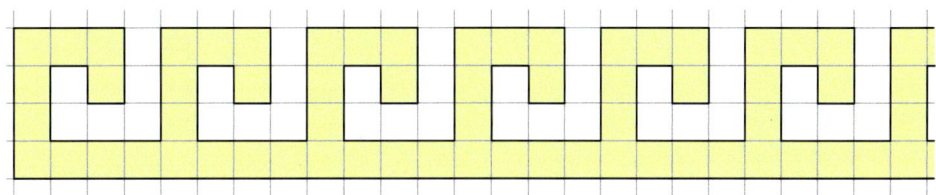

Fertigt eine Schablone aus Pappe an und zeichnet damit das Ornament auf nicht kariertes Papier. Überlegt euch zunächst, aus welcher Grundfigur das Band entstanden sein kann.

Lösung

Rechts findest du eine Schablone für die Grundfigur.
Jede Grundfigur muss genau richtig an die vorherige angesetzt werden.
Um das zu erreichen, gibt es zwei Möglichkeiten:

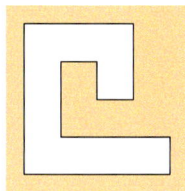

1. Möglichkeit:
Du kannst die Schablone an einem festgehaltenen Lineal entlangschieben.

2. Möglichkeit:
Du kannst zuerst die beiden parallelen Begrenzungsstreifen des Ornaments zeichnen. Dann wird immer eine Grundfigur gezeichnet und die Schablone so weit verschoben, dass die nächste Grundfigur genau an die vorherige ansetzt.

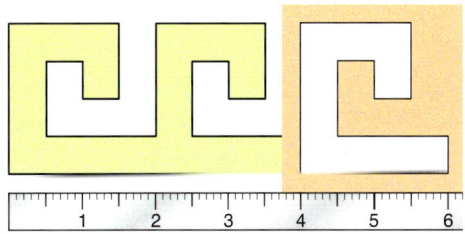
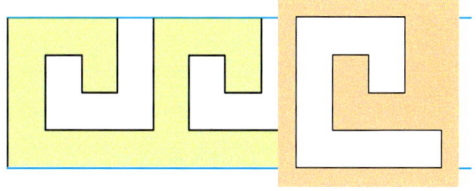

FESTIGEN UND WEITERARBEITEN

2. *Schrägverlaufendes Bandornament*

a) Zeichne die Grundfigur rechts auf Karopapier. Verschiebe die Figur um 4 Karolängen nach rechts und um 4 Karolängen nach unten. Verschiebe die neu entstandene Figur genauso.

b) Verbinde in zwei aufeinander folgenden Grundfiguren aus Teilaufgabe a) die entsprechenden Eckpunkte durch Pfeile. Was stellst du fest?

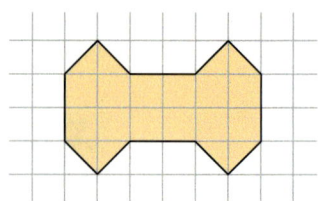

INFORMATION

(1) Verschieben einer Figur

Das grüne Fünfeck A'B'C'D'E' entsteht durch *Verschieben* des gelben Fünfecks ABCDE.

Ein **Verschiebungspfeil** (z. B. $\overrightarrow{AA'}$) gibt die **Richtung** und durch seine Länge die **Weite der Verschiebung** an.

Alle Verschiebungspfeile weisen in dieselbe Richtung; sie sind gleich lang und parallel zueinander.

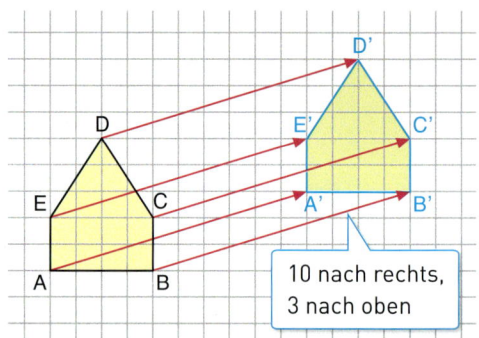

10 nach rechts, 3 nach oben

(2) Verschiebungssymmetrische Figuren

Setzt man eine Grundfigur durch Verschieben fortlaufend aneinander, so entsteht ein **Bandornament**. Eine solche Figur nennt man **verschiebungssymmetrisch**.

ÜBEN

3. Zeichne das Bandornament in dein Heft und setze es fort. Gib seine Grundfigur und den Verschiebungspfeil außerhalb des Ornaments an.

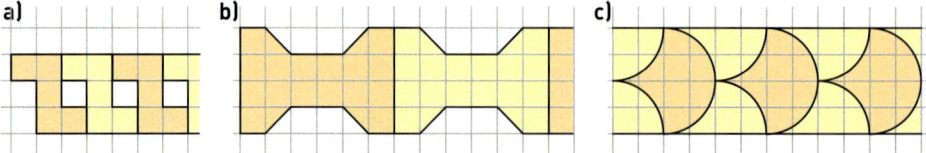

Erzeugen symmetrischer und deckungsgleicher Figuren 129

4. Hier seht ihr Bandornamente.
  a) Bestimmt die Grundfigur und gebt die Länge der Verschiebung an.

  b) Sucht in eurer Umwelt Gegenstände, die mit Bandornamenten verziert sind (z. B. Gebäude, alte Möbel, Stoffe, Tapeten).
  Ihr könnt auch fotografieren.

5. Erzeuge Ornamente. Verschiebe dazu die Figur wiederholt um 2 cm nach rechts.

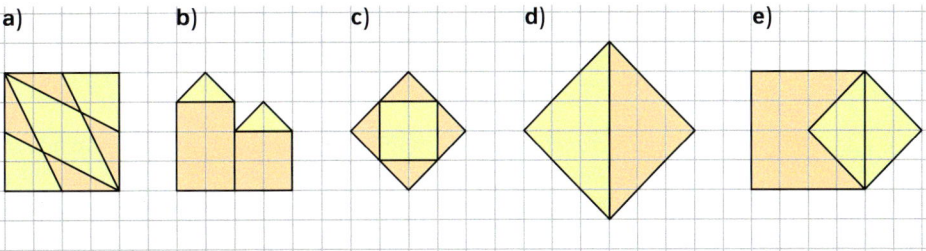

6. Zeichne das Bandornament in dein Heft und setze es fort. Gib seine Grundfigur und den Verschiebungspfeil außerhalb des Ornaments an.

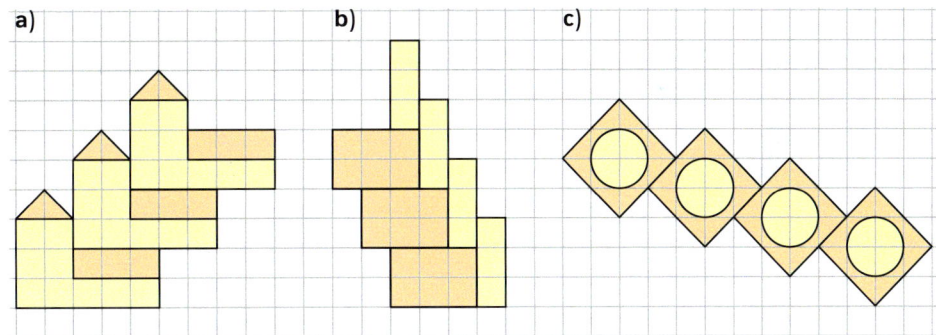

7. Entwerft eigene Bandornamente und gestaltet sie farbig. Verwendet Karopapier oder arbeitet mit Schablonen.

8. Wie kannst du aus der Figur links die beiden Fahnenschlangen herstellen? Setze sie fort.

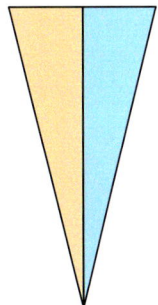  

IM BLICKPUNKT

PARKETTIERUNG

1. Susann hat sich eine Grundfigur ausgedacht. Sie verschiebt diese Grundfigur lückenlos in mehrere Richtungen (Bild rechts).
   a) Zeichne in dein Heft ein Quadrat mit der Seitenlänge 10 cm. Übertrage Susanns Grundfigur. Zeichne sie dazu am besten etwa in die Mitte des Quadrates und umrande sie.
   b) Verschiebe die Grundfigur ohne Lücken in *mehrere* Richtungen. Zeichne möglichst viele solcher Figuren in das Quadrat.

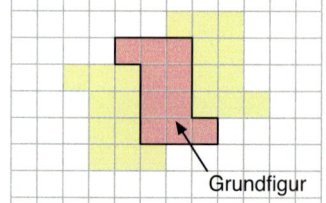
Grundfigur

INFORMATION

Wird eine *Grundfigur* wiederholt in *mehrere* Richtungen verschoben und dabei eine Fläche *lückenlos* gefüllt, so entsteht eine **Parkettierung**.

2. (1) 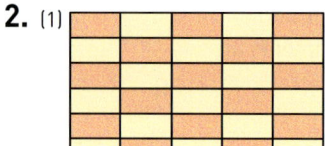 (2) 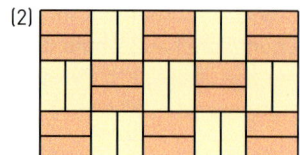 (3)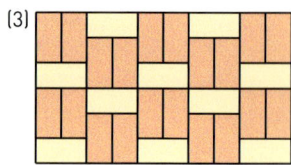

   Ein Baumarkt empfiehlt diese Parkettierungen für Gehwege. Es werden dafür rechteckige Pflastersteine in zwei unterschiedlichen Farben verwendet.
   a) Welche Grundfigur wurde verschoben?
   b) Erfinde mit diesen Steinen selbst Grundfiguren. Gestalte damit eine Gehweg-Parkettierung.

3. Micha hat eine Grundfigur (rot) gezeichnet und bereits einmal verschoben (Bild rechts).
   Zeichne in dein Heft ein Rechteck von 9 cm Länge und 6 cm Breite. Übertrage in das Rechteck Michas Grundfigur. Fertige damit eine Parkettierung an.
   Färbe jede Figur. Verwende mehrere Farben.

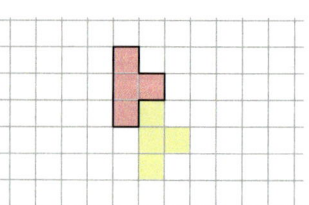

4.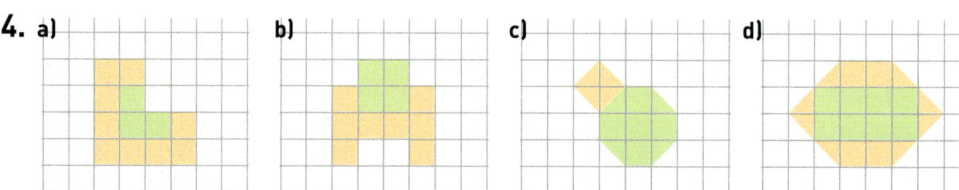

   Stelle mit dieser zweifarbigen Grundfigur eine Parkettierung her.

5. Entwerft selbst Grundfiguren. Zeichnet damit Parkettierungen.
   Überlegt euch zuvor sinnvolle Maße. Ihr könnt die Parkettierungen z. B. klein (im Heft) oder groß (als Poster oder Wandschmuck) gestalten.

6. Krummlinig begrenzte Grundfiguren kann man wie folgt herstellen:
- » Die Ausgangsfigur ist wieder ein Quadrat (z. B. a = 4 cm).
- » In dieses Quadrat wird eine Linie von unten nach oben gezeichnet. Diese Linie kann krummlinig sein.
- » Das Quadrat wird an der Linie entlang zerschnitten und seitenvertauscht zusammengefügt.
- » Jetzt zeichnet man eine Linie von links nach rechts und wiederholt den vorgehenden Schritt.
- » Mit dem „Kopf" als Grundfigur können wir nun parkettieren.

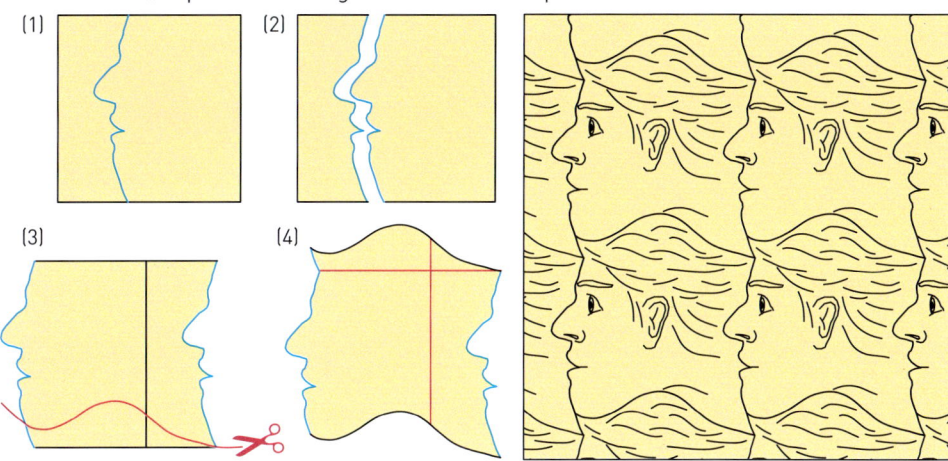

7. Der holländische Grafiker Maurits Cornelis Escher (1898–1972) zeichnete viele interessante Parkettierungen. Escher wurde mit seinen Grafiken weltberühmt.

M. C. Escher's „Symmetry Drawing E1"
© 2013 The M. C. Escher Company-Holland. All rights reserved. www.mcescher.com

M. C. Escher's „Symmetry Drawing E 21"

Erkenne in der Parkettierung die Grundfigur.

 8. *Geht auf Entdeckungsreise:* Informiert euch über Parkettierungen von M. C. Escher. Benutzt Bildbände der Bibliothek oder das Internet.

DREHSYMMETRISCHE FIGUREN

EINSTIEG

Betrachte die Bilder rechts. Versuche zu beschreiben, was das Besondere an diesen Figuren ist.

(1)
(2)
(3)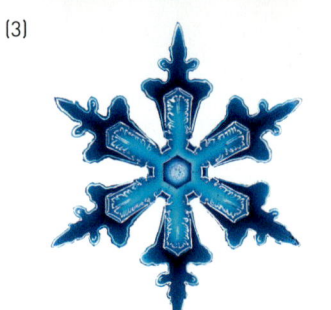
(4)

AUFGABE

1. *Untersuchen auf Drehsymmetrie*

Auf dem Bild siehst du eine Windkraftanlage. Das Flügelrad einer solchen Anlage ist rechts oben vereinfacht dargestellt; es ist drehsymmetrisch. Übertrage diese Figur auf Transparentpapier. Hefte das Transparentpapier mit der Zirkelspitze im Punkt Z fest und drehe es gegen den Uhrzeigersinn (Linksdrehung) mit Z als Drehpunkt.
Bei welchen Drehungen kommt die Figur mit sich zur Deckung?

Lösung

Bei den Drehungen um 120°, um 240° und um 360° kommt die Figur mit sich zur Deckung.
Man sagt auch:
Die Figur wird auf sich selbst abgebildet.

AUFGABE

2. *Drehen einer Figur*

Drehe das Dreieck ZAB um den Punkt Z gegen den Uhrzeigersinn mit einem Drehwinkel von 90°.
Verwende Transparentpapier.

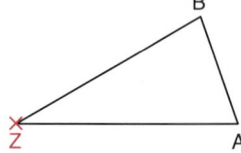

Erzeugen symmetrischer und deckungsgleicher Figuren **133**

Lösung

1. Schritt

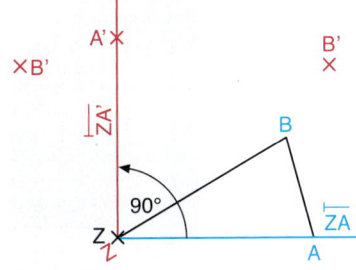

Drehe den Strahl ZA um Z mit 90° gegen den Uhrzeigersinn durch Antragen des Winkels von 90° an ZA in Z.

2. Schritt

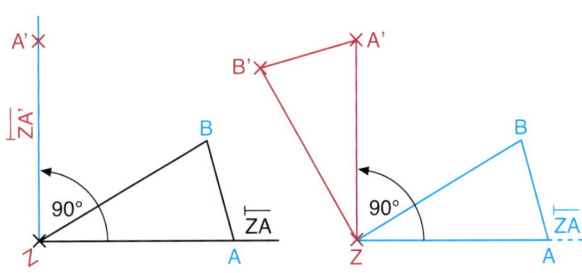

Übertrage die Punkte Z, A und B sowie den Strahl ZA auf Transparentpapier.

3. Schritt

Drehe das Transparentpapier um 90°.

4. Schritt

Markiere die Bildpunkte A' und B'.

5. Schritt

Zeichne das Dreieck ZA'B'.

INFORMATION

(1) Drehen einer Figur

(a) Man kann eine Figur sowohl gegen den Uhrzeigersinn als auch mit dem Uhrzeigersinn drehen.
Wir wollen im Folgenden nur Drehungen gegen den Uhrzeigersinn (Linksdrehungen) durchführen.

(b) Das gelbe Dreieck wird um das **Drehzentrum Z** gedreht.
Der **Drehwinkel δ** beträgt hier 90°. Durch diese **Drehung** entsteht das grüne Dreieck A'B'C'.

(c) Bei der Drehung „wandern" die Punkte auf einem Kreis um das Drehzentrum Z.

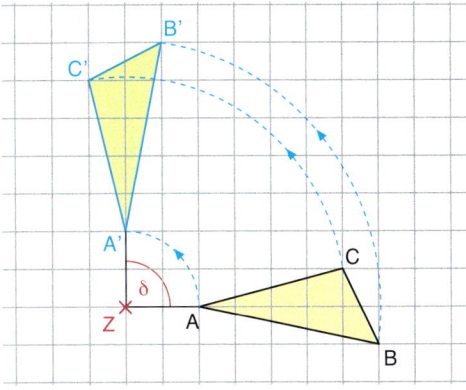

(2) Drehsymmetrie und Drehung

Eine Figur wird um einen Punkt Z gedreht. Kommt sie bei einem Drehwinkel, der kleiner ist als 360°, mit sich zur Deckung, so ist sie **drehsymmetrisch zum Punkt Z.**
Der Punkt Z ist das **Symmetriezentrum.**

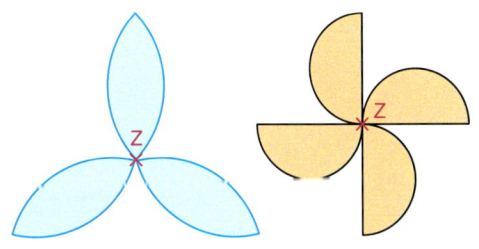

FESTIGEN UND WEITERARBEITEN

3. a) Übertrage die Figur auf Transparentpapier und drehe sie um den Punkt Z gegen den Uhrzeigersinn (Linksdrehung).
Wie viele solche Drehungen gibt es, bei denen die Figur auf sich abgebildet wird?
Gib auch die *Drehwinkel* an.

b) Versuche, die Figur in Teilaufgabe a) durch Drehungen im Uhrzeigersinn (Rechtsdrehungen) auf sich abzubilden.
Gib zu jeder Drehung im Uhrzeigersinn an, welche Drehung gegen den Uhrzeigersinn (Linksdrehung) ihr entspricht.

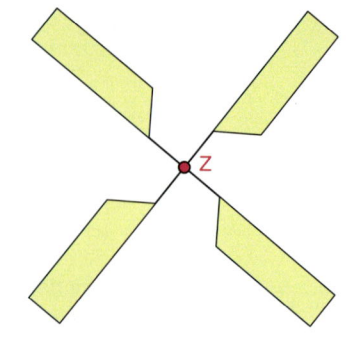

4. a) Ist die Figur drehsymmetrisch? Gib gegebenenfalls den kleinsten Drehwinkel an.

(1) (2) (3) (4) (5)

b) Geht auf Entdeckungsreise: Sucht drehsymmetrische Figuren in eurer Umgebung.

INFORMATION

Punktsymmetrie als besondere Drehsymmetrie

In der Aufgabe 4 hast du drehsymmetrische Figuren mit dem kleinsten Drehwinkel 180° gefunden. Solche Figuren nennt man auch *punktsymmetrisch*.

Eine Figur heißt **punktsymmetrisch** zum Punkt Z, wenn sie bei Drehung um 180° (Halbdrehung) um Z mit sich zur Deckung kommt.
Der Punkt Z ist das **Symmetriezentrum**.
Ein Punkt P und sein Symmetriepartner P′ liegen auf einer Geraden durch Z und sind von Z gleich weit entfernt.

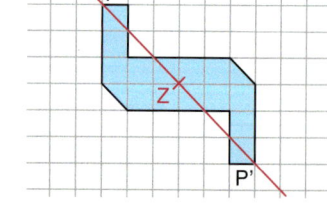

ÜBEN

5. Ist die Figur drehsymmetrisch? Gib gegebenenfalls den kleinsten Drehwinkel an.

(1) (2) (3) (4)

  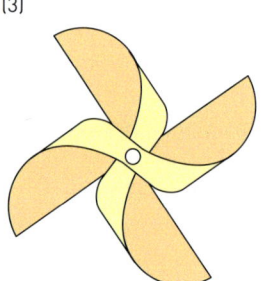 

6. Bei welchen Drehwinkeln kommt die Figur mit sich selbst zur Deckung?

a) 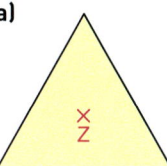 b) 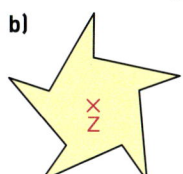 c) 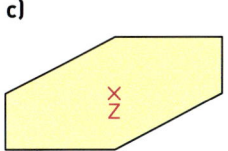 d)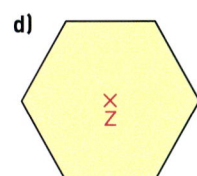

7. Formuliere eine Aussage über die Drehsymmetrie der Figur. Gib den kleinsten Drehwinkel an, bei dem die Figur mit sich selbst zur Deckung kommt.
Zeichne die Figur vergrößert in dein Heft und färbe sie.

a) 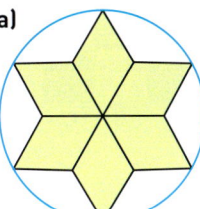 b) 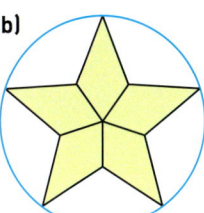 c) 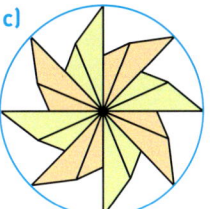 d)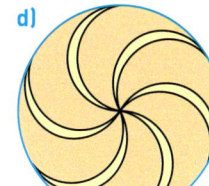

8. Übertrage die Figur in dein Heft. Drehe die Figur um das Drehzentrum Z mit dem Drehwinkel (1) 90°; (2) 180°.

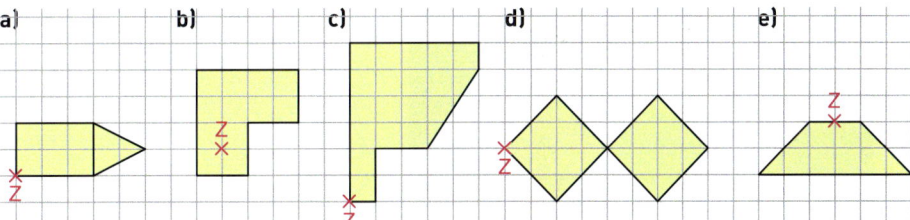

9. Welche Figur ist punktsymmetrisch? Gib – falls möglich – das Symmetriezentrum an.

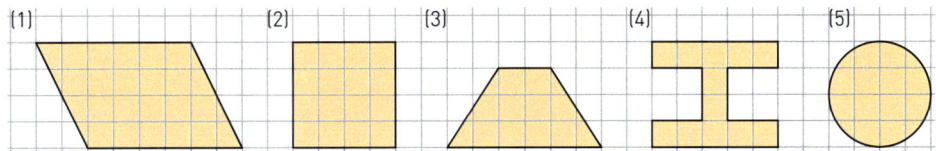

 10. Rechts seht ihr ein Bildsymbol; es ist punktsymmetrisch.
  a) Versucht punktsymmetrische Figuren in eurer Umwelt zu finden.
     Denkt auch an Spielfelder im Sport, an Markenzeichen von Autos, an Flaggen.
  b) Welche Druckbuchstaben sind punktsymmetrisch?
  c) Welche Ziffern sind punktsymmetrisch?

11. a) Zeichne ein Rechteck. Untersuche, ob es punktsymmetrisch ist. Gib gegebenenfalls das Symmetriezentrum an.
  b) Untersuche ebenso ein Quadrat, eine Raute, ein Parallelogramm auf Punktsymmetrie.

PUNKTE SAMMELN

Jana hat mit Spielsteinen das nebenstehende Muster gelegt.

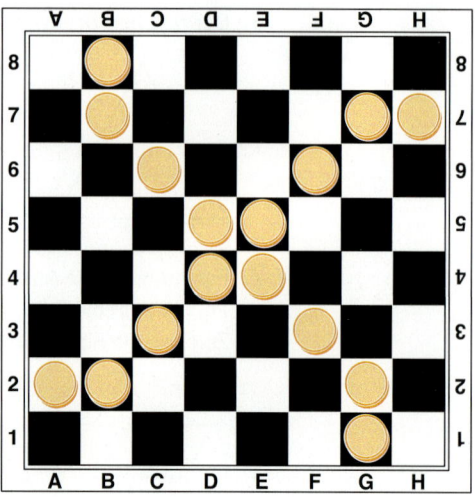

★★
Welche Symmetrien erkennst du?

★★★
Verschiebe den äußeren Spielstein jedes Astes so, dass die Figur auch achsensymmetrisch ist.

★★★★
Verschiebe möglichst wenige Spielsteine so, dass die neue Figur achsensymmetrisch, aber nicht drehsymmetrisch ist.

Die Zeichnung rechts ist eine vereinfachte Darstellung des Bildes von Victor Vasarely. Übertrage sie in dein Heft.

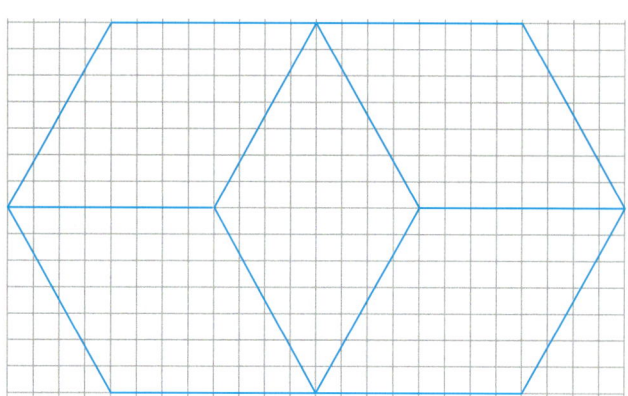

★★
Färbe die Figur mit verschiedenen Farben, sodass sie achsensymmetrisch ist.

★★★
Färbe die Figur mit verschiedenen Farben, sodass sie drehsymmetrisch ist.

★★★★
Ergänze eine sechste Raute so, dass die Figur achsen- und drehsymmetrisch ist.

VERMISCHTE UND KOMPLEXE ÜBUNGEN

1. Zeichne die Figur auf Karopapier in ein Quadrat mit der Seitenlänge 6 cm.
Ist die Figur symmetrisch?
Zeichne die Symmetrieachsen bzw. das Symmetriezentrum ein.

a) 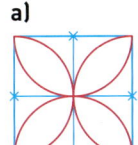   b) 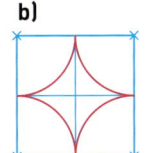   c) 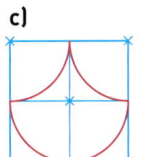   d) 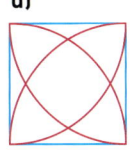   e) 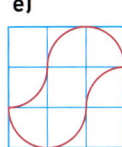   f)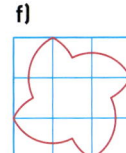

2. Auch heute noch verwenden Designer Muster aus der Antike. Dabei ist oft das Mäander-Ornament zu sehen. Es ist dem Verlauf des Flusses Maiandros nachempfunden.
   a) Informiert euch über den Verlauf des Maiandros (heute Büyük Menderes). Er fließt in der Türkei.
   b) Übertragt das Mäander-Bandornament in euer Heft und setzt es fort.
      (1)   (2)

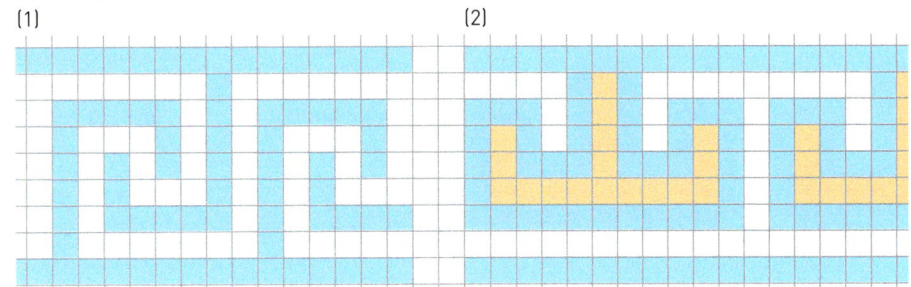

   c) Denkt euch solch ein Mäander-Ornament aus. Gestaltet damit ein Bandornament.

3. In einem Koordinatensystem haben die Eckpunkte des Dreiecks ABC die Koordinaten A(6|6), B(10|10) und C(3|9). Drehe das Dreieck dreimal nacheinander um 90° um den Punkt A so, dass eine drehsymmetrische Figur entsteht.

4. a) Rechts seht ihr eine Fensterrose. Welche Arten von Symmetrien kann man erkennen?
   b) Findet in eurer Umgebung solche Fenster, fotografiert sie und entwerft ein Plakat.

5. Hier findest du die Wappen einiger niedersächsischer Städte. Untersuche sie auf Symmetrie.

Hannover   Wiefelstede   Bramsche   Buxtehude   Duderstadt   Osnabrück

WAS DU GELERNT HAST

Achsensymmetrische Figuren
Eine Figur, die man gedanklich längs einer Geraden g so falten kann, dass die beiden Teile genau aufeinander passen, ist achsensymmetrisch.
Achsensymmetrische Figuren kann man durch Spiegeln erzeugen.

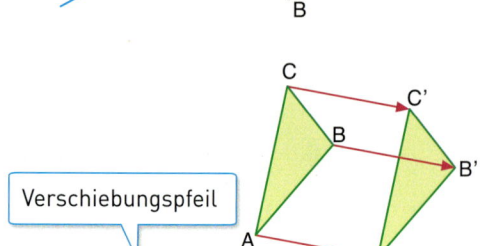

Verschieben einer Figur
Beim Verschieben einer Figur gibt der Verschiebungspfeil die Verschiebungsrichtung und die Verschiebungsweite an. Alle Verschiebungspfeile einer Figur verlaufen parallel, weisen in die gleiche Richtung und sind gleich lang.

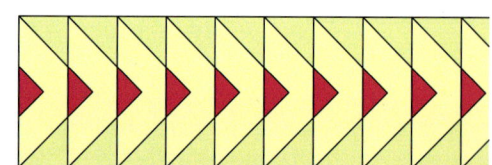

Bandornamente
Durch mehrfache Verschiebung einer Grundfigur mit demselben Verschiebungspfeil entsteht ein Bandornament.

Drehen einer Figur
Das Dreieck A'B'C' entsteht durch Drehen des Dreiecks ABC um das Drehzentrum Z mit dem Drehwinkel α.
Bei der Drehung „wandern" die Dreieckspunkte auf einer Kreislinie um Z.

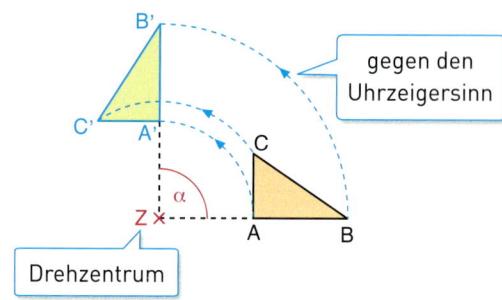

Drehsymmetrische Figuren
Kommt eine Figur beim Drehen mit sich selbst zur Deckung, ist sie drehsymmetrisch.
Drehsymmetrische Figuren kann man durch Drehen um ein Drehzentrum Z erzeugen.

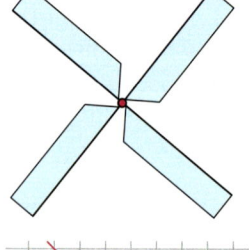

Punktsymmetrie
Eine Figur, die durch eine Drehung um 180° um Z auf sich selbst abgebildet wird, heißt punktsymmetrisch.

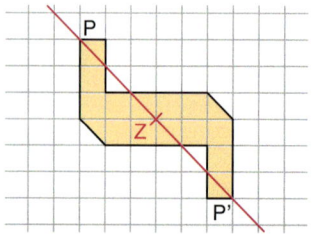

BIST DU FIT?

1. Übertrage die Figur mit den angegebenen Maßen in dein Heft.
   Färbe sie mit zwei Farben.
   Untersuche die Figur auf Symmetrie.

2. Markiere in einem Koordinatensystem die Punkte A(4|5), B(1|10) und C(0|3) [C(1|5)]. Ergänze einen Punkt D so, dass eine achsensymmetrische Figur entsteht.

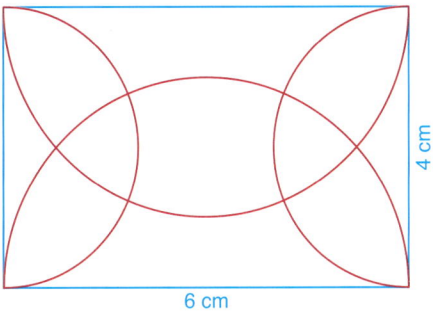

3. Zeichne aus der Grundfigur und dem Verschiebungspfeil ein Bandornament.
   a)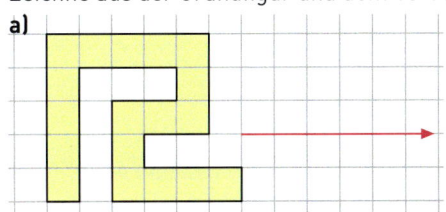
   b)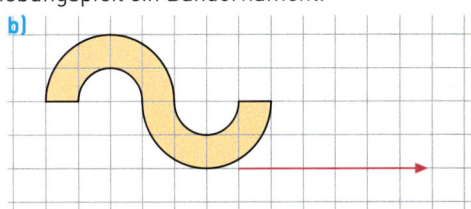

4. Färbe im Heft den Rest der Figur so, dass ein punktsymmetrisches Muster entsteht.
   a) b) c)
   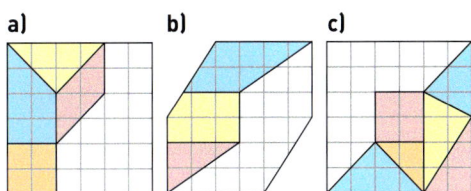

5. a) Welche Figuren sind achsensymmetrisch, welche sind punktsymmetrisch, welche sind drehsymmetrisch?

   (1) 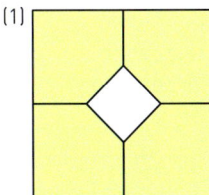   (2) 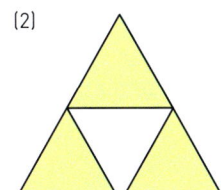   (3) 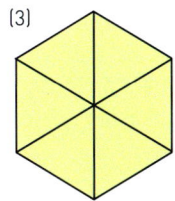   (4)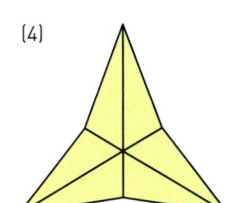

   b) Gib die Anzahl der Symmetrieachsen an. Untersuche, ob es einen Zusammenhang zwischen der Anzahl der Symmetrieachsen und der Punktsymmetrie [der Drehsymmetrie] einer Figur gibt.

6. Gegeben ist das Dreieck ABC mit A(1|3), B(5|1) und C(4|6).
   Konstruiere das Bild von ABC bei einer
   a) Verschiebung mit dem Verschiebungspfeil $\overrightarrow{RS}$, wobei R(4|8) und S(6|7) ist;
   b) Drehung um Z(3|4) um   (1) 90°;   (2) 180°.
   Gib die Koordinaten der Bildpunkte an.

PROJEKT

SPIEGELN – DREHEN – VERSCHIEBEN

 Wenn ihr euch in der Umwelt umseht, dann fällt euch bestimmt auf, dass viele Dinge recht regelmäßig angeordnet sind. Wenn zum Beispiel der Tisch gedeckt wird, wenn ein Straßenpflaster gelegt oder auf einem Fußboden ein Parkett verlegt wird, dann ist oft alles ganz regelmäßig oder sogar symmetrisch. Viele Dinge in unserer Umwelt sind symmetrisch. Man sollte aber nicht nur an Achsensymmetrie oder Drehsymmetrie denken; auch mit Verschiebungen kann man interessante Bilder erzeugen, z. B. regelmäßige Anordnungen von Figuren. Es gibt viele interessante symmetrische Dinge, die wir in unserer Umwelt finden oder selbst herstellen können. Vielleicht könnte bei diesem Projekt auch eure Kunstlehrerin oder euer Kunstlehrer weitere Ideen beisteuern.

Es wäre schön, wenn ihr eure geometrischen Ideen in einer kleinen Ausstellung im Schulgebäude zeigt. Wenn ihr dazu ein kleines Quiz ent-

Vorschlag A:
Parkettgruppe
Informiert euch, welche Parkettformen es gibt. Versucht, das Konstruktionsprinzip zu erkennen. Entwerft eigene Parkettformen. Aus welchen Vielecken gleicher Sorte kann man lückenlose Parkette legen?

Vorschlag B:
Körper
Ihr kennt schon viele mathematische Grundkörper. Untersucht sie auf Symmetrieachsen und Symmetrieebenen. Erinnert ihr euch noch an die platonischen Körper und Sternkörper? Sucht nach Gemeinsamkeiten bei diesen Körpern.

Vorschlag C:
Umwelt
Sucht in der Umwelt nach symmetrischen Gebäuden, Gegenständen oder Pflanzen. Auch im Straßenverkehr gibt es viel Symmetrie zu sehen. Versucht diese Gegenstände zu sortieren. Welche Arten von Symmetrie kommen in der Umwelt vor?
Welche Symmetrieart kommt am häufigsten vor? Warum ist das so?

werft, habt ihr bestimmt viele Besucher in eurer Ausstellung. Ihr könnt natürlich auch die Ergebnisse im Rahmen einer kleinen Vortragsrunde vor der Klasse oder an einem Elternabend präsentieren. Auch ein kleiner Artikel in der Lokalpresse über ein besonders symmetrisches Gebäude oder ein tolles Bodenmuster ist denkbar. Hier hilft vielleicht eure Deutschlehrerin oder euer Deutschlehrer.
Wir haben hier für euch ein paar Ideen und Fragen rund um das Symmetrieprojekt vorbereitet, die ihr aufgreifen könnt.
Im Internet findet ihr das Projekt unter:
www.mathematik-heute.de

Vorschlag D:
Kunst
Untersucht Kunstwerke und Gemälde auf Symmetrie bzw. Verschiebungen. Vielleicht könnt ihr im Kunstunterricht selbst symmetrische Skulpturen, Scherenbilder, Faltbilder oder Zeichnungen anfertigen.
Beschreibt dabei euer Vorgehen.

Vorschlag E:
Spiegel
Mit Spiegeln kann man leicht symmetrische Figuren erzeugen. Wenn ihr mehrere Spiegel verwendet, könnt ihr tolle Effekte erzielen. Beschreibt, was ihr seht, wenn ihr mehrere Spiegel verwendet. Ihr könnt aus Spiegeln auch ein Kaleidoskop herstellen.

Vorschlag F:
Tapeten
Untersucht gemusterte Tapeten. Ihr werdet feststellen, dass es die unterschiedlichsten Tapetenmuster gibt. Trotzdem steckt oft ein System dahinter.
Versucht, die Tapetenmuster zu ordnen und die Konstruktion der Muster zu beschreiben.

Vorschlag für alle:
Mathematik
Auch in der Mathematik findet ihr viele Symmetrien. Versucht möglichst viele Symmetriearten zu beschreiben und zu erklären. Diese Symmetrien müssen nicht unbedingt aus dem Bereich des Geometrieunterrichts kommen. Wisst ihr eigentlich, woher das Wort „Symmetrie" kommt?

KAPITEL 6
RECHNEN MIT DEZIMALBRÜCHEN

Bildschirmgrößen

Die Größe von Bildschirmen wird durch die Länge der Diagonalen angegeben. Dabei verwendet man oft die Einheit **Zoll** (Symbol: "), die in den USA benutzt wird.

1 Zoll ≈ 2,5 cm
1"   ≈ 2,5 cm

» Herr Schön möchte sich einen Bildschirm kaufen und will wissen, wie groß die Bildschirmdiagonalen in cm sind.

» Hast du ähnliche Geräte zu Hause? Miss die Bildschirmdiagonalen und gib sie in Zoll an.

» Wo kommt die Einheit Zoll noch vor?

UltraSharp U2311H	23 Zoll
TFT-Widescreen VW222U	22 Zoll
TFT-Monitor V2200 Eco	21,5 Zoll

Speedcubing

Beim Speedcubing muss ein 3×3×3-Rubik-Würfel so schnell wie möglich in seinen Ausgangszustand versetzt werden. In der Tabelle siehst du die ersten drei der aktuellen Weltrangliste.

Rank	Person	Result	Citizen of
1	Feliks Zemdegs	5,66 s	Australia
2	Robert Yau	7,28 s	United Kingdom
3	Cornelius Dieckmann	7,52 s	Germany

» Der Deutsche Cornelius Dieckmann ist mit 7,52 s Dritter der Weltrangliste. Was bedeutet diese Zeitangabe?
» Um wie viele Sekunden ist der Weltrekordhalter schneller als der Zweite bzw. der Dritte der Weltrangliste?
» Erkundige dich im Internet über aktuelle Rekorde beim Speedcubing. Wie groß sind die Zeitunterschiede zwischen den drei Erstplatzierten?

Wimpernschlag

Ski-Weltmeisterschaft Schladming
Super G Herren 06.02.2013

1. Ted Ligety (USA)   1 min 23,96 s
2. Gauthier de Tessières (FRA)   1 min 24,16 s
3. Aksel Lund Svindal (NOR)   1 min 24,18 s

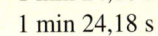

Aus einer Sportmeldung:
„Nicht einmal ein Wimpernschlag liegt zwischen Gold und Silber."
» Was will der Sportredakteur damit sagen?

Exakte Messungen haben ergeben, dass der ganze Vorgang des Wimpernschlags ungefähr 0,4 Sekunden dauert. In der Abbildung kannst du ablesen, wie lange die einzelnen Phasen des Zwinkerns dauern.

senken 0,08 s

geschlossen 0,15 s

öffnen 0,17 s

» Versuche einmal, mit der Stoppuhr das Zwinkern deines Nachbarn zu messen. Vergleiche dein Ergebnis mit der hier angegebenen Zeitdauer.
» Welches ist die kürzeste Zeitspanne, die du persönlich mit der Stoppuhr messen kannst? Bist du schneller als ein Wimpernschlag?

IN DIESEM KAPITEL LERNST DU ...

... *wie man Dezimalbrüche addiert und subtrahiert.*
... *wie man Dezimalbrüche multipliziert und dividiert.*
... *wie man Anwendungsaufgaben mit Dezimalbrüchen lösen kann.*

UMFORMEN VON GEWÖHNLICHEN BRÜCHEN IN DEZIMALBRÜCHE DURCH ERWEITERN UND KÜRZEN

EINSTIEG

Lukas benötigt für ein Erfrischungsgetränk neben anderen Zutaten $\frac{1}{4}$ l Orangensaft und $\frac{1}{4}$ l Ananassaft. In einem Getränkehandel gibt es Flaschen mit 0,33 l Orangensaft und Packungen mit 0,2 l Ananassaft.

WIEDERHOLUNG

(1) Dezimalbrüche

2,09; 8,145; 0,42; 0,706 sind **Dezimalbrüche.** Sie haben ein Komma.
Rechts vom Komma stehen nacheinander die *Zehntel* (z), die *Hundertstel* (h), die *Tausendstel* (t).

Z	E	z	h	t
	2	0	9	
	8	1	4	5
	0	4	2	
	0	7	0	6

Dezimal-bruch		Zerlegung	Gemischte Schreibweise	Gewöhn-licher Bruch
2,09	=	$2 + \frac{0}{10} + \frac{9}{100}$	$= 2\frac{9}{100}$	$= \frac{209}{100}$
8,145	=	$8 + \frac{1}{10} + \frac{4}{100} + \frac{5}{1000}$	$= 8\frac{145}{1000}$	$= \frac{8145}{1000}$
0,42	=	$\frac{4}{10} + \frac{2}{100}$		$= \frac{42}{100}$
0,706	=	$\frac{7}{10} + \frac{0}{100} + \frac{6}{1000}$		$= \frac{706}{1000}$

Dezimalbrüche kann man in gewöhnliche Brüche mit dem Nenner 10, 100, 1 000 umrechnen.

(2) Dezimalbrüche vergleichen – Zahlenstrahl

Zahlenstrahl
Auch Dezimalbrüche kann man auf dem Zahlenstrahl eintragen.

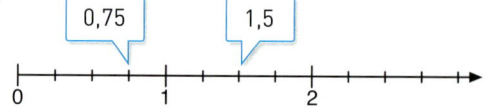

Vergleichen und der Größe nach ordnen
Man vergleicht stellenweise.

2,346 < 2,351, da 4 < 5

AUFGABE

Modell A   Modell B

1. a) Lisa und Jan wollen sich Trinkflaschen kaufen. Zwei Flaschen gefallen ihnen besonders gut. Bei Modell A wird die Füllmenge mit $\frac{3}{4}$ l angegeben, bei Modell B mit 0,7 l.
Passt in beide Flaschen gleich viel hinein?

b) Rechne in Dezimalbrüche um:
$\frac{2}{5}$; $1\frac{1}{4}$; $\frac{1}{8}$; $\frac{36}{40}$

c) Versuche, den Bruch $\frac{1}{3}$ durch passendes Erweitern in einen Dezimalbruch umzurechnen.

Lösung

a) Versuche $\frac{3}{4}$ auf einen Bruch mit dem Nenner 10, 100, 1000, ... zu erweitern.
Versuche zunächst $\frac{3}{4}$ auf Zehntel zu erweitern: $\frac{3}{4} = \frac{6}{8} = \frac{9}{12}$. Das gelingt nicht.
Erweitere $\frac{3}{4}$ jetzt auf Hundertstel: $\frac{3}{4} = \frac{3 \cdot 25}{4 \cdot 25} = \frac{75}{100} = 0{,}75$
Vergleiche nun die Literangaben: $\frac{3}{4} \neq 0{,}7$; denn $0{,}75 \neq 0{,}7$
Ergebnis: In die $\frac{3}{4}$-l-Flasche und in die 0,7-l-Flasche passt unterschiedlich viel hinein.

b) Erweitere oder kürze zunächst passend

$\frac{2}{5}$ auf Zehntel:	$1\frac{1}{4}$ auf Hundertstel:	$\frac{1}{8}$ auf Tausendstel:	$\frac{36}{40}$ auf Zehntel:
$\frac{2}{5} = \frac{4}{10} = 0{,}4$	$1\frac{1}{4} = 1\frac{25}{100} = 1{,}25$	$\frac{1}{8} = \frac{125}{1000} = 0{,}125$	$\frac{36}{40} = \frac{9}{10} = 0{,}9$

c) $\frac{1}{3}$ kann man nicht auf Zehntel, Hundertstel, Tausendstel, ... erweitern. Warum nicht?
Überlege dir:
10, 100, 1000, ... sind keine Vielfachen von 3, denn die Quersumme ist jeweils 1.
Den Bruch $\frac{1}{3}$ kann man daher durch Erweitern nicht in einen Dezimalbruch umformen.

INFORMATION

Merke:
$\frac{1}{2} = 0{,}5$ $\quad \frac{1}{4} = 0{,}25$
$\frac{1}{5} = 0{,}2$ $\quad \frac{3}{4} = 0{,}75$
$\frac{2}{5} = 0{,}4$ $\quad \frac{1}{8} = 0{,}125$

Umformen von gewöhnlichen Brüchen in Dezimalbrüche
Man erweitert oder kürzt den Bruch auf Zehntel, Hundertstel, Tausendstel, ... und schreibt ihn dann als Dezimalbruch.
Nicht jeden Bruch kann man auf diese Weise in einen Dezimalbruch umformen.

FESTIGEN UND WEITERARBEITEN

2. Forme in einen Dezimalbruch um. Bei welchen Brüchen von f) gelingt das nicht? Warum?

a) $\frac{2}{10}$; $\frac{3}{100}$; $\frac{7}{1000}$; $\frac{9}{100}$

b) $\frac{8}{100}$; $\frac{5}{10}$; $\frac{4}{1000}$; $\frac{1}{1000}$

c) $\frac{4}{5}$; $\frac{5}{4}$; $\frac{3}{5}$; $\frac{7}{10}$

d) $1\frac{1}{5}$; $3\frac{3}{4}$; $4\frac{1}{8}$; $2\frac{57}{100}$

e) $\frac{18}{30}$; $\frac{49}{70}$; $\frac{36}{400}$; $\frac{60}{300}$

f) $\frac{5}{8}$; $\frac{13}{125}$; $\frac{2}{3}$; $\frac{1}{6}$

3. Schreibe als Bruch. Wie kannst du an der Anzahl der Stellen rechts vom Komma sofort erkennen, welchen Nenner (10, 100, 1000, 10000, ...) der Bruch hat?

a) 2,765
  4,12

b) 1,307
  4,03

c) 1,6
  0,123

d) 1,2357
  0,0005

e) 0,00845
  0,010055

f) 0,007645
  0,32558

4. Schreibe als Dezimalbruch. Wie erkennst du am Nenner, wie viele Stellen der Dezimalbruch rechts vom Komma hat?

a) $\frac{12}{100}$
  $\frac{56}{100}$

b) $\frac{354}{1000}$
  $\frac{81}{1000}$

c) $\frac{46}{1000}$
  $\frac{107}{1000}$

d) $\frac{7568}{10000}$
  $\frac{106}{10000}$

e) $\frac{85625}{100000}$
  $\frac{5673}{100000}$

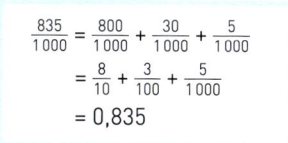

ÜBEN

5. Verwandle in einen Dezimalbruch.

a) $\frac{9}{20}$; $\frac{6}{25}$; $\frac{6}{5}$; $\frac{13}{25}$; $\frac{17}{20}$; $\frac{7}{8}$; $\frac{24}{50}$; $\frac{17}{50}$; $\frac{7}{4}$

b) $1\frac{3}{4}$; $4\frac{1}{4}$; $5\frac{7}{8}$; $10\frac{3}{5}$; $1\frac{7}{20}$; $3\frac{1}{2}$; $3\frac{11}{25}$; $12\frac{3}{8}$

c) $\frac{27}{30}$; $\frac{24}{40}$; $\frac{48}{60}$; $\frac{24}{30}$; $\frac{20}{80}$; $\frac{110}{200}$; $\frac{21}{300}$; $\frac{180}{300}$; $\frac{84}{400}$

d) $\frac{23}{125}$; $\frac{7}{125}$; $\frac{11}{50}$; $\frac{19}{250}$; $\frac{74}{500}$; $\frac{49}{50}$; $\frac{221}{250}$; $\frac{176}{500}$

6. Welche Zahlen auf dem Band sind gleich? Schreibe wie im Beispiel: $\frac{1}{8} = 0{,}125$

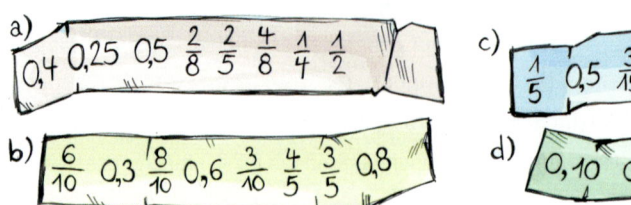

a) 0,4 0,25 0,5 $\frac{2}{8}$ $\frac{2}{5}$ $\frac{4}{8}$ $\frac{1}{4}$ $\frac{1}{2}$

b) $\frac{6}{10}$ 0,3 $\frac{8}{10}$ 0,6 $\frac{3}{10}$ $\frac{4}{5}$ $\frac{3}{5}$ 0,8

c) $\frac{1}{5}$ 0,5 $\frac{3}{15}$ 0,1 0,2 $\frac{10}{100}$ $\frac{7}{35}$ $\frac{3}{6}$

d) 0,10 0,05 $\frac{1}{10}$ 0,1 $\frac{5}{100}$ $\frac{1}{5}$ 0,20 $\frac{1}{20}$

7. Schreibe die Summe als Dezimalbruch. Beachte das Beispiel rechts.

$\frac{3}{10} + \frac{7}{100} + \frac{1}{1000} = \frac{371}{1000} = 0{,}371$

a) $\frac{4}{10} + \frac{5}{100} + \frac{7}{1000}$
b) $\frac{3}{10} + \frac{4}{1000}$
c) $\frac{9}{100} + \frac{1}{1000} + \frac{3}{100000} + \frac{7}{1000000}$

8. Gib die zugehörigen Dezimalbrüche an.

a) $\frac{14}{100}$ $\frac{265}{1000}$
b) $\frac{61}{100}$ $\frac{695}{1000}$
c) $\frac{635}{10}$ $\frac{955}{100}$
d) $7\frac{29}{100}$ $12\frac{21}{1000}$
e) $1\frac{7}{1000}$ $14\frac{4}{100}$
f) $\frac{35}{10}$ $\frac{11}{10}$
g) $\frac{26}{1000}$ $\frac{375}{10000}$
h) $\frac{875}{1000}$ $\frac{2155}{100000}$

9. a) Zerlege die Zeitspannen in ganze, zehntel, hundertstel Sekunden. Gib die Zeitspannen dann in gemischter Schreibweise an. Olympische Sommerspiele in London 2012:

	100-m-Lauf	200-m-Lauf	400-m-Lauf
Männer	U. Bolt (JAM) 9,63 s	U. Bolt (JAM) 19,32 s	K. James (GRN) 43,94 s
Frauen	S. Frazer (JAM) 10,75 s	A. Felix (USA) 21,88 s	S. Richard-R. (USA) 49,55 s

b) Verfahre wie in a): 14,357 s; 31,045 s; 25,902 s; 18,006 s; 20,165 s; 10,027 s

10. Zu jedem gewöhnlichen Bruch gehört ein Dezimalbruch. Ergänze die Tabelle im Heft.

$\frac{1}{100}$	$\frac{1}{10}$	$\frac{1}{8}$	$\frac{1}{5}$	$\frac{1}{4}$	$\frac{3}{10}$	$\frac{3}{8}$	$\frac{2}{5}$	$\frac{1}{2}$	$\frac{3}{5}$	$\frac{5}{8}$	$\frac{7}{10}$	$\frac{3}{4}$	$\frac{4}{5}$	$\frac{7}{8}$	$\frac{9}{10}$
0,01															

11. Welche Brüche kannst du durch Erweitern oder Kürzen in einen Dezimalbruch umformen? Bei welchen Brüchen ist dies nicht möglich?

a) $\frac{3}{25}$; $\frac{1}{40}$; $\frac{2}{3}$; $\frac{1}{9}$; $\frac{3}{12}$
b) $\frac{3}{5}$; $\frac{3}{15}$; $\frac{5}{15}$; $\frac{8}{12}$; $\frac{18}{24}$
c) $3\frac{2}{5}$; $5\frac{5}{6}$; $1\frac{11}{20}$; $7\frac{7}{8}$; $2\frac{1}{8}$

12. Wo steckt der Fehler? Erkläre.

a) $\frac{27}{10} = 0{,}27$
b) $5{,}41 = \frac{5}{41}$
c) $\frac{1}{5} = 1{,}5$
d) $0{,}58 = \frac{58}{10}$
e) $7{,}20 = \frac{720}{10}$
f) $0{,}10 = \frac{10}{1}$
g) $\frac{7}{100} = 0{,}7$
h) $1{,}05 = 1\frac{5}{10}$

13. Welche Zahlen sind gleich? Schreibe wie im Beispiel.

$1\frac{3}{4} = 1{,}75$

a) $1\frac{3}{4}$; $1\frac{1}{2}$; $1\frac{1}{4}$; $1\frac{3}{5}$; $1\frac{1}{10}$; $1\frac{2}{5}$; 1,25; 1,5; 1,6; 1,75; 1,4; 1,1

b) $2\frac{1}{4}$; $3\frac{3}{4}$; $3\frac{1}{2}$; $2\frac{1}{5}$; $2\frac{4}{5}$; $3\frac{1}{8}$; 2,8; 3,5; 2,25; 2,2; 3,75; 3,125

14. Wie viele Stellen nach dem Komma kann ein Bruch mit dem folgenden Nenner haben?

a) 50   b) 4   c) 200   d) 8   e) 16   f) 40

ADDIEREN UND SUBTRAHIEREN VON DEZIMALBRÜCHEN

EINSTIEG

Bei den Olympischen Winterspielen 2010 in Vancouver gelang zwei deutschen Rennrodlern der Sprung auf das Siegerpodest.

David Möller (GER)
1. Lauf 48,341   3. Lauf 48,582
2. Lauf 48,511   4. Lauf 48,330

Armin Zöggeler (ITA)
1. Lauf 48,473   3. Lauf 48,914
2. Lauf 48,529   4. Lauf 48,459

Felix Loch (GER)
1. Lauf 48,168   3. Lauf 48,344
2. Lauf 48,402   4. Lauf 48,171

» Stelle zu den Angaben oben selbst Aufgaben und löse sie.

AUFGABE

1.
① $0,3 + 0,4$ ② $0,18 - 0,06$
③ $0,007 + 0,009 - 0,013$
④ $1,5 + 0,125 + 2,74 + 4,279$

a) Löse die Aufgaben (1) bis (3) im Kopf. Wie findest du die Ergebnisse?
b) Löse die Aufgabe (4), indem du schriftlich addierst. Erkläre, wie du vorgehst.

Lösung

a) Denke beim Rechnen an Zehntel (z), Hundertstel (h) und Tausendstel (t).

$\frac{3}{10} + \frac{4}{10} = \frac{7}{10} = 0,7$ $\frac{18}{100} - \frac{6}{100} = \frac{12}{100} = 0,12$ $\frac{7}{1000} + \frac{9}{1000} - \frac{13}{1000} = \frac{3}{1000} = 0,003$

(1) $0,3 + 0,4 = 0,7$ (2) $0,18 - 0,06 = 0,12$ (3) $0,007 + 0,009 - 0,013 = 0,003$

b) Schreibe die Zahlen stellengerecht untereinander (Komma unter Komma). Rechne wie bei der Addition natürlicher Zahlen. Beginne ganz rechts:
Addiere zunächst die Tausendstel, dann die Hundertstel, die Zehntel, die Einer.
Beachte die Überträge.

	E	z	h	t
	1	5		
+	0	1	2	5
+	2	7	4	
+	4	2	7	9
	1	1	1	
	8	6	4	4

Tausendstel: 9 t + 5 t = 14 t;
das sind 4 t (hinschreiben) und 1 h (Übertrag)

Hundertstel: 1 h + 7 h + 4 h + 2 h = 14 h;
das sind 4 h (hinschreiben) und 1 z (Übertrag)

Zehntel: 1 z + 2 z + 7 z + 1 z + 5 z = 16 z;
das sind 6 z (hinschreiben) und 1 E (Übertrag)

Einer: 1 E + 4 E + 2 E + 1 E = 8 E (hinschreiben)

```
  1,5
+ 0,125
+ 2,74
+ 4,279
  1 1 1
  8,644
```

Kapitel 6

INFORMATION

Addieren und Subtrahieren von Dezimalbrüchen

Dezimalzahlen werden wie natürliche Zahlen stellenweise addiert und subtrahiert.
Dabei muss Komma unter Komma stehen.
Es kann hilfreich sein, rechts vom Komma Endnullen zu ergänzen.

Beispiele:

```
   78,4320          136,350
 + 10,0897        -  84,275
      1 1           1  1 1
   88,5217           52,075
```

FESTIGEN UND WEITERARBEITEN

2. Rechne im Kopf.

a) 1,2 + 0,6	b) 2 + 3,49	c) 0,7 + 0,19	d) 3,8 − 0,4	e) 2,8 − 0,9	f) 3 − 0,7
2,5 + 0,8	4,8 + 3,91	9,99 + 0,1	9,6 − 1,3	3,4 − 0,6	5 − 2,6
3,8 + 1,3	0,54 + 0,27	0,04 + 3,417	7,4 − 0,8	8,04 − 6,2	6,49 − 2

Wähle beim Überschlag solche Näherungswerte, dass du im Kopf rechnen kannst.

3. Führe zuerst einen Überschlag durch. Rechne dann schriftlich.

```
a)  11,634     b)  16,38     c)   36,51     d)  17,683    e)  156,6301   f)  438,347
  +  3,8931      -  9,87        + 59,7284     -  1,085      +  46,123      - 251,0896
  +  2,14                       +  7,653                    +  29,18
```

4. Julia hat zum Geburtstag Inlineskater und einen Helm bekommen. Damit bei einem Sturz die Verletzungsgefahr nicht so groß ist, braucht sie noch Handgelenkschoner, Ellbogenschützer und Knieschützer. Ein Sportgeschäft hat ein Sonderangebot. Julia hat in ihrer Spardose 62,45 €.
Wie viel bleibt noch übrig?

Ellbogenschützer 15,95 €
Knieschützer 17,85 €
Gelenkschoner 19,90 €

ÜBEN

5. Berechne. Führe zuerst einen Überschlag durch.

a) 27,246 + 10,031
b) 4,603 + 11,046
c) 1,6843 + 5,0090
d) 26,66 + 14,7
e) 3,6571 + 0,9
f) 38,79 + 4,378
g) 0,95 + 10,6
h) 16,15 + 7,387
i) 38,246 − 10,031
j) 11,608 − 5,304
k) 59,002 − 50,997
l) 3,8642 − 1,0090
m) 29,09 − 12,7
n) 143,96 − 27,053
o) 0,7806 − 0,40681
p) 6,7859 − 0,9

auffallende Ergebnisse

6.
a) 1,2745 + 2,0588
b) 0,5326 + 0,7019
c) 0,98764 + 1,35803
d) 6,20873 + 4,65547
e) 62,403 + 2,2332
f) 3,6842 − 1,462
g) 1,7671 − 0,5326
h) 18,2366 − 8,2367
i) 14,3765 − 4,5

7. Wo steckt der Fehler? Berichtige.

(1) 5,43 + 3,8 = 8,51
(2) 0,4 + 3 = 0,7
(3) 12,59 + 2,8 = 12,87
(4) 3,64 − 1,3 = 2,61
(5) 7,8 − 5 = 7,3
(6) 9,58 − 1,4 = 9,44

8. Berechne.
a) 25,74 + 18,637 + 12,3
b) 11,65 + 3,787 + 35,1
c) 9,764 + 26,349 + 227,482 + 5,249
d) 4,2357 + 17,6529 + 128,7645 + 0,708

Rechnen mit Dezimalbrüchen

9. Rechne wie im Beispiel.

a) 463,747
  − 106,052
  − 18,524

b)   92,549
  −   7,851
  − 24,923

c)   80,675
  −   7,24
  − 14,1

d) 479,9
  − 38,423
  − 104,35

```
  43,75
−  7,28
− 12,54
  11 1
──────
  23,93
```

Zuerst die Hundertstel:
4 + 8 = 12; 12 + 3 = 15
Schreibe 3; Merke 1

Dann die Zehntel:
1 + 5 + 2 = 8; 8 + 9 = 17
Schreibe 9; Merke 1

10.
a) 214,6 − 37,98 − 2,40
b) 176,5 − 8,91 − 3
c) 93,55 − 14,003 − 22,1
d) 200 − 18,75 − 44,557
e) 34,075 − 0,081 − 7,4
f) 3,4032 − 0,48 − 1,00245

11. Mit den Zahlen rechts kannst du selbst Aufgaben stellen.
  a) Wähle jedes Mal fünf Zahlen. Berechne die Summe. Wie viele Additionsaufgaben mit fünf Zahlen findest du?
  b) Berechne die Summe aller sechs Zahlen. Wähle jeweils drei Zahlen für Subtraktionen von dieser Summe.

3,27   12,4   3,847
13,07   6,098   0,805

12. Zu jedem Ergebnis gehört ein Buchstabe. Die Buchstaben ergeben in der Reihenfolge der Ergebnisse einen Text. Ihr könnt die Aufgabe in Teamarbeit lösen.

51,6 − 27,44
6,045 + 0,58
12,806 + 11,95
0,968 + 0,083
46,14 − 2,49
4,06 + 22,38
10,5 − 1,048
993,1 − 822,85

100 − 5,806
33,05 + 13,96
50,9 − 31,25
1,68 + 34,09
78 − 59,66
5,38 − 4,611
180 − 31,05
12,4 + 41,68

7,39 + 3,805
70,02 − 58,9
5,008 + 0,996
4,17 + 0,856
10 − 8,677
12,5 + 6,088
6,013 − 0,847

6,625	A	170,25	L
148,95	A	94,194	L
6,004	A	24,16	M
43,65	E	5,166	N
19,65	E	9,452	O
0,769	E	26,44	S
18,588	E	11,195	S
11,12	F	24,756	T
1,051	H	18,34	T
47,01	H	35,77	U
5,026	L	54,08	U
1,323	L		

13. Auf einer Wanderkarte sind die Längen der Wege in Kilometern angegeben.
  a) Tim möchte vom Parkplatz P über E nach B den kürzesten Weg gehen. Wie lang ist dieser Weg?
  b) Ein Sportverein plant einen Wandertag. Start und Ziel sollen am Parkplatz sein. Senioren legen dabei eine Strecke von 5 bis 7 Kilometern zurück. Für Kinder ist eine Strecke von 6 bis 8 Kilometern und für alle anderen eine Strecke von 8 bis 10 Kilometern vorgesehen.

VERMISCHTE UND KOMPLEXE ÜBUNGEN

1. Frau Weise liest jeden Monat den Stand ihrer Wasseruhr ab.
   a) Wie viel m³ Wasser hat sie im Januar, im Februar, im März verbraucht?
   b) Stelle zwei weitere sinnvolle Fragen und beantworte sie rechnerisch.

Datum	Stand der Wasseruhr
1. Januar	1 923,225 m³
1. Februar	1 939,164 m³
1. März	1 958,966 m³
1. April	1 976,346 m³

2. Berechne den Umfang folgender Grundstücke (Angaben in Meter).

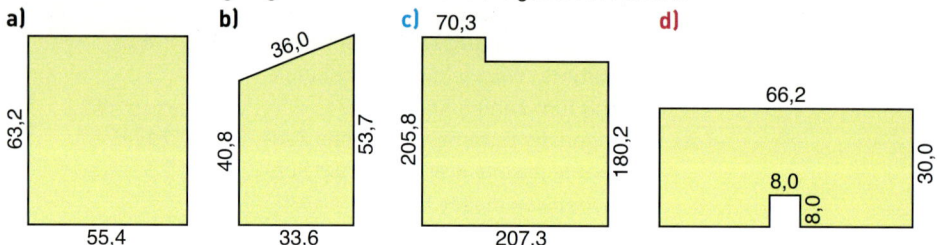

3. Ein Versandhändler hat für alle Waren das Gewicht aufgeschrieben. Ein Kunde bestellt ein 1,023 kg schweres Buch, ein 0,523 kg schweres Buch, ein 0,196 kg schweres Taschenbuch und eine 87 g schwere CD. Das Verpackungsmaterial wiegt 127 g.
Sendungen bis zu einem Gewicht von 2 kg sind Päckchen, schwerere sind Pakete.
Stelle geeignete Fragen und beantworte sie.

4. Ergänze die fehlenden Ziffern in deinem Heft.
   a) 1■,■8 + 4,3■ = 20,14
   b) 1■6,■0■ + 4■,095 = 204,8■0
   c) 96,■4 + 24,9■ = 12■,97
   d) ■7■,19■ − 2■6,■05 = 156,7■6
   e) ■,5■31 − 0,804■ = 0,■4■6
   f) ■5,8■9 − 7,20■ − 12,■8 = ■,653

5.

 Aus je zwei Zahlen kannst du eine Additions- oder Subtraktionsaufgabe bilden. Suche Aufgaben, bei denen das Ergebnis zwischen 3 und 5 liegt.

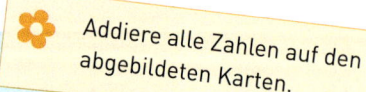 Addiere alle Zahlen auf den abgebildeten Karten.

 Versuche aus den Zahlen Subtraktionsaufgaben mit dem Ergebnis 1,5 zu bilden. Wie viele findest du?

Suche dir selbst 6 Dezimalbrüche aus und schreibe sie auf. Du kannst auch Zahlenkärtchen herstellen. Bilde aus je zwei Zahlen eine Additionsaufgabe. Suche die Aufgaben mit dem kleinsten und größten Ergebnis.

VERVIELFACHEN UND TEILEN VON DEZIMALBRÜCHEN

Multiplizieren mit 10, 100, 1 000, …
Dividieren durch 10, 100, 1 000, …

EINSTIEG

Eine 1-Euro-Münze ist 2,125 mm dick und 7,5 g schwer.

» Wie hoch ist ein „Turm" aus 10, 100, 1 000 Münzen?
» Wie schwer ist jeweils der Turm?
» Was fällt dir auf?

AUFGABE

1. a) Ein Blatt Druckerpapier ist ungefähr 0,065 mm dick. Wie dick ist ein Stapel aus 10 Blatt, 100 Blatt, 1 000 Blatt Papier?
Hinweis: Trage den Dezimalbruch 0,065 in eine Stellenwerttafel ein. Multipliziere ihn mit 10, 100, 1 000. Was fällt dir auf?

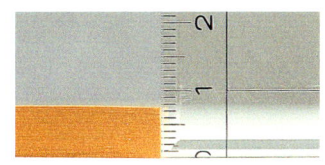

b) Sarahs Notizblock hat 100 Blatt Papier. Er ist 7,5 mm dick. Wie dick sind 10 Blatt Papier? Wie dick ist 1 Blatt Papier?
Hinweis: Trage den Dezimalbruch 7,5 in eine Stellenwerttafel ein. Dividiere durch 10 bzw. durch 100. Was fällt dir auf?

z = Zehntel
h = Hundertstel
t = Tausendstel

Lösung

a)

1 Blatt Papier		0,065
10 Blatt Papier	$0{,}065 \cdot 10 = \frac{65}{1000} \cdot 10 = \frac{650}{1000}$	$= 0{,}65$
100 Blatt Papier	$0{,}065 \cdot 100 = \frac{65}{1000} \cdot 100 = \frac{6500}{1000}$	$= 6{,}5$
1000 Blatt Papier	$0{,}065 \cdot 1000 = \frac{65}{1000} \cdot 1000 = \frac{65000}{1000}$	$= 65$

Z	E	z	h	t
	0	0	6	5
	0	6	5	
	6	5		
6	5			

Man erhält das 10-Fache einer Zahl, wenn man das Komma um eine Stelle nach rechts verschiebt

Ergebnis: Der Papierstapel aus 10 Blatt Papier ist 0,65 mm, ein Stapel aus 100 Blatt 6,5 mm und aus 1 000 Blatt 65 mm dick.

b)

100 Blatt Papier		7,5
10 Blatt Papier	$7{,}5 : 10 = \frac{75}{10} : 10 = \frac{75}{100}$	$= 0{,}75$
1 Blatt Papier	$7{,}5 : 100 = \frac{75}{10} : 100 = \frac{75}{1000}$	$= 0{,}075$

E	z	h	t
7	5		
0	7	5	
0	0	7	5

Man erhält den zehnten Teil einer Zahl, wenn man das Komma um eine Stelle nach links verschiebt.

Ergebnis: 10 Blatt Papier sind 0,75 mm dick; 1 Blatt Papier ist 0,075 mm dick.

FESTIGEN UND WEITERARBEITEN

2. Gegeben ist der Dezimalbruch 8,673. Wie verschiebt sich das Komma, wenn man 8,673
a) mit 10, 100, 1 000, 10 000 multipliziert?   b) durch 10, 100, 1 000, 10 000 dividiert?

3. Berechne im Kopf.
a) 3,7 · 100
46,46 · 10
0,63 · 100
b) 4,2 · 1 000
0,0005 · 100
0,0002 · 1 000
c) 63,63 : 100
2,081 : 10
60 : 100
d) 700 : 1 000
789,3 : 1 000
0,1 : 100

INFORMATION

Man *multipliziert* einen Dezimalbruch mit 10, 100, 1 000, …, indem man das Komma um 1, 2, 3, … Stellen nach *rechts* verschiebt.
Beispiel:
1,65 · 10 = 16,5

Wenn rechts nicht mehr genügend Ziffern stehen, so ergänzt man Nullen.
Beispiel:
0,25 · 1 000 = 0,250 · 1 000 = 250

Man *dividiert* einen Dezimalbruch durch 10, 100, 1 000, …, indem man das Komma um 1, 2, 3, … Stellen nach *links* verschiebt.
Beispiel:
17,2 : 10 = 1,72

Wenn links nicht mehr genügend Ziffern stehen, so ergänzt man Nullen.
Beispiel:
8,5 : 100 = 008,5 : 100 = 0,085

ÜBEN

4. a) 2,75 · 100
100 · 0,55
b) 0,73 · 1 000
100 · 1,2
c) 100 · 0,0785
0,456 · 10 000
d) 0,0015 · 10 000
100 000 · 0,036

5. a) 75,3 : 10
157,8 : 100
b) 3,85 : 10
16,47 : 100
c) 28,4 : 1 000
0,8 : 10 000
d) 7,5 : 10 000
0,23 : 10 000

6. a) 10,5 : 100
1 000 · 3,14
1,075 · 100
b) 8,55 : 1 000
0,0489 · 10
0,48 : 10
c) 100 · 0,0053
8,47 : 1 000
0,026 · 1 000
d) 0,016 : 10 000
10 000 · 6,9
0,485 : 100 000

7. a) Berechne das Zehnfache von 0,036.
b) Berechne das Hundertfache von 0,007.
c) Berechne das Tausendfache von 0,75.
d) Berechne den zehnten Teil von 0,68.
e) Berechne den hundertsten Teil von 7,4.
f) Berechne den tausendsten Teil von 9,6.

8. Gib die Rechenvorschrift an.
a) 0,42 ⟶ 4,2
b) 0,933 ⟶ 0,0933
c) 6,42 ⟶ 0,00642

9. Tanja möchte wissen, wie dick eine Fünf-Cent-Münze ist. Sie legt 10 Münzen aufeinander und misst 14 mm.

10. Das Papier im Telefonbuch ist sehr dünn. 100 Blatt sind 4,9 mm dick.
Wie dick ist ein Blatt Papier im Telefonbuch?
Wie dick sind 1 000 Blatt Papier?

11. a) Das menschliche Haar erscheint unter einem Mikroskop bei 1 000-facher Vergrößerung in 60 mm Dicke. Wie dick ist das menschliche Haar in der Wirklichkeit?
b) Wie dick erscheint ein Spinnwebfaden (0,005 mm) bei 1 000-facher Vergrößerung?

Multiplizieren von Dezimalbrüchen mit natürlichen Zahlen

EINSTIEG

England gilt als das Mutterland des Fußballs. Daher sind die international vereinbarten Längenangaben (in m) auf die englischen Maße yard (0,9144 m) und foot (0,3048 m) zurückzuführen.
Ein Fußballtor ist z. B. 8 feet hoch und 8 yards breit.
Ein Strafstoß wird aus einer Entfernung von 12 yards aufs Tor geschossen, bei einem Freistoß müssen die gegnerischen Spieler einen Abstand von 10 yards einhalten.

AUFGABE

Triathlon
- Schwimmen
- Rad fahren
- Laufen

1. Lena trainiert für einen Jugend-Triathlon.
   a) Auf der Aschenbahn läuft sie 7 Runden. Eine Runde ist 0,4 km lang. Wie viel km läuft sie?
   b) Ihr Schwimmtraining macht sie in einem Badesee. Lena weiß, dass der See 0,23 km breit ist. Sie durchschwimmt ihn 6-mal. Wie viel km schwimmt sie?
   c) Das Radfahren übt sie, indem sie einen Rundkurs von 2,68 km Länge 12-mal durchfährt. Wie viel km fährt sie?
   d) Formuliere eine Vermutung über die Anzahl der Nachkommastellen, wenn ein Dezimalbruch mit einer natürlichen Zahl multipliziert wird.

Lösung
   a) Berechne 0,4 · 7. Verwandle dazu 0,4 in Zehntel.
      Du erhältst: $0{,}4 \cdot 7 = \frac{4}{10} \cdot 7 = \frac{28}{10} = 2{,}8$.
      Ergebnis: Lena läuft 2,8 km.
   b) Berechne 0,23 · 6. Verwandle dazu 0,23 in Hundertstel.
      Du erhältst: $0{,}23 \cdot 6 = \frac{23}{100} \cdot 6 = \frac{138}{100} = 1{,}38$.
      Ergebnis: Lena schwimmt 1,38 km.
   c) Berechne ebenso 2,68 · 12.
      Du erhältst: $2{,}68 \cdot 12 = \frac{268}{100} \cdot 12 = \frac{3216}{100} = 32{,}16$.
      Ergebnis: Sie fährt 32,16 km.
   d) Die Beispiele zeigen:
      Hat der Dezimalbruch eine Nachkommastelle, so hat das Ergebnis auch eine.
      Hat der Dezimalbruch zwei Nachkommastellen, so hat das Ergebnis auch zwei.
      Wir vermuten: Bei der Multiplikation eines Dezimalbruches mit einer natürlichen Zahl hat das Ergebnis genauso viele Nachkommastellen wie der Dezimalbruch.

INFORMATION

Multiplizieren eines Dezimalbruchs mit einer natürlichen Zahl
(1) Zuerst multipliziert man die Zahlen wie natürliche Zahlen, als wäre kein Komma vorhanden.
(2) Dann trennt man im Ergebnis so viele Stellen von rechts mit einem Komma ab, wie im Dezimalbruch der Aufgabe rechts vom Komma standen.

Beispiel: 3,6 · 8

$\underline{36 \cdot 8}$ 1 Stelle rechts
288   vom Komma

Ergebnis: 28,8

Kapitel 6

FESTIGEN UND WEITERARBEITEN

2. Rechne zuerst mit einem gewöhnlichen Bruch.

a) $0{,}07 \cdot 9 = \blacksquare$
$\frac{7}{100} \cdot 9 = \blacksquare$

b) $1{,}3 \cdot 8 = \blacksquare$
$\frac{13}{10} \cdot 8 = \blacksquare$

c) $0{,}015 \cdot 5 = \blacksquare$
$\frac{15}{1000} \cdot 5 = \blacksquare$

d) $7 \cdot 0{,}012 = \blacksquare$
$7 \cdot \frac{12}{1000} = \blacksquare$

3. Rechne im Kopf.

a) $1{,}5 \cdot 5$
$0{,}8 \cdot 6$

b) $0{,}03 \cdot 7$
$4 \cdot 0{,}09$

c) $8 \cdot 0{,}003$
$15 \cdot 0{,}005$

d) $0{,}06 \cdot 4$
$8 \cdot 0{,}005$

e) $0{,}5 \cdot 9$
$6 \cdot 0{,}7$

f) $18 \cdot 0{,}09$
$1{,}25 \cdot 5$

ÜBEN

4. Rechne im Kopf.

a) $2{,}4 \cdot 3$
$0{,}7 \cdot 4$

b) $0{,}25 \cdot 6$
$0{,}5 \cdot 30$

c) $3 \cdot 0{,}008$
$70 \cdot 0{,}02$

d) $5 \cdot 0{,}025$
$500 \cdot 0{,}4$

e) $0{,}035 \cdot 4$
$0{,}007 \cdot 60$

5. Führe zuerst einen Überschlag durch. Rechne dann schriftlich.

a) $4{,}36 \cdot 13$
$12{,}7 \cdot 15$

b) $17{,}5 \cdot 25$
$0{,}956 \cdot 17$

c) $12{,}5 \cdot 7$
$4{,}9 \cdot 29$

d) $3{,}15 \cdot 7$
$0{,}859 \cdot 8$

e) $0{,}745 \cdot 187$
$6{,}19 \cdot 253$

6. Prüfe und berichtige.

(1) $2{,}5 \cdot 3 = 75$ (2) $0{,}07 \cdot 9 = 6{,}3$ (3) $4{,}23 \cdot 100 = 432{,}0$

7. Aus diesen Zahlen kannst du zwölf Produkte bilden.

1. Faktor: 17; 8; 26
2. Faktor: 0,571; 1,35; 62,7; 0,0075

Ergebnisse: 9,707; 14,846; 4,568; 0,1275; 1065,9; 1630,2; 22,95; 10,8; 35,1; 501,6; 0,195; 0,06

8. Berechne nur ein Produkt schriftlich. Bestimme die anderen durch Kommaverschiebung.

a) $49 \cdot 17$
$4{,}9 \cdot 17$
$17 \cdot 0{,}049$

b) $52 \cdot 13$
$13 \cdot 0{,}52$
$5{,}2 \cdot 13$

c) $29 \cdot 22$
$0{,}22 \cdot 29$
$29 \cdot 0{,}022$

d) $12 \cdot 24$
$1{,}2 \cdot 24$
$0{,}012 \cdot 24$

e) $25 \cdot 18$
$25 \cdot 0{,}18$
$2{,}5 \cdot 18$

f) $36 \cdot 29$
$0{,}36 \cdot 29$
$2{,}9 \cdot 36$

9. In einem Teebeutel befinden sich 2,25 g Tee. Laura behauptet: „Dann sind in einer Packung mit 25 Beuteln mehr als 60 g Tee."

10. Ein Mathematikbuch wiegt 0,534 kg. In einem Paket sollen 24 Mathematikbücher versandt werden. Das Verpackungsmaterial wiegt 800 g.
Wie viel wiegt das Paket? Schätze das Ergebnis zunächst ab.

11. Beim Fernsehen werden die Augen stark beansprucht. Deshalb ist die richtige Entfernung vom Fernsehgerät wichtig. Der Abstand vom Gerät sollte etwa 3- bis 4-mal so groß sein wie die Diagonale des Bildschirms.
Wie weit solltest du bei einer Bildschirmdiagonalen von (1) 106 cm; (2) 86 cm; (3) 72 cm vom Gerät entfernt sitzen?

12. Ein Blatt Papier ist ungefähr 0,055 mm dick, ein Buchdeckel 2 mm. Wie dick ist ein Buch mit
a) 224 Seiten; b) 448 Seiten?

Dividieren von Dezimalbrüchen durch natürliche Zahlen

EINSTIEG

AUFGABE

1. Der menschliche Körper braucht täglich Vitamine (Vitamin C, Vitamin E und andere Vitamine) und Mineralstoffe (Kalzium, Eisen, Magnesium u.a.).
Luca ernährt sich gesundheitsbewusst. Zum Frühstück gibt es Müsli. Der Inhalt einer Müslipackung soll gleichmäßig auf 6 Mahlzeiten verteilt werden.
a) Wie viel g Vitamin C und wie viel mg Vitamin E sind in einer Mahlzeit enthalten?
b) Wie viel g Mineralstoffe enthält eine Mahlzeit?

Lösung

a) *Vitamin C:*

Zu berechnen: $0{,}18 : 6$ 18 h : 6 = 3 h

Ich rechne: $\frac{18}{100} : 6 = \frac{3}{100}$

Ich erhalte: $0{,}18 : 6 = 0{,}03$

Vitamin E:

Zu berechnen: $1{,}2 : 6$ 1 E 2 z = 12 z; 12 z : 6 = 2 z

Ich rechne: $\frac{12}{10} : 6 = \frac{2}{10}$

Ich erhalte: $1{,}2 : 6 = 0{,}2$

Ergebnis: In einer Mahlzeit sind 0,03 g Vitamin C und 0,2 mg Vitamin E enthalten.

b) Berechne den Quotienten 8,976 : 6 schriftlich.
Wähle beim Überschlag die Zahlen so, dass du im Kopf rechnen kannst: 6 : 6 = 1.
Schriftliche Rechnung:

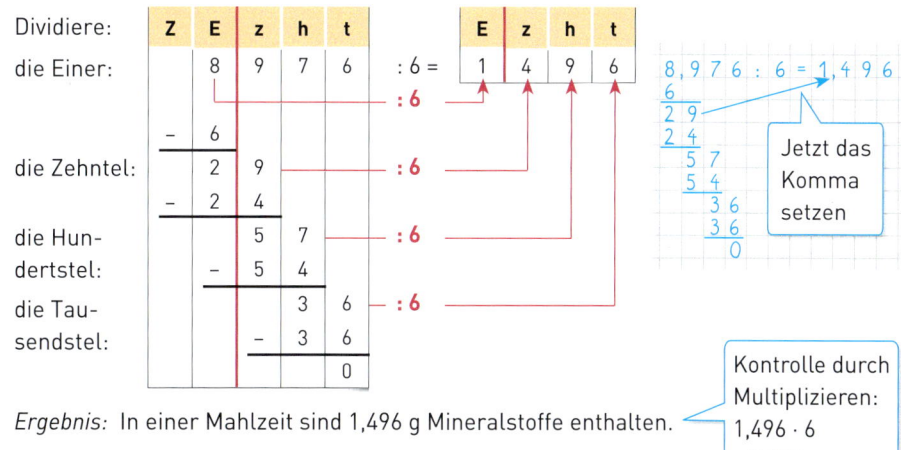

Ergebnis: In einer Mahlzeit sind 1,496 g Mineralstoffe enthalten.

Kontrolle durch Multiplizieren:
1,496 · 6
= 8,976

INFORMATION

Dividieren eines Dezimalbruchs durch eine natürliche Zahl
Man dividiert einen Dezimalbruch wie eine natürliche Zahl.
Sobald man während der Rechnung das Komma überschreitet, setzt man auch im Ergebnis das Komma.

Beispiel:
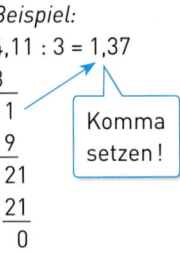

FESTIGEN UND WEITERARBEITEN

2. Rechne im Kopf.

0,2 : 5 = 2 z : 5 = 20 h : 5

a) 8,4 : 4   b) 0,8 : 2   c) 1,5 : 5   d) 0,48 : 2   e) 0,24 : 6   f) 0,2 : 5
6,9 : 3   0,6 : 3   2,4 : 8   0,45 : 3   0,18 : 3   0,7 : 2
4,8 : 4   0,4 : 4   3,9 : 3   0,72 : 6   0,32 : 4   0,3 : 5

3. Führe einen Überschlag durch. Rechne dann schriftlich.

a) 34,251 : 7   c) 9,714 : 3
b) 140,55 : 15   d) 316,979 : 37

Aufgabe: 34,064 : 8
Überschlag: 32 : 8 = 4

4. Beim schriftlichen Rechnen musst du besonders auf Nullen achten.

a) Erkläre das folgende Beispiel.
Die rot geschriebenen Rechenschritte kannst du weglassen.

b) Erkläre das Beispiel 5,7 : 4.
Damit man zu Ende rechnen kann, werden bei 5,7 zwei Nullen angehängt.

```
0,0 7 9 5 : 3 = 0,0 2 6 5
0
 0 0                    Kontrolle:
   0
   0 7                  0,0 2 6 5 · 3
   6                    0,0 7 9 5
   1 9
   1 8                  Kontrolle durch
     1 5                Multiplizieren
     1 5
       0
```

```
5,7 0 0 : 4 = 1,4 2 5
4
1 7                     Kontrolle:
1 6
  1 0                   1,4 2 5 · 4
    8                   5,7 0 0
    2 0
    2 0
      0
```

Berechne ebenso:
7,896 : 12;   0,3938 : 11;   0,14484 : 17

Berechne ebenso:
4,5 : 4;   0,7 : 4;   0,5 : 8;   3,4 : 16

ÜBEN

5. Rechne im Kopf.

a) 3,5 : 5   b) 7,2 : 6   c) 0,28 : 7   d) 10,8 : 9   e) 0,1 : 5   f) 7,5 : 5
2,4 : 3   5,6 : 7   0,84 : 4   5,1 : 3   0,3 : 2   0,48 : 3
4,5 : 9   3,6 : 2   0,06 : 3   7,6 : 4   0,15 : 5   0,7 : 5

6. Aus den Zahlen kannst du neun Quotienten bilden.

Ergebnisse:
0,019   2,72   0,498
0,68   0,1245   0,095
3,4   0,6225   0,076

7. Berechne die Quotienten schriftlich.
- **a)** 8,435 : 5
  45,12 : 12
- **b)** 5,224 : 8
  0,1977 : 3
- **c)** 123,54 : 6
  95,22 : 9
- **d)** 4,315 : 5
  5,978 : 7
- **e)** 136,96 : 32
  137,75 : 19
- **f)** 1,9244 : 68
  0,2738 : 74
- **g)** 551,2 : 104
  1 137,5 : 125
- **h)** 3,7125 : 225
  13,764 : 186

8. *Rechenkreisel*
Übertrage die Aufgabe ins Heft. Rechne ringsherum, bis du wieder oben bist.

a)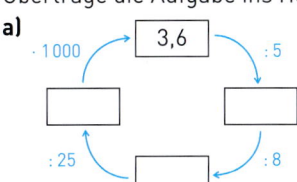
b)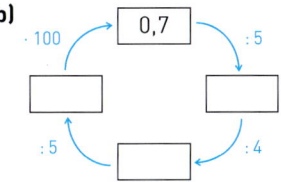
c)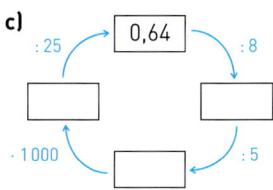

9. Berechne nur einen der Quotienten schriftlich. Gib dann die Werte der anderen an.
- **a)** 81 : 18
  8,1 : 18
  0,081 : 18
  0,81 : 18
- **b)** 0,216 : 9
  21,6 : 9
  0,0216 : 9
  2,16 : 9
- **c)** 8,799 : 7
  0,8799 : 7
  87,99 : 7
  879,9 : 7
- **d)** 1801,6 : 32
  1,8016 : 32
  180,16 : 32
  18,016 : 32

10. Berechne. Runde sinnvoll.
- **a)** 5,20 € : 7
  36,50 € : 9
- **b)** 112,55 € : 10
  212,73 € : 8
- **c)** 47,75 € : 4
  19,95 € : 8
- **d)** 88,95 € : 12
  157,67 € : 15

Das Anwenden der Rundungsregel ist nicht immer sinnvoll.

11. Formuliere selbst Aufgaben. Runde die Ergebnisse sinnvoll.

(1) Eine Erdbeertorte kostet 11,50 €. Sie wird in 12 Stücke zerlegt.

(2) Nach einer Klassenfahrt sind noch 83,00 € übrig. Der Betrag soll an die 28 Schülerinnen und Schüler der Klasse zurückgezahlt werden.

(3) In einem Sonderangebot kosten 6 Schreibblöcke 8,50 €.

(4) Tim zahlt für 3 CDs 38,95 €.

(5) Ein Block mit 6 Fahrscheinen kostet 8,00 €. Ein Einzelfahrschein kostet 1,50 €.

(6) Eine 150 g schwere Tafel Schokolade ist in 8 Riegel unterteilt.

12. Automodelle werden oft im Maßstab 1 : 18 gebaut. Zum Beispiel ist eine 90 cm lange Antenne im Modell nur 5 cm lang (90 cm : 18 = 5 cm).
- **a)** Ein Pkw ist 4,724 m lang. Wie viel cm ist das Modell lang?
- **b)** Die Höhe des Pkw beträgt 1,540 m. Wie hoch ist das Modell?

Hinweis: Berechne eine Stelle mehr als du benötigst und runde dann.

13. Zu jedem Ergebnis gehört ein Buchstabe.

18,5 : 5	6,76 : 8	11,9 : 14
19,6 : 7	8,127 : 9	0,635 : 5
5,44 : 4	5,94 : 11	7,83 : 6
17,7 : 6	0,54 : 20	22,68 : 7
50,4 : 12	9,5 : 25	0,354 : 2
34,5 : 15	5,1 : 30	0,228 : 3
1,752 : 10	3,9 : 4	

2,8	A	0,17	E	0,1752	S
0,54	A	0,127	E	0,027	S
3,24	A	1,305	F	0,975	S
0,38	B	2,95	H	0,845	T
0,177	C	0,076	H	0,85	T
0,903	D	2,3	I	1,36	T
4,2	E	3,7	M		

MULTIPLIZIEREN UND DIVIDIEREN VON DEZIMALBRÜCHEN

Multiplizieren von Dezimalbrüchen mit Dezimalbrüchen

EINSTIEG

Die Schülerinnen und Schüler einer AG arbeiten am Bau einer Modelleisenbahnanlage. Sie benötigen eine Spanplatte von 1,7 m² Größe und 2,5 kg Modelliergips.
Im Prospekt eines Baumarkts finden sie folgende Angaben:

Spanplatte 18 mm   7,25 €/m²
Modelliergips   1,98 €/kg

AUFGABE

1. a) Pauls Mutter möchte eine Scheibengardine für das 1,3 m breite Küchenfenster kaufen.
Üblicherweise wird beim Kauf das 1,5-Fache der gemessenen Fensterbreite angegeben, weil die Gardine Falten werfen soll.
Wie viel m Gardinenstoff benötigt sie?

b) Wenn Wasser zu Eis gefriert, dehnt es sich um das 1,09-Fache seines ursprünglichen Volumens aus. Um das zu überprüfen hat Ulrike eine 1,5-l-Flasche mit Wasser in die Kühltruhe gelegt. Sie holt eine zerborstene Flasche heraus. Wie viel Liter Eis sind entstanden?

c) Erkläre an einem Beispiel, wie man zwei Dezimalbrüche miteinander multipliziert.

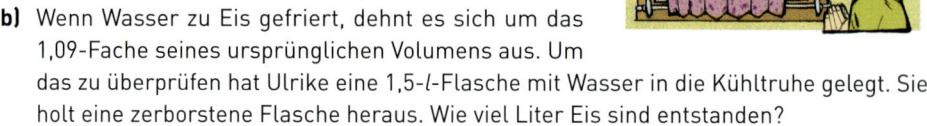

Lösung

a) Wir schreiben den zweiten Dezimalbruch als gewöhnlichen Bruch:

1,3 · 1,5 = 1,95

$1{,}3 \cdot \frac{15}{10} = 1{,}3 : 10 \cdot 15 = 0{,}13 \cdot 15 = 1{,}95$

Ergebnis:
Pauls Mutter benötigt 1,95 m Gardinenstoff.

b) Wir schreiben den zweiten Dezimalbruch als gewöhnlichen Bruch:

1,09 · 1,5 = 1,635

$1{,}09 \cdot \frac{15}{10} = 1{,}09 : 10 \cdot 15 = 0{,}109 \cdot 15 = 1{,}635$

Ergebnis: Es sind 1,635 Liter Eis entstanden.

```
NR. 109 · 15
      109
      545
        1
     1635
```

c) Man kann z. B. 2,15 · 0,3 in zwei Schritten berechnen:
1. Schritt: Multipliziere die Dezimalbrüche wie natürliche Zahlen: 215 · 3.
2. Schritt: Setze das Komma beim Ergebnis 645 so, dass das Ergebnis drei Stellen nach dem Komma hat: 0,645
Begründung: Der erste Dezimalbruch hat *zwei Stellen* nach dem Komma. Er wird mit dem zweiten Dezimalbruch multipliziert, der *eine Stelle* nach dem Komma hat. Dies entspricht einer *Division durch 10*. Das Ergebnis hat daher *drei Stellen* nach dem Komma, also so viele Nachkommastellen wie beide Dezimalbrüche zusammen.

Rechnen mit Dezimalbrüchen

INFORMATION

Multiplizieren von Dezimalbrüchen
(1) Multipliziere zuerst so, als wäre kein Komma vorhanden.
(2) Setze dann das Komma. Im Ergebnis müssen nach dem Komma so viele Ziffern stehen, wie beide Faktoren zusammen nach dem Komma haben.

```
2,7 · 1,25
----------
      27
      54
     135
    ¹
   3,375
```

FESTIGEN UND WEITERARBEITEN

2. Rechne im Kopf.
a) $0,8 \cdot 0,7$
   $1,2 \cdot 0,3$
b) $0,9 \cdot 0,05$
   $0,04 \cdot 0,6$
c) $2,4 \cdot 0,5$
   $0,2 \cdot 0,45$
d) $0,3 \cdot 0,4$
   $0,16 \cdot 0,5$
e) $\frac{15}{100} \cdot 0,4$
   $\frac{8}{10} \cdot 0,012$

Strategie: Überschlag

3. Kommafehler kann man vermeiden, wenn man vor der genauen Rechnung einen Überschlag durchführt.
Übertrage die Tabelle in dein Heft.
$18,7 \cdot 23,6$ $4,82 \cdot 12,04$ $8,49 \cdot 24,7$
$9,93 \cdot 52,8$ $5,15 \cdot 11,086$ $6,7 \cdot 17,191$

Aufgabe	Überschlag	genaues Ergebnis
$12,7 \cdot 4,8$	$10 \cdot 5 = 50$	60,96
$18,7 \cdot 23,6$		
$9,93 \cdot 52,8$		

4. Was meinst du dazu? Wer hat recht?

ÜBEN

5. Führe zuerst einen Überschlag durch. Runde dazu so, dass du im Kopf rechnen kannst.
a) $76,1 \cdot 2,3$
   $5,36 \cdot 4,9$
   $63,8 \cdot 1,25$
b) $6,4 \cdot 6,53$
   $0,83 \cdot 15,2$
   $34,05 \cdot 3,6$
c) $543,6 \cdot 0,27$
   $8,58 \cdot 7,4$
   $18,9 \cdot 0,348$
d) $8,37 \cdot 0,56$
   $86,7 \cdot 0,19$
   $0,508 \cdot 53,6$

6. Wie lang ist die Schlange?

7. Finde je drei Zahlenpaare, deren Produkte den gleichen Wert haben wie die angegebene Zahl.

a) 0,75 c) 4,5 e) 8,4 g) 0,02
b) 0,012 d) 0,0024 f) 1,44 h) 0,6

$0,36 = 4 \cdot 0,09$
$0,36 = 1,2 \cdot 0,3$
$0,36 = 0,18 \cdot 2$

8. Auf dem Wochenmarkt werden Äpfel für 1,80 € je kg angeboten.
a) Christina kauft $\frac{3}{4}$ kg. Wie viel muss sie bezahlen?
b) Eine andere Sorte Äpfel wird für 1,95 € je kg angeboten. Wie teuer sind 1,4 kg dieser Sorte?

9. Wo steckt der Fehler? Berichtige.

(1) $7,4 \cdot 0,1 = 7,5$ (2) $0,2 \cdot 0,4 = 0,8$ (3) $4,7 \cdot 1,0 = 47,0$ (4) $5,3 \cdot 7,2 = 35,6$

10. Berechne:
a) das 3,5-Fache von 17,6   b) das 1,15-Fache von 10,28   c) das 0,3-Fache von 15,5

11. a) $1,4 \cdot 2,6 \cdot 3$ b) $0,62 \cdot 0,25 \cdot 17,8$ c) $1,6 \cdot 0,12 \cdot 28$ d) $7,2 \cdot 0,004 \cdot 0,08$

12. Mit den vier Zahlenkarten lassen sich jeweils sechs Produkte bilden.
Die Rechnungen rechts sind so geordnet, dass das kleinste Ergebnis oben und das größte unten steht.
Übertrage ins Heft und fülle die Lücken aus.

a) 0,55; 7,8; 1,2; 2,22

$0,55 \cdot 1,2 = 0,66$
$\_\_ \cdot \_\_ = 1,221$
$\_\_ \cdot \_\_ = 2,664$
$\_\_ \cdot \_\_ = 4,29$
$\_\_ \cdot \_\_ = 9,36$
$\_\_ \cdot \_\_ = 17,316$

b) 6,25; 0,094; 12,4; 1,15

$\_\_ \cdot \_\_ = 0,1081$
$\_\_ \cdot \_\_ = \_\_$
$\_\_ \cdot \_\_ = \_\_$
$\_\_ \cdot \_\_ = \_\_$
$\_\_ \cdot \_\_ = \_\_$
$\_\_ \cdot \_\_ = 77,5$

13. Berechne die Potenzen.
a) $1,5^2$ b) $0,35^2$ c) $0,06^2$ d) $1,2^3$ e) $0,1^4$

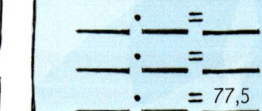

$4,8^2 = 4,8 \cdot 4,8 = 23,04$

14. Berechne nur eines der Produkte schriftlich, bestimme die anderen dann ohne Rechnung.

a) $1,4 \cdot 0,85$
   $0,14 \cdot 8,5$
   $1,4 \cdot 8,5$

b) $27,5 \cdot 0,35$
   $27,5 \cdot 3,5$
   $2,75 \cdot 3,5$

c) $4,7 \cdot 7,2$
   $0,47 \cdot 7,2$
   $0,47 \cdot 0,72$

d) $7,6 \cdot 8,7$
   $7,6 \cdot 87$
   $7,6 \cdot 0,087$

15. Der Ärmelkanal ist zwischen der französischen Stadt Calais und der englischen Stadt Dover 17,8 Seemeilen breit.
Wie viel km ist der Kanal breit?
Runde das Ergebnis auf ganze km.

1 Seemeile = 1,852 km

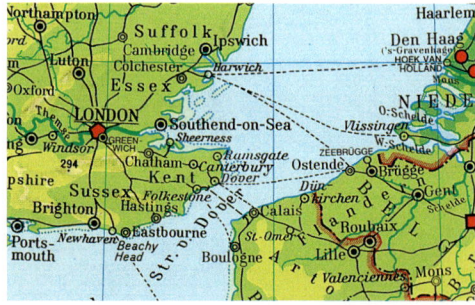

Dividieren durch einen Dezimalbruch

EINSTIEG

Beim Zählen großer Kleingeldbeträge werden in Geldinstituten die Münzen gewogen. Ein Kunde bringt eine Kassette mit 1-Euro-Stücken und 20-Cent-Stücken zur Bank.
Die 1-Euro-Stücke wiegen zusammen 937,5 g;
die 20-Cent-Stücke wiegen zusammen 467,4 g.

5,7 g   7,5 g

AUFGABE

1. a) Marie bietet ihren Geburtstagsgästen Johannisbeersaft in 0,15-*l*-Bechern an. Sie möchte wissen, wie viele Becher sie mit dem Inhalt einer 0,75-*l*-Flasche füllen kann.

b) Marie hat auch 2,5 *l* Orangensaft eingekauft.
Wie viele 0,2-*l*-Becher kann sie damit füllen?

Lösung

a) (1) Wir wandeln den zweiten Dezimalbruch in einen gewöhnlichen Bruch um:
$0{,}75 : 0{,}15 = 0{,}75 : \frac{15}{100} = 0{,}75 \cdot \frac{100}{15} = 0{,}75 : 15 \cdot 100 = 0{,}05 \cdot 100 = 5$

(2) Wir rechnen mit Dezimalbrüchen:

$0{,}75 : 0{,}15 = \frac{0{,}75}{0{,}15}$ Man kann eine Division von Dezimalbrüchen auch als Bruch schreiben.

$= \frac{0{,}75 \cdot 100}{0{,}15 \cdot 100}$ Auch solche Brüche kann man erweitern, hier mit 100.

$= \frac{75}{15}$ Man erweitert so, dass im Nenner eine natürliche Zahl steht.

$= 75 : 15 = 5$ Der Bruch wird wieder als Quotient geschrieben und berechnet.

Ergebnis: Marie kann 5 Becher mit Johannisbeersaft füllen.

b) $2{,}5 : 0{,}2 = 2{,}5 : \frac{2}{10} = 2{,}5 \cdot \frac{10}{2} = 2{,}5 : 2 \cdot 10 = 1{,}25 \cdot 10 = 12{,}5$

Ergebnis: Marie kann 12,5 Becher mit Orangensaft füllen.

FESTIGEN UND WEITERARBEITEN

2. Berechne den Quotienten. Beachte die Beispiele. Erweitere den zugehörigen Bruch so, dass im Nenner kein Dezimalbruch mehr steht.

$1{,}84 : 0{,}2 = \frac{1{,}84}{0{,}2} = \frac{1{,}84 \cdot 10}{0{,}2 \cdot 10} = \frac{18{,}4}{2} = 18{,}4 : 2 = 9{,}2$

$0{,}6 : 0{,}15 = \frac{0{,}6}{0{,}15} = \frac{0{,}6 \cdot 100}{0{,}15 \cdot 100} = \frac{60}{15} = 60 : 15 = 4$

$2 : 0{,}005 = \frac{2}{0{,}005} = \frac{2 \cdot 1000}{0{,}005 \cdot 1000} = \frac{2000}{5} = 400$

Um wie viele Stellen wird dabei das Komma nach rechts verschoben?

a) 0,72 : 0,12   **c)** 2,4 : 0,3   **e)** 0,072 : 0,08   **g)** 3,6 : 0,009   **i)** 2 : 0,04
b) 0,28 : 0,7   **d)** 1,5 : 0,05 **f)** 0,3 : 0,002   **h)** 0,8 : 0,002   **j)** 3 : 0,005

3. *Aufgabe:*   **a)** 1,26 · 0,6 = ▪   **b)** 0,48 : 0,16 = ▪   **c)** 7,5 : 0,12 = ▪

Kommaverschiebung: 1,26 : 0,6   0,48 : 0,16   7,50 : 0,12

Berechne: 12,6 : 6 = ▪   48 : 16 = ▪   750 : 12 = ▪

4. Überlege zuerst:
Um wie viele Stellen muss das Komma nach rechts verschoben werden?
a) 2,5 : 0,5;   0,6 : 0,02;   0,44 : 0,11   **b)** 0,36 : 0,9;   0,72 : 0,003;   6 : 0,06

5. a) 4,578 : 0,7   **b)** 0,19215 : 0,035
6,612 : 1,9   314,4 : 0,48
11,295 : 0,15   121,5 : 0,27
504 : 0,08   8 085 : 1,05

| Aufgabe: | 23,56 : 0,4 |
| Berechne schriftlich: | 235,6 : 4 |

INFORMATION

Dividieren durch einen Dezimalbruch
Man verschiebt bei beiden Zahlen das Komma um *gleich viele* Stellen nach rechts, bis bei der zweiten Zahl kein Komma mehr steht.
Dann dividiert man.

(a) Aufgabe: 0,36 : 0,4
Berechne: 3,6 : 4 = 0,9
Ergebnis: 0,36 : 0,4 = 0,9

Das Komma bei beiden Zahlen um 1 Stelle nach rechts verschieben

(b) Aufgabe: 5,6 : 0,08
Berechne: 560 : 8 = 70
Ergebnis: 5,6 : 0,08 = 70

Das Komma bei beiden Zahlen um 2 Stellen nach rechts verschieben

ÜBEN

6. Rechne im Kopf.

	a)	b)	c)	d)	e)	f)
	3,2 : 0,8	2 : 0,5	0,5 : 0,25	0,15 : 0,03	2 : 0,04	2,5 : 0,02
	5,6 : 0,7	3 : 0,6	0,2 : 0,02	0,36 : 0,12	1 : 0,002	0,36 : 0,03
	0,8 : 0,2	1 : 0,1	3 : 0,005	0,3 : 0,06	9 : 0,06	18 : 0,06
	7,2 : 0,9	4 : 0,8	2 : 0,002	0,5 : 0,02	6,4 : 0,8	1,3 : 0,05

7. Führe zunächst einen Überschlag durch. Berechne die Quotienten schriftlich.

Kontrolle durch Multiplizieren

a) 123,2 : 0,8   **b)** 3,052 : 0,7   **c)** 243,96 : 0,06   **d)** 1,685 : 0,05   **e)** 2,1132 : 0,003
22,95 : 0,9   0,7884 : 0,4   4,068 : 0,09   27,93 : 0,07   0,02496 : 0,004

8. a) 31,96 : 4,7   **c)** 2,88 : 0,12   **e)** 26 : 0,016   **g)** 0,945 : 0,27   **i)** 0,2025 : 0,006
31,96 : 0,47   2,88 : 1,2   26 : 0,0016   9,45 : 0,27   2,025 : 0,002
b) 9,36 : 0,72   **d)** 0,2635 : 0,31   **f)** 2,25 : 7,5   **h)** 8 : 0,25   **j)** 4,34 : 0,35
9,36 : 7,2   0,2635 : 3,1   22,5 : 7,5   0,8 : 0,25   43,4 : 0,35

9. Aus den Zahlen kannst du neun Quotienten bilden.

Ergebnisse:
22,625;   6,35;   9,05;
15,875;   0,685;   1,524;
2,172;   0,1644;   1,7125

10. Berechne. Runde sinnvoll.
a) 15,60 € : 1,5   **b)** 44,82 € : 4,7   **c)** 19,95 € : 3,6   **d)** 10,92 € : 1,6
68,05 € : 9,2   120 € : 3,5   64,50 € : 1,3   11,45 € : 7,5
49,75 € : 0,9   66 € : 0,26   155 € : 2,4   22,75 € : 1,05

11. a) Dividiere 14,4 durch 0,45. Dividiere dann 0,45 durch 14,4. Multipliziere zuletzt die Ergebnisse miteinander. Was fällt dir auf?
b) Verfahre wie in Teilaufgabe a) mit den Zahlen 0,18 und 7,2.

12. Berechne nur *einen* Quotienten schriftlich. Bestimme dann die Werte der anderen Quotienten ohne Rechnung.

a)	b)	c)	d)	e)
8,8 : 1,6	12 : 4,8	3,6 : 15	42 : 0,14	14,25 : 0,19
88 : 1,6	120 : 4,8	3,6 : 0,15	4,2 : 0,14	14,25 : 1,9
8,8 : 0,16	0,12 : 4,8	0,36 : 0,15	4,2 : 0,014	1,425 : 1,9
0,88 : 16	1,2 : 0,48	0,0036 : 0,15	0,42 : 0,014	0,1425 : 0,19

13. Wo steckt der Fehler? Berichtige.

(1) 7 : 0,01 = 0,07 (3) 0,096 : 0,12 = 0,08 (5) 0,1 : 0,1 = 0,1 (7) 10 : 0,001 = 1000
(2) 12,15 : 0,3 = 4,5 (4) 0,24 : 0,8 = 3 (6) 5,05 : 0,5 = 1,01 (8) 0,9 : 0,3 = 0,3

14. Eine Biene sammelt auf einem Flug etwa 0,05 g Nektar.
Wie viele Flüge sind notwendig, um 500 g Nektar zu sammeln?

15. Stefans Schrittlänge ist ungefähr 0,8 m. Wie viele Schritte macht Stefan bei einer 4 km langen Wanderstrecke?

16. In einer Mosterei werden an einem Tag 1 400 *l* Apfelsaft hergestellt und in 0,7-*l*-Flaschen abgefüllt. Wie viele Flaschen werden mit Apfelsaft gefüllt?

17. Luca hat auf dem Flohmarkt seine alten Comics verkauft, jedes Heft für 0,75 €. Er hat dafür 10,50 € eingenommen.
Wie viele Hefte hat er verkauft?

18. Ein Lastkahn hat 1 400 t Kohlen geladen. Die Ladung soll auf Güterwagen mit je 17,5 t Tragfähigkeit abgefahren werden.
Wie viele Güterwagen sind erforderlich?

19. Überprüfe die Preisangaben.

Käse
8,90 €/kg   Nettogewicht 0,258 kg
Preis   2,30 €

Wurst
7,90 €/kg   0,264 kg
Preis   2,08 €

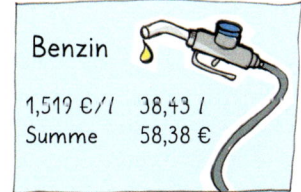
Benzin
1,519 €/*l*   38,43 *l*
Summe   58,38 €

PERIODISCHE DEZIMALBRÜCHE

EINSTIEG

Sebastian, Tim und Jan teilen sich eine 1-Liter-Flasche Cola. Ihre Schwester Anna hat eine 0,33-l-Dose.
Sie fragen sich:
„Wer hat mehr Cola?"

AUFGABE

1. Du weißt: Jeden gewöhnlichen Bruch kann man als Quotient schreiben, zum Beispiel $\frac{3}{4}$ = 3 : 4.
Rechne folgende Brüche in Dezimalbrüche um.
Was fällt dir bei Teilaufgabe b) auf?

a) (1) $\frac{19}{8}$ (2) $\frac{7}{16}$ (3) $2\frac{11}{20}$ **b)** (1) $\frac{2}{3}$ (2) $\frac{5}{6}$ (3) $\frac{3}{11}$

Lösung

$\frac{19}{8}$ = 19 : 8

a) (1) Umrechnung von $\frac{19}{8}$:

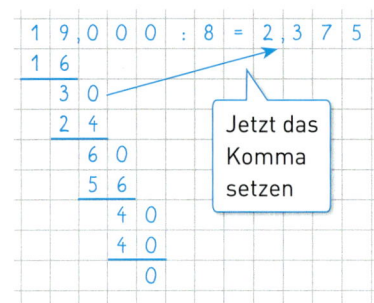

Ergebnis: $\frac{19}{8}$ = 2,375

(2) Umrechnung von $\frac{7}{16}$: $\frac{7}{16}$ = 7 : 16 = 0,4375

(3) Umrechnung von $2\frac{11}{20}$: $\frac{11}{20}$ = 11 : 20 = 0,55; also $2\frac{11}{20}$ = 2 + $\frac{11}{20}$ = 2 + 0,55 = 2,55

b) (1) Umrechnung von $\frac{2}{3}$:

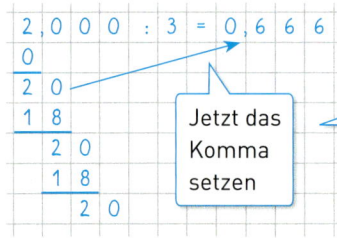

Jedes Mal Rest 2. Daher bricht die Rechnung nicht ab. 6 wiederholt sich ohne Ende.

Ergebnis: $\frac{2}{3}$ = 0,6666 …

(2) Umrechnung von $\frac{5}{6}$: $\frac{5}{6}$ = 5 : 6 = 0,83333 …   Ziffer 3 wiederholt sich ohne Ende.

(3) Umrechnung von $\frac{3}{11}$: $\frac{3}{11}$ = 3 : 11 = 0,272727 …

Das Ziffernpaar 27 wiederholt sich ohne Ende.

Rechnen mit Dezimalbrüchen

INFORMATION

(1) Abbrechende und periodische Dezimalbrüche

Abbrechende Dezimalbrüche haben eine bestimmte Anzahl von Ziffern rechts vom Komma, z. B. 2,375; 0,8375; 2,55.
Man sagt: Die Ziffernfolge rechts vom Komma „bricht ab".
Bei **periodischen Dezimalbrüchen** wiederholt sich eine Ziffer oder eine Zifferngruppe rechts vom Komma ohne Ende, z. B. 1,333...; 0,131313....

(2) Schreibweise für periodische Dezimalbrüche

$\frac{2}{3} = 2 : 3 = 0{,}666\ldots$
Wir schreiben: $0{,}\overline{6}$
Wir lesen:
Null Komma
Periode sechs
Es gilt: $\frac{2}{3} = 0{,}\overline{6}$

$\frac{3}{11} = 3 : 11 = 0{,}272727\ldots$
Wir schreiben: $0{,}\overline{27}$
Wir lesen:
Null Komma
Periode zwei sieben
Es gilt: $\frac{3}{11} = 0{,}\overline{27}$

$\frac{5}{6} = 5 : 6 = 0{,}8333\ldots$
Wir schreiben: $0{,}8\overline{3}$
Wir lesen:
Null Komma acht
Periode drei
Es gilt: $\frac{5}{6} = 0{,}8\overline{3}$

$0{,}\overline{6}$; $0{,}\overline{27}$ und $0{,}8\overline{3}$ sind periodische Dezimalbrüche.

(3) Einteilung der Dezimalbrüche

Abbrechende Dezimalbrüche	Nicht abbrechende Dezimalbrüche mit Periode	
	rein periodisch	gemischt periodisch
0,125; 0,75; 0,375	$0{,}\overline{6}$; $0{,}\overline{27}$; $0{,}\overline{348}$	$0{,}8\overline{3}$; $0{,}0\overline{62}$; $0{,}00\overline{17}$
	Die Periode beginnt sofort hinter dem Komma.	Zwischen Komma und Periode steht mindestens eine Ziffer, die nicht zur Periode gehört.

FESTIGEN UND WEITERARBEITEN

2. a) Rechne in einen Dezimalbruch um. Gib an, ob ein abbrechender oder ein periodischer Dezimalbruch entstanden ist.
(1) $\frac{1}{3}$ (2) $\frac{4}{5}$ (3) $\frac{11}{8}$ (4) $\frac{1}{9}$ (5) $\frac{4}{9}$ (6) $\frac{17}{22}$ (7) $\frac{7}{3}$ (8) $\frac{17}{40}$ (9) $1\frac{5}{16}$ (10) $2\frac{5}{12}$

b) Gib bei den periodischen Dezimalbrüchen an, ob ein rein periodischer oder ein gemischt periodischer Dezimalbruch entstanden ist.

3. Rechne in einen Dezimalbruch um: $\frac{7}{9}$; $\frac{5}{11}$; $\frac{7}{6}$; $\frac{15}{22}$; $\frac{1}{99}$; $\frac{1}{7}$.
In welchen Fällen wiederholen sich mehrere Ziffern?

4.

$0{,}\overline{9} = 0{,}9999\ldots$ also fast so groß wie 1, d. h. $0{,}\overline{9} < 1$, wenn auch nur ein bisschen ...

Hmm ..., ich denke es gilt $0{,}\overline{9} = 1$, denn welche Zahl sollte denn dazwischen liegen?

Wer hat recht? Gilt $0{,}\overline{9} < 1$ oder $0{,}\overline{9} = 1$?
Begründe deine Antwort.

ÜBEN

5. Rechne in einen Dezimalbruch um. Gib an, ob ein abbrechender oder ein periodischer Dezimalbruch entsteht.
a) $\frac{1}{4}$ b) $\frac{2}{11}$ c) $\frac{9}{10}$ d) $\frac{16}{9}$ e) $\frac{1}{8}$ f) $\frac{5}{14}$ g) $\frac{7}{22}$ h) $\frac{13}{15}$ i) $4\frac{7}{8}$ j) $3\frac{3}{7}$
Ist der periodische Dezimalbruch rein periodisch oder gemischt periodisch?

6. Rechne schriftlich. Du erhältst einen periodischen Dezimalbruch.
a) 13 : 11 b) 17 : 9 c) 23 : 6 d) 12 : 7 e) 4 : 13 f) 5 : 17 g) 16 : 3

7. Forme in einen Dezimalbruch um. Runde auf drei Stellen nach dem Komma.
a) $\frac{14}{3}$ b) $\frac{11}{6}$ c) $\frac{5}{7}$ d) $1\frac{3}{7}$ e) $\frac{6}{23}$ f) $\frac{11}{36}$ g) $2\frac{2}{12}$ h) $3\frac{13}{16}$

8. Was gehört zusammen? Schreibe so: $\frac{1}{2} = 1 : 2 = 0{,}5$

Brüche: $\frac{1}{5}$, $\frac{1}{8}$, $\frac{2}{5}$, $\frac{1}{2}$, $\frac{1}{9}$, $\frac{3}{4}$, $\frac{2}{3}$, $\frac{1}{10}$, $\frac{1}{4}$, $\frac{1}{3}$

Divisionen: 3 : 4, 1 : 2, 2 : 5, 1 : 9, 1 : 8, 1 : 3, 1 : 5, 2 : 3, 1 : 4, 1 : 10

Dezimalbrüche: $0{,}\overline{6}$, 0,1, 0,75, 0,2, 0,25, $0{,}\overline{1}$, $0{,}\overline{3}$, 0,125, 0,5, 0,4

9. Vergleiche; setze eines der Zeichen < oder > ein.
a) 0,45 ■ $0{,}\overline{4}$
0,$\overline{7}$ ■ 0,77
b) $0{,}\overline{2}$ ■ 0,23
0,56 ■ $0{,}\overline{5}$
c) $0{,}\overline{3}$ ■ 0,34
$0{,}\overline{5}$ ■ 0,5555
d) 0,67 ■ $0{,}\overline{6}$
$0{,}8\overline{2}$ ■ 0,83

$0{,}33 < 0{,}\overline{3}$, denn $0{,}33 < 0{,}333\ldots$

10. Rechne in einen Dezimalbruch um. Setze dann eines der Zeichen (< oder >).
a) $\frac{3}{5}$ ■ $0{,}\overline{6}$
$0{,}\overline{7}$ ■ $\frac{3}{4}$
b) $\frac{2}{5}$ ■ $0{,}3\overline{5}$
$0{,}\overline{3}$ ■ $\frac{7}{20}$
c) $1{,}3\overline{7}$ ■ $1\frac{3}{8}$
$3\frac{1}{8}$ ■ $3{,}\overline{12}$
d) $0{,}2\overline{5}$ ■ $\frac{1}{4}$
$\frac{5}{8}$ ■ $0{,}6\overline{25}$

$0{,}\overline{4} > \frac{4}{10}$, denn $0{,}\overline{4} > 0{,}4$

11. Ordne die Zahlen nach der Größe.
a) 0,3; $0{,}\overline{3}$; 0,33; 0,334; 0,333
b) $0{,}\overline{1}$; 0,1; 0,11; $0{,}\overline{01}$; 0,01
c) 0,16; $\frac{1}{6}$; 0,166; 0,167; 0,17
d) 1,28; $1{,}2\overline{8}$; $1\frac{28}{99}$; 1,288; $1\frac{289}{1000}$

12. Verwandle die Brüche in Dezimalbrüche.
a) $\frac{2{,}5}{2}$ $\frac{0{,}75}{3}$
b) $\frac{1{,}5}{3}$ $\frac{6}{2{,}4}$
c) $\frac{2{,}7}{1{,}8}$ $\frac{0{,}12}{0{,}4}$
d) $\frac{0{,}25}{0{,}5}$ $\frac{3{,}5}{0{,}07}$
e) $\frac{5}{0{,}8}$ $\frac{0{,}32}{8}$
f) $\frac{0{,}03}{0{,}2}$ $\frac{0{,}7}{2{,}8}$
g) $\frac{0{,}45}{0{,}9}$ $\frac{0{,}56}{0{,}8}$

> Dividiere Zähler durch Nenner

SPIELEN (2 ODER 4 SPIELER)

13. *Klein aber fein*
Wählt 10 echte Brüche, die in abbrechende Dezimalbrüche umgewandelt werden, und 6 echte Brüche, die in periodische Dezimalbrüche umgewandelt werden. Schreibt die 16 echten Brüche und die 16 Dezimalbrüche auf Kärtchen.
Alle 32 Karten werden gemischt und gleichmäßig an die Mitspieler verteilt. Jeder legt seine Karten als Stapel verdeckt vor sich auf den Tisch. Jetzt decken alle Mitspieler jeweils die obere Karte ihres Stapels auf. Wer die größte Zahl hat, muss alle aufgedeckten Karten nehmen und legt sie unter seinen Stapel. Haben zwei Mitspieler den gleichen höchsten Wert, führen die beiden ein Stechen mit zwei neuen Karten durch.
Sieger ist, wer zuerst alle Karten abgeben konnte.

VERBINDUNG DER VIER GRUNDRECHENARTEN

EINSTIEG

Maria und Jonas vergleichen ihre Hausaufgaben.

Maria:
$0{,}5 + 0{,}5 \cdot 0{,}8$
$= 1 \cdot 0{,}8$
$= 0{,}8$

Jonas:
$0{,}5 + 0{,}5 \cdot 0{,}8$
$= 0{,}5 + 0{,}4$
$= 0{,}9$

Maria:
$1{,}5 \cdot (0{,}8 - 0{,}3)$
$= 1{,}5 \cdot 0{,}5$
$= 0{,}75$

Jonas:
$1{,}5 \cdot (0{,}8 - 0{,}3)$
$= 1{,}2 - 0{,}3$
$= 0{,}9$

AUFGABE

1.

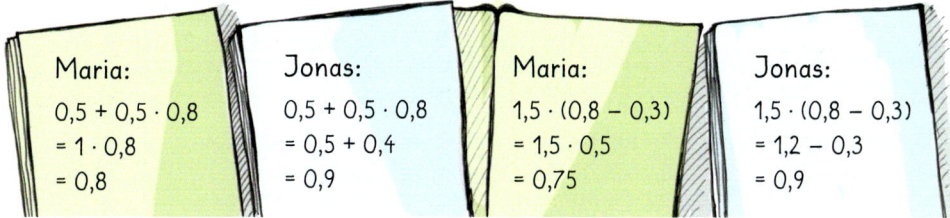

Berechne die Terme:
a) $4{,}15 - (1{,}5 + 0{,}85)$ $0{,}2 \cdot (3{,}7 - 1{,}25)$ $(2{,}16 - 0{,}86) : 0{,}4$
b) $0{,}5 \cdot 1{,}6 - 0{,}75$ $1{,}2 - 0{,}06 : 1{,}5$ $2{,}4 : 6 + 1{,}8 \cdot 0{,}25$

Löse die Aufgaben an der Wandtafel.
Beachte die Vorrangregeln für das Berechnen von Termen.

Lösung

a) $\quad 4{,}15 - (1{,}5 + 0{,}85)$
$= 4{,}15 - \quad 2{,}35$
$= 1{,}80 = 1{,}8$

$0{,}2 \cdot (3{,}7 - 1{,}25)$
$= 0{,}2 \cdot \quad 2{,}45$
$= 0{,}490 = 0{,}49$

$(2{,}16 - 0{,}86) : 0{,}4$
$= 1{,}30 \qquad : 0{,}4$
$= 3{,}25$

b) $\quad 0{,}5 \cdot 1{,}6 - 0{,}75$
$= 0{,}80 - 0{,}75$
$= 0{,}05$

$1{,}2 - 0{,}06 : 1{,}5$
$= 1{,}2 - 0{,}04$
$= 1{,}16$

$2{,}4 : 6 + 1{,}8 \cdot 0{,}25$
$= 0{,}4 \quad + \quad 0{,}450$
$= 0{,}85$

INFORMATION

Vorrangregeln für das Berechnen von Termen
(1) Das Innere einer Klammer wird zuerst berechnet.
(2) Wo keine Klammer steht, geht Punktrechnung vor Strichrechnung.
(3) Sonst wird von links nach rechts gerechnet.

FESTIGEN UND WEITERARBEITEN

2. a) $1{,}7 + (4{,}9 - 0{,}28)$ b) $13{,}4 - (6{,}15 - 1{,}95)$ c) $(7{,}5 - 0{,}75) \cdot 0{,}5$

3. a) $2{,}4 + 8 : 0{,}2$ b) $0{,}36 - 0{,}1 \cdot 3{,}2$ c) $0{,}5 : 0{,}04 + 1{,}1 : 5$

4. Stelle einen Term auf und berechne ihn.

- (1) Multipliziere die Summe aus 5,5 und 0,65 mit 0,7.
- (2) Addiere zu dem Quotienten aus 12 und 2,5 das Produkt aus 0,6 und 0,8.
- (3) Subtrahiere von 10,5 die Differenz aus 20,1 und 17,8.
- (4) Subtrahiere von dem Produkt aus 13,5 und 1,18 die Summe dieser Zahlen.
- (5) Dividiere die Differenz aus 10,5 und 5,9 durch 4.
- (6) Dividiere 12,1 durch das Quadrat von 1,1.

ÜBEN

5.
a) $6,7 - (0,91 + 3,5)$
b) $(13,2 - 7,7) - 4,5$
c) $(0,95 + 1,54) - 0,7$
d) $(9,97 + 0,54) : 0,4$
e) $28,8 : (15 - 12,6)$
f) $(17,5 - 8,65) \cdot 3,6$
g) $(2,9 - 0,25) + (3,4 - 1,75)$
h) $(8,1 + 1,28) - (6,5 + 0,572)$
i) $(24,2 + 19,45) \cdot (40,6 - 13,8)$

6.
a) $19,3 \cdot (52,03 - 11,67)$
b) $(16,45 + 2,75) \cdot 1,25$
c) $(7,68 - 2,97) : 0,6$
d) $0,8 \cdot (12,5 + 7,35)$
e) $(3,64 + 0,78) : 8$
f) $(18,5 - 2,96) : 12$
g) $(25,6 - 2,38) \cdot (48,7 + 5,5)$
h) $(34,3 - 28,8) \cdot (0,984 - 0,046)$
i) $(28,4 - 3,5) : (0,55 + 0,2)$

7.
a) $0,5 \cdot 1,4 + 0,7$
b) $12 \cdot 0,65 - 3,5$
c) $18 \cdot 9,7 + 3,5 \cdot 0,6$
d) $7,4^2 - 6,4^2$
e) $5,75 + 8 \cdot 0,72$
f) $35,2 \cdot 0,6 + 1,2 \cdot 28,4$
g) $25,5 + 21,7 : 0,7$
h) $0,75 : 0,025 - 1,1 : 0,04$
i) $3 : 0,04 - 0,15 \cdot 80$

8. Wer hat richtig gerechnet? Begründe.

a)

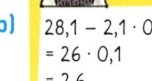
Charlotte: $1,7^2 + 2,6 : 2 = 3,4 + 1,3 = 4,7$

Mia: $1,7^2 + 2,6 : 2 = 2,89 + 1,3 = 4,19$

Anna: $1,7^2 + 2,6 : 2 = 2,14 + 1,3 = 3,44$

b)

Ben: $28,1 - 2,1 \cdot 0,1 = 26 \cdot 0,1 = 2,6$

Paul: $28,1 - 2,1 \cdot 0,1 = 28,1 - 21 = 7,1$

Leon: $28,1 - 2,1 \cdot 0,1 = 28,1 - 0,21 = 27,89$

9.
a) $1 : (1 - 4 : 5)$
b) $(19,5 - 1,7 : 0,34) : 0,2$
c) $(12,5 : 0,2 + 0,05) \cdot 0,3$
d) $(1,38 \cdot 0,6 + 0,84 : 0,3) \cdot 0,24$
e) $(6,75 : 3 + 13,2) : 1,5$
f) $(12,13 - 6,57 : 9) : 3$

10.
a) $(14,4 : 12 + 6 : 0,15) : 7$
b) $(5,6 : 14 + 0,72 : 3) \cdot 16$
c) $(8,4 : 6 - 7,5 : 15) : 6$
d) $(8,4 \cdot 0,2 - 0,4 : 5) \cdot 1,5$
e) $0,72 \cdot (0,4 \cdot 3 + 1 : 0,125)$
f) $(5,6 : 0,14 - 0,9 \cdot 25) \cdot 1,2$

11. In den Aufgaben fehlen Klammern. Setze diese so ein, dass das Ergebnis richtig ist.

a) $0,6 + 1,4 \cdot 2,5 = 5$
b) $6,2 - 0,7 : 0,5 = 11$
c) $0,2 - 0,5 + 1,5 \cdot 2,5 = 0,2$
d) $0,6 + 2,4 : 0,5 : 10 = 0,6$

12. Schreibe zuerst den Term mit Klammern; berechne ihn dann.
a) Multipliziere 28,2 mit der Summe aus 16,5 und 3,9.
b) Multipliziere die Differenz aus 26,2 und 4,7 mit 12,2.
c) Dividiere die Summe aus 4,15 und 3,6 durch 25.
d) Dividiere 18,96 durch die Summe aus 1,76 und 4,24.
e) Multipliziere die Summe aus 18,4 und 3,7 mit der Differenz dieser Zahlen.
f) Multipliziere die Summe aus 7,5 und 0,75 mit der Differenz aus 0,95 und 0,085.
g) Addiere zur Summe aus 12,75 und 7,25 die Differenz dieser Zahlen.
h) Dividiere die Differenz aus 27,26 und 3,34 durch das Doppelte von 2,5.

BERECHNEN VON FLÄCHEN UND KÖRPERN

Berechnungen an Rechtecken

EINSTIEG

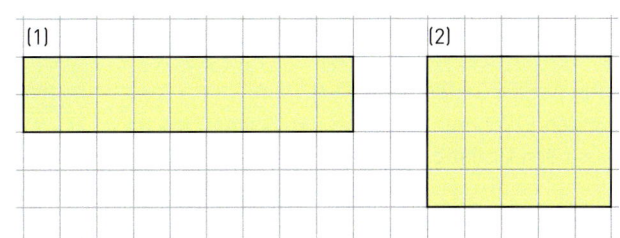 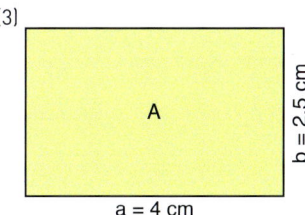

Betrachte die Rechtecke (1) und (2).
» Welches der beiden Rechtecke ist größer? Gib den Größenunterschied an.
» Welches der beiden Rechtecke hat den größeren Umfang?

Das Rechteck (3) hat die Seitenlängen a = 4 cm und b = 2,5 cm.
» Bestimme den Flächeninhalt des Rechtecks durch Auslegen mit Quadraten geeigneter Größe. Leite daraus ein Verfahren ab, wie man aus den beiden Seitenlängen a und b eines Rechtecks den Flächeninhalt A des Rechtecks berechnen kann.

INFORMATION

Flächeninhalt eines Rechtecks – Formel

Aus dem Rechnen mit natürlichen Zahlen kennst du bereits die Formel für die Berechnung des Flächeninhalts eines Rechtecks. Sie gilt auch für Brüche und Dezimalbrüche:
Die Formel für den **Flächeninhalt A** eines **Rechtecks** mit den Seitenlängen a und b lautet:

A = a · b

Umfang eines Rechtecks – Formel

Für den **Umfang u** eines Rechtecks mit den Seitenlängen a und b gilt die Formel:
u = 2 · a + 2 · b

> Hinweis:
> Die Seitenlängen müssen in der gleichen Einheit gegeben sein.

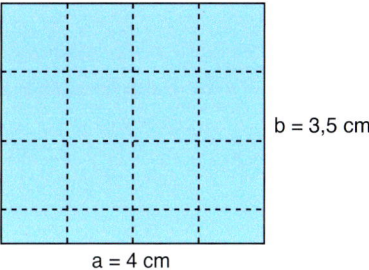

Beispiel: A = 4 cm · 3,5 cm = 14 cm²
u = 2 · 4 cm + 2 · 3,5 cm
= 8 cm + 7 cm
= 15 cm

AUFGABE

1. Ein Rechteck hat die folgenden Seitenlängen:
a = 7,5 cm; b = 4,6 cm
Bestimme den Flächeninhalt des Rechtecks.

Lösung
Wir wenden die Formel an.
A = a · b
A = 7,5 cm · 4,6 cm
= (7,5 · 4,6) cm²
= 34,5 cm²

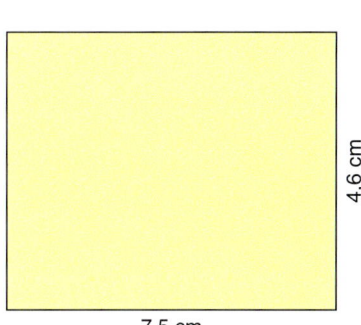

FESTIGEN UND WEITERARBEITEN

2. Berechne den Flächeninhalt und den Umfang des Rechtecks (Länge a, Breite b).
a) a = 7 cm; b = 12 cm
b) a = 4 m; b = 3,2 m
c) a = 3,7 m; b = 4,2 m
d) a = 0,8 cm; b = 0,6 cm
e) a = 4,56 m; b = 85,3 cm
f) a = 4370 mm; b = 3,45 m

3. a) Begründe:
Für den Flächeninhalt A eines Quadrats mit der Seitenlänge a gilt die Formel:
A = a · a
b) Ein Quadrat hat die Seitenlänge a = 3,7 cm.
Berechne den Flächeninhalt nach der Formel; berechne auch den Umfang.

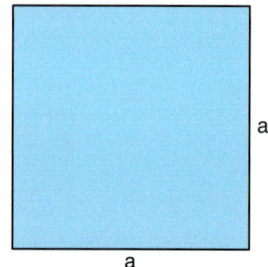

4. a) Ein Wohnzimmer (Maße im Bild rechts) soll einen neuen Parkettboden erhalten. Ein Quadratmeter Parkett kostet 42,50 €. Berechne auf zwei unterschiedliche Arten.
b) Im Wohnzimmer sollen Fußleisten verlegt werden. Die Tür ist 1 m breit. Ein Meter Fußleiste kostet 4,50 €.

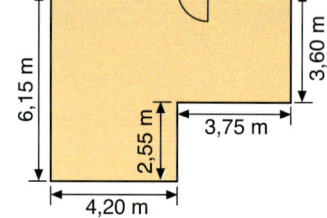

5. a) Der Flächeninhalt eines Rechtecks beträgt 714 m². Es ist 17 m lang.
b) Der Flächeninhalt eines Rechtecks beträgt 197,5 m². Es ist 15,8 m lang.

ÜBEN

6. Berechne den Flächeninhalt und den Umfang des Rechtecks mit den angegebenen Seitenlängen.
a) 0,8 m; 0,3 m
b) 0,75 dm; 0,4 dm
c) 0,9 dm; 0,6 dm
d) 0,75 km; 0,7 km
e) 4,7 cm; 3,5 cm
f) 15,3 cm; 12,9 cm
g) 35,4 cm; 279 mm
h) 1,5 m; 127 cm

Tipp: Fertige eine Skizze an.

7. Der Flächeninhalt eines Rechtecks ist 3,6 dm². Die Länge einer Seite ist:
a) 1,5 dm
b) 2,4 dm
c) 0,8 dm
d) 0,3 dm
e) 3 dm
f) 2,8 dm
Wie lang ist die andere Seite?

8. a) Ein rechteckiges Baugrundstück ist 32,80 m lang und 24,50 m breit.
Wie groß ist es?
b) Ein rechteckiges Fenster ist 3,10 m breit und 1,30 m hoch. Der Rahmen ist überall 5 cm breit.
Wie viel m² Glas braucht man für das Fenster?

9. Der skizzierte Teil eines Platzes soll mit Verbundpflaster gepflastert werden (Maße in m).
Im Gemeinderat setzt sich der Bürgermeister für ein dekoratives Natursteinpflaster zu 45,50 € pro m² ein.
Einige Gemeinderatsmitglieder wollen sparen:
„Ein normales Kopfsteinpflaster ist schon für 37,50 € pro Quadratmeter zu haben."

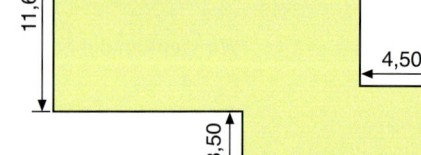

10. Die Räume einer Wohnung erhalten einen neuen Fußbodenbelag.

Wohnzimmer:
1 m² Parkett
kostet 25,50 €

Küche:
1 m² Fliesen
kostet 12,90 €

Diele / Flur:
1 m² Teppichboden
kostet 16,49 €

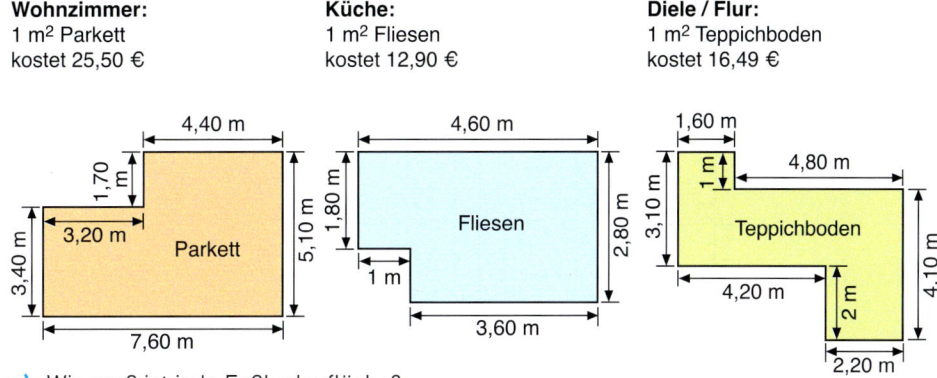

a) Wie groß ist jede Fußbodenfläche?
b) Berechne die Gesamtkosten.

11. Wie groß sind die Fußboden- und Wandflächen in eurem Klassenraum?
Bildet Gruppen und vergleicht eure Ergebnisse.

12. Im Bild seht ihr den Grundriss der Wohnung der Familie Lange
(Höhe der Räume: 2,50 m;   Höhe der Fenster: 1,25 m;   Höhe der Türen: 2 m).

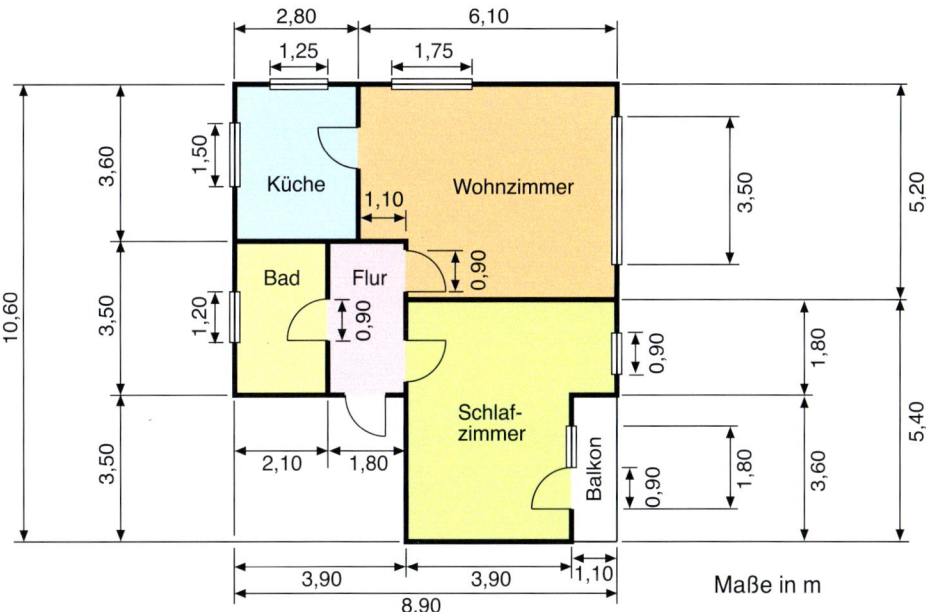

a) Betrachtet den Grundriss und orientiert euch.
  (1) Wie lang und wie breit ist das Bad?
  (2) Wie lang ist die Küche?
  (3) Stellt euch gegenseitig weitere Fragen.
b) Berechnungen zur Küche:
  (1) Der Fußboden soll gefliest werden. 1 m² Fliesen kostet 12,95 €.
      Wie teuer sind die Fliesen?
  (2) Berechnet die Größe jeder Fensterfläche.
c) Stellt selbst geeignete Aufgaben zu den anderen Zimmern und löst sie.
  Ihr könnt z. B. Angaben aus Aufgabe 10 verwenden.

Berechnungen an Quadern

EINSTIEG

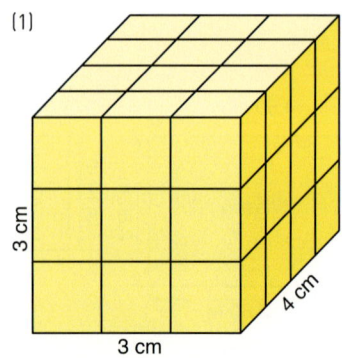

Betrachte die beiden Quader (1) und (2).

» Vergleiche das Volumen der beiden Quader. Begründe deine Antwort.

» Wie kann man aus den drei Kantenlängen a, b, c das Volumen V des Quaders berechnen?

» Vergleiche die Größe der Oberfläche der beiden Quader.

INFORMATION

Aus dem Rechnen mit natürlichen Zahlen kennst du bereits die Formeln für die Berechnung des Volumens und der Oberfläche eines Quaders. Sie gelten auch für Brüche und Dezimalbrüche:

Volumen eines Quaders – Formel

Die Formel für das Volumen V eines Quaders mit den Kantenlängen a, b und c lautet:

$V = a \cdot b \cdot c$

Hinweis:
Die Kantenlängen müssen in der gleichen Einheit gegeben sein.

Oberfläche eines Quaders – Formel

Alle sechs Flächen eines Quaders bilden seine Oberfläche. Es gilt:

$O = 2 \cdot a \cdot b + 2 \cdot b \cdot c + 2 \cdot a \cdot c$

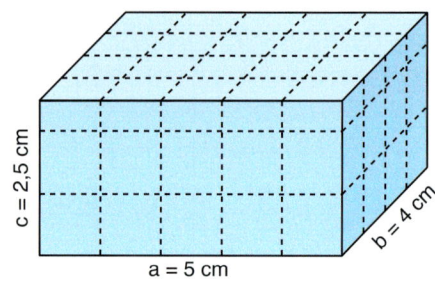

Beispiel:

$V = a \cdot b \cdot c$
$= 5 \text{ cm} \cdot 4 \text{ cm} \cdot 2{,}5 \text{ cm} = 50 \text{ cm}^3$

$O = 2 \cdot 5 \text{ cm} \cdot 4 \text{ cm} + 2 \cdot 4 \text{ cm} \cdot 2{,}5 \text{ cm}$
$\quad + 2 \cdot 5 \text{ cm} \cdot 2{,}5 \text{ cm}$
$= 2 \cdot 20 \text{ cm}^2 + 2 \cdot 10 \text{ cm}^2 + 2 \cdot 12{,}5 \text{ cm}^2$
$= 40 \text{ cm}^2 + 20 \text{ cm}^2 + 25 \text{ cm}^2$
$= 85 \text{ cm}^2$

AUFGABE

1. a) Ein Quader hat die folgenden Kantenlängen:
a = 7,4 cm; b = 6,8 cm; c = 4,5 cm
Wie groß ist das Volumen des Quaders?

b) Der Karton (Maße in cm) soll außen mit Alufolie beklebt werden.
Wie viel Folie braucht man?

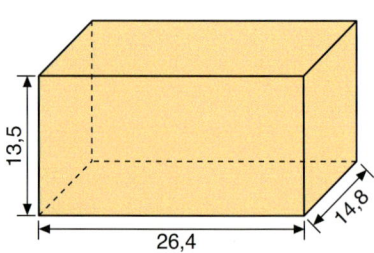

Rechnen mit Dezimalbrüchen **173**

Lösung

a) Wir wenden die Formel an.
$V = a \cdot b \cdot c$
$V = 7{,}4 \text{ cm} \cdot 6{,}8 \text{ cm} \cdot 4{,}5 \text{ cm}$
$\quad = (7{,}4 \cdot 6{,}8 \cdot 4{,}5) \text{ cm}^3$
$\quad = 226{,}44 \text{ cm}^3$

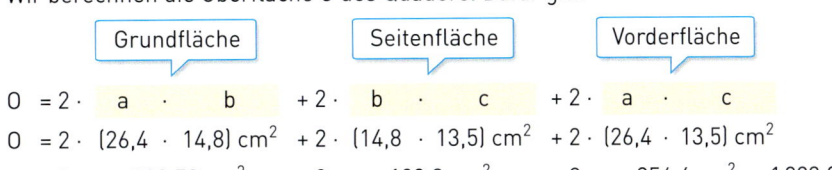

b) Wir berechnen die Oberfläche O des Quaders. Dafür gilt:

$O = 2 \cdot \underbrace{a \cdot b}_{\text{Grundfläche}} + 2 \cdot \underbrace{b \cdot c}_{\text{Seitenfläche}} + 2 \cdot \underbrace{a \cdot c}_{\text{Vorderfläche}}$

$O = 2 \cdot (26{,}4 \cdot 14{,}8) \text{ cm}^2 + 2 \cdot (14{,}8 \cdot 13{,}5) \text{ cm}^2 + 2 \cdot (26{,}4 \cdot 13{,}5) \text{ cm}^2$
$\quad = 2 \cdot 390{,}72 \text{ cm}^2 + 2 \cdot 199{,}8 \text{ cm}^2 + 2 \cdot 356{,}4 \text{ cm}^2 = 1893{,}84 \text{ cm}^2$

Ergebnis: Man braucht ungefähr 1894 cm² Alufolie, das sind fast 20 dm².

FESTIGEN UND WEITERARBEITEN

2. Berechne das Volumen und die Oberfläche des Quaders.
- **a)** a = 12 cm; b = 17 cm; c = 8 cm
- **b)** a = 9 cm; b = 9 cm; c = 8 cm
- **c)** a = 0,75 m; b = 0,4 m; c = 0,9 m
- **d)** a = 0,6 cm; b = 0,4 cm; c = 0,7 cm
- **e)** a = 45,7 cm; b = 24,6 dm; c = 13,3 cm
- **f)** a = 4 230 mm; b = 3,45 m; c = 150 cm
- **g)** a = 1,7 cm; b = 3,8 cm; c = 2,1 cm
- **h)** a = 1,84 m; b = 0,3 m; c = 12,5 m
- **i)** a = 0,87 m; b = 3,8 dm; c = 0,9 m

3. Ein Quader mit den Kantenlängen
a = 6,8 cm, b = 3,4 cm und c = 3 cm
wird wie im Bild zerschnitten.
- **a)** Wie groß ist das Volumen des grünen Teilkörpers?
- **b)** Wie groß ist die Oberfläche des grünen Teilkörpers?

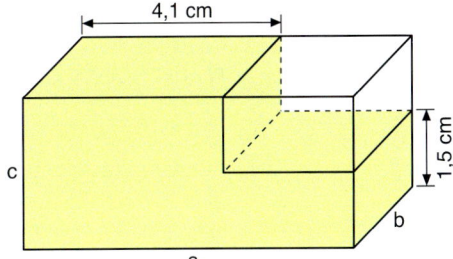

4. a) Begründe:
Für das Volumen V eines Würfels mit der Kantenlänge a gilt die Formel:
$V = a \cdot a \cdot a$
b) Begründe:
Für die Oberfläche O eines Würfels gilt:
$O = 6 \cdot a \cdot a$
c) Ein Würfel hat die Kantenlänge
(1) 6 dm; (2) 0,8 m; (3) 9,3 cm.
Berechne das Volumen und die Oberfläche des Würfels.

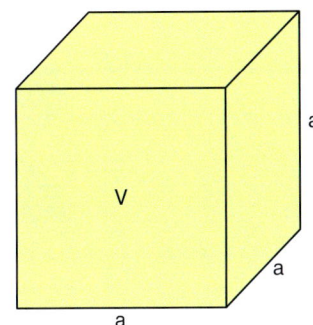

5. Wie hoch ist der Quader?
- **a)** Länge: 0,6 m; Breite: 0,5 m; Volumen: 0,9 m³
- **b)** Volumen: 119,7 m³; Grundfläche: 28,5 m²

6. Wie hoch ist der Würfel?
- **a)** Länge: 0,5 m
- **b)** Grundfläche: 1,44 m²
- **c)** Volumen: 0,027 m³

7. Berechnet das Volumen des Körpers (Maße in cm). Stellt eure Lösungswege vor.

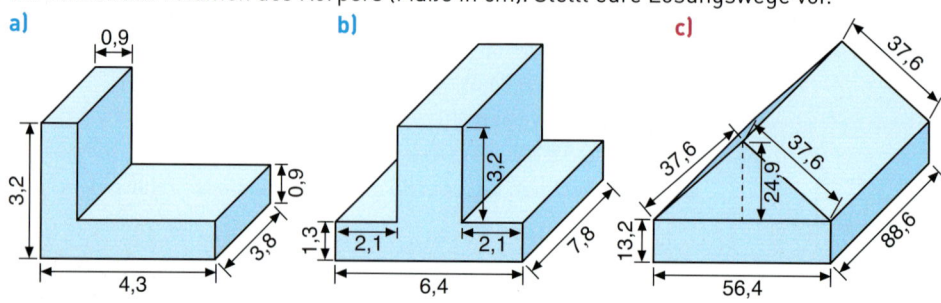

ÜBEN

8. Berechne das Volumen und die Oberfläche des Quaders.
  a) a = 6,5 cm;   b = 4,5 cm;   c = 2,5 cm
  b) a = 17,3 dm; b = 16,4 dm; c = 8,9 dm
  c) a = 34,7 cm; b = 28,8 cm; c = 15,5 cm
  d) a = 12 m;   b = $3\frac{1}{2}$ m;   c = 4,25 m

1 m³ = 1000 l

9. Ein (quaderförmiges) Wasserbecken ist 12,50 m lang, 6,50 m breit und 1,80 m tief.
Wie viel m³ Wasser fasst das Becken? Wie viel Liter sind das?

10. Tanjas Familie besitzt einen quaderförmigen Heizöltank (a = 1,90 m; b = 1,80 m; c = 2,10 m).
Es werden pro Jahr durchschnittlich 6 500 l Heizöl verbraucht.
  a) Überschlage:
     Reicht die Tankfüllung für 1 Jahr?
  b) Ein Liter Heizöl kostet 0,85 €.
     Wie viel Euro kostet eine Tankfüllung?
  c) Der Ölpreis steigt um $\frac{1}{9}$ des alten Preises.

11. Auf dem Flachdach eines Bungalows liegt eine 25 cm hohe Schneeschicht. Durch Abwiegen stellt Tom fest:
1 dm³ Schnee wiegt 67,5 g.
Wie schwer ist der Schnee auf dem Haus?

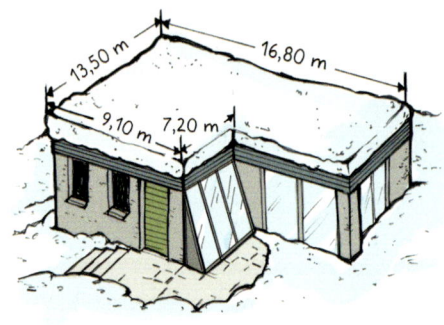

12.  Wenn ich die Grundfläche eines Quaders kenne, kann ich ganz einfach das Volumen berechnen: Grundfläche mal Höhe.

Hat Timo recht? Erkläre.

13. Ein Quader hat eine Oberfläche, die 318 cm² groß ist. Die Größe einer Seitenfläche beträgt 42 cm², eine Vorderfläche ist 54 cm² groß.
  a) Welchen Flächeninhalt hat die Grundfläche?
  b) Welche Seitenlängen könnte die Grundfläche haben?
  c) Die Vorderfläche ist 9 cm breit. Was folgt daraus für die Höhe des Quaders und die Breite einer Seitenfläche?

14. Bei einem Quader ist die Oberfläche 102,22 m² groß. Der Flächeninhalt einer Grundfläche beträgt 10,15 m², eine Seitenfläche hat einen Flächeninhalt von 18,56 m².
Der Quader ist 3,50 m lang.
Wie hoch ist er?

7 PUNKTE SAMMELN

In der Tabelle rechts unten siehst du die Weltrekordzeiten in den angegebenen Laufdisziplinen (Stand: 2011). Bei den Zeiten sind die Minuten von den Sekunden durch einen Doppelpunkt voneinander getrennt:
3:26,00 min bedeutet 3 Minuten und 26,00 Sekunden.

★★
Eine Runde auf einer Laufbahn ist 400 m lang. Wie viele Runden muss man bei einem Rennen über 5 000 m, 3 000 m und 1 500 m zurücklegen?

★★★
Nach 10 km wird einer Marathonläuferin eine Zwischenzeit von 31:52 min angezeigt.
Mit welcher Endzeit kann die Sportlerin bei gleichem Tempo rechnen?
Hinweis: Die Marathonstrecke ist etwa 42,2 km lang.

★★★★
Um wie viel Sekunden ist der 1 500-m-Läufer im Durchschnitt pro Runde schneller als der 10 000-m-Läufer?
Bearbeite die Aufgabe für die Männer oder die Frauen.

Disziplin	Männer	Frauen
1 500 m	3:26,00 min	3:50,46 min
3 000 m	7:20,67 min	8:06,11 min
5 000 m	12:37,35 min	14:11,15 min
10 000 m	26:17,53 min	29:31,78 min
Marathon	2:03:59 h	2:15:25 h

Für einen 120-m-Sprung erhält ein Skispringer in Oberstdorf auf der Schattenbergschanze 60 Weitenpunkte. Für jeden Meter mehr gibt es 1,8 Punkte hinzu, springt er kürzer als 120 m, verliert er pro Meter 1,8 Punkte.

★★
Wie viele Weitenpunkte erhält ein Springer für Sprünge von 125 m und 104 m zusammen?

★★★
Wie weit muss ein Skispringer auf der Schanze springen, um bei zwei Sprüngen insgesamt 102 Weitenpunkte zu erreichen?
Gib drei unterschiedliche Möglichkeiten an.

★★★★
Zu den Weitenpunkten werden noch drei Haltungsnoten addiert.
Wie weit müsste Sven im 2. Durchgang springen, um bei gleichen Haltungsnoten wie im 1. Durchgang besser als Martin zu sein?

Springer Martin		Springer Sven	
1. Durchgang	125 m	1. Durchgang	112 m
2. Durchgang	118,5 m	2. Durchgang	
Haltungsnoten:		Haltungsnoten:	
1. Durchgang	17,5 18,0 16,5	1. Durchgang	18,0 18,0 17,5
2. Durchgang	17,0 17,5 17,5	2. Durchgang	

IM BLICKPUNKT

AUSBAUEN UND EINRICHTEN

Herr und Frau Brasse freuen sich. Soeben haben sie von ihrer Bausparkasse die Nachricht erhalten, dass ihr Bausparvertrag zugeteilt wird. Mit der angesparten Bausparsumme kann jetzt das Zimmer ihres 12-jährigen Sohnes Michael renoviert werden und Frau Brasse kann sich endlich ihren großen Wunsch nach einem Gewächshaus erfüllen.

1. Michael hat jetzt viel zu tun. Für die Renovierung seines Zimmers gibt es viel zu überlegen und zu planen, denn erneuert werden sollen:

   - der Teppichboden
   - die Fußleisten
   - die Tapeten an den Wänden
   - der Deckenanstrich

   Zunächst zeichnet Michael den Grundriss seines Zimmers im Maßstab 1:100.
   Dann misst er folgende Längen:

   - Zimmerhöhe: 2,50 m
   - Türhöhe: 2,00 m
   - Fensterhöhe: 1,35 m

   Danach fahren Michael und seine Eltern in einen großen Baumarkt.

   a) Der Teppichboden soll aus einem Stück sein. Bei der Auswahl des Teppichbodens können sich Michael und seine Eltern zunächst nicht zwischen den beiden Angeboten (links) entscheiden. Schließlich wählen sie den Teppichboden, der für sie am günstigsten ist.
   Welcher Teppichboden ist das?
   Wie teuer ist er insgesamt?
   Wie viel m² Verschnitt fallen an?

   b) Die ausgesuchten Fußleisten gibt es in zwei verschiedenen Längen:
   2,00 m und 3,20 m.
   Die kürzeren Fußleisten kosten 6,95 € pro Stück, die längeren 9,90 € pro Stück.
   Michael und seine Eltern wollen nicht mehr als nötig hierfür ausgeben.

   c) Jetzt geht es in die Malerabteilung.

$1\% = \frac{1}{100}$

Wie viele Rollen müssen sie kaufen? Wie teuer wird das?

Ausbauen und Einrichten 177

d) Bei der Farbe für den Deckenanstrich gibt es zwei Angebote.
Wie sollten sie sich entscheiden?

e) Für Kleinmaterial und andere Dinge, wie Klebeband, Quast, Kleister, Schutzfolie, Pinsel, Halter für Fußleisten, Schrauben, Tapeziertisch usw. geben sie noch 117,58 € aus.
Erstelle eine Gesamtkostenabrechnung.

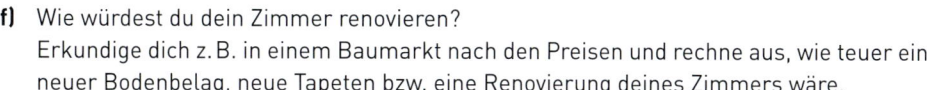

f) Wie würdest du dein Zimmer renovieren?
Erkundige dich z. B. in einem Baumarkt nach den Preisen und rechne aus, wie teuer ein neuer Bodenbelag, neue Tapeten bzw. eine Renovierung deines Zimmers wäre.

2. Hier siehst du das Gewächshaus, das sich Michaels Mutter ausgesucht hat. Das 2,80 m breite und 4,05 m lange Gewächshaus steht auf einem Stahlrahmen. Er ist an den vier Ecken in Betonsockeln verankert. Die Seitenwände sind 1,35 m hoch. Das Dach hat einen Neigungswinkel von 35°.

a) Für die Betonsockel hat Michaels Vater 0,5 m tiefe und 0,3 m mal 0,3 m breite Löcher ausgegraben.
Wie viel m³ Beton musste er mischen?

b) In welchem Bereich des Gewächshauses kann eine erwachsene Person aufrecht stehen? Zeichne dazu den Querschnitt des Gewächshauses im Maßstab 1:50.

c) Die Bauvorschriften besagen, dass Gartenhäuser, und dazu gehören auch Gewächshäuser, nur dann ohne Baugenehmigung in einem Garten gesetzt werden dürfen, wenn der gesamte umbaute Raum (Volumen des Gartenhauses) nicht größer als 30 m³ ist.
Entspricht das Gewächshaus der Familie Brasse dieser Vorschrift?

d) Frau Brasse möchte Pflanzen und Samen für die Erstbepflanzung einkaufen. Sie schaut sich die Angebote in einem Gartencenter an:

Frau Brasse möchte nicht mehr als 50 € ausgeben.
Stelle eine Einkaufsliste zusammen.

VERMISCHTE UND KOMPLEXE ÜBUNGEN

1. a) Der Flächeninhalt eines Rechtecks beträgt 157,5 m². Das Rechteck ist 10,5 m lang. Wie breit ist es?
  b) Der Flächeninhalt eines Rechtecks beträgt 0,8 dm². Das Rechteck ist 0,5 dm breit. Wie lang ist es?
  c) Der Umfang eines Rechtecks beträgt 2,56 m. Eine Seite ist 0,87 m lang. Wie lang ist die andere Seite?

2.  Der Laderaum eines Baufahrzeuges ist 2,30 m breit, 5,80 m lang und 1,10 m hoch. Die Nutzlast darf höchstens 25 t betragen.
1 cm³ Sand wiegt 1,7 g;
1 cm³ Basaltsteine wiegt 2,9 g;
1 cm³ Eisen wiegt 7,8 g.
Stellt selbst zwei geeignete Aufgaben. Tauscht sie mit eurem Partner aus und löst sie gegenseitig.

 Paul hat auf seiner Karte 10 € Guthaben. Er telefoniert 12 Minuten ins Festnetz, 18 Minuten ins Mobilfunknetz und verschickt 7 SMS. Wie viel Euro Restguthaben hat er noch auf seiner Karte?

 Wie lange kann Oleg ins Festnetz (Mobilfunknetz) telefonieren, wenn er eine Telefonkarte mit 25 € Guthaben benutzt?

3. Mira, Kathi, Paul und Oleg haben Handys mit aufladbarer Telefonkarte. Die Verbindungspreise kannst du der Tabelle entnehmen.

Inlandsverbindungen	
ins Festnetz	0,15 €/min
ins Mobilfunknetz	0,05 €/min
SMS (alle Netze)	0,19 €

 Mira telefoniert 7 min mit ihrer Schwester ins Mobilfunknetz.
Kathi ruft nach dem Reitunterricht ihre Mutter zu Hause auf dem Festnetz an und telefoniert mit ihr $5\frac{1}{2}$ Minuten.
Wie hoch sind die Telefongebühren für die beiden Gespräche?

 Erkundige dich über Kosten für Auslandsgespräche mit dem Mobiltelefon.
Wie hoch sind die Telefongebühren für ein $2\frac{1}{2}$-minütiges Gespräch und 3 SMS?

4. Ermittle die fehlende Seitenlänge b des Rechtecks.
  a) $A = 33{,}6\ cm^2$; $a = 3{,}2\ cm$
  b) $A = 547{,}5\ dm^2$; $a = 0{,}75\ m$

5. Bei den Körpern rechts sind die Maße in dm angegeben.
  a) Wie viel dm^2 Blech braucht man, um den Körper herzustellen?
  b) Wie viel dm^2 Pappe benötigt man, um den Körper herzustellen?
  Beachte: Eine Länge musst du zunächst noch durch eine Zeichnung ermitteln. Berechne auch das Volumen des Körpers.

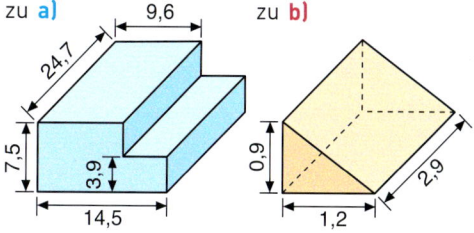

6. Setze für ■ die Rechenzeichen · oder : so ein, dass das Endergebnis möglichst groß ist.

$1 \xrightarrow{\blacksquare\ 0{,}008} \square \xrightarrow{\blacksquare\ 0{,}2} \square \xrightarrow{\blacksquare\ 2{,}5} \square \xrightarrow{\blacksquare\ 0{,}1} \square$

7. a) Ein Rechteck hat einen Flächeninhalt von $12{,}25\ m^2$. Gib mögliche Seitenlängen an.
  b) Ein Quader hat ein Volumen von $5{,}4\ m^3$. Gib mögliche Kantenlängen an.

8. Ein Roggenkorn wiegt ungefähr 0,06 g. In einer Roggenähre sind ungefähr 40 Körner. Auf 1 ha Roggenfeld stehen ungefähr 4 Mio. Ähren.
  a) Welches Gewicht haben die Körner in einer Ähre?
  b) Wie viele Körner sind in 1 kg Roggen?
  c) Wie viele Körner sind in 1 t Roggen?
  d) Wie viele Körner reifen auf einem 1 ha großen Roggenfeld?
  e) Welches Gewicht haben die Körner auf 1 ha Roggenfeld? Rechne das Gewicht in t um.

Hinweis:
1 t = 1 000 kg
    = 1 000 000 g

9. An einem Straßenfest nahmen 58 Personen teil. Darunter waren 39 Kinder. Die Kosten für Essen und Getränke betrugen 592,90 €. Sie sollen so unter den Teilnehmern verteilt werden, dass ein Erwachsener als *eine* Person und ein Kind als eine *halbe* Person zählt.
Wie viel müssen Frau und Herr Leygraf für sich und ihre drei Kinder bezahlen?

10. Eine Wand in Sarahs Zimmer wird neu tapeziert. Die Wand ist 4,43 m breit und 2,55 m hoch. Auf einer Rolle sind 10,05 m Tapete in einer Breite von 53 cm.
  a) Es werden zunächst einige Tapetenbahnen in voller Breite nebeneinander geklebt. Wie breit muss die letzte Bahn geschnitten werden?
  b) Tapeten werden üblicherweise in ganzen Bahnen geklebt. Wie viele Rollen muss Sarahs Mutter kaufen und wie viel Verschnitt entsteht?

WAS DU GELERNT HAST

Dezimalbrüche
Dezimalbrüche sind eine andere Schreibweise für Brüche.

$\frac{6}{10} = 0{,}6$

$\frac{35}{100} = 0{,}35$ — lies: null Komma drei fünf

$\frac{17}{1000} = 0{,}017$

Dezimalbrüche und Stellenwerttafel
Vor dem Komma stehen die Ganzen. Hinter dem Komma stehen die Bruchteile eines Ganzen und zwar der Reihe nach Zehntel (z), Hundertstel (h), Tausendstel (t) usw.

Z	E	z	h	t
2	4	1		
1	0	3	7	
	6	0	9	
	0	8	7	6

$24{,}1 = 24 + \frac{1}{10} = 24\frac{1}{10}$

$10{,}37 = 10 + \frac{3}{10} + \frac{7}{100} = 10\frac{37}{100}$

$6{,}09 = 6 + \frac{0}{10} + \frac{9}{100} = 6\frac{9}{100}$

$0{,}876 = 0 + \frac{8}{10} + \frac{7}{100} + \frac{6}{1000} = \frac{876}{1000}$

Umwandeln von gewöhnlichen Brüchen in Dezimalbrüche
Wir erweitern, falls möglich, die Brüche so, dass wir den Nenner 10, 100 oder 1 000 erhalten.

$\frac{1}{2} = \frac{5}{10} = 0{,}5$

$\frac{7}{4} = 1\frac{3}{4} = 1\frac{75}{100} = 1{,}75$

$\frac{41}{250} = \frac{164}{1000} = 0{,}164$

Es gibt noch ein anderes Verfahren:

Du dividierst den Zähler durch den Nenner. Dieses Verfahren geht immer. Das Ergebnis geht aber nicht immer auf.

$\frac{3}{4}$
```
3 : 4 = 0,75
30
 20
 ──
 20
 20
 ──
  0
```

$\frac{1}{3}$
```
1 : 3 = 0,33…
10
 9
 ──
 10
  9
 ──
  1
```

Multiplizieren mit Dezimalbrüchen
Multipliziere die Zahlen, als wäre kein Komma vorhanden. Setze dann das Komma nach so vielen Stellen, wie beide Faktoren zusammen nach dem Komma haben.

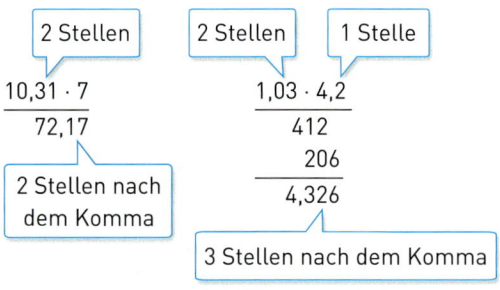

Dividieren durch einen Dezimalbruch
Verschiebe bei beiden Zahlen das Komma um gleich viele Stellen nach rechts, bis bei der zweiten Zahl kein Komma mehr steht. Dann kannst du die beiden Zahlen dividieren.

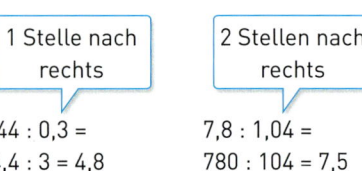

BIST DU FIT?

1.
a) 8,7 + 1,9
0,35 · 1000
0,75 · 0,002
1,02 : 6

b) 7,8 : 3
0,15 · 1,2
2,03 : 1000
10,5 – 4,8

c) 0,93 – 0,63
11,6 : 1000
7,6 : 0,004
3,5 · 0,02

d) 6,4 – 0,75
5 : 0,002
0,47 + 3,8
0,27 · 0,04

e) 0,6 : 0,05
0,14 · 1,2
1 : 0,4
100 : 0,25

2.
a) 18,653 + 9,87
567,034 + 746,69

b) 52,43 – 37,684
85,3 – 7,438

c) 0,253 + 0,4875
28,95 + 1,753

d) 20,91 – 13,077
50,2 – 10,375

3.
a) 15,06 · 27
370 · 1,908

b) 13,47 · 8,52
3,145 · 2,71

c) 0,963 · 7,4
3,75 · 14

d) 94,08 : 12
8,695 : 37

e) 549,36 : 8,4
21,28 : 0,038

4. Runde die Ergebnisse sinnvoll.
a) 19,25 € · 1,12
28,70 € · 1,08

b) 48,75 € · 0,93
125,90 € · 0,83

c) 80,75 € : 7
430,55 € : 3

d) 179 € : 2,4
18,95 € : 1,7

5.
a) 7,395 + 12,45 + 26,3 + 45,07
b) 125,6 + 76,095 + 70,57 + 8,7578
c) 95,5 – 37,752 – 20,67
d) 113 – 85,87 – 19,545

e) 0,4 + 1,8 · 0,5
f) 12 · 0,22 – 1,64
g) (2,64 + 1,78) : 8
h) 0,3 · (17,5 – 9,25)

6. Welche Zahlen sind gleich?
0,2; 0,02; 0,20; 0,002; 0,020; 0,200; 0,202; 0,02020; 0,2020

7. Die Klasse 6b hat ein Klassenfest gefeiert. Dabei sind 86,25 € Kosten entstanden.
Wie viel muss jeder der 23 Schülerinnen und Schüler zahlen?

8. Sieh dir den Wagen an (Bild rechts).
a) Wie viel t sind geladen?
b) Ist der Wagen überladen?
Wenn nein, wie viel t dürfen noch zugeladen werden?
c) Denke dir das Gesamtgewicht auf die vier Räder gleichmäßig verteilt.
Wie viel t trägt dann jedes Rad?

9. Frau Müller kauft ein:
300 g Mettwurst (100 g zu 0,69 €),
400 g Schinken (100 g zu 1,58 €), 6 Bockwürste (das Stück zu 0,58 €).
Sie zahlt mit einem Zwanzig-Euro-Schein.

10. Ein quaderförmiges Schwimmbecken ist 9,60 m lang, 4,50 m breit und 1,80 m tief.
a) Die Fliesen erhalten einen Schutzanstrich.
Wie groß ist die zu streichende Fläche?
b) Das Becken wird bis 20 cm unter den Rand mit Wasser gefüllt.
Wie viel Liter Wasser werden benötigt?

AUSBLICK AUF NEGATIVE ZAHLEN

EINSTIEG

  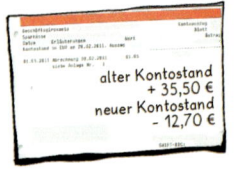

» Welche Bedeutung haben die Zahlenangaben?
» Gebt weitere Beispiele an, bei denen solche Minuszahlen (negative Zahlen) verwendet werden.

AUFGABE

1. Für eine Wetterbeobachtung hat Moritz an einem Wintertag das Thermometer im Garten zu verschiedenen Zeitpunkten abgelesen.

a) Was kannst du den Abbildungen entnehmen?
b) Wann hätte man 0 °C auf dem Thermometer ablesen können?
c) Moritz möchte die von ihm um 9:00 Uhr in Göttingen gemessene Temperatur von −2 °C mit der an anderen Orten vergleichen.
In einer Radiomeldung wird die Temperatur an verschiedenen Orten um 9:00 Uhr genannt:

Ort	Brocken (Harz)	Hannover	Fulda	Stuttgart	Frankfurt
Temperatur (in °C)	−5,5	−1	+1	+6	+3,5

Zeichne ins Heft eine gerade Temperaturskala von −7 °C bis +7 °C.
Wähle 1 cm für 1 °C. Markiere anschließend die angegebenen Temperaturen. Notiere auch die Orte.

Lösung

a)

Zeit	8:00 Uhr	12:00 Uhr	16:00 Uhr
Temperatur	−5 °C 5 °C unter null 5 Grad minus	7 °C 7 °C über null 7 Grad plus	−2 °C 2 °C unter null 2 Grad minus

b) Zwischen 8:00 Uhr und 12:00 Uhr muss das Thermometer 0 °C erreicht haben, da in diesem Zeitraum die Temperatur von Minusgraden zu Plusgraden gestiegen ist. Ebenso hat das Thermometer zwischen 12:00 Uhr und 16:00 Uhr die Temperatur 0 °C angezeigt.

c)

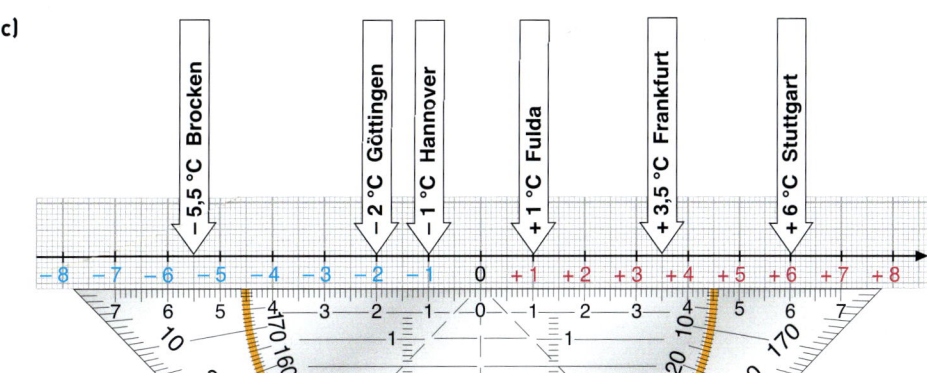

INFORMATION

Negative Zahlen

In der Aufgabe 1 kommen Angaben vor, für die unsere bisher bekannten Zahlen nicht ausreichen. Wir müssen eine zusätzliche Angabe hinzufügen, nämlich ob die Temperatur über null oder unter null (°C) liegt. Im täglichen Leben gibt es weitere Beispiele, bei denen solche Zusatzinformationen gemacht werden müssen:

- Höhenangaben (über NN (Normalnull) oder darunter)
- Geldangaben auf Bankkonten (Haben oder Soll)

In der Mathematik und teilweise auch im Alltag schreibt man solche Angaben mit einem Vorzeichen: + (plus)   oder   − (minus).

Haben:
Der Kontoinhaber hat Geld auf dem Konto.

Soll:
Der Kontoinhaber schuldet dem Geldinstitut Geld.

Wir erweitern den *Zahlenstrahl*

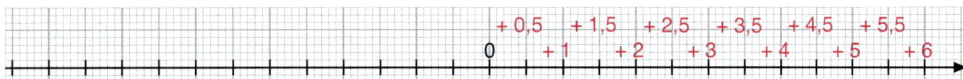

zur **Zahlengeraden**, indem wir den Zahlenstrahl an der Null spiegeln.

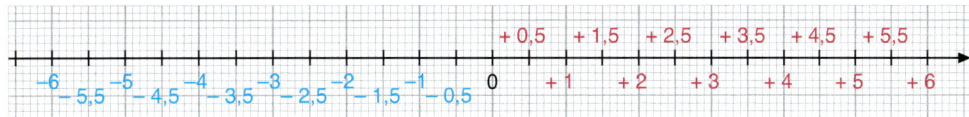

− 2
gelesen:
minus 2

Zahlen wie −100; −15; −31; −2,5 heißen **negative Zahlen**.
Zahlen wie +90; +20; +19; +3,5 heißen **positive Zahlen**.
Die Zahl 0 ist weder positiv noch negativ.
Bei positiven Zahlen kann man das Vorzeichen + auch weglassen. Bei negativen Zahlen muss man das Vorzeichen − immer schreiben.

FESTIGEN UND WEITERARBEITEN

NN = Normalnull
(Mittlerer Wasserstand der Nordsee bei Amsterdam)

2.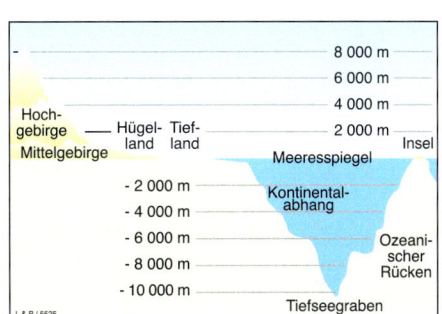

a) Betrachte die Abbildung links.
Was geben hier die positiven Zahlen an, was die negativen Zahlen?

b) In der Geografie gibt man die Höhe der Zugspitze mit 2962 m über NN (über Normalnull) an. Versuche zu erklären, was dies bedeutet.

3. Beim Kontostand (Saldo) gibt es zwei Möglichkeiten.

Haben (**H**) bedeutet Guthaben (+).

Soll (**S**) bedeutet Schulden (–).

Drücke die Kontostände rechts mithilfe der Vorzeichen + und – aus.

4. Lies die Temperaturen ab.

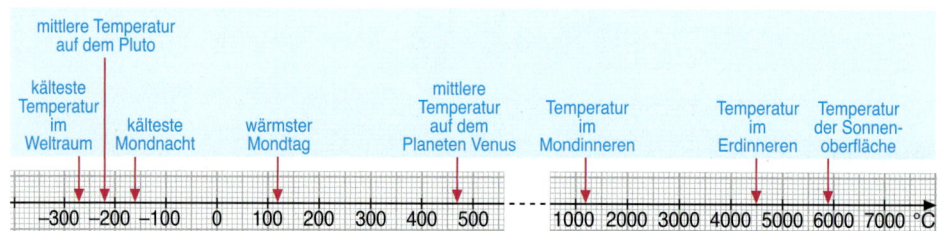

5. Zeichne eine Temperaturskala und trage folgende Werte ein. Wähle 1 cm für 1 °C bei den Teilaufgaben a) und b); wähle 1 cm für 10 °C bei Teilaufgabe c).
Benutze dein Geodreieck zum Eintragen.
   a) 7 °C; – 4 °C;   0 °C;   6 °C;   – 3 °C;   – 6 °C;   8 °C
   b) 2 °C; – 3 °C; – 5 °C; 7 °C; – 1 °C; 0 °C
   c) 12,5 °C; – 23 °C; 0 °C; 36,5 °C; – 32,5 °C; – 15,5 °C

ÜBEN

6. a) Was bedeuten die Zahlen +8; – 8; – 5; 0; – 2; +2 bei
   (1) einem Thermometer;   (2) Höhenangaben;   (3) einem Kontoauszug?
   b) Drücke mithilfe von Vorzeichen aus:
   (1) 180 m über Normalnull   (3) 12 °C unter null   (5) 180 € Soll
   (2) 270 m unter Normalnull   (4) 23 °C über null   (6) 270 € Haben

7. Übertrage ins Heft und ergänze auf der Zahlengeraden die Punkte für +1; – 1; – 2; +5,5;
– 4; – 4,5; – 5,5; – 3; + 6,5.

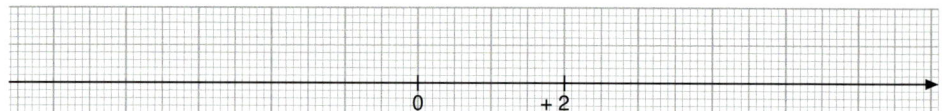

8. Auf der Zahlengeraden sind Zahlen durch Pfeile markiert. Notiere diese Zahlen.
   a)

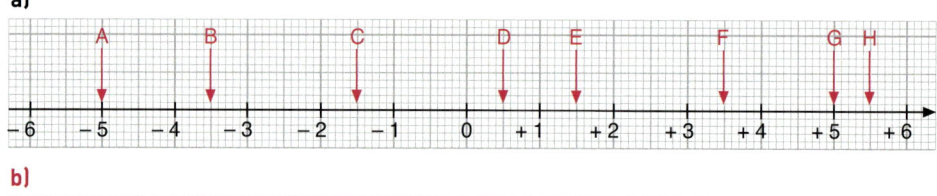

   b)

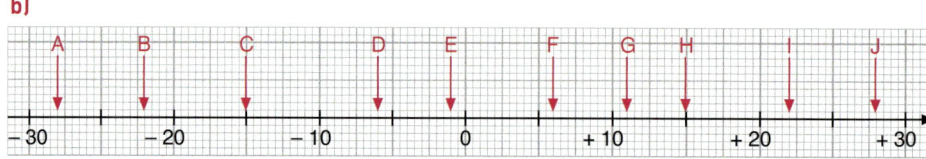

9. Ordne die Zahlen aus der Lösungsbox links den richtigen Stellen auf der Zahlengerade zu.

−8; +4;
+12; +27;
−19; −16

zu 9.

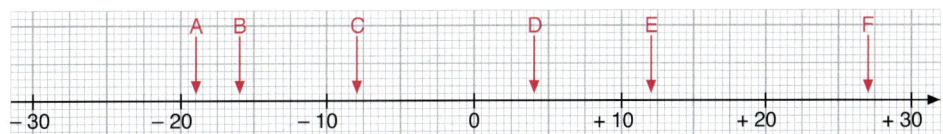

10. Zeichne jeweils eine Zahlengerade und markiere die Zahlen an der Zahlengeraden.
Achte auf eine geeignete Einteilung der Zahlengeraden.
a) −7; +3; +1; −11; +5
b) +110; −50; 60; −10; 70
c) −6,5; 1,5; +4; −3,5; −0,5; +2,5
d) 4,3; −2,1; 3,8; −2,4; −4,4; −0,8

11. Anna hat Zahlen markiert und ihre Freundin Lea gebeten, das Blatt zu korrigieren.

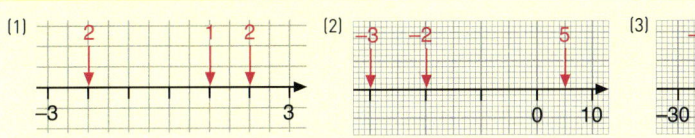

12. Sowohl die Gipfel der höchsten Berge auf der Erde als auch die Rinnen der Tiefseegräben sind nur wenige Kilometer von Normalnull entfernt.
Zum Vergleich: Der Radius der Erdkugel beträgt ungefähr 6400 km.

Hier ist eine Zahlengerade von unten nach oben besser.

Höhe einiger Berge		Tiefe einiger Tiefseegräben	
Mount Everest	8850 m	Marianengraben	11034 m
Kilimandscharo	5955 m	Philippinengraben	10540 m
Mont Blanc	4807 m	Puerto-Rico-Graben	9219 m
Matterhorn	4478 m	Caymangraben	7680 m
Zugspitze	2962 m	Perugraben	6262 m

a) Suche die Berge und Tiefseegräben im Atlas.
Unterscheide Angaben für Berge und Tiefseegräben durch Vorzeichen voneinander.
Trage sie dazu auf einer gemeinsamen Skala ein.
Hinweis: Runde zunächst geeignet.

b) Überlegt euch jeweils 2 Aufgaben zu den Angaben in der Tabelle. Tauscht dann die Aufgaben aus und löst sie gegenseitig.

13. Nenne drei
a) positive Zahlen;
b) negative Zahlen;
c) natürliche Zahlen;
d) Bruchzahlen;
e) positive oder negative Zahlen.

14. Was ist mit den folgenden Zeitungsausschnitten gemeint?

Firma FLOTTIVA schreibt wieder schwarze Zahlen

Verein Waldeslust kommt aus den roten Zahlen nicht heraus

15. Sucht in der Zeitung oder im Internet nach einem Artikel, in dem negative und positive Zahlen vorkommen. Beschreibt, was die negativen Zahlen dabei bedeuten.

KAPITEL 7

ZUORDNUNGEN

1 Salatkopf	0,89 €
500 g Möhren	0,98 €
Bund Radieschen	0,85 €
100 g Spargel	1,19 €
1 kg Kartoffeln	0,70 €

Wochenmarkt

≫ Berechne die Preise für 2 Salatköpfe, 250 g Möhren und 500 g Spargel.

≫ Kartoffeln werden häufig in vorher abgefüllten Tüten oder Säcken verkauft. Die Preise können übersichtlich in einer Tabelle dargestellt werden. Erstelle solch eine Tabelle für 1 kg, 2,5 kg, 5 kg und 10 kg Kartoffeln.

≫ Die Preise auf Wochenmärkten für Obst und Gemüse schwanken häufig sehr. Welche Gründe gibt es für solche Preisunterschiede?

Fische

Diana und Johannes haben sich für die Arbeitsgemeinschaft Biologie angemeldet.
Für vier Wochen haben sie die Betreuung des Schulaquariums übernommen.
Von ihrem Biologielehrer erfahren sie, dass für die 6 Fische im Aquarium eine Dose Fischfutter etwa 2 Wochen lang reicht.

» Überlege, wie lange eine solche Futterdose für ein Aquarium mit 8 Fischen oder 10 Fischen reicht.
» „Letztes Jahr hat die gleiche Dose Fischfutter noch 3 Wochen gereicht", beschwert sich ihr Lehrer. Welche Gründe könnte es dafür geben?

Temperaturdiagramme

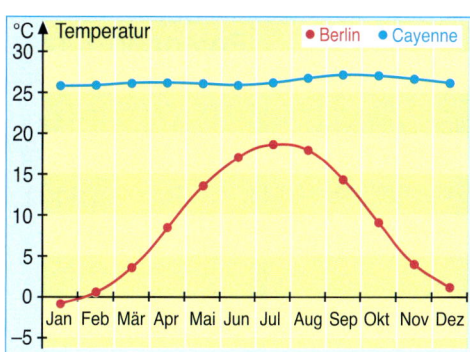

Cayenne liegt in Französisch-Guayana, in der Nähe des Äquators.

» Welche Informationen kannst du aus dem Diagramm ablesen?
» Beschreibe und vergleiche den Verlauf der Temperaturkurven und gib Gründe für die Unterschiede an.
» Suche im Internet oder in Zeitschriften andere Liniendiagramme und stelle sie der Klasse vor.

IN DIESEM KAPITEL LERNST DU ...

... *Beispiele für Zuordnungen kennen.*
... *wie man Zuordnungen in Tabellen und als Graphen im Koordinatensystem darstellen kann.*
... *wie man aus Tabellen und Graphen Informationen ablesen kann.*
... *was proportionale Zuordnungen sind.*
... *wie man Sachaufgaben mit dem Dreisatz berechnen kann.*

ZUORDNUNGSTABELLEN

Aus Zuordnungstabellen Informationen ablesen

EINSTIEG

AUFGABE

1. Für Fahrten zum Flughafen bieten private Reisedienste einen Bring- und Abholservice an.
Rechts siehst du die Fahrpreistabelle des Reisedienstes „Travel and Fly" für den Transfer von Göttingen zum Flughafen Frankfurt/Main. Der Preis pro Person hängt von der Anzahl der insgesamt beförderten Personen ab.

a) Was kannst du aus der Tabelle ablesen?

b) Familie Schwabe (3 Personen) und Familie Seifert (5 Personen) wollen zu denselben Zeiten zum Flughafen hin- und zurückfahren.
Wie viel Euro pro Person kann jede Familie sparen, wenn sie gemeinsam fahren statt getrennt?

c) Familie Scholz: „Wir haben 44,50 € pro Person für Hin- und Rückfahrt bezahlt."
Wie viele Personen sind mitgefahren?

Lösung

Zu jeder Personenzahl (1. Spalte) gehört ein ganz bestimmter Preis für die einfache Fahrt (2. Spalte) und auch ein ganz bestimmter Preis für Hin- und Rückfahrt (3. Spalte).

a) Du kannst aus der Tabelle z. B. ablesen:
» Der Fahrpreis pro Person für die einfache Fahrt beträgt bei 2 Personen 42 €, bei 7 Personen 20 €.
» Der Fahrpreis pro Person für Hin- und Rückfahrt beträgt bei 3 Personen 54,50 €, bei 8 Personen 29,50 €.
» Je mehr Personen mitfahren, desto niedriger ist der Preis pro Person.
» Bucht man Hin- und Rückfahrt, so zahlt man weniger als das Doppelte für die einfache Fahrt.

b) Familie Schwabe könnte 54,50 € – 29,50 €, also 25,00 € pro Person sparen; Familie Seifert 39,50 € – 29,50 €, also 10 € pro Person.

c) Es sind 4 Personen mitgefahren.

INFORMATION

Eine **Zuordnung** kann durch eine *Tabelle* gegeben sein. Jeder Größe in der ersten Spalte wird die danebenstehende Größe in der zweiten Spalte zugeordnet.
Die Größe in der ersten Spalte nennen wir *Ausgangsgröße*,
die danebenstehende Größe in der zweiten Spalte *zugeordnete Größe*.
Wir schreiben die Zuordnung mit einem Pfeil auf.

Beispiel:
Uhrzeit → Temperatur
gelesen:
Der Uhrzeit wird die Temperatur zugeordnet.
So erhalten wir in jeder Zeile ein *Wertepaar*, z. B. 8.00 Uhr | 12 °C.

Uhrzeit	Temperatur
8.00 Uhr	12 °C
10.00 Uhr	15 °C

FESTIGEN UND WEITERARBEITEN

2. Die Paketgebühr hängt von dem Gewicht des Paketes ab.
Aus der Tabelle eines Paketdienstes kann man zu jedem Gewicht eines Paketes den zugehörigen Preis ablesen.
Die Tabelle stellt die **Zuordnung**
Paketgewicht → Preis dar.
a) Wie viel Euro kostet ein Paket, das 6,5 kg, 11,7 kg, 14 kg wiegt?
b) Wie viel wiegt ein Paket, für das man 8,50 € bezahlt?
c) Was ist günstiger:
ein Paket zu 18 kg oder 2 Pakete zu je 9 kg?

Paketdienst-Quick

bis 1 kg	3,50 €
über 1 bis 2 kg	4,00 €
über 2 bis 3 kg	4,50 €
über 3 bis 5 kg	5,00 €
über 5 bis 8 kg	5,50 €
über 8 bis 10 kg	6,00 €
über 10 bis 15 kg	7,00 €
über 15 bis 20 kg	8,50 €
über 20 bis 25 kg	9,00 €
über 25 bis 30 kg	12,50 €

3. In der Tabelle findest du für einen Sommertag Angaben zur Lufttemperatur.
Die Tabelle ist hier nicht in Spalten, sondern in Zeilen angelegt.

Zeitpunkt (Uhr)	6.00	9.00	12.00	15.00	18.00	21.00
Temperatur (in °C)	15	17	23	25	25	18

a) Welche Zuordnung ist in der Tabelle dargestellt? Schreibe sie mit einem Pfeil auf.
b) Kann man aus der Tabelle entnehmen, wie die Temperatur
  (1) um 11.00 Uhr, (2) um 16.30 Uhr war? Welche Vermutungen sind möglich?

ÜBEN

4. Im CITY-Parkhaus gelten die nebenstehenden Parktarife für einen Tag.
a) Welche Informationen kannst du der Tabelle entnehmen? Beschreibe die Zuordnung in Pfeildarstellung und in Worten wie in der Information.
b) Herr Martin parkt sein Auto 1 h und 45 min.
Wie viel muss er bezahlen?
c) Frau Giehl muss 3,50 € Parkgebühr zahlen.
Wie lange hat sie ihr Auto geparkt?

Parkdauer	Parkgebühr
bis 10 min	frei
über 10 min bis 1 h	1,50 €
über 1 h bis 2 h	2,50 €
über 2 h bis 3 h	3,00 €
über 3 h bis 5 h	3,50 €
über 5 h	4,00 €

5. Für Einzelkarten zum Besuch eines Fußballspiels in der Bundesliga gelten die nebenstehenden Preise (Kategorie 4 bis 6 sind weniger gute Sitzplätze, Kategorie 7 sind Stehplätze). Schüler und Studenten zahlen ermäßigte Preise.

Einzelkarten		
Kategorie	Vollzahler	ermäßigt
1	56,00	45,00
2	49,00	39,00
3	37,00	28,00
4	31,00	25,00
5	25,00	19,00
6	22,00	16,00
7	15,00	10,00

  a) Mike ist 11 Jahre alt. Er und sein Vater wollen möglichst wenig bezahlen
   (1) für ein Fußballspiel;
   (2) für einen Sitzplatz in der Mitte der Tribünen (Kategorie 1 bis 3).
  b) Eine Gruppe aus 5 Erwachsenen und 6 Schülern möchte ein Fußballspiel besuchen. Berechne den Eintrittspreis für die Gruppe in jeder Preiskategorie.

6.

SPARKASSE UMRECHNUNGSTABELLE Großbritannien			
EUR	GBP	GBP	EUR
1	0,80	1	1,25
2	1,60	2	2,50
3	2,40	3	3,75
4	3,20	4	5,00
5	4,00	5	6,25
10	8,00	10	12,50
20	16,00	20	25,00
30	24,00	30	37,50
40	32,00	40	50,00
50	40,00	50	62,50
100	80,00	100	125,00
200	160,00	200	250,00

Die Schülerinnen und Schüler der Albert-Einstein-Schule planen eine Sprachreise nach England. Anhand der Umtauschtabelle (Stand 2012) einer Sparkasse machen sie sich mit dem Pfund Sterling (£) vertraut.
  a) Welche Zuordnungen sind in der Tabelle dargestellt? Wofür steht GBP?
  b) Rechne in die andere Währung um:
   (1) Jan will 50 €, Jens 80 € Taschengeld mitnehmen.
   (2) Die Überfahrt mit der Fähre kostet pro Teilnehmer 28 £.
  c) Der geplante Museumsbesuch kostet für alle 26 Teilnehmer 65 £. Wie viel Euro muss jeder bezahlen?
  d) Stelle weitere Aufgaben zum Ablesen aus der Tabelle und schreibe die Ergebnisse in einem Satz auf.

  e) Informiere dich über die aktuellen Umtauschkurse und vergleiche.

7. Unten siehst du eine *Weitsprungwettkampfkarte* für die Bundesjugendspiele.
  a) Welche Zuordnung beschreibt die Wettkampfkarte?
  b) Linda ist 3,45 m, Christina 4,30 m und Maren 3,15 m weit gesprungen. Wie viele Punkte erhalten sie?
  c) Jasmin benötigt für eine Ehrenurkunde noch 438 Punkte, Sandy noch 343 Punkte. Wie weit müssen die beiden mindestens springen?
  d) Nicole springt 3,05 m weit. Später ärgert sie sich: „Für eine Siegerurkunde fehlten mir nur 11 Punkte!" Wie weit hätte Nicole mindestens springen müssen?

1,21	1,25	1,29	1,33	1,37	1,41	1,45	1,49	1,53	1,57	1,61	1,65	1,69	1,73	1,77	1,81	1,85	1,89	1,93	1,97	2,01	2,05	2,09	2,13	2,17
3	11	20	28	37	45	53	61	68	76	84	91	99	106	113	121	128	135	142	149	155	162	169	175	182
2,21	2,25	2,29	2,33	2,37	2,41	2,45	2,49	2,53	2,57	2,61	2,65	2,69	2,73	2,77	2,81	2,85	2,89	2,93	2,97	3,01	3,05	3,09	3,13	3,17
188	195	201	208	214	220	226	232	238	245	250	256	262	268	274	280	285	291	297	302	308	313	319	324	330
3,21	3,25	3,29	3,33	3,37	3,41	3,45	3,49	3,53	3,57	3,61	3,65	3,69	3,73	3,77	3,81	3,85	3,89	3,93	3,97	4,01	4,05	4,09	4,13	4,17
335	340	346	351	356	362	367	372	377	382	387	392	397	402	407	412	417	422	427	432	437	441	446	451	456
4,21	4,25	4,29	4,33	4,37	4,41	4,45	4,49	4,53	4,57	4,61	4,65	4,69	4,73	4,77	4,81	4,85	4,89	4,93	4,97	5,01	5,05	5,09	5,13	5,17
460	465	470	474	479	483	488	493	497	502	506	511	515	519	524	528	533	537	541	546	550	554	558	563	567
5,21	5,25	5,29	5,33	5,37	5,41	5,45	5,49	5,53	5,57	5,61	5,65	5,69	5,73	5,77	5,81	5,85	5,89	5,93	5,97	6,01	6,05	6,09	6,13	6,17
571	575	580	584	588	592	596	600	604	608	613	617	621	625	629	633	637	641	645	648	652	656	660	664	668
6,21	6,25	6,29	6,33	6,37	6,41	6,45	6,49	6,53	6,57	6,61	6,65	6,69	6,73	6,77	6,81									
672	676	680	683	687	691	695	699	702	706	710	714	717	721	725	728									

Zuordnungstabellen aufstellen

EINSTIEG

Aus einer Sportzeitschrift:

Beim Kauf eines Rennrads ist darauf zu achten, dass die Rahmenhöhe zur Schrittlänge passt.
Als Faustformel gilt:
Die optimale Rahmenhöhe des Rennrads beträgt zwei Drittel der Schrittlänge.

» Welche Rahmenhöhe sollte für dich ein Rennrad haben?
» Notiere in einer Tabelle für verschiedene Schrittlängen die optimale Rahmenhöhe.

AUFGABE

kWh
Abkürzung für die Einheit Kilowattstunde. Leuchtet z. B. eine 10-W-Lampe 100 Stunden, so wird dafür eine elektrische Energie von 10 W · 100 h = 1 000 Wh = 1 kWh benötigt.

1. Für den Stromverbrauch werden von den Stadtwerken einer Großstadt jährlich 165 € Zählergebühr und 0,28 € pro kWh (Kilowattstunde) berechnet.
   a) Familie Knevels hatte im letzten Jahr einen Stromverbrauch von 3 500 kWh. Wie hoch ist die Stromrechnung?
   b) Lege für die Zuordnung *Stromverbrauch → Strompreis* eine Zuordnungstabelle an. Wähle als Werte für die Ausgangsgröße:
   500 kWh; 1 000 kWh; 1 500 kWh; …; 5 000 kWh.

Lösung

a) Der Strompreis setzt sich aus der Zählergebühr und den Kosten für den Stromverbrauch zusammen.

Strompreis = 165 € + 0,28 € · 3 500 = 165 € + 980 € = 1 145 €

(Zählergebühr) (Kosten für den Stromverbrauch: Preis pro kWh · Anzahl der Kilowattstunden)

Ergebnis: Die Jahresstromrechnung beträgt 1 145 €.

b) Die Strompreise werden wie in Teilaufgabe a) berechnet.

Stromverbrauch (in kWh)	500	1 000	1 500	2 000	2 500	3 000	3 500	4 000	4 500	5 000
Strompreis (in €)	305	445	585	725	865	1 005	1 145	1 285	1 425	1 565

FESTIGEN UND WEITERARBEITEN

2. Bei einem anderen Tarif der Stadtwerke (vgl. Aufgabe 1) werden 0,21 € pro kWh und eine Zählergebühr von 150 € berechnet.
   a) Lege wie in Aufgabe 1 b) eine Zuordnungstabelle an.
   b) Familie Meyer verbrauchte im letzten Jahr 4 140 kWh. Welcher der beiden Tarife ist günstiger?

3. Ein Liter Diesel kostet 1,45 €. Lege für 5 *l*, 10 *l*, 15 *l*, ..., 60 *l* eine Preistabelle an.
Schreibe die Zuordnung mit einem Zuordnungspfeil auf.

4. Eine Algenart bedeckt 1 m² der Oberfläche eines Teiches. Die Algen vermehren sich so schnell, dass sich die von ihnen bedeckte Fläche in jeder Woche verdoppelt.
   a) Wie groß ist die mit Algen bedeckte Fläche nach 1, 2, 3, ..., 8 Wochen?
   Lege eine Zuordnungstabelle an.
   b) Der Teich ist ca. 2000 m² groß.
   Nach wie viel Wochen wäre er ganz mit Algen bedeckt?

ÜBEN

5. Bauer Peukmann verkauft Erdbeeren: 100 g für 0,85 €.
Lege für 100 g, 200 g, 300 g, ..., 1 kg Erdbeeren eine Preistabelle an.
Schreibe die Zuordnung mit einem Zuordnungspfeil auf.

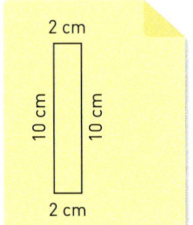

6. Eine Kerze ist 30 cm lang. Brennt sie, so wird sie pro Stunde 4 cm kürzer.
   a) Lege für die Zuordnung *Brenndauer → Kerzenlänge* eine Tabelle an. Wähle als Brenndauer 0, $\frac{1}{2}$, 1, 1$\frac{1}{2}$, 2, ..., 5 Stunden.
   b) Wann ist die Kerze vollständig abgebrannt?

7. Notiere in einer Tabelle, wie viel der Eintritt für eine Gruppe von 2, 3, ..., 15 Schülerinnen und Schülern im günstigsten Fall kostet.

Eintrittspreise für Schüler
Einzelkarte   3,50 €
Fünferkarte   15 €
Zehnerkarte   28 €

8. Ein Rechteck hat einen Umfang von 24 cm.
   a) Ergänze die Zuordnungstabelle im Heft.

Breite	2 cm	4 cm	6 cm	8 cm	10 cm
Länge	10 cm				

   b) Stelle für die Breiten 2 cm, 4 cm, 6 cm, 10 cm eine Zuordnungstabelle auf, aus der man den Flächeninhalt des entsprechenden Rechtecks ablesen kann.

9.

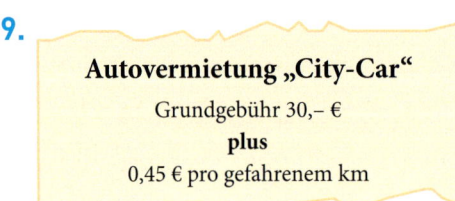

Autovermietung „City-Car"
Grundgebühr 30,– €
plus
0,45 € pro gefahrenem km

Lege eine Zuordnungstabelle an. Wähle als Ausgangsgrößen 50 km, 100 km, 150 km, ..., 500 km.

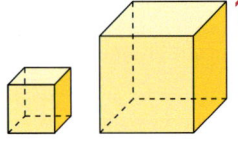

10. Es sollen Würfel mit den Kantenlängen 5 cm, 10 cm, 15 cm, 20 cm und 25 cm hergestellt werden. Dazu werden zunächst Kantenmodelle aus Holzstäben hergestellt und anschließend mit Papier beklebt.
Stelle für die angegebenen Kantenlängen eine Tabelle auf, aus der man
   (1) die Gesamtlänge aller Kanten,
   (2) die Oberfläche
des entsprechenden Würfels ablesen kann.

GRAFISCHE DARSTELLUNGEN VON ZUORDNUNGEN

Aus Diagrammen Informationen ablesen

EINSTIEG

Kinder müssen sich bis zum 4. Lebensjahr 8 Regeluntersuchungen (U1 bis U8) unterziehen. Die Ergebnisse werden u. a. in sogenannte *Somatogramme* eingetragen. Die Linien sind vorgegeben. Die Kreuzchen hat der Arzt in das Diagramm eingezeichnet.

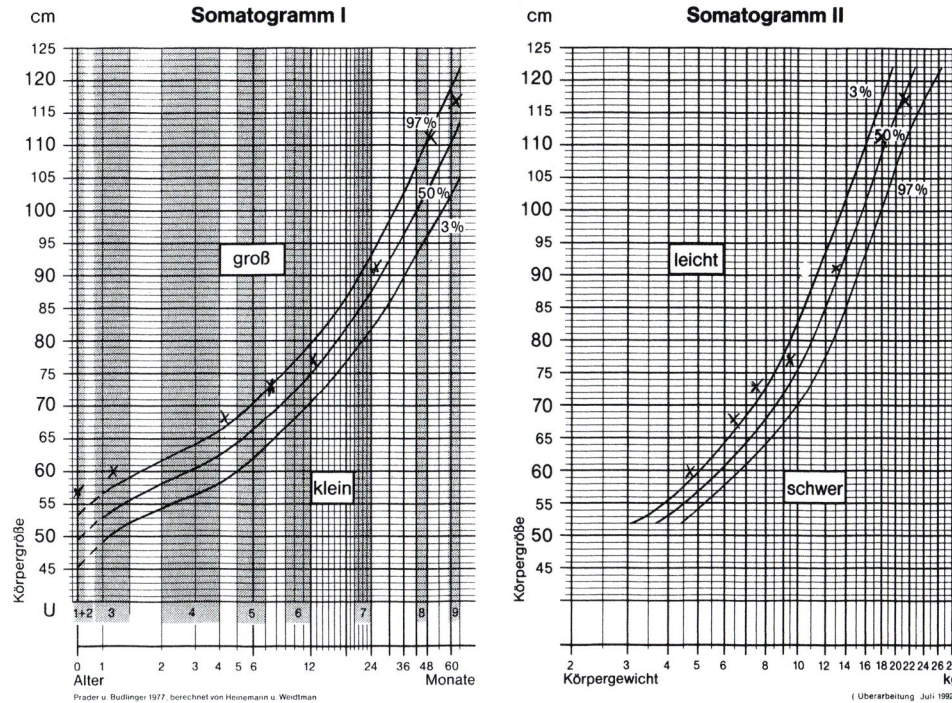

» Beschreibe, was du den beiden Somatogrammen entnehmen kannst.

» Jan ist 6 Monate alt, 70 cm groß und 11 kg schwer. Wo muss der Arzt die Kreuzchen machen?

AUFGABE

1. In Museen sind manche Gegenstände sehr temperaturempfindlich. Deshalb kontrolliert man den Temperaturverlauf mit Temperaturschreibern, die automatisch eine Temperaturkurve aufzeichnen.

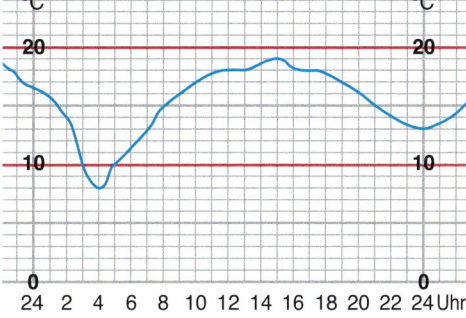

  a) Was kann man anhand der Kurve über den Temperaturverlauf aussagen?
  b) Die Temperatur soll möglichst nicht unter 10 °C abfallen und nicht über 20 °C ansteigen. Sind diese Bedingungen eingehalten worden?
  c) (1) Welches ist der Tiefstwert, welches der Höchstwert? Wann wurden sie erreicht?
  (2) Wie hoch war die Temperatur um 13 Uhr?
  d) Lege eine Zuordnungstabelle an für die Zuordnung *Zeitpunkt → Temperatur* für 12 Uhr, 14 Uhr, 16 Uhr, ..., 24 Uhr.

Lösung

a) Die Kurve beschreibt den Temperaturverlauf an einem Tag.
Zunächst fällt die Temperatur von ca. 16 °C um 0 Uhr auf etwa 8 °C um 4 Uhr. Dann steigt die Temperatur wieder an, um 15 Uhr beträgt sie etwa 19 °C. Danach sinkt die Temperatur wieder ab, um 24 Uhr beträgt sie etwa 13 °C.

b) Die Temperatur hat die (rote) 10 °C-Linie in der Zeit von 3 Uhr bis 5 Uhr unterschritten. Die rote 20 °C-Linie wurde nicht überschritten.

c) An den Pfeilen lesen wir ab:
(1) Tiefstwert: 4 Uhr: 8 °C
    Höchstwert: 15 Uhr: 19 °C
(2) Temperatur um 13.00 Uhr: 18 °C

d) Aus dem Diagramm lesen wir weitere Wertepaare ab.

Zeitpunkt (Uhr)	12	14	16	18	20	22	24
Temperatur (in °C)	18	18,5	18	17,5	16	14	13

FESTIGEN UND WEITERARBEITEN

2. a) Erstelle eine Zuordnungstabelle wie in Aufgabe 1 d). Trage in diese Tabelle die Temperaturen für 2 Uhr, 4 Uhr usw. bis 10 Uhr ein.
b) Wann betrug die Temperatur 15 °C? Woran erkennt man an der Kurve, dass diese Umkehrfrage mehrere Antworten hat?

3. Der Graph zeigt die Zuordnung *Flugzeit → Höhe über dem Meeresspiegel* für den Flug eines Segelflugzeuges.
a) Welche Höhe hatte das Segelflugzeug jeweils nach 5 min, 17 min, 21 min, 35 min, 40 min, 50 min Flugzeit? Lege eine Tabelle an.
b) Welches ist die größte Höhe, die das Segelflugzeug erreicht hat? Wie lange ist es bis dahin geflogen?
c) Nach welcher Flugzeit erreichte das Segelflugzeug erstmals eine Höhe von 700 m?
d) Beschreibe, wie sich die Höhe des Segelflugzeuges während des Flugs ändert.
e) Zu welchen Zeitpunkten war das Segelflugzeug 560 m hoch?
f) Gib eine Höhe an, die das Flugzeug viermal erreichte. Lies auch die zugehörigen Flugzeiten ab.

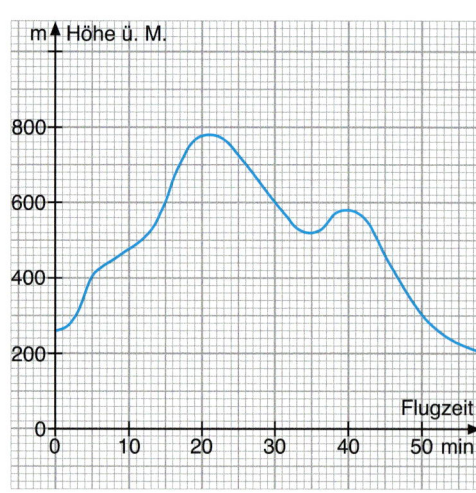

4. Sucht weitere Beispiele aus dem täglichen Leben, bei denen Kurven aufgezeichnet werden. Präsentiert sie euren Mitschülern.
Gebt jeweils auch die Zuordnung in Pfeilschreibweise an.

Zuordnungen

INFORMATION

Die Darstellung einer Zuordnung im Koordinatensystem heißt der **Graph der Zuordnung**. Auf der **Rechtsachse** werden die Werte der Ausgangsgröße notiert, auf der **Hochachse** die Werte der zugeordneten Größe.

Jedem *Wertepaar* in der Tabelle entspricht ein *Punkt* im Graphen. An dem Graphen kann man auf einen Blick „Veränderungen" erkennen. Oft kann man auch den *Höchstwert* und den *Tiefstwert* der Zuordnung ablesen.

Beispiel: Zwischen 4 und 10 Uhr ist die Temperatur immer gestiegen.

Der Punkt P(10|20) beschreibt den Höchstwert. Er gibt an, dass um 10 Uhr die Temperatur 20 °C betrug.

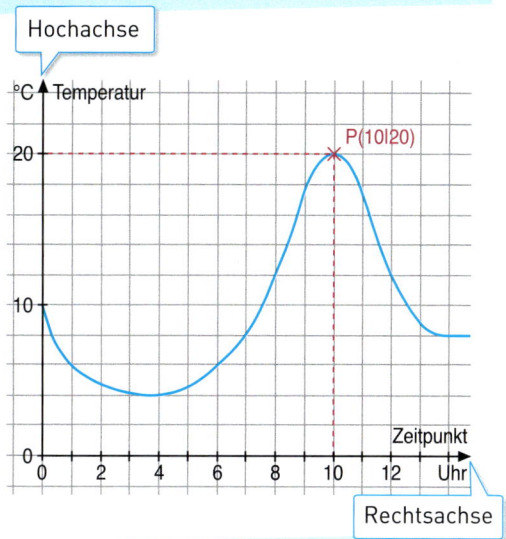

ÜBEN

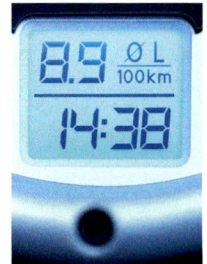

5. Der Graph rechts ist aus einem Autoprospekt. Er stellt die Zuordnung *Geschwindigkeit → Benzinverbrauch* dar. Für jede Geschwindigkeit zwischen 20 $\frac{km}{h}$ und 170 $\frac{km}{h}$ ist dargestellt, wie viel Liter Benzin man im Durchschnitt für eine 100 km lange Fahrstrecke benötigt.

a) Was kannst du anhand des Graphen über den Benzinverbrauch des Autos aussagen?

b) Wie hoch ist der Benzinverbrauch bei 40 $\frac{km}{h}$? Bei welcher Geschwindigkeit ist er doppelt so hoch?

c) Erstelle eine Zuordnungstabelle mit den Ausgangsgrößen 20 km pro Stunde, 40 km pro Stunde, ..., 160 km pro Stunde.

6. Landwirte verkaufen die von ihren Kühen erzeugte Milch an eine Molkerei.

a) Beschreibe die Entwicklung des Preises, den die Landwirte für Milch von 1995 bis 2010 erhalten haben. Wann war der Milcherzeugerpreis am höchsten, wann am niedrigsten?

b) In welchen Jahren bekamen die Landwirte 30 Cent pro Liter Milch?

c) Landwirt Bracht produziert jährlich ca. 230 000 Liter Milch. Wie viel Euro hat er 2009 weniger erhalten als 2007?

d) Die Hochachse ist unterbrochen. Warum macht man das hier?

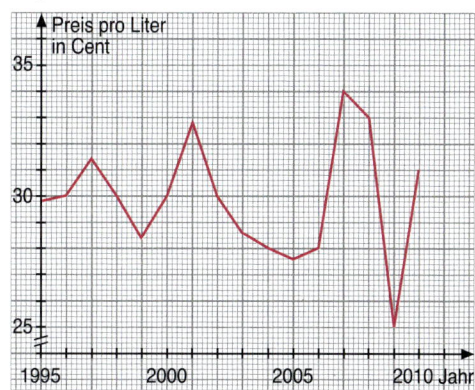

e) Erkundige dich z. B. im Internet nach den aktuellen Erzeugerpreisen für Milch.

7. Unten siehst du das Höhenprofil einer Etappe der Tour de France.
   a) An den mit **S** gekennzeichneten Stellen wurden Sprintwertungen und an den mit **HC** und **1** gekennzeichneten Stellen Bergwertungen durchgeführt. Gib für diese Stellen die Entfernung von Bourg-d'Oisans und die Höhe über dem Meeresspiegel (NN) an.
   b) Ein Fahrer befindet sich in 1 600 m Höhe. Wie viel km kann er von Bourg-d'Oisans entfernt sein?
   c) Stelle weitere geeignete Fragen und beantworte sie mithilfe des Höhenprofils.
   d) Das Höhenprofil vermittelt einen übertriebenen Eindruck von den Steigungen der Etappe. Woran liegt das?

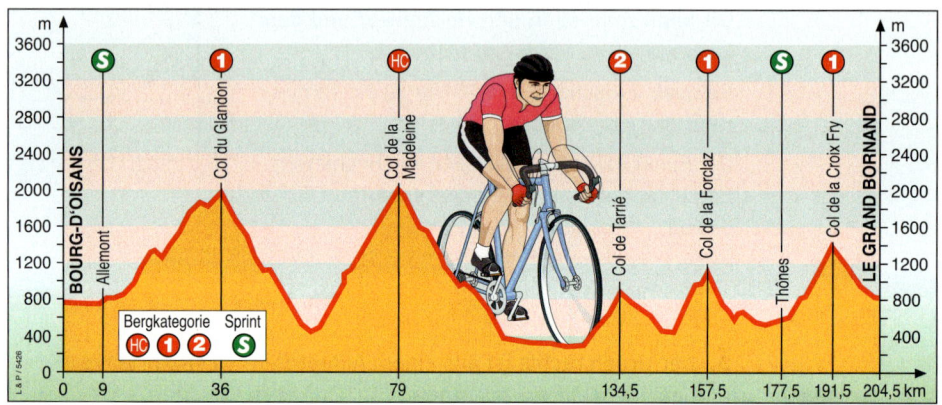

8. a) Tobias und Laura haben ihren Schulweg heute Morgen beschrieben und auch einen Graphen für die Zuordnung *Uhrzeit → Entfernung von zu Hause* gezeichnet.
Welche Wegbeschreibung passt zu welchem Graphen? Begründe.

An meinem Schulweg liegt ein Computerladen. Da es viele neue Angebote gab, habe ich lange vor dem Schaufenster gestanden. Obwohl ich danach gerannt bin, war ich zu spät in der Schule.

Weil ich verschlafen habe, bin ich bis zur Ampel gelaufen. Dort musste ich warten und habe auf die Uhr geguckt. Da ich schon viel Zeit aufgeholt hatte, konnte ich nun gemütlicher gehen und war trotzdem pünktlich.

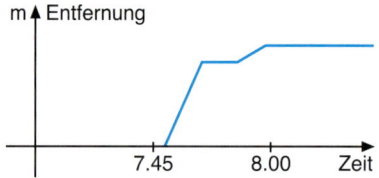 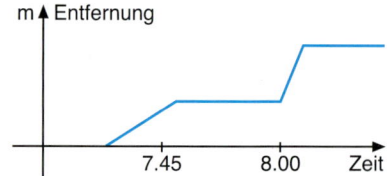

b) Schreibe Schulweg-Geschichten zu folgenden Graphen:

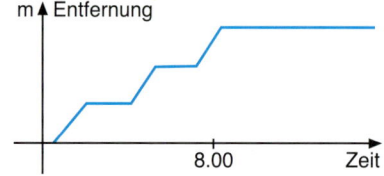 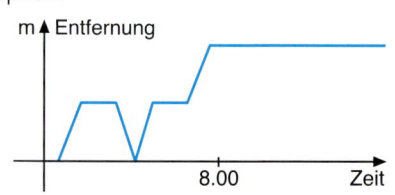

c) Zeichne solch einen Graphen für deinen Schulweg. Dein Nachbar soll dazu eine Geschichte schreiben.

Graphen einer Zuordnung erstellen

EINSTIEG

Eine Bakterienkultur bedeckt am Anfang 0,5 cm² eines Nährbodens. Sie vermehrt sich so schnell, dass sich die bedeckte Fläche von Tag zu Tag verdoppelt.

>> Lege eine Tabelle für die Zuordnung *Anzahl der Tage → Größe der bedeckten Fläche* für die erste Woche an.

>> Zeichne dann einen Graphen der Zuordnung.

>> Vergleiche die Darstellungsformen Tabelle und Graph. Beschreibe Vor- und Nachteile.

AUFGABE

1. Im Unterricht untersuchen die Schülerinnen und Schüler der Klasse 6a, wie schnell die Temperatur von Wasser beim Erwärmen mit einem Tauchsieder ansteigt. Sie messen immer im Abstand von einer halben Minute die Wassertemperatur und tragen sie in eine Tabelle ein. Am Anfang ist das Wasser 12 °C kalt.

a) Um die Temperaturveränderung auf einen Blick sehen zu können, soll mit den Messwerten eine Temperaturkurve gezeichnet werden.
Wie gehen die Schülerinnen und Schüler vor?

b) Beschreibe den Kurvenverlauf. Was ist auffällig? Woran könnte das liegen?

Zeit	Wassertemperatur
0 min	12 °C
0,5 min	25 °C
1,0 min	39 °C
1,5 min	53 °C
2,0 min	66 °C
2,5 min	80 °C
3,0 min	92 °C
3,5 min	97 °C
4,0 min	99 °C
4,5 min	100 °C
5,0 min	100 °C

Lösung

a) Zunächst zeichnen die Schülerinnen und Schüler ein Koordinatensystem. Auf der Rechtsachse tragen sie die Zeit und auf der Hochachse die Wassertemperatur ab. Die in der Tabelle einander zugeordneten Größen, z. B. 1,5 min und 53 °C, fassen sie als Koordinaten eines Punktes P(1,5|53) auf. Der Punkt wird in das Koordinatensystem eingetragen. So erhalten sie insgesamt 11 Punkte. Da hier die Angabe von Zwischenwerten sinnvoll ist, werden die Punkte miteinander verbunden.

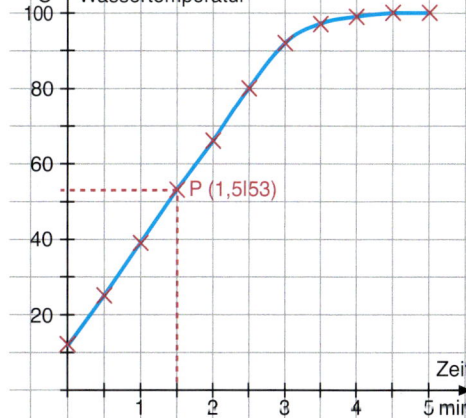

b) Die Temperatur des Wassers steigt zunächst gleichmäßig an. Ab ca. 90 °C flacht die Kurve ab. Die Wassertemperatur steigt langsamer an und überschreitet nicht die 100-Grad-Marke. Aus Erfahrung wissen wir, dass Wasser bei ca. 100 °C siedet und verdampft.

FESTIGEN UND WEITERARBEITEN

2. Landwirt Frieling verkauft auf seinem Hof Äpfel, die dort in der gewünschten Menge abgepackt werden.
   a) Übertrage die Tabelle in dein Heft und fülle sie aus. Wie kann man den Preis für eine beliebige Menge an Äpfeln berechnen?

Gewicht der Äpfel (in kg)	1	2	3	4,5	6,2
Preis (in €)					

   b) Stelle die Zuordnung *Gewicht der Äpfel (in kg)* → *Preis (in €)* in einem Koordinatensystem grafisch dar.

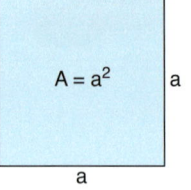

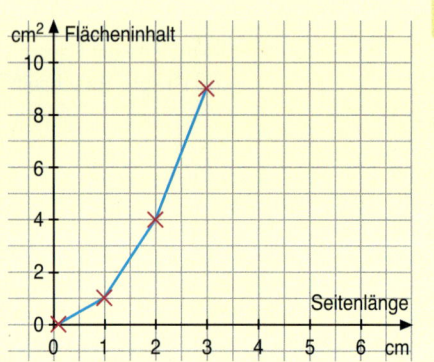

3. Patrick hat für die Zuordnung *Seitenlänge a eines Quadrates* → *Flächeninhalt a^2* eine Zuordnungstabelle für die Seitenlängen 0,1 cm, 1 cm, 2 cm, 3 cm, aufgestellt und die Punkte geradlinig verbunden (siehe rechts).
   a) Lies am Graphen den Flächeninhalt für die Seitenlängen 0,5 cm, 1,5 cm, 2,5 cm ab.
   Überprüfe das durch Rechnung.
   Was stellst du fest?
   b) Fertige selbst eine Zuordnungstabelle an. Wähle für a auch Zwischenwerte wie 0,2 cm, 0,5 cm, 0,7 cm, usw. Zeichne den Graphen.
   Wie muss man die Punkte verbinden, damit man Zwischenwerte möglichst genau ablesen kann?

4. *Durchzeichnen oder nicht?*
   Ein Computerhändler bietet Blu-ray Rohlinge an.
   Jede Blu-ray kostet 2,25 €, ein 3er-Pack 6,00 €.
   a) Wie viel kosten 1, 2, ..., 6 Blu-rays bei günstigem Einkauf?
   Lege eine Tabelle für die Zuordnung *Anzahl der Blu-rays* → *Gesamtpreis* an.
   b) Trage die durch die Zuordnung gegebenen Punkte in ein Koordinatensystem ein und verbinde sie. Welche Informationen liefert die Verbindungslinie?
   Begründe, dass es eigentlich nicht korrekt ist, die Punkte zu verbinden. Warum wird es trotzdem häufig gemacht?
   c) In Zeitungen wird für eine Zuordnung, bei der es keine Zwischenwerte gibt, oft ein Säulendiagramm (siehe Bild links) gezeichnet.
   Zeichne ein Säulendiagramm für die Zuordnung *Anzahl der Blu-rays* → *Gesamtpreis*.

   d) Suche z. B. im Internet oder in Zeitschriften Graphen, bei denen die Linien eigentlich nicht durchgezeichnet sein dürften.

INFORMATION

Der **Graph einer Zuordnung** kann im Koordinatensystem eine **Linie** sein oder aus **einzelnen Punkten** bestehen.
Wenn man die Punkte verbinden will, muss man prüfen, ob die Angabe von Zwischenwerten sinnvoll ist. Ist die Angabe von Zwischenwerten nicht sinnvoll, ist es oft geschickter ein Säulendiagramm zu zeichnen.

ÜBEN

5. Eine Softwarefirma erstellt Programme zur Steuerung von Werkzeugmaschinen. Sie zahlt ihren Programmierern einheitlich 32 € pro Stunde.
  a) Lege eine Tabelle für die Zuordnung *Anzahl der Stunden → Arbeitslohn* an.
  (Wähle 10, 15, 20, …, 40 Stunden).
  Zeichne den Graphen der Zuordnung. Wähle geeignete Achseneinteilungen.
  b) Bestimme zunächst ohne zu rechnen mithilfe des Graphen den Arbeitslohn für 19 Stunden, 28 Stunden und 37 Stunden. Überprüfe jeweils durch Rechnen.

6. Im Bild siehst du die Graphen von drei Zuordnungen.

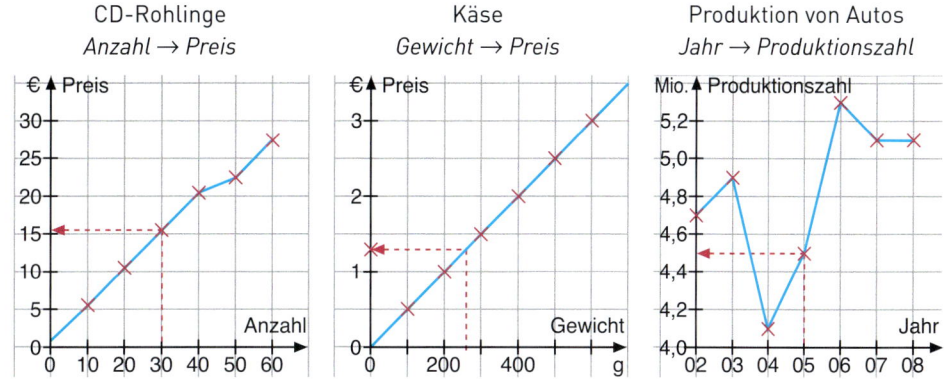

  a) Welches Größenpaar gehört jeweils zu dem roten Pfeil?
  b) Welche Informationen kann man jeweils dem Verlauf des Graphen entnehmen?
  c) Für welche Zuordnung haben die Zwischenwerte (Punkte der durchgezeichneten Strecken) eine Bedeutung, für welche nicht? Begründe deine Antwort.
  d) Zeichne für den rechten Graphen ein Säulendiagramm.

7. Lucy muss bei ihrem Handytarif 0,12 € pro SMS bezahlen.
  a) Übertrage die Tabelle in dein Heft und fülle sie aus.

Anzahl der SMS	5	10	15	20	25	30	40	50
Kosten (in €)								

  b) Stelle die Zuordnung grafisch dar.

8. Für den Sicherheitsabstand, den ein Kraftfahrer von seinem Vordermann einhalten muss, sind Mindestwerte vorgeschrieben. Siehe dazu die Tabelle rechts.

Geschwindigkeit (in $\frac{km}{h}$)	Abstand (in m)
60	25
100	42
140	58
180	75

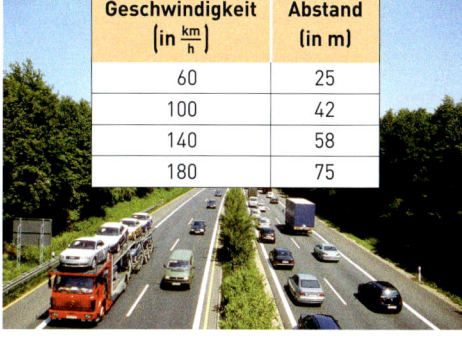

  a) Zeichne einen Graphen für die Zuordnung *Geschwindigkeit → Abstand*.
  b) Bestimme aus dem Graphen den Sicherheitsabstand bei 110 $\frac{km}{h}$, 155 $\frac{km}{h}$ und 200 $\frac{km}{h}$.
  c) Wie groß darf die Geschwindigkeit eines Pkw bei einem Abstand von 30 m höchstens sein?
  d) Als Mindestabstand wird der Weg gerechnet, den das Fahrzeug in $1\frac{1}{2}$ Sekunden zurücklegt. Bestimme rechnerisch den Sicherheitsabstand bei 80 $\frac{km}{h}$, 120 $\frac{km}{h}$ und 160 $\frac{km}{h}$. Beschreibe deinen Rechenweg.

PROPORTIONALE ZUORDNUNGEN – DREISATZ

Proportionale Zuordnungen – Regeln und Graph

EINSTIEG

Julia kauft 150 g, Boris 75 g, Jens 300 g und Sarah 60 g Bonbons.
» Wie viel muss jeder bezahlen? Erläutere deinen Rechenweg.
» Stelle die Mengen und Preise in einer Tabelle zusammen.

AUFGABE

1. 100 g Schinken kosten 1,40 €.
  a) Fülle die nebenstehende Zuordnungstabelle aus.
     Rechne möglichst vorteilhaft und beschreibe, was du dir dabei überlegt hast.
  b) Zeichne den Graphen der Zuordnung *Gewicht (in g) → Preis (in €)* und beschreibe ihn.

Gewicht (in g)	Preis (in €)
100	1,40
200	
500	
125	
50	

Lösung

a) Wir überlegen:
  (P1): Wer doppelt so viel (dreimal so viel, viermal so viel, …) kauft, der soll auch doppelt so viel (dreimal so viel, viermal so viel, …) bezahlen.
  (P2): Wer halb so viel (ein Drittel, ein Viertel, …) kauft, der braucht auch nur die Hälfte (ein Drittel, ein Viertel, …) zu bezahlen.

Gewicht (in g)	Preis (in €)
100	1,40
200	2,80
500	7,00
125	1,75
50	0,70

Wir sagen: Der Preis ist proportional zum Gewicht.

> Wertepaar (400 | 5,60)
> 400 g Schinken kosten 5,60 Euro.

b) Im Koordinatensystem wählen wir auf der Rechtsachse 1 cm für 100 g und auf der Hochachse 1 cm für 1 €. Dann tragen wir die zugeordneten Wertepaare ein und verbinden die Punkte.
Die Punkte liegen auf einer Halbgeraden, die im Koordinatenursprung O (Schnittpunkt der Achsen) beginnt, denn 0 g Schinken kosten 0 €.
Wir sehen *auf einen Blick*, dass der Preis gleichmäßig ansteigt:
Je 100 g nimmt der Preis um 1,40 € zu.

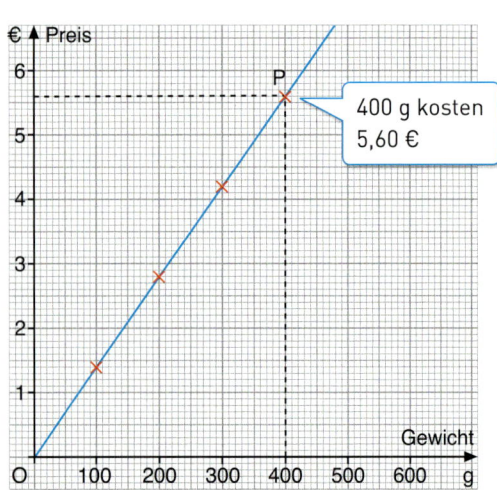

400 g kosten 5,60 €

INFORMATION

(1) Regeln bei proportionalen Zuordnungen

Bei Sachsituationen wie in Aufgabe 1 ist jedem Gewicht ein Preis zugeordnet. Dabei ist der Preis proportional zum Gewicht. Bei Zuordnungen dieser Art gelten die Regeln (P1) und (P2).

Proportionale Zuordnungen
Eine Zuordnung heißt **proportional**, wenn die folgenden Regeln gelten:

(P1) *Verdoppelt* (verdreifacht, vervierfacht usw.) man eine Ausgangsgröße, so muss man auch die zugeordnete Größe *verdoppeln* (verdreifachen, vervierfachen usw.).

(P2) *Halbiert* (drittelt, viertelt usw.) man eine Ausgangsgröße, so muss man auch die zugeordnete Größe *halbieren* (dritteln, vierteln usw.).

> Verdoppelt sich die eine Größe, verdoppelt sich auch die andere Größe.

Beispiel: Kirschen auf dem Wochenmarkt

Gewicht (in g)	Preis (in €)
200	1,20
600	3,60
100	0,60

(2) Graph bei proportionalen Zuordnungen

Bei jeder proportionalen Zuordnung liegen die Punkte des Graphen auf einer **Halbgeraden**, die im Koordinatenursprung O beginnt.

Man erhält den Graphen, indem man den Punkt P für ein einziges Wertepaar, z. B. P(500|3) markiert und dann die Halbgerade von O aus durch P zeichnet.

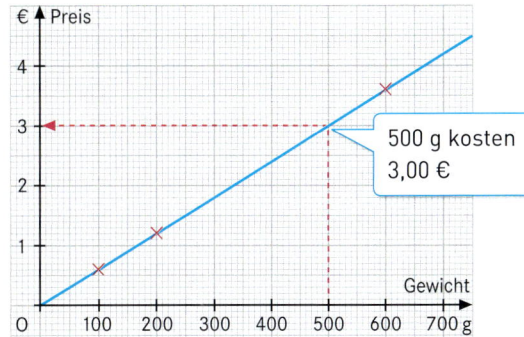

500 g kosten 3,00 €

FESTIGEN UND WEITERARBEITEN

2. a) Der Preis für Nussschinken beträgt 1,60 € pro 100 g. Lege eine Preistabelle an. Beschreibe dein Vorgehen.

b) Zeichne den Graphen der Zuordnung in ein Koordinatensystem.

c) Zeichne die Graphen der Zuordnungen in ein gemeinsames Koordinatensystem und vergleiche sie. Woran erkennt man an den Graphen, welcher Aufschnitt preiswerter und welcher teurer ist?

d) Um den Graphen einer Zuordnung zu zeichnen, kannst du mehrere Wertepaare berechnen, die Punkte eintragen und verbinden.
Begründe, warum es bei einer proportionalen Zuordnung genügt, *ein* Wertepaar zu berechnen, den zugehörigen Punkt im Koordinatensystem einzutragen und vom Ursprung O aus eine Halbgerade durch P zu zeichnen.

ÜBEN

3. Teppichboden wird zu unterschiedlichen Preisen angeboten. Fülle die Tabelle mithilfe der Regeln (P1) und (P2) aus.

a)
Größe	Preis
8 m²	340,00 €
2 m²	
14 m²	
48 m²	
42 m²	

b)
Größe	Preis
9 m²	220,50 €
3 m²	
12 m²	
18 m²	
15 m²	

c)
Größe	Preis
5 m²	269,00 €
10 m²	
20 m²	
15 m²	
35 m²	

4. Drei Familien haben Heizöl von einer Firma bezogen. Familie Adam hat 855 € für 1200 l bezahlt, Familie Berg 1545 € für 2400 l und Familie Cordes 1909 € für 3000 l.
Lege eine Preistabelle an. Prüfe, ob die Zuordnung *Heizölmenge → Preis* proportional ist.
Können weitere Preise aus der Tabelle berechnet werden?

5. Zuordnungen, bei denen eine Erhöhung der Ausgangsgrößen auch zu einer Erhöhung der zugeordneten Größen führt, nennt man *Je mehr – desto mehr*-Zuordnungen.

Beispiel:
Die Zuordnung *Heizölmenge → Preis* ist eine *Je mehr – desto mehr*-Zuordnung, denn je mehr Heizöl man kauft, desto mehr muss man bezahlen.
a) Nenne weitere *Je mehr – desto mehr*-Zuordnungen.
b) Begründe: Nicht jede *Je mehr – desto mehr*-Zuordnung ist proportional.

„Je mehr – desto mehr" bedeutet noch nicht „proportional".

6. 28 *l* Super kosten 44,52 €. Fülle die Preistabelle weiter aus.

a)
Volumen	28 l	14 l	7 l	21 l	35 l
Preis	44,52 €				

b) Zeige anhand der Tabelle, dass bei proportionalen Zuordnungen zur Summe und zur Differenz zweier Ausgangsgrößen auch die Summe und die Differenz der zugeordneten Größen gehört.

INFORMATION

Für jede proportionale Zuordnung gilt auch die Regel *je mehr – desto mehr* (wachsend).
Aber: Je mehr – desto mehr bedeutet noch nicht proportional.

Wenn man z. B. einen Mengenrabatt erhält, ist die Zuordnung *Warenmenge → Preis* nicht proportional.

ÜBEN

7. Auf Julians Schulfest werden gebrannte Mandeln in 100-g-Tüten zum Preis von 1,20 € verkauft. Es sollen aber auch andere Packungen (ohne Preisnachlass) angeboten werden:

Doppelpackung (200 g)
Riesenpackung (500 g)
Großpackung (125 g)
Mini-Pack (50 g)

Berechne die Preise.
Beschreibe dein Vorgehen.

8. Für eine Ausstellung hat Laura im Kunstunterricht ein farbiges Einladungsplakat erstellt. In einem Copy-Shop werden hiervon Farbkopien erstellt.
Für 24 Farbkopien zahlt Laura 5,04 €. Wie viel kosten 12, 4, 3, 30, 36 Farbkopien?
Erstelle eine Tabelle.

9. Zeichne einen Graphen der proportionalen Zuordnung und ergänze die Tabelle. Erfinde eine passende Sachsituation.

Gewicht (in kg)	2	4	6	0	3	5		
Preis (in €)	1,50	3,00	4,50				2,00	4,00

10. Zucker wird u. a. aus Zuckerrüben gewonnen.
Aus 600 kg Zuckerrüben erhält man 100 kg Zucker.
a) Wie viel kg Zucker kann man jeweils aus folgenden Mengen gewinnen:
1200 kg, 300 kg, 150 kg, 1800 kg, 3 t, $1\frac{1}{2}$ t Zuckerrüben?
b) Zeichne den Graphen der Zuordnung
Gewicht der Zuckerrüben (in kg) → Gewicht des Zuckers (in kg).
c) Wie viel kg Zuckerrüben müssen verarbeitet werden, um 500 kg, 7000 kg, 1500 kg, 2,5 t Zucker zu produzieren?

11. a) Entscheide, ob die Zuordnung proportional ist. Begründe.

(1)
Entfernung	Preis
2 km	2,00 €
6 km	4,60 €
8 km	5,80 €
14 km	9,40 €

(2)
Gewicht	Preis
500 g	1,90 €
1,5 kg	5,70 €
250 g	0,95 €
3 kg	11,40 €

(3)
Gewicht	Preis
1 kg	2,43 €
2 kg	4,86 €
5 kg	12,15 €
10 kg	24,30 €

b) Gib selbst jeweils ein Beispiel für eine proportionale und für eine nicht proportionale Zuordnung an und erstelle jeweils eine Tabelle dazu.

12. Zeichne die Graphen der Zuordnungen *Volumen → Gewicht* für die untenstehenden Stoffe in dasselbe Koordinatensystem. Wähle auf den Achsen 1 cm für 1 cm³ und 1 cm für 2 g.
Lies an den Graphen ab: Welches Gewicht haben 10 cm³ von jedem Stoff?
Wie viel cm³ von jedem Stoff haben das Gewicht 10 g?

Wasser
1 cm³ wiegt 1 g

Holz
4 cm³ wiegen 2,8 g

Glas
2 cm³ wiegen 5,6 g

13. Handelt es sich um eine *Je mehr – desto mehr*-Zuordnung? Ist sie auch proportional? Begründe.
a) *Wasservolumen → Wassergeld* (monatlich 1,51 € Grundgebühr; 1 m³ kostet 2,13 €)
b) *Anzahl der Flaschen → Weinvolumen* (Abfüllen von Wein in gleich große Flaschen)
c) *Kilometerzahl → Kosten* (0,32 € für jeden gefahrenen Kilometer)
d) *Seitenlänge → Flächeninhalt* beim Quadrat

Dreisatz bei proportionalen Zuordnungen

EINSTIEG

Dominik möchte nicht 3 kg, sondern 5 kg dieser Äpfel kaufen.
» Wie viel muss er bezahlen?
» Welche Annahme musst du machen, um den Preis zu berechnen?

AUFGABE

1. Selina hilft ihren Eltern bei der Vorbereitung einer Geburtstagsfeier.
„Ich habe ein tolles Rezept für einen Reissalat gefunden. Den mache ich für euch."
Zum Essen werden insgesamt 9 Personen erwartet.
Berechne, wie viel Reis Selina braucht. Beschreibe den Lösungsweg.

Gemischter Reissalat
Zutaten für 4 Personen
- 120 g Brühreis
- 180 g Champignonscheiben
- 300 g Ananas
- 160 g Mandarinenspalten
- 200 g gekochter Schinken
- 4 Esslöffel Mayonnaise
- 2 Esslöffel saure Sahne
- Salz, Currypulver

Lösung

Für die doppelte (dreifache, ...) Personenzahl braucht man doppelt so viel (dreimal so viel, ...) Zutaten.
Das bedeutet: Die Zuordnung *Bedarf an Reis → Anzahl der Personen* ist proportional.
Da 9 kein Vielfaches von 4 ist, kann man die Regel (P1) nicht unmittelbar anwenden. Aber man kann einen Zwischenschritt verwenden:

1. Satz: Für 4 Personen braucht man 120 g Brühreis.
2. Satz: Für 1 Person braucht man 30 g Reis.
3. Satz: Für 9 Personen braucht man 270 g Reis.

Personenzahl	Bedarf an Reis (in g)
4	120
1	30
9	270

Bei solchen Aufgaben treten „drei Sätze" auf.
Deshalb heißen solche Aufgaben **Dreisatzaufgaben**.

FESTIGEN UND WEITERARBEITEN

2. Berechne die übrigen Zutaten für Selinas Reissalat. Beschreibe dein Vorgehen.
Schreibe für *eine* Zutat auch die drei Sätze des Dreisatzverfahrens auf.
Für die übrigen Zutaten genügt die Dreisatztabelle (wie in der Lösung von Aufgabe 1).

3. Frau Lohr hat 20 l Super getankt und dafür 32,00 € bezahlt.
Herr Scholz hat an derselben Tankstelle 40,00 € bezahlt.
Wie viel l Super hat er getankt?
Herr Bankmann tankt an derselben Tankstelle 35 l Super. Wie viel muss er bezahlen?

Benzinvolumen (in l)	Preis (in €)
20	32,00
■	■
■	40,00

4.

Adventskekse
100 g Margarine   225 g Mehl   2 Essl. saure Sahne
150 g Zucker   25 g Zitrone 1 Päckchen Vanillezucker

a) Christa und Richard berechnen auf verschiedenen Wegen die Zutaten für 60 Adventskekse. Vergleiche und bewerte die Lösungswege.

Anzahl der Kekse	Margarine (in g)		Anzahl der Kekse	Margarine (in g)
40	100		40	100
1	■		20	■
60	■		60	■

(links: :40, ·60)   (rechts: :2, ·3)

b) Berechne möglichst im Kopf die Zutaten für 60 Adventskekse.

 5. Stellt euch einen Einkaufszettel für einen Einkauf im Supermarkt zusammen, z. B. für eine Klassenfeier oder für einen Wochenendausflug.
Informiert euch über aktuelle Preise eines Supermarktes und berechnet die Kosten.
Versucht, möglichst günstig einzukaufen. Präsentiert euer Ergebnis in der Klasse.
Welche Gruppe macht den besten Einkauf?

INFORMATION

Lösungsverfahren für Dreisatzaufgaben bei proportionalen Zuordnungen

Vergewissere dich zuerst, dass die Zuordnung *proportional* ist.

Löse die Aufgabe dann mit einer *Tabelle*:
– Schreibe in die erste Zeile das gegebene Wertepaar.
– Lass die zweite Zeile zunächst frei.
– Schreibe in die dritte Zeile den dritten bekannten Größenwert.
– Suche in der zweiten Zeile eine geeignete Zwischengröße.
– Fülle mithilfe der Regeln für proportionale Zuordnungen die Lücken aus.

Volumen	Preis
100 l	32 €
10 l	■
270 l	■

oder:

Volumen	Preis
100 l	32 €
1 l	■
270 l	■

Tipp: „Eins" passt immer

ÜBEN

6. 6 Eier kosten 0,84 €.
a) Wie viel kosten 10 Eier?
b) Wie viele Eier erhält man für 5,80 €?
c) Was meinst du: Wie viel kosten 10 000 Eier?

7. Konfitüre wird durch Kochen von Früchten mit Gelierzucker hergestellt. Bei 5 kg Sauerkirschen benötigt man 4 kg Gelierzucker.
   a) Wie viel kg Gelierzucker benötigt man
      (1) für 2 kg,   (2) für 8 kg Sauerkirschen?
   b) Wie viel kg Sauerkirschen benötigt man
      (1) bei 3 kg,   (2) bei 6 kg Gelierzucker?

8. Ein 0,65 kg schweres Stück Käse ist mit 12,94 € ausgezeichnet.
Wie teuer ist (1) ein 0,84 kg, (2) ein 1,15 kg schweres Stück?

9. Frau Lasch hat im Urlaub für 14 Tage (Übernachtung mit Frühstück) insgesamt 392 € bezahlt.
   a) Wie viel Euro muss man in derselben Pension
      (1) für 8 Tage, (2) für 18 Tage, (3) für 21 Tage bezahlen?
   b) Herr Platte bezahlt in der Pension 308 €, Frau Kraft 168 €.

10. Eine Henne braucht zum Ausbrüten von 7 Eiern 21 Tage.
Wie lange braucht sie, um (1) 6 Eier, (2) 9 Eier, (3) 12 Eier auszubrüten?

11. a) Berechne für die angegebene Personenzahl den Zutatenbedarf für die Sommerbowle.
   (1) Äpfel für 6 Personen
   (2) Weintrauben für 13 Personen
   (3) Apfelsaft für 14 Personen
   (4) Zitronenlimonade für 12 Personen
   b) Sommerbowle enthält
   (1) $\frac{3}{4}$ Liter Zitronenlimonade,
   (2) 950 g Weintrauben,
   (3) 0,75 Liter Apfelsaft,
   (4) 0,9 kg Äpfel.
   Für wie viele Personen reichen jeweils die Zutaten?

12. a) Wie teuer sind folgende Einkäufe?
   (1) *Herr Meier:* 800 g Rinderbraten und 1,2 kg Bratwurst
   (2) *Frau Otte:* 600 g Schweinesteak und 400 g Rindersteak
   (3) *Herr Thon:* $1\frac{1}{8}$ kg Rinderbraten, $1\frac{1}{2}$ kg Kotelett und $\frac{3}{4}$ kg Bratwurst
   b) Stelle selbst Fragen und beantworte sie.

13. a) Tobias hat für 400 g frische Champignons 2,96 € bezahlt.
Die Waage zeigt für Pauls Champignontüte 300 g an. Wie viel muss er bezahlen?
b) Michael hat für 550 g Bananen 0,99 € bezahlt.
Lauras Bananen wiegen 850 g.
c) Anne hat 325 g gelbe Paprikaschoten für 1,95 € gekauft.
David wiegt 975 g Paprikaschoten ab.
d) Birgül hat für 230 g Erdbeeren 0,85 € bezahlt. Gorans Erdbeerschale kostet 1,36 €.

14. Familie Oetzmann renoviert ihre Terrasse.
a) Herr Oetzmann verlegt neue Betonplatten. Diese sind sehr schwer. 17 Platten wiegen 510 kg. Wie schwer sind 12 Platten?
Eine Palette mit Betonplatten trägt die Aufschrift 1320 kg. Wie viele Platten sind das?
b) Frau Oetzmann hat für die Umrandung 18 Lavendel-Pflanzen für insgesamt 18,90 € gekauft.
Um die Pflanzen etwas dichter zu setzen kauft sie noch 5 weitere Pflanzen.
Wie viel kosten diese?
c) Der Laubengang ist 6 m lang. Jonas hat die ersten 45 cm in 15 Minuten gestrichen. Wie lange dauert seine Arbeit noch?

15. a) 10 Musiker spielen einen Tanz in 4 Minuten.
Wie lange brauchen 5 Musiker?
b) Ein 12-*l*-Gefäß kann man aus einer Leitung in 2 Minuten füllen.
Wie lange braucht man aus derselben Leitung für ein 18-*l*-Gefäß?
c) Ein Läufer legt die 200-m-Strecke in 20,6 s zurück.
Wie lange braucht er für 1500 m?

16. Mit einer Webmaschine kann man 45 m Stoff in 9 Stunden herstellen.
a) Wie viel Stoff kann man in 2, 3, 5, 8, $3\frac{1}{2}$ Stunden mit der Webmaschine herstellen?
b) Nach welcher Zeit sind 10 m, 25 m, 35 m, 50 m Stoff mit der Webmaschine hergestellt?

17. Die Bilder zeigen dir, wie hoch jeweils 100 ml Flüssigkeit in einem Messbecher stehen. Versuche jeweils, die Flüssigkeitsstände für 200 ml, 300 ml, ..., 500 ml aus dem Flüssigkeitsstand für 100 ml zu ermitteln.

ANTIPROPORTIONALE ZUORDNUNGEN – DREISATZ

Antiproportionale Zuordnung – Regeln und Graph

EINSTIEG

Laura kauft ein Paket Vogelfutter für ihre zwei Kanarienvögel. Sie weiß, dass das Paket für 15 Tage reicht.
Laura überlegt, ob sie sich einen dritten Kanarienvogel anschafft. Wie lange würde dann ein Paket Vogelfutter reichen?

» Beschreibe deine Überlegungen.
» Welche Annahme muss man machen, um die Frage sinnvoll zu beantworten?

AUFGABE

1. Bei einer Weinlese werden viele Helfer benötigt. Der Winzer weiß aus Erfahrung:
„Wenn ich 12 Helfer einsetzen kann, rechne ich für die Weinlese 24 Tage."

a) Wie viele Tage müsste der Winzer einplanen, wenn er
   (1) doppelt so viele,
   (2) halb so viele Helfer einsetzen könnte?
a) Wie viele Tage müsste er einplanen, wenn er 4, 8, 16, 32 Helfer einsetzen könnte? Lege eine Zuordnungstabelle an.
c) Beschreibe anhand der Tabelle, wie die zugeordneten Größen voneinander abhängen.

Lösung

a) Man nimmt an, dass alle Helfer pro Tag gleich viel arbeiten. Dann gilt:
   (A1) Doppelt so viele Helfer brauchen halb so viele Arbeitstage.
   (A2) Halb so viele Helfer brauchen doppelt so viele Arbeitstage.

Wir sagen: Die Anzahl der Helfer ist antiproportional zur Anzahl der Arbeitstage.

b) Entsprechend gilt:
Ein Drittel der Helfer braucht dreimal so viele Tage.
Dreimal so viele Helfer brauchen nur ein Drittel so viele Arbeitstage usw.

c) Anhand der Tabelle siehst du direkt:
Nimmt die Anzahl der Helfer zu, so verringert sich die Anzahl der Arbeitstage und umgekehrt.
Es gilt die Regel *je mehr – desto weniger* bzw. *je weniger – desto mehr*.

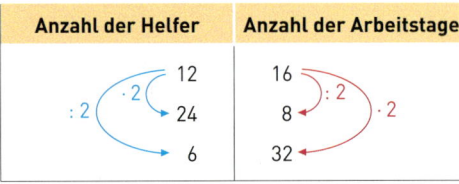
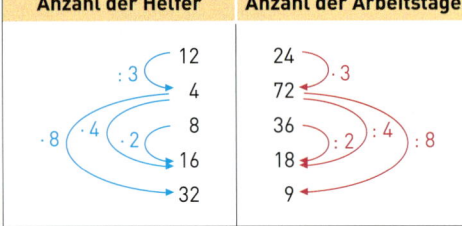

Wie realistisch ist diese Rechnung?

INFORMATION

Antiproportionale Zuordnungen

Eine Zuordnung heißt **antiproportional**, wenn die folgenden Regeln gelten:

(A1) *Verdoppelt* (verdreifacht, vervierfacht usw.) man eine Ausgangsgröße, so muss man die zugeordnete Größe *halbieren* (dritteln, vierteln usw.).

(A2) *Halbiert* (drittelt, viertelt usw.) man eine Ausgangsgröße, so muss man die zugeordnete Größe *verdoppeln* (verdreifachen, vervierfachen usw.).

Beispiel: Teilnehmer an einer Busfahrt

Anzahl der Teilnehmer	Fahrpreis (in €)
20	40
10	80
40	20

:2 ↓ ·4 (links), ·2 ↓ :4 (rechts)

FESTIGEN UND WEITERARBEITEN

Verdoppelt sich die eine Größe, halbiert sich die andere Größe.

Z 2. Eine rechteckige Schafweide soll 360 m² groß sein. Es gibt verschiedene Möglichkeiten, Länge und Breite auszuwählen.

a) Fülle für die Zuordnung *Länge (in m) → Breite (in m)* die Tabelle aus. Beschreibe, wie du vorgehst. Ist die Zuordnung antiproportional?

Länge (in m)	4	8	12	20	30	40	60	80
Breite (in m)								

b) Zeichne den Graphen der Zuordnung. Wähle auf den Achsen 1 cm für 10 m. Beschreibe den Verlauf des Graphen. Kann man Punkte des Graphen angeben, die auf einer der beiden Achsen liegen?

Z 3. „Je mehr – desto weniger"-Zuordnung
Eine andere rechteckige Weide soll mit einem 120 m langen Zaun eingezäunt werden.
Lege eine Tabelle für die Zuordnung *Länge (in m) → Breite (in m)* an.
Überprüfe, ob eine antiproportionale Zuordnung vorliegt. Zeichne den Graphen der Zuordnung. Beschreibe den Verlauf des Graphen und vergleiche ihn mit dem Graphen aus Aufgabe 2.

INFORMATION

Graph einer antiproportionalen Zuordnung

Bei einer antiproportionalen Zuordnung liegen die Punkte des Graphen auf einer Kurve. Sie trifft keine der beiden Achsen.
Diese Kurve nennt man **Hyperbel**.

Am Graphen erkennt man:
Je größer die Ausgangsgröße ist, desto kleiner wird die zugeordnete Größe.

Vorsicht: Je mehr – desto weniger bedeutet nicht unbedingt antiproportional.

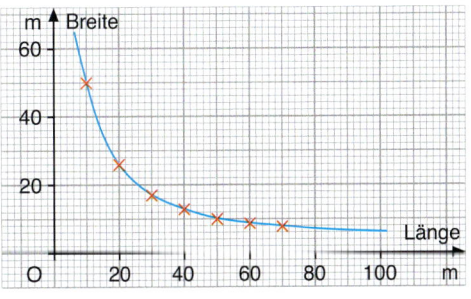

ÜBEN

Z 4. Lege zu jeder Teilaufgabe eine Tabelle an und berechne die fehlenden Werte mithilfe der Regeln (A1) und (A2). Welche Voraussetzungen bzw. Annahmen machst du?
a) In einer Fabrik sollen 1000 Flaschen Limonade abgefüllt werden. Vier Abfüllmaschinen brauchen dafür 24 min. Wie lange brauchen 2, 12, 6, 3, 1 Maschine(n)?
b) Durch eine Zuflussleitung kann man ein Wasserbecken in 90 Minuten füllen. Wie lange dauert es, wenn man das Becken durch 2, 3, 5, 6 Zuflussleitungen füllen würde?
c) Der Hafervorrat eines Reitstalls reicht bei 10 Pferden für 24 Tage.
Wie lange reicht derselbe Vorrat bei 20 Pferden, wie lange bei 5, 15, 3, 12 Pferden?

Z 5. Eine Tippgemeinschaft aus 8 Personen teilt einen Lottogewinn gleichmäßig auf. Jedes Mitglied erhält 390 €.
a) Wie viel Euro erhält jedes Mitglied einer Tippgemeinschaft aus 4, 2, 6, 12, 16 Personen bei gleicher Gewinnsumme? Lege eine Tabelle an.
b) Wie hoch war die Gewinnsumme bei dieser Ziehung?

Z 6. Tanja und Lena wollen eine mehrtägige Fahrradtour machen. Die ausgesuchte Strecke ist insgesamt 240 km lang. Jeden Tag wollen sie eine möglichst gleich lange Strecke zurücklegen.
a) Fülle für die Zuordnung *Anzahl der Tage → Länge der Tagesstrecke* die Tabelle aus.
Ist die Zuordnung antiproportional? Begründe mit den Regeln (A1) und (A2).

Anzahl der Tage	2	3	4	5	6	8	10
Länge der Tagesstrecke (in km)							

b) Zeichne den Graphen der Zuordnung.
Ist es sinnvoll die Punkte miteinander zu verbinden? Begründe.

Z 7. Ein Schulgarten ist 120 m² groß. Er soll in gleich große Beete aufgeteilt werden. Lege eine Tabelle für die Zuordnung *Anzahl der Beete → Größe eines Beets (in m²)* an.
Wähle als Ausgangsgrößen 2, 3, 4, 5, 6, 8, 10, 12, 15, 20 Beete.
Ist die Zuordnung antiproportional?
Begründe mithilfe der Regeln (A1) und (A2).
Zeichne den Graphen der Zuordnung.

Z 8. Überprüfe, ob eine proportionale Zuordnung, eine *je mehr-desto mehr*-Zuordnung, eine *je mehr-desto weniger*-Zuordnung oder eine antiproportionale Zuordnung vorliegt.

a)

Volumen (in m³)	Preis (in €)
1	2,35
6	14,10
3	7,05

b)

Fahrzeit (in h)	Tankfüllung (in Liter)
1	48
4	12
2	36

c)

Gewicht (in kg)	Preis (in €)
3	3,60
5	6,00
7,50	8,50

d)

Anzahl der Bagger	Anzahl der Tage
3	15
1	45
5	9

PUNKTE SAMMELN

Für den Besuch des Tierparks werden folgende Eintrittspreise verlangt.

Eintrittspreise	
Erwachsene	5 €
Kinder 5 – 10 Jahre	2,50 €
Schülerpreise:	
Einzelkarte	4 €
Fünferkarte	18 €
Zehnerkarte	30 €
Familienjahreskarte	50 €

★★
Notiere in einer Tabelle den günstigsten Preis für eine Schülergruppe mit 20, 21, …, 26 Schülerinnen und Schülern.

★★★
Berechne den Gesamtpreis für 21 Schüler der Klasse 6, wenn außer dem Klassenlehrer noch vier Eltern die Klasse begleiten.

★★★★
Herr und Frau Struck möchten mit ihrer 12 Jahre alten Tochter Melanie und ihrem 9-jährigen Sohn Tobias den Tierpark häufiger besuchen.
Ab wie vielen Besuchen lohnt es sich für sie, eine Familienjahreskarte zu kaufen?

In der Seefahrt werden Entfernungen nicht in Kilometern (km) sondern in Seemeilen (sm) angegeben. Eine Seemeile entspricht 1,852 km.

★★
Gib die Entfernungen 1, 2, 3, …, 10 sm in km an.
Erstelle eine Tabelle.

★★★
Stelle den Graphen der Zuordnung
Entfernung (in sm) → Entfernung (in km)
in einem Koordinatensystem dar.
Begründe, warum es sich bei der Zuordnung um eine proportionale Zuordnung handelt.
Lies aus dem Graphen ab, wie viele Seemeilen einer Entfernung von 15 km entsprechen.

★★★★
Katamarane sind Boote mit zwei parallelen Bootsrümpfen, die hohe Geschwindigkeiten erreichen können. Bei einer Atlantiküberquerung 2006 legte ein Katamaran 766 sm in nur 24 Stunden zurück.
Berechne, wie viele Seemeilen der Katamaran im Durchschnitt in einer Stunde zurückgelegt hat.
Vergleiche mit der Geschwindigkeit von 50 $\frac{km}{h}$.

VERMISCHTE UND KOMPLEXE ÜBUNGEN

1. a) Wie viel Euro kosten 200 g, 300 g, ..., 1 000 g Vogelfutter?
b) Zeichne für die Zuordnung
Vogelfutter (in g) → Preis (in €) einen Graphen.
c) Bestimme mithilfe des Graphen, wie viel Gramm Vogelfutter man für 10,50 € bekommt. Überprüfe anschließend durch eine Rechnung.

2. In einem Tierpark wurde ein Raum für Kleintiere eingerichtet. Damit sich die Tiere wohl fühlen, wird regelmäßig die Lufttemperatur kontrolliert.

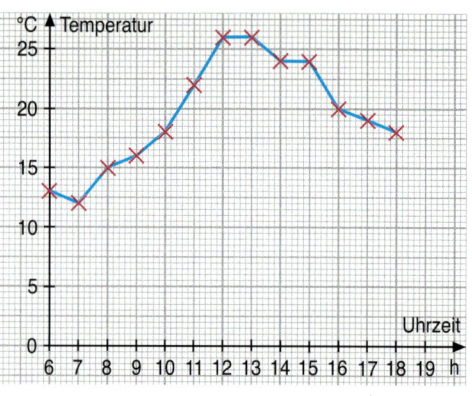

a) Notiere die höchste und tiefste Temperatur, die gemessen wurde.
Wann betrug die Temperatur 20 °C?
b) Beschreibe, wie sich die Raumtemperatur von 6.00 Uhr bis 18.00 Uhr geändert hat.
c) In welcher Stunde war die Temperaturänderung besonders stark?

 3.

 Johanna hat den Grundtarif. Im letzten Monat verschickte sie 85 SMS.
Wie viel muss sie dafür bezahlen?

Samuel hat den Grundtarif und musste im letzten Monat 6,25 € für SMS bezahlen.
Wie viel SMS hat er im letzten Monat verschickt?

SMART-Grundtarif
Nur 4 Cent pro SMS in alle deutschen Netze plus 3,45 € Grundgebühr im Monat.

SMART - Fairtarif
7 Cent pro SMS in alle deutschen Netze, keine Grundgebühr.

 Karaca hat sich für den Fairtarif entschieden und bezahlt für ihre SMS im Durchschnitt 9,10 € pro Monat. Sie überlegt in den Grundtarif zu wechseln. Lohnt sich das? Begründe.

 Das Mobilfunkunternehmen **SMART** bietet auch noch eine Flatrate für 10,00 € monatlich an.
Vergleiche die drei Tarife.

4. a) Gib den Preis für 3 kg; 1,5 kg; 750 g; $2\frac{1}{2}$ kg Bananen an.
Wie viel kg Bananen bekommt man für 5 €?

b) Berechne den Preis für 750 g; $1\frac{1}{4}$ kg; 1500 g; 2 kg Schweinefilet.
Wie viel kg Schweinefilet bekommt man für 10 €?

c) Berechne den Preis für 1 250 g; 400 g; $1\frac{1}{2}$ kg; 875 g Möhren.
Wie viel kg Möhren erhält man für 5 €?

5. Limonade wird in unterschiedlichen Füllmengen angeboten. Damit der Kunde leichter herausfinden kann, welches die teuerste und welches die preiswerteste Limonade ist, muss der Preis pro Liter angegeben werden. Ordne die Limonadensorten nach dem Preis pro Liter.

6. Die Zuordnung soll proportional sein. Erfinde zu jeder Tabelle eine Rechengeschichte und bestimme die fehlenden Preise.

a)

10 Stück	2,80 €
5 Stück	
15 Stück	

b)

30 l	2,80 €
33 l	

c)

100 kg	80 €
7 kg	
93 kg	

d)

60 m	60 €
46 m	

7. 70 cm³ Stahl wiegen 553 g.
  a) Wie viel wiegt ein 1 dm³ großer Stahlkörper?
  b) Welches Volumen hat ein 158 g schwerer Körper aus Stahl?
  c) Wie viel kg wiegt ein quaderförmiger Körper aus Stahl, der 25 cm breit, 40 cm lang und 30 cm hoch ist?
  d) Ein Würfel aus Stahl wiegt 63,2 g. Wie lang ist eine Kante?

8. a) Ein Testfahrzeug durchfährt eine Teststrecke in 24 s mit einer gleichbleibenden Geschwindigkeit von 25 $\frac{m}{s}$.
Bei welcher Geschwindigkeit legt es die Teststrecke in 15 s zurück?

b) Ein anderes Testfahrzeug durchfährt eine Teststrecke mit einer gleichbleibenden Geschwindigkeit von 36 $\frac{m}{s}$ in 48 s.
Wie lange braucht es für dieselbe Strecke, wenn es mit 24 $\frac{m}{s}$ fährt?

c) Der Zwischenwert 1 min kann manchmal ungeschickt sein. Wähle geeignete Zwischenwerte. Zeichne auch einen Graphen der Zuordnung.

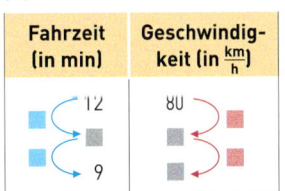

(1)
Fahrzeit (in min)	Geschwindigkeit (in $\frac{km}{h}$)
12	80
	10

(2)
Fahrzeit (in min)	Geschwindigkeit (in $\frac{km}{h}$)
12	80
	9

(3)
Fahrzeit (in min)	Geschwindigkeit (in $\frac{km}{h}$)
12	80
	60

WAS DU GELERNT HAST

Zuordnungen

Zuordnungen können durch Texte, Graphen, Tabellen oder Gleichungen angegeben werden.

Wir schreiben sie mit einem Pfeil auf, z. B.:

Gewicht (in kg) → Preis (in €)

„wird zugeordnet"

Die Kartoffeln kosten 0,75 € pro kg.

Ausgangsgröße / zugeordnete Größe

Gewicht	1 kg	5 kg	8 kg
Preis	0,75 €	3,75 €	6,00 €

Preis = Gewicht · 0,75 € pro kg

Graph einer Zuordnung

In einem Koordinatensystem kann man eine Zuordnung grafisch darstellen.

Die einander zugeordneten Werte einer Tabelle geben jeweils einen Punkt an.

Das Wertepaar „8 Uhr | 0 km" entspricht dem Punkt A (8 | 0). Aus den anderen Wertepaaren der Tabelle erhalten wir die Punkte B (9 | 4), C (10 | 4) und D (11 | 7).

Der Punkt B (9 | 4) gibt an, dass die Wandergruppe um 9 Uhr 4 km zurückgelegt hat.

Am Graphen kann man Informationen und Veränderungen auf einen Blick ablesen.

Uhrzeit	8 Uhr	9 Uhr	10 Uhr	11 Uhr
Länge des Weges	0 km	4 km	4 km	7 km

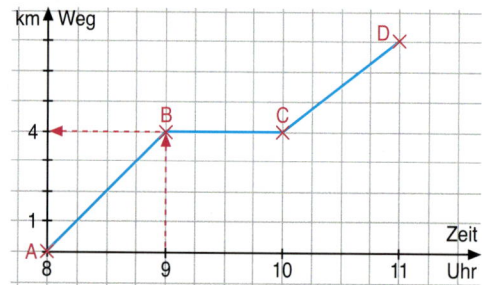

Von 8 bis 9 Uhr wanderte die Gruppe 4 km. Danach machte sie Pause bis 10 Uhr.

Proportionale Zuordnungen

Zum *Doppelten* (Dreifachen oder Halben) der einen Größe gehört auch das *Doppelte* (Dreifache oder Halbe) der anderen Größe.

Graph
Alle Punkte einer proportionalen Zuordnung liegen auf einer Halbgeraden, die im Ursprung beginnt.

Regeln
Multipliziert (dividiert) man die eine Größe, muss man auch die andere Größe *mit derselben Zahl multiplizieren* (durch dieselbe Zahl dividieren).

Dreisatz
Notiere die gegebenen Werte in einer Tabelle. Suche eine geeignete Zwischengröße und berechne fehlende Werte mithilfe der Regeln für proportionale Zuordnungen.

2 kg Obst kosten 2,40 €
4 kg Obst kosten 4,80 €
1 kg Obst kostet 1,20 €

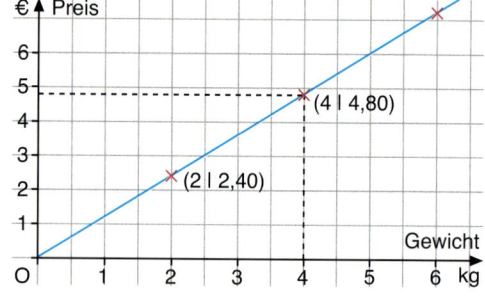

BIST DU FIT?

1. Bei Flugreisen wird das Reisegepäck bei einer Fluggesellschaft bis zu einem Höchstgewicht von 20 kg kostenfrei transportiert. Ist das Gepäck schwerer, müssen die Reisenden für das Übergewicht einen zusätzlichen Preis bezahlen.

Transportkosten für Reisegepäck	
Übergewicht (in kg)	Kosten (in €)
bis 3	4,00
über 3 bis 6	7,50
über 6 bis 9	10,50
über 9 bis 11	13,00
über 11 bis 13	15,50
über 13 bis 15	18,00

a) Bestimme die Transportkosten für ein Reisegepäck mit dem Gesamtgewicht 19 kg [29 kg; 33,6 kg].
b) Frau Teuber muss 15,50 € mehr bezahlen. Wie schwer kann ihr Gepäck gewesen sein?
c) Herr Melching stellt fest: „Ich hätte 3 € weniger bezahlt, wenn mein Gepäck nur 0,3 kg leichter gewesen wäre."
Wie viel Euro hat er bezahlt? Wie schwer war sein Gepäck? Beschreibe deine Überlegungen.

2. Eine Reinigungsfirma zahlt ihren Mitarbeitern einheitlich 10,50 € pro Stunde.
   a) Lege eine Tabelle für die Zuordnung *Anzahl der Stunden → Arbeitslohn* an. (Wähle als Ausgangsgrößen 5, 10, 15, 20, 25, 30 Stunden.)
   b) Zeichne den Graphen der Zuordnung.
   c) Bestimme (ohne zu rechnen) mithilfe des Graphen den Arbeitslohn für
      (1) 19 Stunden; (2) 7 Stunden; (3) 28 Stunden. Überprüfe jeweils durch Rechnung.

3. Wetterstationen zeichnen u.a. Temperaturkurven auf.

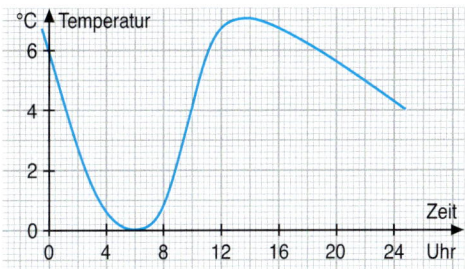

a) Wie viel Grad betrug die Temperatur um 14 Uhr? Wann betrug die Temperatur 5 °C?
b) Beschreibe, wie sich die Temperatur im Verlaufe des Tages geändert hat.
c) Um wie viel Grad ist die Temperatur zwischen 0 und 4 Uhr gefallen, um wie viel Grad zwischen 8 und 12 Uhr gestiegen?

4. a) Frau Kunze hat für 35 Erdbeerpflanzen 22,75 € bezahlt. Herr Krug kauft 45 Pflanzen. Wie viel muss er bezahlen?
   b) Frau Schulz kauft 7 Becher Saure Sahne und bezahlt 1,89 €. Herr Schäfer hat 2,97 € bezahlt. Wie viele Becher Saure Sahne hat er gekauft?

5. Eine Wählerinitiative aus 12 Personen will eine Anzeige in einer Zeitung veröffentlichen. Jedes Mitglied sollte dafür 36 € bezahlen.
Nun werden 3 neue Mitglieder geworben. Die Gesamtkosten ändern sich nicht.
Wie viel Euro muss jetzt jedes Mitglied bezahlen?

KAPITEL 8
DATEN UND ZUFALL

Glücksspiele

» Welches Spiel ist auf dem Bild zu erkennen? Beschreibe den Spielstand. Welche Farbe wird voraussichtlich gewinnen?
» Maik hat schon fünfmal keine Sechs gewürfelt.
„Jetzt muss aber endlich die Sechs kommen", behauptet er.
» Lena hat dreimal hintereinander eine Sechs gewürfelt und meint:
„Das ist halt Können."
» Nenne Spiele, bei denen es vom Zufall abhängt, ob man gewinnt oder verliert.
» Kennst du auch Spiele, bei denen Zufall *und* Können eine Rolle spielen?

Jugendliche lesen Bücher

Fast jeder Jugendliche nutzt täglich das Internet.
Trotzdem bleibt das Lesen von Büchern für viele Jugendliche eine oft genutzte Freizeitbeschäftigung.
Das Ergebnis einer Umfrage „Wie oft liest du ein Buch?" ist rechts dargestellt.

>> Welche Informationen kannst du der Darstellung entnehmen?
>> Vergleiche anhand der Darstellung die Anzahl der einzelnen Antworten.

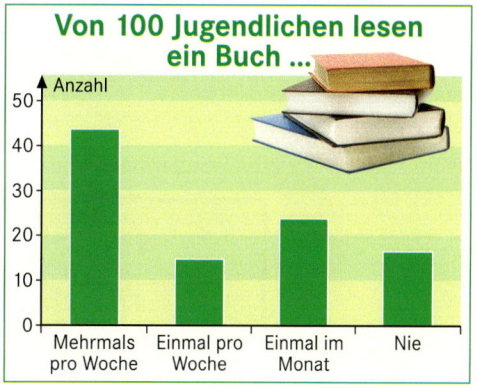

Verkehrszählung

Hier siehst du ein Teilergebnis der Verkehrszählung:

>> Was kannst du dem Diagramm auf einen Blick entnehmen?
>> Welche Bedeutung hat der angegebene Durchschnittswert?
>> Ein Anwohner behauptet: „Pro Tag fahren 24 · 467, also ca. 11 000 Fahrzeuge an meiner Haustür vorbei."
Was meinst du dazu?

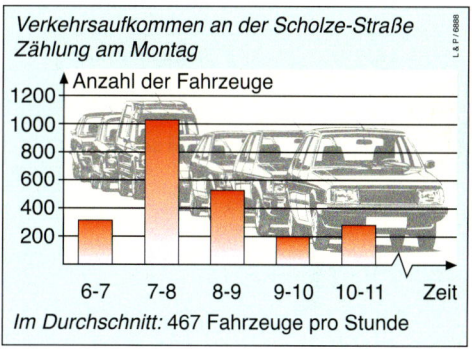

IN DIESEM KAPITEL LERNST DU ...

... wie man Daten mithilfe von Diagrammen darstellt.
... was man unter relativer und absoluter Häufigkeit versteht.
... wie man statistische Erhebungen durchführt.
... was Zufallsexperimente sind.
... was man unter Wahrscheinlichkeit versteht.
... wie man bei Zufallsexperimenten Wahrscheinlichkeiten vergleicht und berechnet.

AUSWERTEN UND DARSTELLEN VON DATEN

Absolute und relative Häufigkeiten

EINSTIEG Die Schülerinnen und Schüler einer 6. Klasse wurden nach ihrer Lieblingsfarbe befragt.

AUFGABE

1. In den Jahrgangsstufen 5, 6 und 7 einer Schule wurde eine Fahrradkontrolle durchgeführt. Leider gab es viele Fahrräder, deren Fahrradbeleuchtung nicht in Ordnung war.

Jahrgangsstufe	5	6	7
Licht in Ordnung	42	39	51
Licht defekt	33	21	34

Vergleiche die Ergebnisse der Jahrgangsstufen untereinander. In welcher Jahrgangsstufe wurden am *häufigsten* Mängel entdeckt?

Lösung

Was verstehen wir unter *häufig*? Es gibt zwei Möglichkeiten.

(1) Wir betrachten nur die in der Kontrolle ermittelten Anzahlen. Man spricht in diesem Fall von den *absoluten Häufigkeiten*. In der Jahrgangsstufe 7 gibt es mit 34 Fällen die meisten Fahrräder mit defekter Beleuchtung, aber auch die meisten Fahrräder ohne Beanstandung. Wenn wir also nur die Anzahlen betrachten, ist ein gerechter Vergleich der Jahrgangsstufen untereinander nicht möglich. Die Gesamtzahl der überprüften Fahrräder ist in jeder Jahrgangsstufe anders.

(2) Um die Jahrgangsstufen gerecht untereinander vergleichen zu können, müssen wir für jede Jahrgangsstufe den Anteil der Fahrräder mit defekter Beleuchtung an der Gesamtzahl bestimmen. In diesem Fall spricht man von *relativen Häufigkeiten*.

In der Jahrgangsstufe 5 weisen 33 von 75 Fahrrädern Mängel an der Fahrradbeleuchtung auf. Der Anteil ist also $\frac{33}{75} = \frac{11}{25}$.

Um besser vergleichen zu können, ist es oft üblich, diesen Anteil in Prozent anzugeben: $\frac{11}{25} = \frac{44}{100} = 0{,}44 = \mathbf{44\,\%}$.

In der Jahrgangsstufe 6 ist bei 21 von 60 Fahrrädern die Beleuchtung defekt.
Der Anteil ist also $\frac{21}{60} = \frac{7}{20} = \frac{35}{100} = 0{,}35 = \mathbf{35\,\%}$.

In der Jahrgangsstufe 7 sind es 34 von 85: $\frac{34}{85} = \frac{2}{5} = 0{,}5 = \mathbf{50\,\%}$.

Ergebnis: Von den Anzahlen her tauchen in der Jahrgangsstufe 7 die meisten Mängel auf, nämlich 34 Fälle. Bezogen auf die Gesamtzahlen der Jahrgangsstufen, nämlich in 35 % aller überprüften Fälle, wurden in der Jahrgangsstufe 5 die häufigsten Mängel entdeckt.

Daten und Zufall **219**

INFORMATION

(1) Statistische Erhebung

Befragungen von Personen wie im Einstieg oder das Zählen von Fahrrädern wie in Aufgabe 1 auf Seite 218 sind Beispiele für **statistische Erhebungen**.

(2) Absolute Häufigkeit

Wie *häufig* ein Ergebnis vorkommt, können wir z. B. mit Strichen in einer Tabelle protokollieren. Die dort angegebenen Anzahlen sind die **absoluten Häufigkeiten**.

> Strichliste
> Lars ||||| |
> Tim ||||
> Nina ||||| ||

(3) Relative Häufigkeit

Die relative Häufigkeit ist ein Anteil. Sie gibt den Anteil eines Ergebnisses im Verhältnis zur Gesamtzahl an.

$$\text{relative Häufigkeit} = \frac{\text{absolute Häufigkeit}}{\text{Gesamtzahl}}$$

Beispiel: 50 von 200 Schülern kommen mit dem Fahrrad zur Schule.

absolute Häufigkeit: 50
Gesamtzahl: 200
relative Häufigkeit $\frac{50}{200} = \frac{1}{4} = 0{,}25 = 25\,\%$

Die relative Häufigkeit gibt hier den Anteil der Schüler einer Schule an, die mit dem Fahrrad zur Schule kommen. Dieser Anteil kann als gewöhnlicher Bruch, als Dezimalbruch oder in Prozent angegeben werden.

FESTIGEN UND WEITERARBEITEN

2. Die Anwohner einer neuen Spielstraße wurden nach ihrer Meinung zu dieser Straße befragt. Das Ergebnis wurde in einer *Häufigkeitstabelle* notiert.

Meinung	absolute Häufigkeit (Anzahl)	relative Häufigkeit		
		als Bruch	als Dezimalbruch	in Prozent
sehr positiv	50			
zustimmend	72			
unentschieden	45			
ablehnend	25			
sehr negativ	8			

Bestimme zu jeder Meinung die relative Häufigkeit und gib sie als gewöhnlichen Bruch, als Dezimalbruch oder in Prozent an.
Übertrage hierzu die Tabelle in dein Heft und fülle sie aus.

> 3 : 14 = 0,214...
> 0
> 30
> 28
> 20
> 14
> 60
> 56
> 4

3. Wandle zunächst in einen Dezimalbruch um und schreibe dann in Prozent. Runde, falls erforderlich, auf die zweite Stelle nach dem Komma.

a) $\frac{3}{5}$ c) $\frac{5}{16}$ e) $\frac{2}{3}$ g) $\frac{1}{6}$ i) $\frac{3}{40}$ k) $\frac{5}{12}$

b) $\frac{7}{20}$ d) $\frac{3}{8}$ f) $\frac{2}{7}$ h) $\frac{7}{30}$ j) $\frac{4}{9}$ l) $\frac{8}{15}$

> $\frac{3}{14} = 3 : 14$
> $= 0{,}214...$
> $\approx 0{,}21$
> $= \frac{21}{100}$
> $= 21\,\%$

4. In welcher Klasse ist der Anteil der Jungen, in welcher der Anteil der Mädchen am größten?

Klasse	Jungen	Mädchen
6a	12	16
6b	11	14
6c	13	16

ÜBEN

5. Hannah, Nadja und Rabea üben am Basketballkorb und notieren die Ergebnisse.

	Treffer	kein Treffer
Hannah	IIII IIII II	IIII IIII IIII III
Nadja	IIII IIII	IIII IIII IIII I
Rabea	IIII IIII IIII	IIII IIII IIII IIII

Wer hatte die beste Trefferquote?

6.

Berechne die relativen Häufigkeiten und gib sie in einer Häufigkeitstabelle (vgl. Aufgabe 2, Seite 223) als gewöhnlichen Bruch, als Dezimalbruch und in Prozent an.

7. Eine Umfrage zum Schulweg in den Klassen 5 bis 7 ergab folgendes Ergebnis:

Jahrgangsstufe	zu Fuß	Fahrrad	mit dem Auto gebracht	öffentliches Verkehrsmittel
5	9	30	12	24
6	12	32	16	20
7	3	27	9	21

a) Wie viele Schüler sind in der Jahrgangsstufe 6?
b) Untersuche, in welcher Jahrgangsstufe der Anteil an Fahrradfahrern am größten ist.
c) Berechne und vergleiche auch die anderen Anteile.

8. An einer Ortseinfahrt kontrolliert die Polizei die Geschwindigkeit der Fahrzeuge. Hier das Ergebnis nach 20 Minuten:

Geschwindigkeit (in $\frac{km}{h}$)	bis 40	41–50	51–60	61–70	über 70
Anzahl der Fahrzeuge	2	23	8	5	2

a) Ermittle für jeden Geschwindigkeitsbereich die relative Häufigkeit und notiere sie übersichtlich in einer Häufigkeitstabelle.
b) In dem Ort gilt eine Höchstgeschwindigkeit von 50 km/h. Wie viel Prozent der Autofahrer haben diese Grenze überschritten?
c) Ab einer Überschreitung von mehr als 10 km/h verlangt die Polizei ein Bußgeld. Wie viel Prozent der Autofahrer bekamen einen Bußgeldbescheid?
d) Wie viele Fahrzeuge würden bei dem obigen Verkehrsaufkommen von 7.00 bis 20.00 Uhr durch die Ortseinfahrt fahren?

Grafische Darstellung von Daten

EINSTIEG

Die Elternvertreter einer Schule beantragen, dass die Straße vor der Schule ein verkehrsberuhigter Bereich wird. Zur Unterstützung haben die Schüler der Klasse 6c an einem Schulvormittag von 8.05 bis 8.40 Uhr eine Verkehrszählung durchgeführt und die Ergebnisse in eine Tabelle eingetragen.

Fahrzeugart	Pkw	Busse	Lkw	Motorräder
Anzahl	112	35	49	14

» Welche Informationen kann man aus der Tabelle ablesen?
» Wie groß war der Anteil der Lastkraftwagen an der Gesamtzahl der Fahrzeuge?
Berechne auch die Anteile für die übrigen Fahrzeugarten.
» Wie kann man das Ergebnis der Verkehrszählung und die berechneten Anteile anschaulich darstellen?

AUFGABE

Umfrage zum Freizeitverhalten

Was machst du in deiner Freizeit am liebsten? Bitte nur einmal ankreuzen!
○ Sport treiben
○ Musik hören
○ Fernsehen
○ Spielen
○ Lesen

1. In einer 6. Schulklasse wurden die Schülerinnen und Schüler nach ihrer liebsten Freizeitbeschäftigung gefragt.

Tätigkeit	Sport treiben	Musik hören	Fernsehen	Spielen	Lesen
Anzahl	|||| ||||	||||	|||| |||	|||	||||

Das Umfrageergebnis soll in einer Wandzeitung im Klassenraum anschaulich dargestellt werden. Finde verschiedene Möglichkeiten.

Lösung

(1) Eine Möglichkeit besteht darin, die absoluten Häufigkeiten in einem Säulendiagramm darzustellen. Bei den Säulen wählen wir 5 mm für 1 Schüler.
Dem Säulendiagramm kann man auf einen Blick entnehmen, dass die meisten Schüler am liebsten *Sport treiben* und die wenigsten *spielen* oder dass genauso viele Schüler am liebsten *lesen* wie *Musik hören*.

Säulendiagramm:

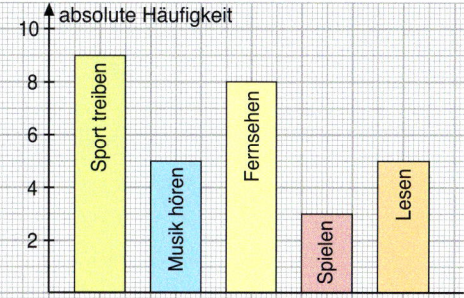

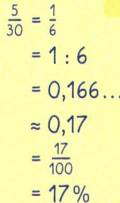

$\frac{5}{30} = \frac{1}{6}$
$= 1 : 6$
$= 0{,}166\ldots$
$\approx 0{,}17$
$= \frac{17}{100}$
$= 17\,\%$

(2) Eine weitere Möglichkeit ist, die relativen Häufigkeiten zu berechnen und in Diagrammen darzustellen.
Insgesamt wurden 30 Schülerinnen und Schüler befragt. 9 von ihnen treiben in ihrer Freizeit am liebsten Sport. Der Anteil ist also $\frac{9}{30} = \frac{3}{10} = 30\,\%$.
Entsprechend erhalten wir die anderen Anteile.

		Sport treiben	Musik hören	Fernsehen	Spielen	Lesen	Summe
Absolute Häufigkeit		9	5	8	3	5	30
Relative Häufigkeit	als Bruch	$\frac{9}{30}$	$\frac{5}{30}$	$\frac{8}{30}$	$\frac{3}{30}$	$\frac{5}{30}$	1
	in Prozent	30 %	17 %	27 %	10 %	17 %	101 %

Die Summe aller relativen Häufigkeiten ergibt 1 bzw. 100 %. Aufgrund von Rundungen sind bei den Prozentangaben kleine Abweichungen möglich (siehe Tabelle Seite 225).

Die relativen Häufigkeiten können in einem Säulen-, Kreis- oder Streifendiagramm dargestellt werden.

Bei den Säulen wählen wir 1 mm für 1 %.

Die Größe des Anteils im Kreisdiagramm wird durch den Winkel am Mittelpunkt des Kreises festgelegt. 360° sind das Ganze (Vollwinkel).

$\frac{1}{30}$ von 360° sind 360° : 30 = 12°

$\frac{9}{30}$ von 360° sind dann 9 · 12° = 108°

$\frac{5}{30}$ von 360° sind 5 · 12° = 60°

$\frac{8}{30}$ von 360° sind 8 · 12° = 96°

$\frac{3}{30}$ von 360° sind 3 · 12° = 36°

Das Streifendiagramm ist besonders einfach zu zeichnen, wenn wir 1 mm für 1 % wählen.

Der Streifen wird dann insgesamt 100 mm = 10 cm lang.

Säulendiagramm:

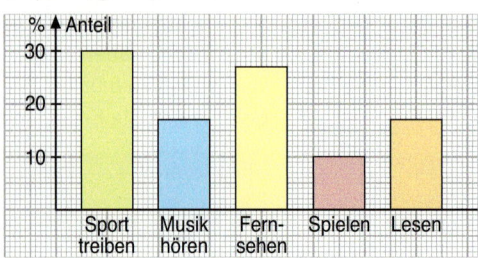

Kreisdiagramm:

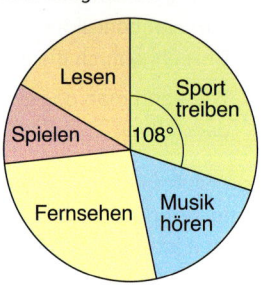

Streifendiagramm:

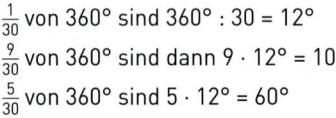

FESTIGEN UND WEITERARBEITEN

2.

Liebste Sportarten der 6c	
Fußball	ﬀﬀ |||
Handball	||
Tennis	|||
Basketball	||||
Reiten	ﬀﬀ
Schwimmen	||
Geräteturnen		

Berechne die relativen Häufigkeiten. Stelle die absoluten und relativen Häufigkeiten in verschiedenen Diagrammen dar.

3. Die Benutzer der Schulbibliothek wurden nach ihrer Lieblingslektüre befragt. Das Ergebnis der Umfrage wurde in dem Diagramm dargestellt.

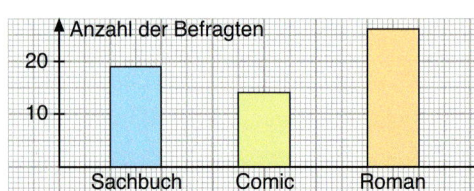

  a) Was kannst du dem Diagramm auf einen Blick entnehmen?
  b) Stelle die absoluten Häufigkeiten in einem Streifendiagramm dar. Beschreibe dein Vorgehen.
  c) Lies die absoluten Häufigkeiten aus dem Säulendiagramm ab und berechne die relativen Häufigkeiten. Erstelle eine Häufigkeitstabelle.
  d) Zeichne auch ein Kreisdiagramm. Was kannst du dem Kreisdiagramm auf einen Blick entnehmen?

4. 50 Schülerinnen und Schüler wurden befragt, welche Haustiere sie am liebsten haben. Mehrfachnennungen waren möglich.

Haustier	Katze	Kaninchen	Hund	Vogel	Fisch	Hamster
Anzahl	₶₶ ₶₶ ₶₶ ₶₶	₶₶ ₶₶ IIII	₶₶ ₶₶ ₶₶ ₶₶ ₶₶	₶₶ III	₶₶ ₶₶	₶₶ II

a) Bestimme für jede Tierart die relative Häufigkeit; gib sie als gewöhnlichen Bruch, als Dezimalbruch und in Prozent an. Erkläre, was die relative Häufigkeit jeweils angibt.
b) Stelle die relativen Häufigkeiten in einem Säulendiagramm dar.
c) Marc berechnet die Summe aller relativen Häufigkeiten. Da die Summe größer als 1 ist, meint er, dass er sich verrechnet hat. Was meinst du dazu? Erkläre.

INFORMATION

(1) Diagramme

Absolute Häufigkeiten werden oft durch ein **Säulendiagramm** dargestellt.
Relative Häufigkeiten kann man auch in Säulendiagrammen darstellen, aber meistens werden sie mit einem **Kreis-** oder **Streifendiagramm** veranschaulicht.

Beispiel: Klassensprecherwahl

Strichliste

Vera ₶₶ ₶₶ ₶₶
Tom ₶₶ I
Max ₶₶ IIII

Säulendiagramm

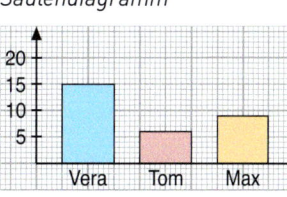

Kreisdiagramm

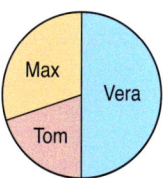

(2) Summenprobe

Wenn bei einer statistischen Erhebung *keine Mehrfachnennungen* vorliegen, muss die Summe aller relativen Häufigkeiten ein Ganzes ergeben, d. h. sie ist 1 bzw. 100 %. Man kann dies zur Kontrolle benutzen. Bei gerundeten Zahlen können kleine Abweichungen auftreten.
Sind Mehrfachnennungen möglich, so ist die Summe der relativen Häufigkeiten größer als 1 bzw. 100 %. Hier kann man *kein* Kreisdiagramm zeichnen.

ÜBEN

5. Die Schüler einer 5. und 6. Jahrgangsstufe wurden nach dem Pausengetränk, das sie gewöhnlich trinken, befragt. Hier siehst du das Ergebnis:

Mineralwasser	Milch	Kakao	Limonade	Tee	Sonstiges
57	18	24	27	15	9

a) Stelle die absoluten Häufigkeiten in einem Säulendiagramm dar.
b) Berechne die relativen Häufigkeiten und erstelle eine Häufigkeitstabelle.
c) Zeichne für die relativen Häufigkeiten ein Streifen- und Kreisdiagramm.

 6. Patrick hat seine Mitschüler befragt, welche Bücher sie gerne lesen. Das Ergebnis hat er in dem Kreisdiagramm rechts dargestellt. Hat er alles richtig gemacht?

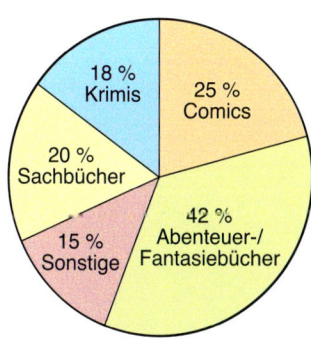

7. Die Schülerinnen und Schüler der Klasse 6c planen mit ihrem Klassenlehrer den nächsten Schulausflug. Drei Ziele stehen zur Auswahl.

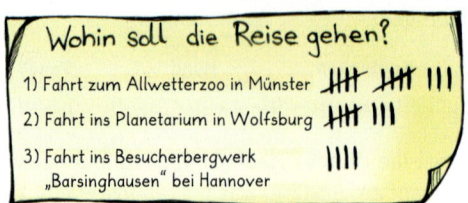

a) Bestimme die relativen Häufigkeiten für die einzelnen Ziele.
   Kontrolliere mit der Summenprobe.
b) Zeichne ein Säulendiagramm und ein Streifendiagramm.

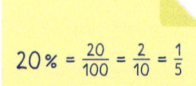

8. Die Klasse 6b hat untersucht, wie die Schülerinnen und Schüler ihrer Jahrgangsstufe zur Schule kommen. Es wurden insgesamt 60 Schülerinnen und Schüler befragt. Die relativen Häufigkeiten wurden in einem Säulendiagramm dargestellt.

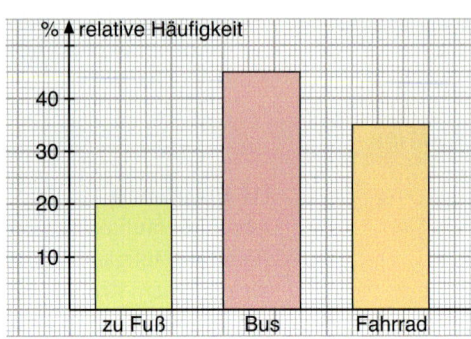

a) Was kann man dem Diagramm auf einen Blick entnehmen?
b) Welche genauen Informationen kann man aus dem Diagramm ablesen?

9. Hier findest du ein Streifendiagramm für die Altersverteilung der Klasse 6a (25 Schüler).

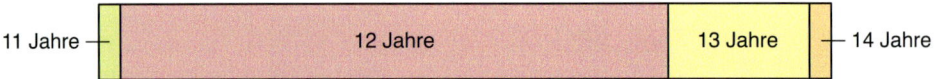

a) Entnimm dem Diagramm die relativen Häufigkeiten der einzelnen Altersstufen. Lege eine Häufigkeitstabelle für relative und absolute Häufigkeiten an.
b) Zeichne zur Altersverteilung der Schüler weitere Diagramme. Benenne Vor- und Nachteile der verschiedenen Darstellungsformen.

10. 300 Besucher des Bürgerbüros wurden befragt, wie sie den Service dieser städtischen Einrichtung bewerten. Hier das Ergebnis:

Service des Bürgerbüros	hervorragend	zufriedenstellend	schlecht	keine Meinung
Anteil der Befragten	$\frac{2}{15}$		$\frac{3}{10}$	$\frac{1}{5}$

a) Vervollständige die Tabelle und zeichne ein Säulendiagramm.
b) Wie viele der befragten Bürger finden den Service hervorragend? Bestimme auch für die anderen Bewertungen die absolute Häufigkeit.

11. In der nebenstehenden Häufigkeitstabelle fehlen einige Ergebnisse der Verkehrszählung.
Übertrage die Tabelle in dein Heft und fülle die Lücken aus. Stelle die absoluten und relativen Häufigkeiten in verschiedenen Diagrammen dar.
Vergleiche die Darstellungsformen miteinander.

	absolute Häufigkeit	relative Häufigkeit
Pkw	165	
Lkw		18 %
Bus		10 %
Motorrad		
Summe	250	

DAS ARITHMETISCHE MITTEL UND DER MEDIAN

EINSTIEG

Wirtschaft

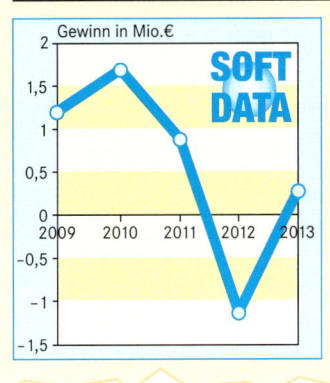

Oldenburg. Gestern berichtete der Geschäftsführer von „Soft-Data" auf einer Pressekonferenz über die Entwicklung seines Unternehmens: „Wir sind wieder auf der Gewinnerspur. Trotz des schlechten Vorjahres kann sich der durchschnittliche Gewinn der letzten fünf Jahre sehen lassen. Pro Jahr

» Was könnt ihr direkt am Graphen ablesen?
» Was könnt ihr mit den dargestellten Daten berechnen, um die Entwicklung des Unternehmens genauer zu beschreiben?
» Die einzelnen Jahresergebnisse wurden miteinander verbunden.
Was meint ihr dazu? Berichtet.

AUFGABE

1. Die Redakteure einer Verbraucherzeitschrift haben den Preis für ein Smartphone in 7 verschiedenen Geschäften erfragt:
375,00 €;   349,90 €;   449,00 €;   379,00 €;   399,90 €;   406,00 €;   364,90 €

In der Zeitschrift steht später:

> Der Preisvergleich für das Smartphone ergab einen mittleren Preis von 379,00 €, wobei die Preisspanne insgesamt 99,10 € betrug.

a) Überprüfe die Angaben der Zeitung. Was gibt der *mittlere* Preis an?
b) Vergleiche den mittleren Preis mit dem arithmetischen Mittel. Begründe Abweichungen.

Lösung

a) Zunächst ordnen wir die Preisangaben ihrer Größe nach:
349,90 €;   364,90 €;   375,00 €;   **379,00 €**;   399,90 €;   406,00 €;   449,00 €

Der mittlere Preis, auch Median oder Zentralwert genannt, ist der Preis, der *in der Mitte* aller Werte steht; es ist der in der Zeitschrift angegebene Preis von 379,00 €.
Die Preisspanne, allgemein Spannweite der Stichprobe genannt, gibt die Differenz zwischen dem größten und kleinsten Wert an. Sie beträgt: 449,00 – 349,90 = 99,10.

Ergebnis: Die Angaben der Zeitung sind korrekt.

b) Um das arithmetische Mittel (Durchschnittswert) zu berechnen, müssen wir alle Werte (Preisangaben) addieren und durch die Anzahl der Werte dividieren.

(349,90 + 364,90 + 375,00 + 379,00 + 399,90 + 406,00 + 449,00) : 7 = 389,10

Der durchschnittliche Preis beträgt 389,10 €. Er kommt unter den Preisangaben nicht vor und ist etwas größer als der mittlere Preis. Dies liegt insbesondere daran, dass der größte Wert mit 449,00 € aus der Reihe fällt. Er ist ein sogenannter *Ausreißer*.

INFORMATION

(1) Arithmetisches Mittel

Der durchschnittliche Wert von Zahlen oder Größenangaben heißt **arithmetisches Mittel.** Man berechnet das arithmetische Mittel von Werten, indem man die Summe aller Werte bildet und das Ergebnis durch die Anzahl der Werte dividiert. Die Ergebnisse müssen gegebenenfalls gerundet werden.

Beispiel:
Niederschläge in einer Woche: 26 mm; 12 mm; 3 mm; 0 mm; 0 mm; 9 mm; 2 mm
Arithmetisches Mittel: (26 mm + 12 mm + 3 mm + 9 mm + 2 mm) : 7 = 52 mm : 7 ≈ 7,4 mm
Hätte es jeden Tag in der Woche gleich viel geregnet, dann wären dies pro Tag 7,4 mm.

(2) Median einer statistischen Erhebung

Der **Median** ist der Wert, der in der geordneten Liste in der Mitte steht.
Man erhebt in der Regel eine ungerade Anzahl von Daten.

> Median: rechts und links stehen gleich viele Werte

Beispiel: Eine Fachzeitschrift vergleicht die Preise für ein bestimmtes Handy.
Geordnete Liste: 159 € 164 € 165 € 179 € 249 €
Der Median ist 165 €.

Sind – wie im Beispiel – die Daten Zahlen oder Größen, spricht man auch vom *Zentralwert*. Der Preis von 249 € ist ein so genannter *Ausreißer*, da er besonders stark von den anderen Preisen abweicht. In solchen Fällen nimmt man besser den Median als das arithmethische Mittel.
Manchmal hat man auch eine gerade Zahl von Werten. Der Zentralwert ist dann das arithmetische Mittel der beiden in der Mitte stehenden Werte.

(3) Minimum – Maximum – Spannweite

Die **Spannweite** ist die Differenz zwischen dem **Maximum** (dem größten Wert) und dem **Minimum** (dem kleinsten Wert) der statistischen Erhebung.

Beispiel: 5 Schüler stoppen die Zeit eines Mitschülers beim 100-m-Lauf:
15,4 s; 14,5 s; 15,5 s; 15,8 s; 15,3 s.
Minimum: 14,5 s; *Maximum:* 15,8 s
Spannweite: 15,8 s – 14,5 s = 1,3 s

FESTIGEN UND WEITERARBEITEN

2. Gegeben sind die sieben Verbrauchsangaben 8,4 *l*; 7,8 *l*; 9,2 *l*; 7,5 *l*; 10,1 *l*; 8,3 *l*; 8,9 *l*.
   a) Bestimme das arithmetische Mittel und den Median.
   b) Erweitere die gegebene Liste durch zwei verschiedene Angaben, so dass sich das arithmetische Mittel nicht ändert. Begründe deine Auswahl.
   c) Erweitere die gegebene Liste durch zwei verschiedene Angaben, so dass sich der Median nicht ändert. Begründe deine Auswahl.

3. Lena und Sarah haben ihre Mitschüler befragt, ob ihnen in ihrer Freizeit das Chatten im Internet sehr wichtig (sw), wichtig (w), nicht so wichtig (nw) oder unwichtig (u) ist.
Bestimme den Median
   (1) für die Jungen;
   (2) für die Mädchen;
   (3) für die gesamte Klasse.

	sw	w	nw	u
Jungen	I	IIII I	IIII	IIII
Mädchen	III	IIII I	III	II

ÜBEN

4. Berechne das arithmetische Mittel. Was gibt es an?
   a) *Gewicht von Schultaschen*
      4,3 kg; 2,8 kg; 3,6 kg; 5,7 kg; 4,2 kg
   b) *100-m-Trainingsläufe*
      13,2 s; 12,8 s; 13,5 s; 12,9 s
   c) *Mittagstemperaturen einer Woche*
      2 °C; 5 °C; 9 °C; 11 °C; 4 °C; 1 °C; 3 °C
   d) *Körpergrößen*
      1,68 m; 1,59 m; 1,52 m; 1,48 m; 1,63 m

5.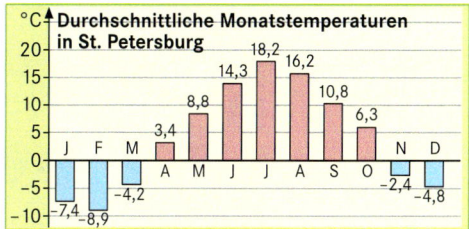

Die Grafik rechts zeigt die durchschnittlichen Monatstemperaturen für St. Petersburg in Russland.
   a) Berechne die Jahresdurchschnittstemperatur in St. Petersburg und vergleiche sie mit dem Median.
   b) Wie groß ist die Spannweite?

6. Berechne das arithmetische Mittel und den Median.
Welcher Wert kennzeichnet die Stichprobe besser? Begründe.
   a) Eintrittspreise: 6,90 €; 5,80 €; 6,50 €; 5,90 €; 9,50 €; 7,95 €; 5,75 €
   b) Trainingszeiten 100-m-Lauf: 13,5 s; 12,6 s; 13,3 s; 13,2 s; 12,9 s

7. Jan hat eine Woche lang aufgeschrieben, wie viel Zeit er für die Hausaufgaben brauchte:
   Mo. 90 min   Di. 75 min   Mi. 100 min   Do. 60 min   Fr. 80 min
   a) Wie viel Zeit hat Jan durchschnittlich an einem Tag für die Hausaufgaben gebraucht?
   b) Erläutere das Diagramm rechts. Erkläre die Bedeutung der roten Linie. Vergleiche die Werte an den einzelnen Tagen mit dem arithmetischen Mittel.
   c) Schreibe eine Woche lang auf, wie viel Zeit du täglich für die Hausaufgaben brauchst und stelle deine Daten ebenfalls grafisch dar.

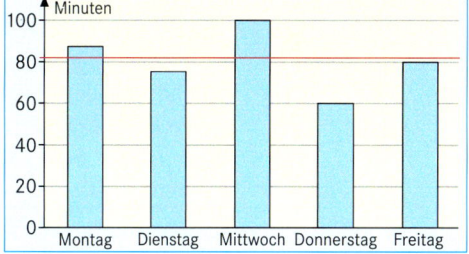

8. Gib für das Taschengeld von neun Jugendlichen eine Stichprobe an, deren arithmetisches Mittel sich bei Abänderung eines einzigen Wertes stark verändert.
Untersuche auch, wie sich der Median ändert.

SPIELEN
(2–3 SPIELER)

9. Ihr braucht einen Spielwürfel und etwas zu schreiben.
Ein Spieler nennt einen Dezimalbruch zwischen 2 und 5, beispielsweise 3,7. Dann wird abwechselnd gewürfelt.
Ihr müsst mindestens dreimal und dürft höchstens siebenmal würfeln. Die Augenzahlen werden notiert.
Wenn ihr fertig seid, wird von den geworfenen Augenzahlen jedes Spielers das arithmetische Mittel gebildet. Wer am nächsten an der genannten Zahl ist, hat gewonnen.

ZUFALLSEXPERIMENTE UND WAHRSCHEINLICHKEIT

Zufall oder nicht?

EINSTIEG

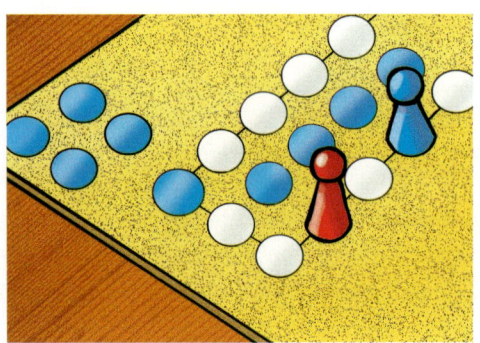

Jannik und Lucas spielen *Mensch ärgere Dich nicht*. Der blaue Spielstein von Jannik ist kurz vor dem Ziel. Davor steht noch der rote Spielstein von Lucas.
Jannik ist mit Würfeln dran.
» Welche Würfelergebnisse sind möglich? Welche davon sind günstig für Jannik?
» Wie groß ist die Chance, dass Jannik seinen Spielstein in Sicherheit bringt?
» Wie groß ist Janniks Chance, den Stein von Lucas zu schlagen?

AUFGABE

1. Anna und Sarah streiten sich, wer den Abwasch übernehmen soll.
Können sich die beiden
(1) mit einer Münze,
(2) mit einem Würfel,
(3) mit dem Spielstein einigen?

Münze   Würfel   Spielstein

Lösung

Anna und Sarah überlassen die Entscheidung darüber, wer den Abwasch übernimmt, dem Zufall.

(1) *Werfen einer Münze:*
Die möglichen Ergebnisse sind Wappen oder Zahl. Keines der beiden Ergebnisse ist beim Werfen bevorzugt. Man sagt: Beide Ergebnisse haben die gleiche Chance.
Anna und Sarah könnten sich z. B. so einigen: „Bei Wappen wäscht Sarah ab, bei Zahl Anna."

(2) *Werfen eines Würfels:*
Die möglichen Ergebnisse sind die Augenzahlen 1, 2, 3, 4, 5, 6. Bei einem normalen Würfel hat jede Augenzahl die gleiche Chance.
Anna und Sarah könnten sich z. B. so einigen: „Bei den geraden Augenzahlen 2, 4 und 6 wäscht Sarah ab, bei den ungeraden Augenzahlen Anna."

(3) *Werfen eines Spielsteines:*
Die möglichen Ergebnisse sind: *Seitenlage* oder *Spitze nach oben*.
Angenommen die beiden Mädchen würden vereinbaren: „Bei *Seitenlage* wäscht Sarah ab, bei *Spitze nach oben* Anna."
Dann wäre Anna bevorzugt. Der Spielstein fällt nämlich sehr viel häufiger auf die Seitenlage als mit der Spitze nach oben. Daher haben die beiden Ergebnisse nicht die gleiche Chance.
Der Zufall würde auch hier entscheiden, aber es wäre keine faire Entscheidung. Die *Wahrscheinlichkeit*, dass Sarah abwaschen müsste, wäre viel größer.

FESTIGEN UND WEITERARBEITEN

2. Gib jeweils die möglichen Ergebnisse an. Entscheide, ob alle Ergebnisse die gleiche Chance haben.
- (1) Prüfen einer Glühlampe
- (2) Werfen einer Münze
- (3) Werfen eines Legosteins
- (4) Schießen auf eine Torwand

INFORMATION

Zufallsexperimente

Das Werfen einer Münze, eines Spielsteins, eines Würfels oder das Drehen eines Glücksrads sind *Zufallsexperimente*:

» Man kann nicht vorhersagen, welches **Ergebnis** eintritt; es hängt vom Zufall ab.
» Aber schon vor dem Versuch kann man alle **möglichen Ergebnisse** angeben.
  Beispiele:
  Mögliche Ergebnisse beim Werfen eines Würfels: 1; 2; 3; 4; 5; 6
  Mögliche Ergebnisse beim Werfen einer Münze: Wappen; Zahl
» Ein Zufallsexperiment kann unter gleichen Bedingungen beliebig oft wiederholt werden.

ÜBEN

3. Gib für jedes Zufallsexperiment alle möglichen Ergebnisse an. Entscheide, ob die Ergebnisse die gleiche Chance des Eintreffens haben.
- (1) Werfen eines Kronkorkens
- (2) Werfen eines Bierdeckels
- (3) Werfen einer Streichholzschachtel
- (4) Werfen eines Knopfes
- (5) Werfen einer Reißzwecke
- (6) Drehen eines Glücksrades

4. Zufall oder nicht? Begründe.
- (1) Julias Vater hat im Lotto gewonnen.
- (2) Wasser siedet bei 100 °C.
- (3) Der Zug fährt um 8.47 Uhr ab.
- (4) Daniel wirft eine Münze. Sie zeigt Zahl.

5. Geschick, Zufall oder beides? Begründe.
- (1) Janina zieht ein Glückslos.
- (2) Tim hat dreimal hintereinander eine 6 gewürfelt.
- (3) Christoph gewinnt beim Skatspiel.
- (4) Niklas trifft eine Dose bei einer Wurfbude.

6. Ein Würfel und eine Münze werden gleichzeitig geworfen. Wenn der Würfel die Augenzahl 3 und die Münze das Wappen zeigt, so kann man dieses Ergebnis durch (3|W) angeben. Schreibe alle möglichen Ergebnisse dieses Zufallsexperiments auf.

7. Bei einem Fußballspiel kennt man den Ausgang vor dem Beginn nicht. Es kann die Heimmannschaft gewinnen oder die Auswärtsmannschaft oder das Spiel endet mit einem Unentschieden. Ist es sinnvoll, ein Fußballspiel als Zufallsexperiment zu betrachten? Begründe deine Ansicht.

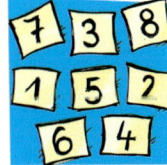

8. Anne zieht zwei der verdeckt liegenden Zahlkärtchen links.
- a) Anne betrachtet die Summe der beiden Zahlen als Ergebnis eines Zufallsexperiments. Schreibe alle möglichen Ergebnisse auf.
- b) Anne betrachtet das Produkt der beiden Zahlen als Ergebnis eines Zufallsexperiments. Schreibe alle möglichen Ergebnisse auf.

WAHRSCHEINLICHKEIT BEI ZUFALLSEXPERIMENTEN

EINSTIEG

Bei einer Geburtstagsfeier sollen kleine Gewinne bei einem Würfelspiel verteilt werden.
Der Spieler kann einen normalen Spielwürfel oder einen Oktaeder werfen.
Gewonnen hat, wer eine Primzahl würfelt.

» Welchen Würfel würdest du wählen?

AUFGABE

Marias Glücksrad

Sophies Glücksrad

1. Maria und Sophie haben zwei Glücksräder gebaut, mit denen sie Gewinne auslosen.
Auf Marias Rad sind die Zahlen 0 bis 99 notiert.
Es gewinnen alle Zahlen, die zwei gleiche Ziffern enthalten.
Auf Sophies Rad sind die Zahlen von 1 bis 40 notiert.
Es gewinnen alle Zahlen, die durch 7 teilbar sind.
Auf welchem Rad würdest du spielen?

Lösung

Wir berechnen für jedes Glücksrad die Gewinnchance. Danach vergleichen wir.

(1) *Marias Glücksrad*

Gewinnzahlen:
11, 22, 33, 44, 55, 66, 77, 88, 99

Von den 100 Zahlen auf dem Rad sind 9 Gewinnzahlen, d. h. $\frac{9}{100}$ der Zahlen gewinnen.
Alle Zahlen auf dem Glücksrad haben die gleiche Chance. Daher können wir in $\frac{9}{100}$ aller Fälle mit einer Gewinnzahl rechnen.

Gewinnwahrscheinlichkeit: $\frac{9}{100}$

(2) *Sophies Glücksrad*

Gewinnzahlen:
7, 14, 21, 28, 35

Von den 40 Zahlen auf dem Rad sind 5 Gewinnzahlen, d. h. $\frac{5}{40}$ der Zahlen gewinnen.
Alle Zahlen auf dem Glücksrad haben die gleiche Chance. Daher können wir in $\frac{5}{40}$ aller Fälle mit einer Gewinnzahl rechnen.

Gewinnwahrscheinlichkeit: $\frac{5}{40}$

Vergleich der Wahrscheinlichkeiten bei beiden Glücksrädern:

$\frac{9}{100} = \frac{18}{200}$, $\frac{5}{40} = \frac{25}{200}$, daher gilt: $\frac{5}{40} > \frac{9}{100}$

Ergebnis: Es ist wahrscheinlicher, dass man bei Sophies Glücksrad gewinnt.

INFORMATION

(1) Wir haben zwei Arten von Zufallsexperimenten kennengelernt:
  » Zufallsexperimente, deren Ergebnisse die gleiche Chance haben.
  » Zufallsexperimente, deren Ergebnisse unterschiedliche Chancen haben.

> Wahrscheinlichkeit: Anteil der günstigen an den möglichen Ergebnissen.

(2) Wahrscheinlichkeit bei Zufallsexperimenten, deren Ergebnisse die gleiche Chance haben:
Die **möglichen** Ergebnisse beim Werfen eines Würfels sind: 1, 2, 3, 4, 5, 6.
Wir betrachten als Beispiel das **Ereignis** „Die Augenzahl ist größer als 4".
Die **günstigen** Ergebnisse, bei denen dieses **Ereignis** eintritt, sind: 5, 6.

Die Wahrscheinlichkeit, dass die Augenzahl größer als 4 ist, ist 2 von 6, also $\frac{2}{6} = \frac{1}{3}$

Wahrscheinlichkeit eines Ereignisses = $\frac{\text{Anzahl der günstigen Ergebnisse}}{\text{Anzahl der möglichen Ergebnisse}}$

FESTIGEN UND WEITERARBEITEN

2. Gib zu dem Spiel die Gewinnchance (Wahrscheinlichkeit) mithilfe eines Bruches an:
   a) Werfen einer Münze, Wappen gewinnt;   **b)** Werfen eines Würfels, Primzahl gewinnt;
   c) Ziehen einer Karte aus einem Kartenspiel (32 Karten), König gewinnt.

3. Arne hat das abgebildete Glücksrad gebaut.
   a) Begründe, warum nicht alle Ergebnisse die gleiche Chance haben.
   b) Welche Zahlen haben eine gleich hohe Gewinnchance? Begründe.
   c) Vergleiche die Chancen für die Zahlen 1 und 2.
   d) Beschreibe die Gewinnchance für die Ergebnisse
      (1) eine Zahl kleiner als 7,   (3) die Zahl 0

4. In einer Lostrommel sind 150 Nieten, 45 Trostpreise und 5 Hauptgewinne.
Wie groß ist die Chance,
   (1) einen Trostpreis,   (2) einen Hauptgewinn zu ziehen?

ÜBEN

5. Ein Kartenspiel besteht aus 32 Karten (8 Kreuz, 8 Pik, 8 Herz, 8 Karo).
Betrachte folgende Zufallsexperimente:
   (1) Alle 32 Karten liegen verdeckt auf dem Tisch. Jan zieht eine Karte. Er gewinnt, wenn er eine Herzkarte zieht.
   (2) Nur die 8 Herzkarten liegen verdeckt auf dem Tisch. Julia zieht eine von diesen 8 Karten. Julia gewinnt, wenn sie eine Bildkarte (König, Dame, Bube) zieht.
Vergleiche die Gewinnchancen von Jan und Julia.

6. Das abgebildete Glücksrad wirg gedreht.
   a) Für welche Zahl ist die Gewinnchance
      (1) am größten,   (2) am kleinsten
   b) Welche Zahlen haben eine gleiche Gewinnchance? Begründe.
   c) Formuliere eine Gewinnchance, bei der du
      (1) immer,   (2) nie gewinnst
   d) Devin behauptet: „Die Gewinnchance für 1 ist fast doppelt so groß wie für 2". Begründe.
   e) Vergleiche die Gewinnchance für die Zahl 1 mit der Gewinnchance für die Zahl 4.

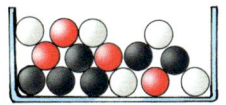

7. In einem Becher befinden sich 6 schwarze, 4 rote und 5 weiße Kugeln.
Wie groß ist die Wahrscheinlichkeit für die Ziehung einer
   a) weißen Kugel;   **c)** schwarzen Kugel;
   b) roten Kugel;   **d)** nicht-weißen Kugel?

8. Julia dreht die Achse eines regelmäßigen Glückskreisels mit nummerierten Feldern (0 bis 9). Lea gewinnt eine Spielmarke, wenn der Kreisel bei einer Primzahl zur Ruhe kommt. Sonst muss Lea eine Spielmarke an Julia zahlen.
Ist das Spiel fair (gerecht)?

WAHRSCHEINLICHKEIT UND RELATIVE HÄUFIGKEIT

EINSTIEG

Nina und Jan haben ein Glücksrad mit fünf gleich großen Sektoren aufgebaut.

▸▸ Wie können sie testen, ob ihr Glücksrad gerecht ist?

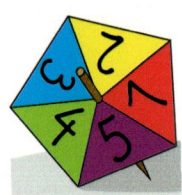

AUFGABE

1. a) Eine Münze wird geworfen. Wie groß ist die Chance (Wahrscheinlichkeit), dass *Wappen* auftreten wird? Die Münze soll 300-mal geworfen werden.
Wie groß wird der Anteil von *Wappen* an der Gesamtzahl der Würfe ungefähr sein?
Wie häufig wird *Wappen* ungefähr auftreten?

b) Eine Münze ist 300-mal geworfen worden:

Anzahl der Würfe	20	40	60	80	100	120	140	160	180	200	220	240	260	280	300
Anzahl der Wappen	13	24	29	38	48	57	69	82	92	100	110	121	134	142	152

Bestimme aus der Tabelle die relativen Häufigkeiten der Würfe, bei denen *Wappen* aufgetreten ist.
Trage sie in eine Tabelle ein.
Was fällt dir auf? Vergleiche mit der in Teilaufgabe a) berechneten Wahrscheinlichkeit.

Lösung

a) Bei einer Münze gibt es zwei mögliche Ergebnisse: *Wappen* und *Zahl*.
Eine Möglichkeit von zwei möglichen Ergebnissen, nämlich *Wappen,* ist günstig. Wir erhalten daher:

Chance für Wappen = $\frac{1}{2}$ = 0,5.

Wir erwarten, dass der Anteil von *Wappen* an der Gesamtzahl der 300 Würfe ungefähr die Hälfte, also 0,5 betragen wird, da die Wahrscheinlichkeit von *Wappen* 0,5 ist. Bei 300 Würfen wird man *Wappen* etwa 300 · 0,5, also 150-mal erwarten.

b) Bei 20 Würfen ist *Wappen* insgesamt 13-mal erreicht worden. Der Anteil, der auf *Wappen* entfällt, ist also $\frac{13}{20}$ = 0,65. Man sagt auch:
Die relative Häufigkeit für *Wappen* ist 0,65.
Wir bestimmen entsprechend die Anteile von *Wappen* bei den anderen Würfen (s. Tabelle rechts).

Anzahl der Würfe	Anzahl der Wappen (absolute Häufigkeit)	Anteil (relative Häufigkeit)
20	13	0,650
40	24	0,600
60	29	0,483
80	38	0,475
100	48	0,480
120	57	0,475
140	69	0,493
160	82	0,513
180	92	0,511
200	100	0,500
220	110	0,500
240	121	0,504
260	134	0,515
280	142	0,507
300	152	0,507

Du erkennst:
Bei zunehmender Anzahl der Experimente pendeln sich die relativen Häufigkeiten von *Wappen* in der Nähe von 0,5 ein. Dies entspricht der Wahrscheinlichkeit von Wappen.

INFORMATION

Absolute Häufigkeit und relative Häufigkeit

Beispiel: Wir werfen einen Würfel 100-mal und erhalten 15-mal die Augenzahl 4.
Was kann man über die Häufigkeit des Ergebnisses „Augenzahl 4" sagen?

(1) Wir haben 15-mal „Augenzahl 4" erhalten. Man sagt:
Die **absolute Häufigkeit** des Ergebnisses „Augenzahl 4" beträgt 15.

(2) Bei 15 von 100 Würfen, also in $\frac{15}{100}$ aller Fälle, haben wir die „Augenzahl 4" erhalten.
Man sagt: Die **relative Häufigkeit** des Ergebnisses „Augenzahl 4" beträgt $\frac{15}{100}$.

> Bei langen Versuchsreihen:
> Wahrscheinlichkeit ≈ relative Häufigkeit

Relative Häufigkeit – Wahrscheinlichkeit

Bei häufig wiederholter Durchführung eines Zufallsexperiments erwartet man, dass sich die **relativen Häufigkeiten** eines Ergebnisses der **Wahrscheinlichkeit** dieses Ergebnisses mehr und mehr annähern.

Die relative Häufigkeit eines Ergebnisses bei einer langen Versuchsreihe kann daher näherungsweise als ein Maß für die Wahrscheinlichkeit verwendet werden.

FESTIGEN UND WEITERARBEITEN

2. Arbeitet in Gruppen und tragt die Ergebnisse zusammen.
Führt selber mit einem Würfel 600 Würfe durch und bestimmt die relative Häufigkeit für *Augenzahl 6*. Vergleicht mit der Wahrscheinlichkeit.

3. Katharina, Philipp und Anne haben jeweils ein Glücksrad gebaut. Um die Gewinnchancen der einzelnen Zahlen zu prüfen, haben sie jedes Rad 100-mal gedreht und eine Strichliste angelegt.

a) Vergleiche die Glücksräder.
b) Welche Vermutung hast du, wie die drei Glücksräder eingeteilt sind?

Katharina		Philipp		Anne	
Ergebnis	Häufigkeit	Ergebnis	Häufigkeit	Ergebnis	Häufigkeit
1										1							1									
2									2							2											
3										3								3								
4												4						4												
5											5																								5										
6										6																						6									
7									7								7										
8													8									8							
9										9						9									
10										10						10									

4. Bei einer Fahrradkontrolle kommen 800 Radfahrer vorbei. 250 von diesen Radfahrern werden zufällig herausgegriffen und die Fahrräder überprüft. Dabei stellen die Polizeibeamten an 170 Fahrrädern Mängel fest.
Wie groß ist die Wahrscheinlichkeit, dass ein zufällig ausgewähltes Fahrrad wenigstens einen Mangel aufweist? Schätze ab, wie viele von den 800 Fahrrädern Mängel haben.

ÜBEN

5. Vier Schüler warfen je 100-mal eine Münze. Berechne die relative Häufigkeit von *Wappen* und *Zahl*

(1) für jeden der vier Schüler;
(2) für alle vier Schüler zusammen.

Vergleiche sie mit den Wahrscheinlichkeiten.

	Wappen	Zahl
Bianca	52	48
Manuela	40	60
Stefan	58	42
Uwe	45	55

6. Ein Kartenspiel hat 8 Herzkarten (vgl. Seite 235, Aufgabe 5).
Alle 8 Karten liegen verdeckt auf dem Tisch. Eine Karte wird gezogen. Man gewinnt, wenn eine Bildkarte (König, Dame, Bube) gezogen wird.
a) Wie groß ist die Chance, zu gewinnen?
b) Wie oft kann man bei 80 Spielen erwarten, zu gewinnen?
c) Führt das Experiment selbst 80-mal durch und vergleicht das Ergebnis mit Teilaufgabe b). Vergleicht euer Ergebnis auch mit den Ergebnissen der anderen Gruppen in der Klasse.

7. In einem Gefäß sind 5 gelbe, 3 rote und 2 grüne Kugeln. Eine Kugel wird verdeckt gezogen.
a) Wie groß ist die Wahrscheinlichkeit
(1) eine gelbe Kugel, (2) eine rote Kugel, (3) eine grüne Kugel zu ziehen?
b) Überprüft die Wahrscheinlichkeiten aus Teilaufgabe a), indem ihr das Experiment 100-mal durchführt. Erklärt Abweichungen. Statt der Kugeln könnt ihr bunte Schokolinsen nehmen.

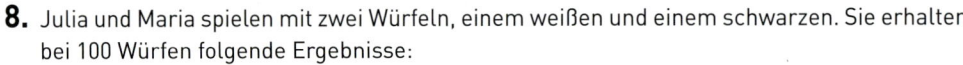

8. Julia und Maria spielen mit zwei Würfeln, einem weißen und einem schwarzen. Sie erhalten bei 100 Würfen folgende Ergebnisse:

	Augenzahl	1	2	3	4	5	6
Absolute Häufigkeit	weißer Würfel	6	17	17	16	18	26
	schwarzer Würfel	15	18	16	17	18	16

Maria vermutet: „Der weiße Würfel ist nicht in Ordnung."
a) Woran erkennt Maria, dass der weiße Würfel nicht in Ordnung ist?
b) Schätze die Wahrscheinlichkeit für das Werfen einer 6 mit dem weißen Würfel.

Kopf   Seite

9. Zehn Reißnägel werden in eine große Dose gelegt. Dann wird sie geschlossen und kräftig geschüttelt. Anschließend wird die Dose geöffnet und gezählt, wie viele Reißnägel in der Lage *Kopf* ⊥ liegen.

Anzahl der Versuche mit je 10 Reißnägeln	25	50	75	100	125
Anzahl der Reißnägel in der Lage *Kopf* ⊥	61	122	180	237	302

a) Bestimme die relativen Häufigkeiten. Gib an, wie groß die Wahrscheinlichkeit für die Lage *Kopf* ⊥ etwa ist. Wie groß ist die Wahrscheinlichkeit für die Lage *Seite* ⊾ ?
b) Führt ein entsprechendes Experiment selber durch.

PUNKTE SAMMELN

Die Schülerinnen und Schüler einer 6. Klasse wurden danach befragt, ob sie ein Musikinstrument spielen. Das Ergebnis siehst du in der Tabelle rechts.

Musikinstrument	Jungen	Mädchen
Ja	⋕⋕ III	⋕⋕ II
Nein	⋕⋕ I	IIII

★★
Wie viele Jungen, wie viele Mädchen sind in der Klasse? Wie viele Schülerinnen und Schüler spielen ein Musikinstrument?

★★★
Bestimme den Anteil der Schülerinnen und Schüler, die ein Musikinstrument spielen. Gib den Anteil auch in Prozent an.

★★★★
Die Musiklehrerin stellt fest:
„8 Jungen und nur 7 Mädchen spielen in der Klasse ein Musikinstrument. Offensichtlich sind in dieser Klasse die Jungen ein bisschen musikalischer als die Mädchen".
Was meinst du dazu?
Begründe deine Ansicht.

In einem Behälter sind 4 blaue, 6 rote und 2 grüne Kugeln.

★★
Eine Kugel wird blind gezogen.
Wie groß ist die Wahrscheinlichkeit, eine blaue oder grüne Kugel zu ziehen?

★★★
Eine rote Kugel wird gezogen und nicht wieder in den Behälter zurückgelegt.
Wie groß ist die Wahrscheinlichkeit, danach keine rote Kugel zu ziehen?

★★★★
In den Behälter sollen zu den Kugeln möglichst wenige weitere Kugeln gelegt werden, sodass das Ziehen einer roten Kugel genauso wahrscheinlich ist wie das Ziehen einer blauen, aber doppelt so wahrscheinlich wie das Ziehen einer grünen Kugel.

VERMISCHTE UND KOMPLEXE ÜBUNGEN

1. Mikes Mutter hatte in einer Woche folgende Ausgaben:

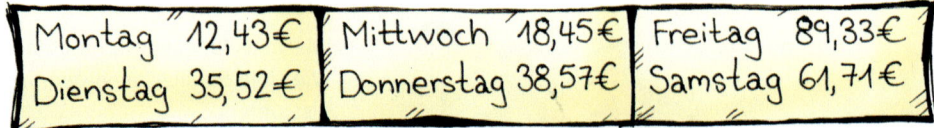

   a) Wie viel Euro gab Mikes Mutter im Durchschnitt an jedem Wochentag (außer Sonntag) aus?
   b) An welchen Tagen lagen die Ausgaben über dem Durchschnitt, an welchen Tagen unter dem Durchschnitt? Um wie viel Euro jeweils?

2. In dem Diagramm sind die durchschnittlichen Monatstemperaturen in Frankfurt für die Monate Januar bis Dezember dargestellt.
   a) Was erkennst du auf *einen Blick*?
   b) Berechne die durchschnittliche Jahrestemperatur. Erkläre, was dieser Mittelwert angibt.

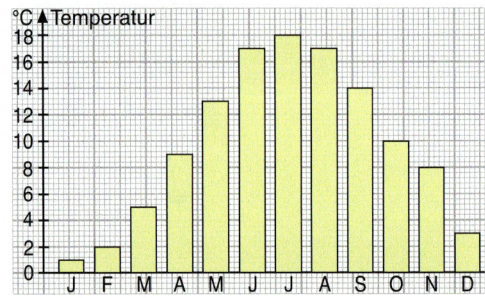

3. Julian, Simon und Nils üben an einer Torwand und notieren die Ergebnisse.

	Versuche	Treffer
Julian	104	13
Simon	80	12
Nils	100	14

4. Victoria hat für das Schulfest ein Glücksrad mit drei verschiedenen Farbsektoren gebaut. Um die Wahrscheinlichkeiten für die verschiedenen Farben (rot, blau und gelb) zu überprüfen, hat sie das Rad 100-mal gedreht.
   Wie groß werden vermutlich die Mittelpunktswinkel der einzelnen Farbsektoren sein? Begründe. Zeichne das Glücksrad.

Ergebnis	absolute Häufigkeit
rot	17
blau	48
gelb	35

5. Das Glücksrad rechts wird gedreht.
   a) Für welche Zahlen ist die Gewinnchance gleich groß?
   b) Gib eine Zahl an, die (1) doppelt, (2) halb so große Gewinnchancen hat wie die Zahl 8.
   c) Formuliere eine Gewinnchance bei der du (1) immer, (2) nie gewinnst.
   d) Vergleiche die Gewinnchance für die Zahl 4 mit der Gewinnchance für die Zahl 2. Begründe.

6. In einem Behälter sind rote und blaue Kugeln. Zusammen sind es 72 Kugeln und die Wahrscheinlichkeit, eine rote Kugel zu ziehen, ist:

a) $\frac{3}{8}$; b) $\frac{5}{6}$; c) $\frac{9}{24}$; d) $\frac{7}{12}$; e) $\frac{2}{3}$.

Wie viele rote und wie viele blaue Kugeln sind in dem Behälter?

7. Berechne das arithmetische Mittel.
Was gibt das arithmetische Mittel an? Überlege dir eine passende Sachsituation.

Gewicht (in g)	96	97	98	99	100	101	102	103	104	105	106	107
Anzahl der Packungen	3	0	7	12	53	55	41	11	6	0	3	1

8. Marco, Daniel und Julian machten bei einem dreitätigen Ausflug folgende Ausgaben:

	Unterkunft und Fahrtkosten	Verpflegung	Eintrittsgelder	Sonstiges
Marco	54,00 €	32,20 €	8,50 €	22,40 €
Daniel	54,00 €	36,50 €	6,00 €	10,30 €
Julian	54,00 €	25,60 €	8,50 €	8,80 €

a) Wie hoch sind die durchschnittlichen Gesamtausgaben pro Person?
b) Wie viel Euro hat (1) Marco; (2) Julian im Durchschnitt pro Tag ausgegeben?
c) Stelle weitere sinnvolle Fragen und beantworte sie rechnerisch.

9. Bestimme alle relativen Häufigkeiten und zeichne ein Streifendiagramm.

 Wie viele Schüler nahmen an der Umfrage insgesamt teil?

Die Schülervertreter einer Schule haben in den Klassen 5 bis 7 die untenstehende Umfrage durchgeführt. Demnach essen $\frac{1}{3}$ der Befragten am liebsten *Brot oder Brötchen* in der Pause, $\frac{1}{4}$ *Obst* und $\frac{1}{8}$ *Joghurt*.
40 Schüler, das sind $\frac{1}{6}$ aller befragten Schüler, gaben *Süßigkeiten* an.
Das Ergebnis wurde in der Schülerzeitung anhand eines Kreisdiagramms vorgestellt und kommentiert.

Was isst du in der Pause am liebsten?
Bitte nur einmal ankreuzen.
○ Brot oder Brötchen
○ Joghurt
○ Süßigkeiten
○ Obst
○ Sonstiges

 Bestimme die absoluten Häufigkeiten und stelle sie in einem Säulendiagramm dar.

 Schreibe für die Schülerzeitung einen Zeitungsartikel mit verschiedenen Diagrammen.

10. In einer Lostrommel sind 200 Lose mit den dreistelligen Nummern 001 bis 200.
Es wird zufällig ein Los gezogen.
Bestimme die Wahrscheinlichkeit für folgende Ereignisse:
(1) Die Zahl ist durch 5 teilbar.
(2) Die Zahl ist durch 2 und 3 teilbar.
(3) Die Quersumme der Zahl ist durch 9 teilbar.
(4) Die Zahl ist weder durch 5 noch durch 2 teilbar.

WAS DU GELERNT HAST

Absolute und relative Häufigkeit

Die **absolute Häufigkeit** gibt an, wie oft ein Ergebnis vorkommt.

Die relative Häufigkeit ist ein Anteil. Sie gibt den Anteil eines Ergebnisses im Vergleich zur Gesamtzahl an.

relative Häufigkeit = $\frac{\text{absolute Häufigkeit}}{\text{Gesamtzahl}}$

28 von insgesamt 50 gezählten Fahrzeugen sind Pkws.
absolute Häufigkeit: 28
Gesamtzahl: 50

relative Häufigkeit: $\frac{28}{50} = \frac{56}{100} = 0{,}56 = 56\,\%$

Diagramme

Absolute Häufigkeiten werden oft in Säulendiagrammen dargestellt.
Relative Häufigkeiten kann man auch in Säulendiagrammen darstellen, aber meistens werden sie in Kreis- und Streifendiagrammen veranschaulicht.
Es darf dann aber keine Mehrfachnennungen geben, da sonst die Summe nicht 100 % ist (*Summenprobe*).

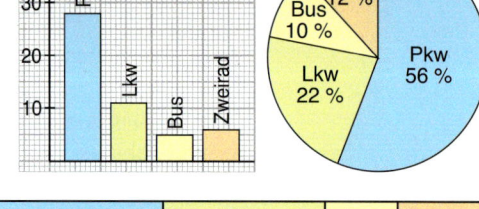

Mittelwert

arithmetisches Mittel = $\frac{\text{Summe aller Werte}}{\text{Anzahl der Werte}}$

25 min; 39 min; 21 min; 23 min; 22 min
arithmetisches Mittel:
(25 + 39 + 21 + 23 + 22) min : 5 = 26 min

Median

Der Median ist der Wert in der Mitte einer geordneten Liste.

Bei einer geraden Anzahl von Werten ist der Median das arithmetische Mittel der beiden mittleren Werte.

21 min, 22 min, 23 min, 25 min, 39 min
Median: 23 min

22 min, 23 min, 25 min, 26 min, 29 min
Median: (23 min + 25 min) : 2 = 24 min

Minimum, Maximum, Spannweite

Minimum = kleinster Wert
Maximum = größter Wert
Spannweite = Maximum − Minimum

3,20 m, 3,25 m, 3,54 m, 3,58 m, 3,95 m
Minimum: 3,20 m, Maximum: 3,95 m
Spannweite: 3,95 m − 3,20 m = 0,75 m

Wahrscheinlichkeit bei Zufallsexperimenten

Sind alle Ergebnisse gleich wahrscheinlich, so gilt:

Ereignis: *Augenzahl ist eine Primzahl.*
mögliche Ergebnisse: 1, 2, 3, 4, 5, 6
günstige Ergebnisse: 2, 3, 5

Wahrscheinlichkeit eines Ereignisses

= $\frac{\text{Anzahl der günstigen Ergebnisse}}{\text{Anzahl der möglichen Ergebnisse}}$

Wahrscheinlichkeit: $\frac{3}{6} = \frac{1}{2} = 50\,\%$

BIST DU FIT?

1. Julia, Elke und Moritz kandidieren für das Amt des Klassensprechers. Die Ergebnisse werden an der Tafel notiert.

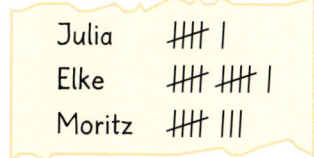

a) Veranschauliche das Ergebnis durch ein Säulendiagramm.

b) Welchen Anteil der abgegebenen Stimmen haben die drei Kandidaten jeweils erreicht? Gib die Anteile als gewöhnlichen Bruch, als Dezimalbruch und in Prozent an. Mache die Summenprobe und zeichne ein Kreisdiagramm.

2. 160 Schülerinnen und Schüler gaben eine Bewertung der Schulhofgestaltung ab.

a) Vervollständige die Tabelle und zeichne ein Säulendiagramm.

Schulhofgestaltung	gut	ausreichend	schlecht
relative Häufigkeit	$\frac{1}{4}$	$\frac{2}{5}$	

b) Erstelle eine Häufigkeitstabelle und erkläre, was in diesem Beispiel relative und absolute Häufigkeiten angeben.

3. a) Berechne das arithmetische Mittel, den Median und die Spannweite.
Kinoeintrittspreise: 6,90 €; 5,80 €; 6,50 €; 9,50 €; 5,90 €

b) Ändere in Teilaufgabe a) einen Kinopreis so, dass das arithmetisches Mittel 6,50 € ergibt.

4.

Ein Sportverein hat 350 Mitglieder. In der Tabelle sind die Mitgliederzahlen der einzelnen Abteilungen angegeben. Es gibt Mitglieder, die in mehreren Abteilungen aktiv sind.

Abteilung	Anzahl der Mitglieder
Fußball	105
Basketball	77
Leichtathletik	126
Tennis	175

a) Bestimme für jede Abteilung die relative Häufigkeit.
b) Mache die Summenprobe. Erkläre.
c) Zeichne ein Diagramm.

5. Beim Schulfest hat Lara ein Glücksrad mit unterschiedlichen Farben und den Zahlen von 1 bis 50 aufgestellt.

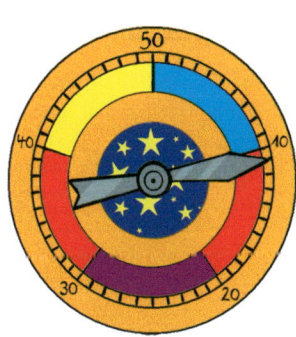

a) Gib die Gewinnchance an für
(1) ein Vielfaches von 6 treffen.
(2) Alle Zahlen mit der Quersumme 4 treffen.

b) Vergleiche die Gewinnchance für die verschiedenen Farben.

c) Das Rad wird 200-mal gedreht. Wie oft erwartest du (1) Rot, (2) Blau?

IM BLICKPUNKT

TABELLENKALKULATION

Der Einsatz einer Tabellenkalkulation bietet gegenüber dem schriftlichen Rechnen oder dem Taschenrechner viele Vorteile.
Nach Fertigstellung einer Tabelle können Zahlen verändert oder fehlerhafte Eingaben korrigiert werden.
Das Programm führt dann alle Berechnungen automatisch noch einmal aus.

Aufbau einer Tabelle

Tabellen in Kalkulationsprogrammen bestehen aus einem Gitternetz mit *Spalten* (A, B, …) und *Zeilen* (1, 2, …).

Die Schnittstellen von Spalten und Zeilen nennt man *Zellen*. Eine *Zelle* erhält durch die Angabe einer Spalte und einer Zeile eine eindeutige *Adresse*. In der Abbildung ist die Zelle B5 blau hervorgehoben.

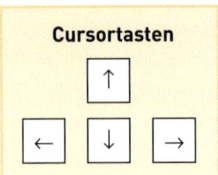

Um in eine Zelle Zahlen, Text oder Formeln einzugeben, wird zunächst mit der Maus oder mit den Cursortasten eine Zelle ausgewählt. Diese Zelle wird mit dem *Zellzeiger* markiert. Die eingegebenen Werte oder Berechnungsformeln werden in der *Eingabezeile* angezeigt. Mit der ENTER-Taste wird eine Eingabe abgeschlossen.

Um eine fehlerhafte Eingabe zu korrigieren, kann man entweder eine Zelle markieren und die Daten neu eingeben oder den Zelleninhalt in der Eingabezeile korrigieren.

Erstellen einer Tabelle – Texte, Zahlen, einfache Berechnungen

Maike und Jan haben beim Sportfest den Getränkeverkauf organisiert. Es wurden insgesamt 146 Flaschen Cola, 182 Flaschen Saft und 97 Flaschen Wasser verkauft.

Sportfest-Preise	
Cola	0,50 €
Saft	0,60 €
Wasser	0,45 €

Für die Abrechnung des Getränkeverkaufs haben die beiden eine Tabelle erstellt. In der Abbildung links erkennst du die verwendeten Formeln. Beachte, dass alle Berechnungen mit einem Gleichheitszeichen beginnen.

	A	B	C	D
1	Getränkeverkauf Sportfest			
2				
3	Getränke	Anzahl	E-Preise	Gesamt
4	Cola	146	0,5	=B4*C4
5	Saft	182	0,6	=B5*C5
6	Wasser	97	0,45	=B6*C6
7	verkauft:	=B4+B5+B6	Umsatz:	=D4+D5+D6

	A	B	C	D
1	Getränkeverkauf Sportfest			
2				
3	Getränk	Anzahl	E-Preise	Gesamt
4	Cola	146	0,5	73
5	Saft	182	0,6	109,2
6	Wasser	97	0,45	43,65
7	verkauft:	425	Umsatz:	225,85

1. Erstelle mit deinem Kalkulationsprogramm die abgebildete Tabelle.
    a) Wie viele Getränke wurden insgesamt verkauft? Wie hoch war der Umsatz?
    b) Erhöhe die Anzahl der verkauften Flaschen Wasser auf 105. Dein Kalkulationsprogramm berechnet dann automatisch den erhöhten Umsatz.

Gestalten einer Tabelle – Formatierungen

Maike und Jan möchten die Tabelle für das Sportfest übersichtlicher gestalten. Sie überlegen sich folgende Veränderungen:

>> Für die Überschrift soll eine größere Schrift verwendet werden.
>> Einzelne Zellen der Tabelle sollen mit einem Rahmen umgeben werden.
>> In der ersten Tabelle waren die Preise nicht in der üblichen Schreibweise und ohne Währungsangabe eingegeben worden. Alle Preise sollen nun in Euro und Cent anzeigt werden.
>> Der Gesamtumsatz soll durch einen grünen Hintergrund hervorgehoben werden.

	A	B	C	D
1	Getränkeverkauf Sportfest			
2				
3	Getränke	Anzahl	E-Preise	Gesamt
4	Cola	146	0,50 €	73,00 €
5	Saft	182	0,60 €	109,20 €
6	Wasser	97	0,45 €	43,65 €
7	verkauft	425	Umsatz	225,85 €

Zunächst musst du angeben, welche Zellen du verändern möchtest. Mit dem Zellzeiger markierst du eine *einzelne Zelle*. Ziehst du bei gedrückter linker Maustaste einen Rahmen auf, kannst du einen ganzen *Zellbereich* auswählen.

Die wichtigsten Formatierungen findest du in der Format-Symbolleiste.

Hier wählst du die Schriftart und die Schriftgröße. Du kannst Text fett, kursiv oder unterstri-
chen darstellen und den Text linksbündig, zentriert oder rechtsbündig in einer Zelle ausrichten. Mit einem Mausklick wird der Schriftgrad vergrößert oder verkleinert. Außerdem kannst du mehrere Zellen zu einer Einheit verbinden.

Mit den Symbolen rechts formatierst du Zahlenangaben. Das Euro-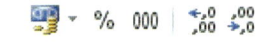
symbol wählst du für Geldbeträge. Du kannst auch Dezimalstellen hinzufügen oder löschen.

 Um Zellen oder Ergebnisse hervorzuheben, klickst du die drei Symbole links an. Du kannst verschiedene Rahmen, Hintergrundfarben und Schriftfarben einsetzen.

Im Menü *Zellenformatvorlagen* findest du noch weitere Möglichkeiten, das Aussehen deiner Tabelle zu gestalten.

Möchtest du die Breite einer Spalte oder die Höhe einer Zeile verändern, kannst du mit der Maus in der Kopfzeile oder der linken Randzeile die Trennlinien zwischen den Zellen verschieben.

2. Erstelle ein Tabelle. Verwende einen grünen Hintergrund für Zellen, in denen du Werte eingibst. Verwende einen gelben Hintergrund für Zellen, in denen berechnete Größen angezeigt werden. Alle Zahlenangaben sollen mit Hundertstel angezeigt werden.
   a) Nach Eingabe einer Seitenlänge wird der Umfang u und der Flächeninhalt A eines Quadrats berechnet.
   b) Nach Eingabe der Seitenlängen a und b wird der Umfang u und der Flächeninhalt A eines Rechtecks berechnet.

3. Berechne aus den Kantenlängen eines Quaders die Oberfläche und das Volumen.

4. Erstelle ein Tabellenblatt für einen Würfel. Nach Eingabe der Kantenlänge soll das Volumen und die Oberfläche berechnet werden.

IM BLICKPUNKT

Berechnungsformeln

Zur Berechnung der Gebühren für den Wasserverbrauch wird jährlich der Zählerstand abgelesen. Ein Versorgungsunternehmen berechnet pro m³ Wasser einen Arbeitspreis von 4,80 € und einen jährlichen Grundpreis von 36,00 €.

Bei Familie Seifert wurde abgelesen: Alter Zählerstand 256 m³, neuer Zählerstand 407 m³.

Erstelle die abgebildete Tabelle, in der nach Eingabe der alten und neuen Zählerstände die Gebühren berechnet werden.

	A	B	C	D	E
1	Wassergebühren - Abrechnung				
2					
3	Verbrauchsstelle:			Seifert, Wasserstraße 13	
4					
5	1. Verbrauchsberechung				
6	Zählerstand	Zählerstand		Verbrauch	
7	alt	neu			
8	256	407		151	
9					
10	2. Kostenberechnung				
11	Arbeitspreis	4,80 €	x	151	724,80 €
12	Grundpreis	36,00 €	pro Jahr		36,00 €
13				Gesamtbetrag	760,80 €

Überlege zunächst, in welchen Zellen du Werte eintragen musst und in welchen Zellen dein Kalkulationsprogramm die Werte ausrechnen soll.

Beginne jede **Berechnungsformel** mit einem Gleichheitszeichen. Dann gibst du statt der Zahlen die Adressen der Zellen ein, in denen diese Zahlen stehen.

In der Zelle D8 wird mithilfe der Berechnungsformel **=B8−A8** der Jahresverbrauch bestimmt.

Dieser Wert wird mit der Formel **=D8** in die Zelle D11 übernommen.

Für die Gebührenberechnung wurden in der Spalte E die folgenden Formeln eingegeben:

Zelle	Formel
E11	=D11*B11
E12	=B12
E13	=E11+E12

5. Berechne mit deinem Kalkulationsprogramm die Gebühren für Familie Seifert, falls bei gleichem Verbrauch der Grundpreis auf 34,60 € vermindert und gleichzeitig der Arbeitspreis auf 4,90 € erhöht wird.

	A	B	C	D
1	Bestellung Frau Schneider			
2				
3	Menge	Bezeichnung	Einzelpreis	Gesamtpreis
4	2	Tonerkartusche	75,80 €	151,60 €
5	2	Tintenpatrone schwarz	14,35 €	28,70 €
6	2	Tintenpatrone farbig	24,60 €	49,20 €
7	4	Foto-Papier	7,45 €	29,80 €
8			Rechnungssumme	259,30 €

6. Frau Schneider möchte für ihre Firma einige Artikel bestellen. Gestalte eine Übersicht für diese Bestellung.

Verändere die Bestellmenge für Tonerkartuschen auf 4 Stück.
Wie ändert sich der Gesamtpreis für die Kartuschen, wie die Rechnungssumme?

7. Für eine Klassenfahrt hat die Klassenlehrerin einen Kostenplan erstellt. Stelle den Plan übersichtlich in einer Tabelle zusammen.

a) Berechne die Kosten pro Teilnehmer, falls 26 Personen an der Fahrt teilnehmen.
b) Wie viel Euro muss jeder zahlen, falls nur
(1) 25 Personen, (2) 24 Personen mitfahren?

> Busfahrt 325,– €
> Eintritt 5,50 €
> pro Person

Zuordnungstabellen und Liniendiagramme

Für das Projekt Wetterbeobachtung hat eine Schülergruppe regelmäßig die Lufttemperatur gemessen. Die gemessenen Werte sollen für eine kleine Präsentation in einem Liniendiagramm dargestellt werden.

8. Erstelle mit deinem Kalkulationsprogramm die abgebildete Tabelle. Veranschauliche den Temperaturverlauf mithilfe des Diagrammassistenten in einem Liniendiagramm.

	A	B	C	D	E	F	G	H
1	Projekt Wetterbeobachtung: Temperaturmessung							
2								
3	Uhrzeit	08:00	10:00	12:00	14:00	16:00	18:00	20:00
4	Temperatur in °C	12	14	17	22	21	19	18

Markiere zunächst mit der Maus den Bereich von B3 bis H4, also die Uhrzeit, und dann die Temperaturen. Starte danach den Diagrammassistenten.

Bei vielen Programmen findest du in der Symbolleiste ein Icon wie hier abgebildet.
Du kannst auch im Menü *Einfügen* den Unterpunkt *Diagramm...* auswählen.

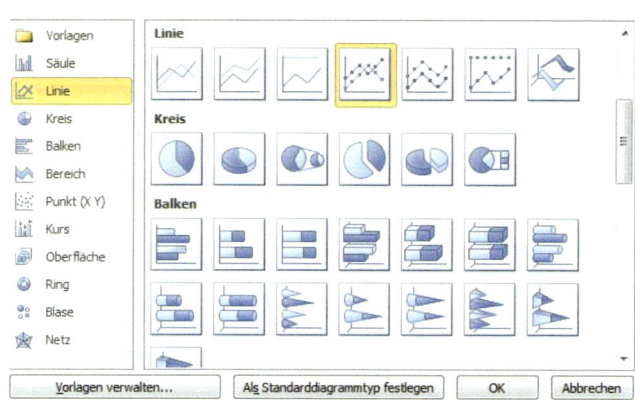

Wähle den Diagrammtyp Linie und einen Untertyp.

Klicke auf die Schaltfläche ‹*OK*›, um das Liniendiagramm zu erstellen.

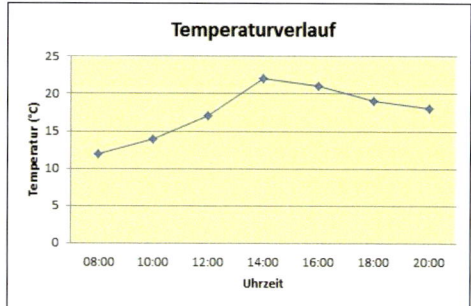

Nach einem Doppelklick auf das Diagramm kannst du weitere Einstellungen für Farben, Rahmen und Schriftgrößen vornehmen.

Dein Liniendiagramm kannst du dann zum Beispiel wie hier abgebildet gestalten.

9. Der Benzinverbrauch eines Automodells wird mit durchschnittlich $\frac{7{,}9\,l}{100\,km}$ angegeben.
   a) Erstelle eine Kalkulationstabelle. Berechne für die Entfernungen 0 km, 100 km, …, 1 000 km den Benzinverbrauch.
   b) Veranschauliche den Benzinverbrauch in einem Liniendiagramm. Beschreibe den Verlauf des Graphen.
   c) Nach einer Neuentwicklung konnte der durchschnittliche Benzinverbrauch des Automodells auf $\frac{7{,}2\,l}{100\,km}$ gesenkt werden. Erweitere deine Tabelle und berechne auch den Benzinverbrauch für das neue Modell.
   d) Zeichne die Graphen der beiden Zuordnungen in ein gemeinsames Liniendiagramm. Wie kannst du aus diesem Diagramm die Einsparungen ablesen?

BIST DU TOPFIT?

TOPFIT – VERMISCHTE ÜBUNGEN 1

1. Berechne.

(1) $753 \cdot 290$
$389\,776 : 64$
$30{,}94 \cdot 2{,}7$
$606{,}8 : 0{,}75$

(2) $\frac{7}{9} + \frac{5}{6}$
$\frac{13}{15} - \frac{7}{12}$
$12\frac{4}{9} + 7\frac{11}{12}$
$17\frac{3}{10} - 8\frac{6}{7}$

(3) $\frac{2}{3} \cdot 5$
$\frac{3}{7} \cdot \frac{8}{9}$
$\frac{4}{5} : 8$
$\frac{4}{27} : \frac{2}{3}$

(4) $192{,}7 - 83 - 0{,}96 - 14{,}077$
$4{,}1 + 0{,}764 - 2{,}33 - 0{,}9 + 1{,}77$
$2{,}5 \cdot 4{,}6 - 3 \cdot (0{,}69 : 2{,}3)$
$(5{,}1 : 0{,}17 + 10{,}8) : (1{,}5^2 + 1{,}75)$

2. Nora hat zweimal Marmelade, $\frac{1}{2}$ kg Wurst, einmal Butter und eine Zeitschrift für 1,10 € eingekauft. Da ihr Lieblingsjoghurt im Angebot ist, kauft sie davon eine ganze Palette mit 12 Bechern.
a) Wie viel muss sie etwa bezahlen?
b) Überprüfe deine Schätzung durch eine Rechnung.
c) Nora bezahlt mit einem 20-Euro-Schein. Bleibt nach dem bezahlen noch genug Geld übrig, so dass sie sich ein Eis für 1,80 € kaufen kann?

3. Schreibe in der in Klammern angegebenen Einheit.
a) 0,4 m (cm)
b) $\frac{1}{4}$ m (mm)
c) 1,5 dm³ (cm³)
d) 3,2 t (kg)
e) 1,25 l (ml)
f) $\frac{3}{8}$ kg (g)
g) 0,5 h (min)
h) 0,65 g (mg)
i) $\frac{2}{3}$ d (h)
j) 600 mm³ (m³)
k) 4,65 ha (m²)
l) $3\frac{1}{2}$ m³ (l)
m) $\frac{11}{15}$ h (min)
n) 30 h (d)
o) $4\frac{2}{5}$ m³ (l)
p) 3,42 km² (m²)

Drehen im Uhrzeigersinn

4. Bei einer Zeigeruhr kann man Winkel zwischen den beiden Zeigern betrachten. Dabei soll der Minutenzeiger den ersten, der Stundenzeiger den zweiten Schenkel bilden.
a) Gib Uhrzeiten an, sodass zwischen den beiden Zeigern ein spitzer bzw. stumpfer bzw. rechter bzw. überstumpfer Winkel liegt.
b) Wie groß ist der Winkel, den der Minutenzeiger [Stundenzeiger] in einer Stunde überstreicht?
c) Peter behauptet, dass der Winkel zwischen Minutenzeiger und Stundenzeiger um 15.30 Uhr eine Größe von 75° hat.
Was meinst du zu Peters Aussage?

5. a) Berechne die Oberfläche der Milchpackung.
b) Bei der Herstellung der Packung wird mit Folie beschichteter Karton verwendet. Pro Packung braucht man das 1,2-Fache der Oberfläche.
Wie viele Packungen kann man aus 10 m² Karton herstellen?
c) In der Packung befindet sich 1 Liter Milch.
Wie viel ml Luft sind in der Packung?

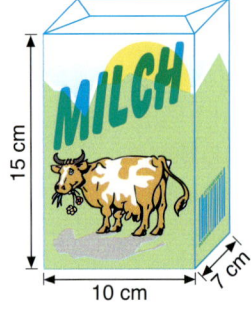

TOPFIT – VERMISCHTE ÜBUNGEN 2

1. a) Berechne.
(1) $\frac{5}{12}$ von 84 kg (2) $\frac{7}{15}$ von 60 min (3) $\frac{6}{13}$ von 14,3 km (4) $\frac{5}{9}$ von 360°

b) Wie groß ist das Ganze?
(1) $\frac{7}{20}$ vom Ganzen sind 224 €   (3) $\frac{5}{6}$ vom Ganzen sind 11,5 ha
(2) 20 % vom Ganzen sind 45 €   (4) 15 % vom Ganzen sind 0,36 kg

c) Welcher Anteil ist das?
(1) 7 € von 20 € (2) 12 m von 30 m (3) 12 min von 1 h (4) 400 g von 2 kg

2. Übertrage die Figur in dein Heft und verschiebe sie in die vorgegebene Richtung.

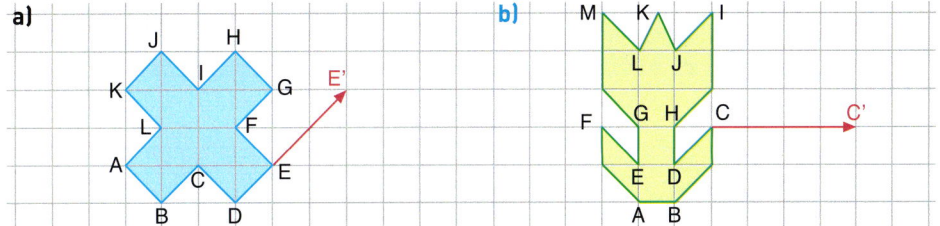

3. Der Winkel α ist 54° groß. Bestimme ohne zu messen die Größe der Winkel β, γ, δ und ε.

4. Ein Würfel hat die Kantenlänge a = 3 cm.
a) Zeichne ein Netz des Würfels.
b) Wie groß sind Oberfläche und Volumen?
c) Der Würfel ist aus Holz. 1 cm³ wiegt 0,7 g. Wie viel wiegt der Würfel?
d) Erstelle eine Tabelle für die Zuordnung *Kantenlänge → Gewicht*. Wähle als Kantenlängen 3 cm, 6 cm, 9 cm, …, 30 cm.

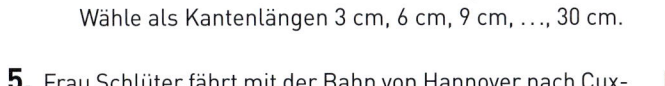

5. Frau Schlüter fährt mit der Bahn von Hannover nach Cuxhaven. Sie muss in Bremen und Bremerhaven umsteigen.
a) Wie lang dauert die Reise insgesamt? Wie viel Zeit verbringt sie auf den Bahnhöfen?
b) Welchen Anteil an der Gesamtreisezeit verbringt sie auf den Bahnhöfen in Bremen und Bremerhaven?
c) Welcher der beiden Graphen stellt den Verlauf der Reise angemessen dar?

Bahnhof	Zeit
Hannover Hbf	ab 9:21
Bremen Hbf	an 10:24
Bremen Hbf	ab 10:56
Bremerhaven Hbf	an 11:30
Bremerhaven Hbf	ab 11:35
Cuxhaven	an 12:27

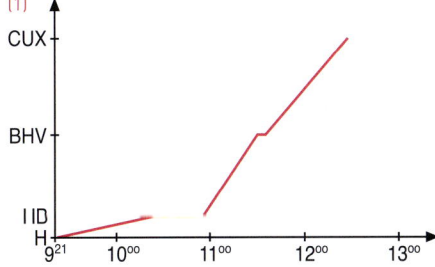
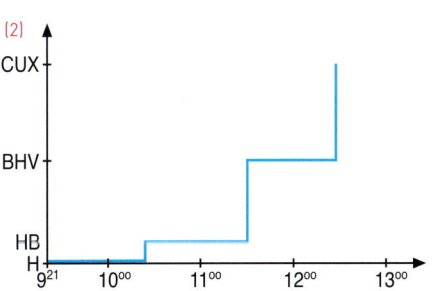

BIST DU TOPFIT?

TOPFIT – VERMISCHTE ÜBUNGEN 3

1.
a) $753 \cdot 29{,}4$
c) $1\frac{3}{8} + 2\frac{5}{6}$
e) $4{,}93 + 12{,}8 + 9{,}907$
g) $2{,}5 \cdot 4{,}6 - 3 \cdot (0{,}69 : 2{,}3)$
b) $\frac{4}{9} + \frac{11}{12}$
d) $3\frac{2}{5} - \frac{4}{15}$
f) $4\frac{5}{8} - 2\frac{5}{6} + 1\frac{2}{3} \cdot 4$
h) $0{,}4 \cdot \left(\frac{5}{8} - 2 \cdot \frac{2}{10}\right) + 3 \cdot 3\frac{1}{3}$

2. Martina, Ellen, Klaus und Atti bieten ihre alten Sachen auf dem Flohmarkt an. Dabei verkaufen sie 7 Blumentöpfe zu 0,48 € das Stück, 19 Bücher zu je 1,85 € und eine Kiste Legosteine für 12,49 €. Am Schluss teilen sie das eingenommene Geld gleichmäßig unter sich auf. Wie viel erhält jeder?

3. Übertrage das Dreieck ABC in dein Heft.
a) Wie groß sind die im Dreieck liegenden Winkel?
b) Spiegle das Dreieck an der Seite $\overline{AB}$.
c) Miss die Winkel in dem neu gezeichneten Dreieck. Was fällt dir auf?

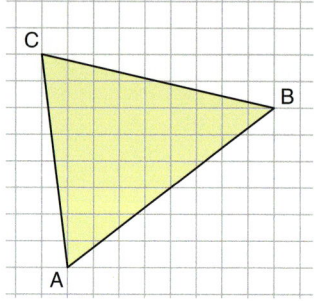

4. Schreibe in der in Klammern angegebenen Einheit.
a) 73 mm (cm)
c) $\frac{3}{4}$ d (h)
e) 17 g (kg)
g) $\frac{3}{10}$ l (ml)
b) $\frac{3}{5}$ cm (mm)
d) $\frac{7}{60}$ h (s)
f) 1,6 a (m²)
h) 0,457 cm³ (mm³)

5. a) In welchen Fällen liegt das Netz eines Quaders vor? Begründe.

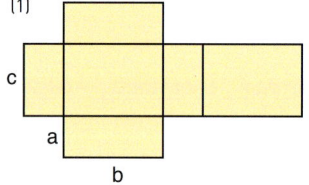 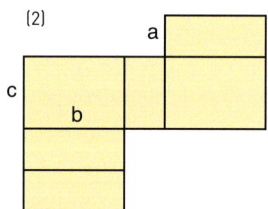 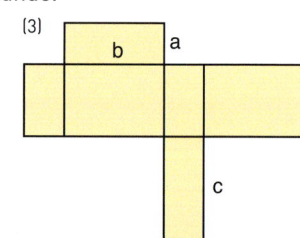

b) Wie groß sind für a = 2 cm, b = 5 cm und c = 3,5 cm Oberfläche und Volumen?
c) Wie muss man eine Seite des Quaders verändern, damit sich das Volumen
(1) verdoppelt, (2) halbiert?

6. Der Inhalt von 9 Packungen mit Gummibärchen wird an 12 Mädchen gleichmäßig verteilt. 7 Packungen werden an 10 Jungen gleichmäßig verteilt. Jede Packung enthält gleich viele Gummibärchen.
Wer bekommt mehr Gummibärchen, ein Junge oder ein Mädchen?

7. Wie groß ist die Wahrscheinlichkeit,
a) „Kopf" bei einem Münzwurf zu erhalten?
b) aus einem Skatblatt eine Dame zu ziehen?
c) aus einem Skatblatt einen König oder ein Ass zu ziehen?
d) bei 3 roten und 7 schwarzen Kugeln eine rote Kugel zu ziehen?

TOPFIT – VERMISCHTE ÜBUNGEN 4

1. Stelle zu jeder Teilaufgabe eine sinnvolle Frage und beantworte sie rechnerisch.
  a) In einer Schule wurden 176 Schülerinnen und Schüler danach befragt, wie sie das Angebot des Schülercafés bewerten. $\frac{3}{8}$ der Befragten waren mit dem Angebot zufrieden.
  b) Nils möchte sich ein neues Fahrrad kaufen. Er hat bereits $\frac{3}{5}$ des Kaufpreises gespart. Es fehlen ihm noch 186 €.
  c) Frau Becker kauft 5 kg Waschmittel für 8,90 €.
  Herr Baum bezahlt für 8,5 kg der gleichen Marke 15,47 €.
  d) In Jennifers Zimmer wird ein neuer Fußbodenbelag verlegt.
  1 m² des Belags kosten 37,20 € und 1 m Fußleiste 6,30 €.

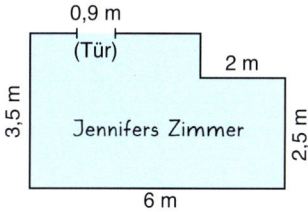

  e) Für ein Fußballspiel wurden 816 Sitzplatzkarten und 4530 Stehplatzkarten verkauft. Eine Stehplatzkarte kostete 7,50 €. Insgesamt wurden 44 583 € eingenommen.
  f) Ein Blatt Papier ist ungefähr 0,08 mm dick, ein Buchdeckel 1,3 mm.
  (1) Dein Mathematikbuch hat 240 Seiten.
  (2) Ein anderes Buch ist 2,5 cm dick.

> Beachte den Unterschied zwischen Seite und Blatt.

2. Gegeben ist der abgebildete Quader.
  a) Stelle einen Term auf und berechne
  (1) die Gesamtlänge der Kanten;
  (2) die Oberfläche
  (3) das Volumen.
  b) Zeichne ein Netz des Quaders und zeichne die Symbole an den richtigen Seitenflächen ein.
  c) Jede Kante soll nun um 2 cm verlängert werden.
  Um das Wievielfache nehmen dann jeweils Gesamtkantenlänge, Oberfläche und Volumen zu?
  Runde die Ergebnisse auf zwei Stellen nach dem Komma.

3. In einer Lostrommel befinden sich 500 Lose. Zu gewinnen gibt es 100 E-Books, 30 CDs, 10 MP3-Player und ein Smartphone. Bestimme die Wahrscheinlichkeit,
  a) überhaupt etwas zu gewinnen.
  b) ein E-Book zu gewinnen.
  c) eine CD oder einen MP3-Player zu gewinnen.
  d) das Smartphone zu gewinnen.
  e) nichts zu gewinnen.

4. Berechne das Volumen.

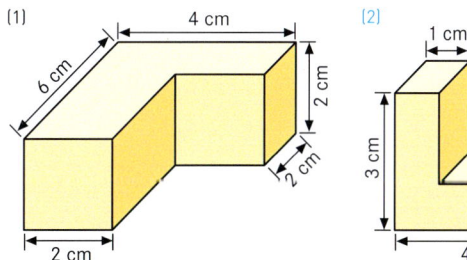
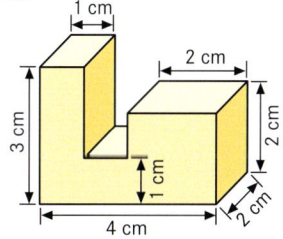
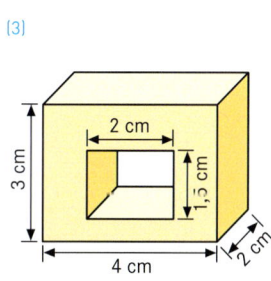

BIST DU TOPFIT?

TOPFIT – VERMISCHTE ÜBUNGEN 5

1. Die Erdoberfläche ist 510 Mio. km² groß. Davon sind ca. 150 Mio. km² festes Land.
   a) Bestimme den Anteil des festen Lands an der Erdoberfläche.
   b) Von der Landfläche der Erde entfallen etwa $\frac{2}{25}$ auf Europa, $\frac{11}{50}$ auf Afrika, $\frac{3}{10}$ auf Amerika, $\frac{33}{100}$ auf Asien und die restliche Fläche auf Australien und Ozeanien.
   Gib die Anteile als Dezimalbruch und in Prozent an und veranschauliche sie in einem Säulendiagramm.
   c) Wie groß sind die einzelnen Erdteile?

2. Gib die Größe der rot markierten Winkel an.

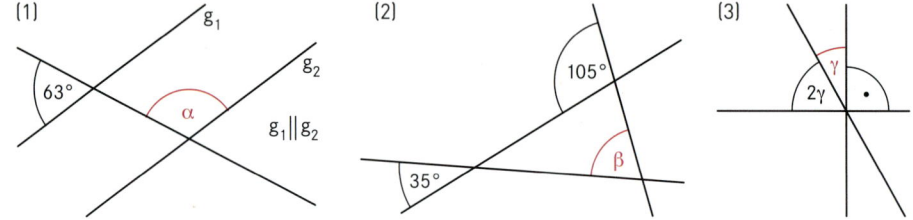

3. In einem Getränkemarkt stehen 3 Stapel mit je 5 Kisten Mineralwasser. Jede Kiste enthält 12 Flaschen mit 0,7 l Mineralwasser.
   a) Wie viel Liter Mineralwasser sind vorrätig?
   b) Wie viele gleichartige Stapel müssten noch angeliefert werden, damit ein Vorrat von mindestens 1 m³ Mineralwasser vorhanden ist? Schätze zunächst.
   c) Eine Kiste hat die Maße 36 cm × 27 $\frac{1}{2}$ cm × 33 cm (Länge × Breite × Höhe).
   Das Auto von Frau Heinz hat einen Kofferraum, der 1 m breit, 90 cm lang und 0,8 m hoch ist. Wie viele Kisten passen in den Kofferraum?

4. Die Tabelle zeigt dir, wie viele Besucher in der letzten Woche ins *Cinemix* kamen.

Wochentag	So	Mo	Di	Mi	Do	Fr	Sa
Anzahl der Besucher	168	144	96	180	156	204	252

   a) Wann kamen am meisten Besucher ins Kino, wann am wenigsten?
   b) Wie viele Besucher kommen durchschnittlich pro Tag?
   c) Stelle die Anzahl der Besucher in einem geeigneten Diagramm dar.

5. Drehe die Figur so um das Symmetriezentrum Z, dass eine punktsymmetrische Abbildung entsteht.

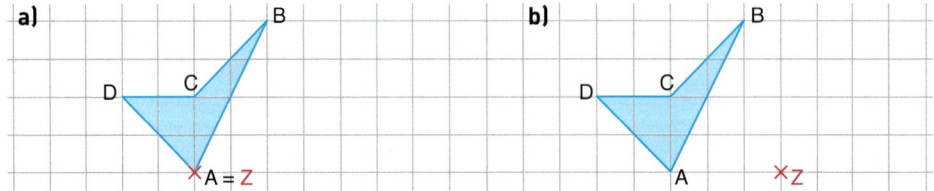

TOPFIT – URLAUB AUF SYLT

Sylt ist mit knapp 100 km² die größte deutsche Nordseeinsel. Sie ist von Norden nach Süden 38 km lang. An ihrer schmalsten Stelle im Norden ist sie 320 Meter breit, die größte Ausdehnung misst 12,6 Kilometer. Seit 1927 ist Sylt über den Hindenburgdamm mit dem Festland verbunden.

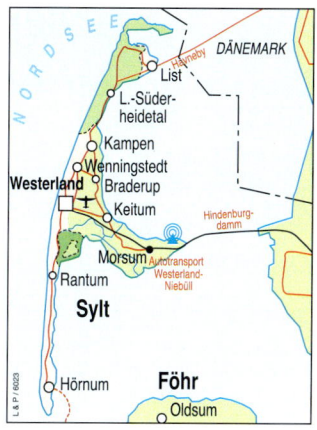

Familie Koch aus Hannover plant ihren Urlaub für die Schulferien im Sommer. Die Eltern möchten mit ihren Kindern Mia (11 Jahre) und Ben (13 Jahre) mit dem Auto für 14 Tage in eine Ferienwohnung nach Westerland fahren. Vorher besuchen sie noch Bekannte in Niebüll, bevor sie am nächsten Morgen zur Überfahrt nach Westerland aufbrechen.

a) Was kannst du den beiden Tabellen auf einen Blick entnehmen?
b) Berechne, welche Kosten auf Familie Koch mit der Überfahrt und der Unterkunft zukommen. Schätze zunächst.

Für Fahrzeuge ohne Anhänger bis 6,00 m Länge, bis 3,0 t zulässiges Gesamtgewicht und 2,70 m Höhe sowie Motorräder mit Beiwagen und Trikes:

Preiskategorie A

Einfache Fahrt		47,00 Euro
Hin- und Rückfahrt	gilt zur Rückfahrt 2 Monate	86,00 Euro
DiMiDo – Hin- und Rückfahrt	gilt zur Rückfahrt 2 Monate nur dienstags, mittwochs und donnerstags	73,00 Euro

Fahrpreisübersicht des DB AutoZugs von Niebüll nach Westerland

Ferienwohnung „Sylter Brise" in Westerland

Zeitraum	Preis pro Tag
21.12. – 06.01.	120,00 €
07.01. – 22.03.	80,00 €
23.03. – 15.06. und 08.09. – 20.12.	95,00 €
16.06. – 07.09.	120,00 €

Buchungsgebühr (einmalig) 18,00 €. Endreinigung 70,00 €. Bettenwechsel immer samstags! Kurtaxe 01.05. – 30.09. 2,50 Euro pro Tag für Erwachsene (Kinder bis 14 J. frei)

c) Die Eltern geben Mia und Ben zum Einkaufen am Fischstand 20 Euro mit.
Da sie gerne Nordseekrabben essen, kaufen sie sich am Hafen 800 g und pulen diese direkt am Deich. Ihren Eltern sollen sie von dem restlichen Geld noch Räucherfisch mitbringen.
Wie viel Räucherfisch können sie sich noch leisten?

ANHANG

LÖSUNGEN

Bist du fit?

SEITE 35

1. a)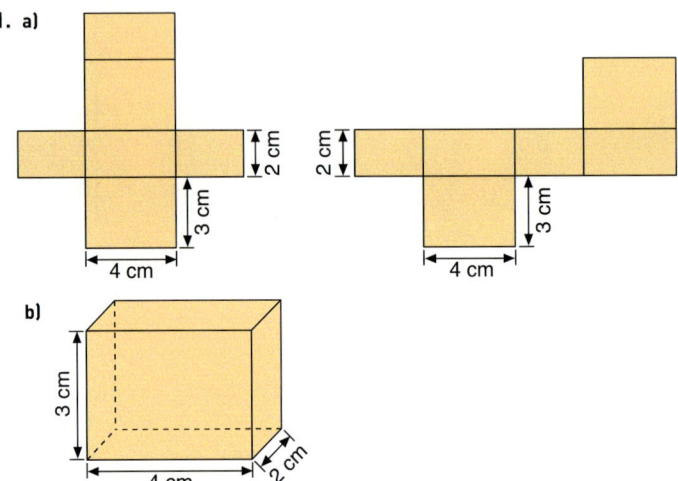

   b)

2. a) (1) 6 cm³   (2) 18 m³   b)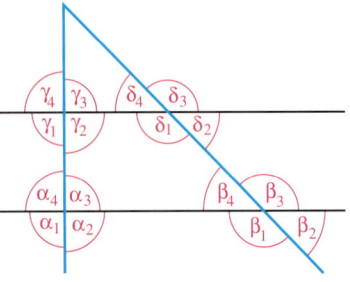

3. a) V = 616 cm³; O = 442 cm²
   b) V = 1512 m³; O = 804 m²

4. Der Quader ist 5 cm breit.

5. a) 7 000 dm³; 4 m³   c) 4 m³; 8 dm³
   b) 8 000 ml; 2 l   d) 3 475 dm³; 3 500 l

6. a) (1) 8,5 m³   (2) 4,09 m³   (3) 7,089 dm³   (4) 0,21 l   (5) 0,3 dm³
   b) (1) 2 dm³ 619 cm³   (2) 9 l 20 ml   (3) 4 l 856 ml   (4) 8 dm³ 70 cm³   (5) 12 m³ 40 dm³

7. a) 780 000 m³ Erdöl   b) 143 520 m³ Wasser

8. 54 l Erde, also 3 Säcke, für zusammen 12,30 €

9. a) 27,552 cm³   b) 73,60 cm²

SEITE 63

1. a) (1) spitzer Winkel;   (2) spitzer Winkel;   (3) stumpfer Winkel;   (4) überstumpfer Winkel
   b) (1) 31°;   (2) 50°;   (3) 129°;   (4) 231°

2. –

3. a) Nebenwinkel sind:

α₁ und α₂	β₁ und β₂	γ₁ und γ₂	δ₁ und δ₂
α₂ und α₃	β₂ und β₃	γ₂ und γ₃	δ₂ und δ₃
α₃ und α₄	β₃ und β₄	γ₃ und γ₄	δ₃ und δ₄
α₄ und α₁	β₄ und β₁	γ₄ und γ₁	δ₄ und δ₁

   b) Scheitelwinkel sind:

α₁ und α₃	β₁ und β₃	γ₁ und γ₃	δ₁ und δ₃
α₂ und α₄	β₂ und β₄	γ₂ und γ₄	δ₂ und δ₄

   c) Stufenwinkel sind:

α₁ und γ₁	α₃ und γ₃	β₁ und δ₁	β₃ und δ₃
α₂ und γ₂	α₄ und γ₄	β₂ und δ₂	β₄ und δ₄

   d) Wechselwinkel sind:

α₁ und γ₃	α₃ und γ₁	β₁ und δ₃	β₃ und δ₁
α₂ und γ₄	α₄ und γ₂	β₂ und δ₄	β₄ und δ₂

Lösungen – Bist du fit?   **251**

SEITE 63

4. a) Wechselwinkelpaare: (α_1, γ_2), (α_2, γ_1), (β_1, δ_2), (β_2, δ_1);   Stufenwinkelpaare: (α_1, γ_1), (α_2, γ_2), (β_1, δ_1), (β_2, δ_2)
b) 37°: $\alpha_1, \gamma_1, \alpha_2, \gamma_2$;   143°: $\beta_1, \delta_1, \beta_2, \delta_2$

5. a) $\alpha + 60° + 2 \cdot \alpha = 180°$, $\alpha = 40°$
b) $85° + \gamma = 180°$, $\gamma = 95°$
$\beta = 50°$; da Scheitelwinkel
$\alpha + \beta + \gamma = 180°$, $\alpha = 180° - 95° - 50° = 35°$
c) $110° + \beta = 180°$, $\beta = 70°$
$40° + \beta + \gamma = 180°$, $\gamma = 180° - 40° - 70° = 70°$
$\gamma + \alpha = 180°$, $\alpha = 180° - 70° = 110°$

6. a) Die Winkel sind 45° und 135° groß.   **b)** $\alpha = \beta = 70°$;   Nebenwinkel von β ist 110° groß.

7. Jedes Kreisteil hat einen Winkel von 360° : 12 = 30°

8. 300°

SEITE 97

1. (1) $\frac{4}{12} = \frac{1}{3}$ (2) $\frac{2}{8} = \frac{1}{4}$

2. (1) $6\frac{1}{2}$; 4; $3\frac{3}{4}$; 6; $6\frac{1}{6}$; $5\frac{7}{8}$; $7\frac{9}{10}$; 6; $3\frac{49}{1000}$ (2) $\frac{73}{3}$; $\frac{67}{4}$; z. B. $\frac{48}{4}$; $\frac{36}{3}$

3. $\frac{7}{8}$; $\frac{8}{7} = 1\frac{1}{7}$; $\frac{3}{6} = \frac{1}{2}$; $\frac{6}{3} = 2$; $\frac{30}{7} = 4\frac{2}{7}$; $\frac{49}{7} = 7$

4. a) 16 m²   **b)** 1 000 m = 1 km   **c)** $\frac{3}{4}$

5. a) $\frac{150}{100} = 150\,\%$; $\frac{175}{100} = 175\,\%$; $\frac{120}{100} = 120\,\%$; $\frac{70}{100} = 70\,\%$; $\frac{55}{100} = 55\,\%$; $\frac{72}{100} = 72\,\%$; $\frac{40}{100} = 40\,\%$
b) $\frac{1250}{1000}$; $\frac{440}{1000}$; $\frac{1125}{1000}$; $\frac{88}{1000}$; $\frac{205}{1000}$; $\frac{180}{1000}$; $\frac{360}{1000}$

6. (1) $\frac{11}{6} > \frac{9}{5}$ (2) $\frac{5}{12} < \frac{13}{20}$ (3) $\frac{40}{24} = \frac{25}{15}$ (4) $\frac{11}{15} < \frac{7}{9}$ (5) $\frac{13}{25} > \frac{7}{15}$ (6) $\frac{11}{24} < \frac{19}{40}$

7. a) $\frac{3}{4}$; $\frac{3}{6} = \frac{1}{2}$ **c)** $\frac{39}{50}$; $\frac{7}{12}$ **e)** $2\frac{7}{9}$; $6\frac{1}{10}$
b) $\frac{3}{2} = 1\frac{1}{2}$; $\frac{3}{10}$ **d)** $7\frac{11}{15}$; $5\frac{3}{8}$ **f)** $6\frac{7}{15}$; $2\frac{13}{15}$

8. a) 1   **b)** 5   **c)** 1   **d)** 1

9. $6\frac{3}{20}$ kg

10. 14 Mädchen

11. a) $\frac{31}{32}$. Es fehlt noch $\frac{1}{32}$ am nächsten Ganzen.   **b)** $\frac{1}{6}$; $\frac{1}{12}$; die erste Differenz ist $\frac{1}{12}$ größer als die 2. Differenz.

SEITE 123

1. a) $\frac{13}{2} = 1\frac{1}{12}$; $\frac{2}{15}$ **c)** $\frac{75}{56} = 1\frac{19}{56}$; $\frac{5}{56}$ **e)** $2\frac{3}{8}$; $3\frac{4}{5}$
b) $\frac{17}{12} = 1\frac{5}{12}$; $\frac{1}{12}$ **d)** 5; $7\frac{5}{6}$ **f)** $10\frac{1}{10}$; $2\frac{13}{30}$

2. a) $\frac{4}{3} = 1\frac{1}{3}$; $\frac{10}{7} = 1\frac{3}{7}$ **b)** $\frac{2}{5}$; $\frac{3}{28}$ **c)** $\frac{8}{5} = 1\frac{3}{5}$; $\frac{4}{15}$ **d)** $\frac{28}{12} = 2\frac{1}{3}$; $\frac{12}{35}$

3. a) 1,875 kg   **b)** $\frac{4}{3} = 1\frac{1}{3}$ l   **c)** $7\frac{1}{2}$ h   **d)** $10\frac{1}{2}$ m   **e)** 12,8 kg
$\frac{7}{27}$ l $\frac{2}{5}$ ha $\frac{4}{45}$ h $\frac{3}{10}$ kg   0,9 m
4 ha   10,50 €   0,28 g $6\frac{3}{10}$ m   5,95 ml

4. a) (1) $\frac{3}{4} \cdot 164$ g = 123 g   (2) $\frac{2}{3} \cdot 279$ € = 186 €   (3) $\frac{4}{5} \cdot 83$ ha = 664 ha   (4) $\frac{3}{8} \cdot 4564$ m² = 1 711,5 m²
b) (1) Was kostet die Xbox?   168 €
(2) Wie viel Liter Benzin passen in Frau Korks Pkw?   53,6 l
(3) Wie viel Euro bezahlt Herr Bach?   8,70 € [4,64 €]

5. Jedes Kind bekommt 0,625 l Saft.

6. a) $\frac{9}{20}$ **b)** $\frac{12}{144} = \frac{1}{12}$ **c)** $\frac{18}{12} = \frac{3}{2} = 1\frac{1}{2}$ **d)** $\frac{18}{14} = \frac{9}{7} = 1\frac{2}{7}$ **e)** $\frac{55}{80} = \frac{11}{16}$ **f)** $\frac{528}{88} = 6$

7. a) 2 kg   **b)** $\frac{1}{4}$ kg   **c)** $\frac{5}{24}$ kg

8. a) 4 ha   **b)** 2,1 kg   **c)** $\frac{37}{6} = 6\frac{1}{6}$ **d)** $\frac{42}{5}$ l = $8\frac{2}{5}$ l   **e)** $\frac{6}{25}$ kg = 0,24 kg

9. a) $\frac{11}{15}$ **b)** $\frac{4}{15}$ **c)** 300 000 €

SEITE 139

1. Drehsymmetrisch um Figurmitte mit Drehwinkel 180°; 2 Symmetrieachsen: Mittelsenkrechten der Rechteckseiten

2. D(0|7) [D(1|0)]

3. a) 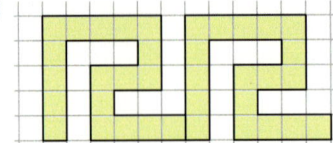   **b)**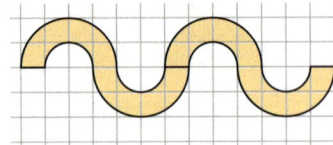

4. a)    **b)**   **c)**

5. a) (1) Punkt-, Achsen-, Drehsymmetrie (φ = 90°)
(2) Achsen-, Drehsymmetrie (φ = 120°)
(3) Punkt-, Achsen-, Drehsymmetrie (φ = 60°)
(4) Achsen-, Drehsymmetrie (φ = 120°)

b) (1) 4   (2) 3   (3) 6   (4) 3
Bei zwei zueinander senkrechten Symmetrieachsen ist die Figur auch punktsymmetrisch. [Bei der Drehsymmetrie ist hier das Produkt aus der Anzahl der Symmetrieachsen und dem kleinsten Drehwinkel gleich 360°.]

6. a) A'(3|2), B'(7|0), C'(6|5)
b) (1) A'(4|2), B'(6|6), C'(1|5)
(2) A'(5|5), B'(1|7), C'(2|2)

SEITE 181

1. a) 10,6   **b)** 2,6   **c)** 0,3   **d)** 5,65   **e)** 12
350   0,18   0,0116   2 500   0,168
0,0015   0,00203   1 900   4,27   2,5
0,17   5,7   0,07   0,0108   400

2. a) 28,523   **b)** 14,746   **c)** 0,7405   **d)** 7,833
1 313,724   77,862   30,703   39,825

3. a) 406,62   **b)** 114,7644   **c)** 7,1262   **d)** 7,84   **e)** 65,4
705,96   8,52295   52,5   0,235   560

4. a) 21,56 €   **b)** 45,34 €   **c)** 11,54 €   **d)** 74,58 €
31,00 €   104,50 €   143,52 €   11,15 €

5. a) 91,215   **c)** 37,078   **e)** 1,3   **g)** 0,5525
b) 281,0228   **d)** 7,585   **f)** 1   **h)** 2,475

6. 0,2 = 0,20 = 0,200
0,02 = 0,020
0,202 = 0,2020

7. Jeder Schüler zahlt 3,75 €.

8. a) Es sind 3,965 t geladen.
b) Es dürfen noch 0,06 t zugeladen werden.
c) Jedes Rad trägt dann 1,25 t.

9. Sie bekommt 8,13 € zurück.

10. a) 93,96 m²
b) 69 120 l

SEITE 215

1. a) 19 kg kosten 0 € [29 kg kosten 10,50 €; 33,6 kg kosten 18 €]
   b) über 31 bis 33 kg
   c) 10,50 €; 26,3 kg

2. a)

Anzahl der Stunden	5	10	15	20	25	30
Arbeitslohn (in €)	52,50	105	157,50	210	262,50	315

   b) 10 Stunden ≙ 1 cm auf der x-Achse;   20 € ≙ 1 cm auf der y-Achse
   c) (1) ≈ 199,50 €   (2) ≈ 73,50 €   (3) ≈ 294 €

3. a) Die Temperatur um 14 Uhr betrug 7 °C. Um 0.30 Uhr, 10.30 Uhr und 22 Uhr betrug die Temperatur 5 °C.
   b) Zwischen 0 Uhr und 6 Uhr fiel die Temperatur von 6 °C auf 0 °C.
   Zwischen 6 Uhr und 14 Uhr stieg die Temperatur von 0 °C auf 7 °C.
   Zwischen 14 Uhr und 24 Uhr fiel die Temperatur von 7 °C auf 4 °C.
   c) Zwischen 0 Uhr und 4 Uhr fiel die Temperatur um 5,4 °C.
   Zwischen 8 Uhr und 12 Uhr stieg sie um 6,2 °C.

4. a) Herr Krug zahlt 29,25 €.   **b)** Herr Schäfer hat 11 Becher gekauft.

5. Jedes Mitglied zahlt jetzt 28,80 €.

SEITE 239

1. a) (Säulendiagramm: Julia 6, Elke 11, Moritz 8)
   b) Julia: $\frac{6}{25}$ = 0,24 = 24 % (86°),
   Elke: $\frac{11}{25}$ = 0,44 = 44 % (158°),
   Moritz: $\frac{8}{25}$ = 0,32 = 32 % (115°)

2. a)

Schulhofgestaltung	gut	ausreichend	schlecht
relative Häufigkeit	$\frac{1}{4}$	$\frac{2}{5}$	$\frac{7}{20}$

   b)

Schulhofgestaltung	absolute Häufigkeit	relative Häufigkeit		
	(Anzahl)	als Bruch	als Dezimalbruch	in Prozent
gut	40	$\frac{1}{4}$	0,25	25 %
ausreichend	64	$\frac{2}{5}$	0,4	40 %
schlecht	56	$\frac{7}{20}$	0,35	35 %

3. a) arithmetisches Mittel: 6,92 €;   Median: 6,50 €;   Spannweite: 3,70 €
   b) 9,50 € auf 7,40 €

4. a) Fußball: 30 %, Basketball: 22 %, Leichtathletik: 36 %, Tennis: 50 %
   b) Die Summenprobe ergibt 138 %, da es Mitglieder gibt, die in mehreren Abteilungen aktiv sind.
   c) Geeignet sind hier Balken- oder Säulendiagramm.

5. a) (1) $\frac{8}{50}$ (2) $\frac{5}{50}$
   b) blau: $\frac{1}{5}$; rot: $\frac{2}{5}$; lila: $\frac{1}{5}$; gelb: $\frac{1}{5}$
   Die Gewinnchancen für blau, lila und gelb sind gleichwahrscheinlich.
   Die Gewinnchance für rot ist doppelt so hoch wie für eine einzelne andere Farbe.
   c) (1) 80-mal;   (2) 40-mal

Bist du topfit?

Topfit – Vermischte Übungen 1

SEITE 244

1. (1) 218 370; 6 090,25; 83,538; 809,0$\overline{6}$ (3) $\frac{10}{3}$; $\frac{8}{21}$; $\frac{1}{10}$; $\frac{2}{9}$
   (2) $\frac{29}{18} = 1\frac{11}{18}$; $\frac{17}{60}$; $20\frac{13}{36}$; $8\frac{31}{70}$ (4) 94,663; 3,404; 10,6; 10,2

2. a)/b) 2 · 2,15 € + 5 · 0,79 € + 1,15 € + 1,10 € + 12 · 0,39 € = 15,18 €
   c) 20 € – 15,18 € = 4,82 €.
   Ja, sie hat noch genug Geld für ein Eis übrig.

3. a) 40 cm   e) 1 250 ml   i) 16 h   m) 44 min
   b) 250 mm   f) 375 g   j) 0,0000006 m³   n) 1,25 d
   c) 1 500 cm³   g) 30 min   k) 46 500 m²   o) 4 400 l
   d) 3 200 kg   h) 650 mg   l) 3 500 l   p) 3 420 000 m²

4. a) *Beispiele:* spitzer Winkel: 16.30 Uhr, 9.55 Uhr, 18.40 Uhr
                   stumpfer Winkel: 18.55 Uhr, 16.45 Uhr, 9.10 Uhr
                   rechter Winkel: 9.00 Uhr, 21.00 Uhr
                   überstumpfer Winkel: 9.30 Uhr, 10.25 Uhr, 2.50 Uhr
   b) 360° [30°]
   c) Um 15.30 Uhr zeigt der Minutenzeiger auf die 6, der Stundenzeiger steht genau in der Mitte zwischen 3 und 4. Der Winkel beträgt also 75°.

5. a) 650 cm²
   b) 128 Packungen
   c) 50 ml

Topfit – Vermischte Übungen 2

SEITE 245

1. a) (1) 35 kg   (2) 28 min   (3) 6,6 km   (4) 200°
   b) (1) 640 €   (2) 225 €   (3) 13,8 ha   (4) 2,4 kg
   c) (1) $\frac{7}{20}$ = 35 %   (2) $\frac{2}{5}$ = 40 %   (3) $\frac{1}{5}$ = 20 %   (4) $\frac{1}{5}$ = 20 %

2. a) b)

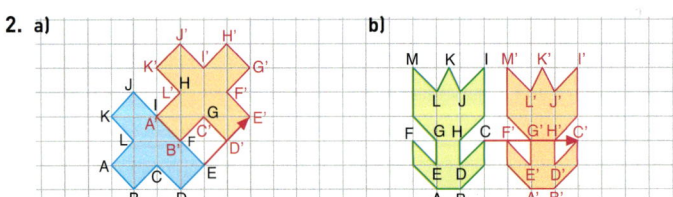

3. β = γ = 54°; δ = 126°; ε = 36°

4. a)

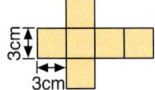

   b) Oberflächeninhalt: 54 cm²;   Volumen: 27 cm³
   c) 18,9 g
   d)

Kantenlänge (cm)	3	6	9	12	15	18	21	24	27	30
Gewicht (g)	18,9	151,2	510,3	1 209,6	2 362,5	4 082,4	6 482,7	9 676,8	13 778,1	18 900

5. a) Gesamtreisezeit: 3 h 6 min = 186 min
      Zeit auf Bahnhöfen: 37 min
   b) $\frac{37}{186} \approx 0,20 = 20\%$
   c) Graph (1)

Topfit – Vermischte Übungen 3

SEITE 246

1. a) 22 138,2   **c)** $\frac{101}{24} = 4\frac{5}{24}$ **e)** 27,637   **g)** $5\frac{3}{5} = 10\frac{3}{5}$
  b) $\frac{49}{36} = 1\frac{13}{36}$ **d)** $\frac{47}{15} = 3\frac{2}{15}$ **f)** $\frac{203}{24} = 8\frac{11}{24}$ **h)** 10,09

2. Jeder erhält 12,75 €.

3. a) α = 61°, β = 49°, γ = 70°
  c) Die Winkel sind genauso groß, wie im Originaldreieck.
  b)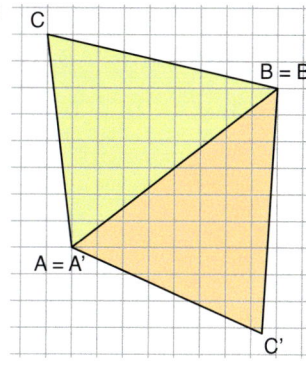

4. a) 7,3 cm   **e)** 0,017 kg
  b) 6 mm   **f)** 160 m²
  c) 18 h   **g)** 300 ml
  d) 420 s   **h)** 457 mm³

5. a) (1) und (3)
  b) Oberfläche: 69 cm², Volumen: 35 cm³
  c) (1) Man muss die Seite verdoppeln.
    (2) Man muss die Seite halbieren.

6. Jedes der Mädchen bekommt $\frac{3}{4}$; jeder Junge $\frac{7}{10}$; $\frac{3}{4} > \frac{7}{10}$

7. a) $\frac{1}{2}$ **c)** $\frac{8}{32} = \frac{1}{4}$
  b) $\frac{4}{32} = \frac{1}{8}$ **d)** $\frac{3}{10}$

Topfit – Vermischte Übungen 4

SEITE 247

1. a) z.B.: Wie viele der Befragten waren nicht zufrieden? $\frac{5}{8}$ der Befragten; 110 Schülerinnen und Schüler
  b) z.B.: Wie viel € hat er schon gespart? 279 €;   Wie viel € kostet das Fahrrad? 465 €
  c) z.B.: Wie viel bezahlt jeder für 1 kg?   Frau Becker: 1,78 €; Herr Baum: 1,82 €
  d) z.B.: Wie viel kostet der neue Fußboden? 706,80 €;   Wie viel kostet die Fußleiste? 114,03 €
  e) z.B.: Wie viel kostet eine Sitzplatzkarte? 13 €
  f) z.B.: (1) Wie viel mm dick ist dein Mathematikbuch? 12,2 mm
    z.B.: (2) Wie viele Seiten hat das Buch? 560 Seiten

2. a) (1) 4 · 5,5 + 8 · 3 = 46 (cm)   O = 2 · 3 · 3 + 4 · 3 · 5,5 = 84 (cm²)   (3) V = 5,5 · 3 · 3 = 49,5 (cm³)
  b)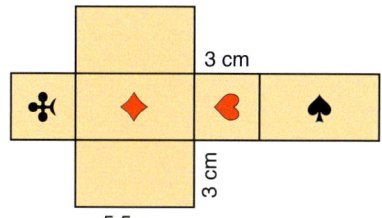
  c) (1) Gesamtkantenlänge: 70 cm ≈ 1,52 · 46 cm
    (2) Oberflächeninhalt: 200 cm² ≈ 2,38 · 84 cm²
    (3) Volumen: 187,5 cm³ ≈ 3,79 · 49,5 cm³

3. a) $\frac{141}{500}$
  b) $\frac{100}{500} = \frac{1}{5}$
  c) $\frac{40}{500} = \frac{2}{25}$
  d) $\frac{1}{500}$
  e) $\frac{359}{500}$

4. (1) V = 32 cm³   (2) V = 16 cm³   (3) V = 18 cm³

Topfit – Vermischte Übungen 5

SEITE 248

1. a) $\frac{5}{17} \approx 29{,}4\%$
   b) (Die Angaben in Klammern sind die Höhen der Säulen, wenn für 1 % die Länge 1 mm gewählt wird.)
   Europa: 8 % (8 mm); Afrika: 22 % (22 mm); Amerika: 30 % (30 mm); Asien: 33 % (33 mm);
   Australien und Ozeanien: 7 % (7 mm)
   c) Europa: 12 Mio. km²; Afrika: 33 Mio. km²; Amerika: 45 Mio. km²; Asien: 49,5 Mio. km²;
   Australien und Ozeanien: 10,5 Mio. km²

2. (1) $\alpha = 117°$ (2) $\beta = 70°$ (3) $\gamma = 30°$

3. a) $0{,}7 \cdot 12 \cdot 5 \cdot 3 = 126$. Es sind 126 l Mineralwasser vorrätig.
   b) 1 m³ = 1000 dm³ = 1000 l; $0{,}7 \cdot 12 \cdot 5 = 42$. Ein Stapel enthält 42 l Mineralwasser.
   $(1000 - 126) : 42 \approx 20{,}8$. Es müssten noch 21 Stapel geliefert werden.
   c) 16 Kisten

4. a) am meisten: Samstag; am wenigsten: Dienstag
   b) ≈ 171; arithmetisches Mittel
   c) Säulendiagramm; pro Besucher 1 mm

5. a)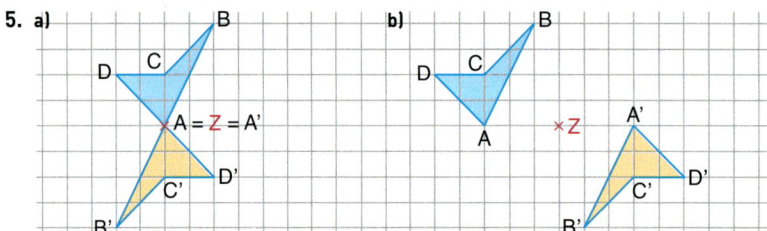

Topfit – Urlaub auf Sylt

SEITE 249

1. a) linke Tabelle: Preis für die Überfahrt mit einem Auto
   rechte Tabelle: Preis für die Ferienwohnung „Sylter Brise" pro Tag
   b) Überfahrt: 86 €, Ferienwohnung: 14 · 120 € + 18 € + 70 € = 1 768 €,
   Kurtaxe: 14 · 2 · 2,50 € = 70 €; Gesamtkosten: 1 924 €
   c) ca. 327 g

Einheiten

Längen

10 mm = 1 cm
10 cm = 1 dm
10 dm = 1 m
1 000 m = 1 km

Flächeninhalte

100 mm² = 1 cm²   100 m² = 1 a
100 cm² = 1 dm²   100 a = 1 ha
100 dm² = 1 m²   100 ha = 1 km²

Die Umwandlungszahl ist 100.

Volumen

1 000 mm³ = 1 cm³   1 cm³ = 1 ml
1 000 cm³ = 1 dm³   1 dm³ = 1 l
1 000 dm³ = 1 m³   1 000 ml = 1 l

Die Umwandlungszahl ist 1 000.

Gewichte

1 000 mg = 1 g
1 000 g = 1 kg
1 000 kg = 1 t

Die Umwandlungszahl ist 1000.

Zeitspannen

60 s = 1 min
60 min = 1 h
24 h = 1 d

Mathematische Symbole

Zahlen

$a = b$	a gleich b
$a \neq b$	a ungleich b
$a < b$	a kleiner b
$a > b$	a größer b
$a \approx b$	a ungefähr gleich (rund) b
$a \mid b$	a ist Teiler von b
$a \nmid b$	a ist nicht Teiler von b
$a + b$	Summe aus a und b; a plus b
$a - b$	Differenz aus a und b; a minus b
$a \cdot b$	Produkt aus a und b; a mal b
$a : b$	Quotient aus a und b; a durch b
a^n	Potenz aus Basis (Grundzahl) a und Exponent (Hochzahl) n; a hoch n
$\frac{a}{b}$	Bruch mit dem Zähler a und dem Nenner b
$p\,\%$	p Prozent

Geometrie

AB	Verbindungsgerade durch die Punkte A und B; Gerade durch A und B
$\overline{AB}$	Verbindungsstrecke der Punkte A und B; Strecke mit den Endpunkten A und B
$\overrightarrow{AB}$	Strahl mit dem Anfangspunkt A, die durch B verläuft
$g \parallel h$	Gerade g ist parallel zu Gerade h
$g \nparallel h$	Gerade g ist nicht parallel zu Gerade h
$g \perp h$	Gerade g ist senkrecht zu Gerade h
P(x|y)	Punkt P mit den Koordinaten x und y, wobei x der Rechtswert, y der Hochwert ist
ABC	Dreieck mit den Eckpunkten A, B und C
ABCD	Viereck mit den Eckpunkten A, B, C und D
$\sphericalangle$ PSQ	Winkel mit dem Scheitel S und den Schenkeln $\overrightarrow{SP}$ und $\overrightarrow{SQ}$

STICHWORTVERZEICHNIS

Absolute Häufigkeit 219, 233, 238
achsensymmetrisch 126, 138
Achsensymmetrie 126
Addieren
- gewöhnlicher Brüche 96
- gleichnamiger Brüche 88
- ungleichnamiger Brüche 88
- von Dezimalbrüchen 148
Antiproportionale Zuordnung 209
- Graph 209
arithmetisches Mittel 226, 238
Assoziativgesetz 121
Ausgangsgröße 189, 214

Bandornament 128, 138
Brüche 70
- dividieren 113, 122
- erweitern 71, 96
- kürzen 71, 96, 108, 122
- multiplizieren 110, 122
- Nenner 70
- teilen 106, 122
- vergleichen 71, 96
- vervielfachen 102, 122
- Zähler 70

Dezimalbrüche 144, 180
- abbrechend 166
- addieren 148
- dividieren 156, 162, 180
- gemischt periodisch 165
- multiplizieren 153, 159, 180
- periodisch 165
- rein periodisch 165
- subtrahieren 148
- vergleichen 144
Dividieren
- von Brüchen 113, 122
Dreieck
- Innenwinkelsatz 55
- rechtwinklig 56
- spitzwinklig 56
- stumpfwinklig 56
- Winkelsumme 55
Dreisatzaufgabe 204, 205, 214
Drehen einer Figur 133, 138
drehsymmetrisch 133, 138
Drehsymmetrie 133, 138
Drehwinkel 133
Drehzentrum 133, 138

Einheiten für Volumen 12, 16, 34
Einheitentabelle 18
Ereignis 230
Ergebnis 229
Erweitern eines Bruches 71, 96
Erweiterungszahl 71

Flächeninhalt eines Rechtecks 169

Grad 43

Graph
- einer antiproportionalen Zuordnung 209
- einer proportionalen Zuordnung 201, 214
- einer Zuordnung 195, 198, 214
Grundwert 84

Halbgerade 39, 201
Hochachse 195
Höchstwert 195
Hyperbel 209

Innenwinkel eines Dreiecks 55
Innenwinkelsatz für Dreiecke 55

Kapital 85
Kehrwert eines Bruches 109
Kreisdiagramm 223
Kürzen eines Bruches 71, 96, 108, 122
Kürzungszahl 71

Multiplizieren
- von Brüchen 110, 122

Nebenwinkel 51, 62
negative Zahlen 185

Oberfläche eines Quaders 26, 34, 172
Parkettierung 130
positive Zahlen 183
Proportionale Zuordnung 201, 214
- Graph 201, 214
Prozent 82, 96
Prozentsatz 84
Prozentschreibweise 82
Prozentwert 84
punktsymmetrisch 134
Punktsymmetrie 134, 138

Quader
- Oberfläche 26, 34, 172
- Volumen 24, 34, 172

Rauminhalt 11
Rechteck
- Flächeninhalt 169
- Umfang 169
Rechtsachse 195
relative Häufigkeit 233, 238

Säulendiagramm 223
Scheitel 39
Scheitelpunkt 39, 62
Scheitelwinkel 51, 62
Schenkel 39, 62
Statistische Erhebung 219
Strahl 39
Streifendiagramm 223
Strichliste 229

Stufenwinkel 53, 62
Subtrahieren
- gewöhnlicher Brüche 96
- gleichnamiger Brüche 88
- ungleichnamiger Brüche 88
- von Dezimalbrüchen 148
Summenprobe 219, 238
Symmetrieachse 126, 138
Symmetriezentrum 133, 134

Tiefstwert 195

Umfang eines Rechtecks 169

Verhältnis 87
Verschieben einer Figur 128, 138
Verschiebungspfeil 128, 138
verschiebungssymmetrisch 128
Volumen 11
- eines Quaders 24, 34, 176
Volumeneinheiten 12, 16, 34
Vorrangregeln 167

Wahrscheinlichkeit 230, 233
- bei Zufallsexperimenten 230, 238
Wechselwinkel 53, 62
Wertepaar 189, 195
Winkel 39, 62
- gestreckter 41, 45, 62
- messen 45, 46, 62
- rechter 41, 45, 62
- spitzer 41, 45, 62
- stumpfer 41, 45, 62
- überstumpfer 41, 45, 62
- Voll- 41, 45, 62
- zeichnen 62
Winkelsumme im Dreieck 55

Zahlen
- negativ 183
- positiv 183
Zahlenstrahl 71, 96, 144
Zinsen 85
Zinssatz 85
Zufallsexperiment 229, 238
- Ergebnis 229
- Ereignis 230
Zoll 142
Zahlengerade 183
zugeordnete Größe 189, 214
Zuordnung 189, 214
- antiproportional 209
- Graph 195, 198, 214
- proportional 201
- Tabelle 189

BILDQUELLENNACHWEIS

|Astrofoto, Sörth: 132. |Berliner Bäder-Betriebe, Berlin: Schwimm- und Sprunghalle im Europapark - SSE 33. |Bildagentur Geduldig, Maulbronn: 177. |Brennstoffhandel Blickensdörfer, Steinbach am Donnersberg: 12. |Bundesministerium der Finanzen, Berlin: 229, 229. |Caro Fotoagentur, Berlin: Keunecke 22. |Deutsches Jugendherbergswerk Landesverband Baden-Württemberg e. V., Stuttgart: www.djh-bad-wuertt.de 81. |Dittrich, Stefan, Marienberg: 124. |Druwe & Polastri, Cremlingen/Weddel: 55, 101, 118, 228, 228. |F1online, Frankfurt/M.: Edel 132; Fstop 153; HOAQUI 132. |Fabian, Michael, Hannover: 12, 13, 60, 193, 221, 230, 230, 248. |Fahle, Jutta, Dortmund: 47. |Falkenbach, Werner, Hattersheim: 158. |Ferienhof Borchers, Selsingen-Granstedt: 216. |Forschungszentrum Jülich GmbH, Jülich: 215. |fotolia.com, New York: Amith, Ilan 14; blende 10 12; brosch, javier 38; Burkard, Sascha 14; Calek 193; ciolanescu 137; Corrie 205; denis_333 119; dondoc 152; focus finder 203; Föger, Reinhold 191; Hilpert, Werner 199; Hoppe, Sven 39; hurricane 220; Isselée, Eric 223; Jansa, Thomas 142; Jose Ignacio Soto 112; Lennartz 144; linous 211; Lovrencg 239; magann 190; magnia 129; MaxWo 191; mihi 51; Mirscho 134; Monkey Business 94; Pixel & Création 78; Presiyan Panayotov 32; Rohde, Gabriele 13; rupbilde 150; Schier, Thorsten 119; Schuppich, M. 85; stefcervos 143; Subbotina, Anna 163; SyB 64; toolklickit 235; vanessa martineau 100; violetkaipa 101; Xrphoto 236. |Gerhard Launer WFL-GmbH, Würzburg: 35. |Globig, Eckhard Dr., Jülich: 9, 9, 9. |Glow Images GmbH c/o Regus, München: imagebroker/Justus de Cuveland 132; Manue 187. |Hamburger Abendblatt, Hamburg: Sophie auf der Heiden 212. |Henker, Frieder, Großenhain: 137. |Hülle, Martin, Wuppertal: 14. |Humpert, Bernhard, Rostock: 193. |Image Professionals GmbH, München: Mewes, Kai 68. |Imago, Berlin: Cordon Press/Diario AS 47; Hanke 54; imagebroker 237; imagebroker/schauhuber 186; ITAR-TASS 210; MAVERICKS 202; PanoramiC 146; Schöning 21; UPI Photo 147; v.d. Laage, Chai 175; Volker Preußer 208; Waldmüller 143. |iStockphoto.com, Calgary: 33; Bjork, Ingvar 13; Cruglicov, Alexei 197; Donmaz, Özgür 79; ene 208; Ivashchenko, Valeriy 76; Jansen, Silvia 240; kali9 210; Kalinovsky, Dmitry 178; Ljupco 80; Pobytov, Stanislav 126; Prill Mediendesign & Fotografie 144; ssuaphoto 121; svariophoto 70; tiridifilm 154; VisualField 47. |Kehrig, Dirk, Kottenheim: 55, 55, 55. |mauritius images GmbH, Mittenwald: Arthur 69. |Mayer, Thomas, Neuss: 115. |mediacolor's Fotoproduktion, Zürich: Glaeser 90. |Microsoft Deutschland GmbH, München: 240, 240, 240, 241, 241, 241, 241, 242, 242, 243, 243, 243, 243. |OKAPIA KG - Michael Grzimek & Co., Frankfurt/M.: Science Source 132. |PantherMedia GmbH (panthermedia.net), München: Brooks, Darryl 133; Oleksiy Mark 225. |Picture-Alliance GmbH, Frankfurt/M.: AP Photo/Probst, Michael 18; dpa-Zentralbild/Woitas, Jan 213; dpa/Deck, Uli 211; dpa/lbn/Jensen, Rainer 50; Goldmann, R. 36; KEYSTONE 207; WILDLIFE/Czepluch, G. 8. |plainpicture, Hamburg: Etsa Titel. |Print- und Internetstudio Porstmann, Rübenau: www.erzgebirge-onlineshop.de 124. |Project Photos GmbH & Co. KG, Walchensee: Reinhard Eisele 175. |S.V.P. Rubik's Brand Seven Towns Limited, London: Rubik's ® Professor Cube used by permission of Seven Towns Ltd www.rubiks.com 12. |Schambortski, Torsten, Mülheim-Kärlich: 30. |Schwarzbach, Hartmut /argus, Hamburg: Schwarzbach, Hartmut 157. |Shutterstock.com, New York: 37. |Simper, Manfred, Wennigsen: 234. |sportfoto.ws, Krailing: Gerigk, Robert 153, 153. |The M.C. Escher Company B.V., Baarn: M.C. Escher's „Symmetry Drawing E1" © 2015 The M.C. Escher Company-Holland. All rights reserved. www.mcescher.com 131; M.C. Escher's „Symmetry Drawing E21" © 2017 The M.C. Escher Company-The Netherlands. All rights reserved. www.mcescher.com 131. |Tierpark Sababurg, Hofgeismar-Sababurg: 6, 6, 7, 7. |Tooren-Wolff, Magdalena, Hannover: 78. |vario images, Bonn: 40, 64, 75; Image Source 207. |VG BILD-KUNST, Bonn: Victor Vasarely „Hommage to the Hexagon" © VG Bild-Kunst, Bonn 2013 136 .1. |via donau - Österreichische Wasserstraßen-Gesellschaft mbH, Wien: via-donau GmbH, Wien 20. |Volkswagen AG, Wolfsburg: 195, 226. |Warmuth, Torsten, Berlin: 112, 151, 152, 229, 229, 231, 234, 234, 234. |wikimedia.commons: CC-BY-SA-Lizenz 3.0 124; Goele 70.

Wir arbeiten sehr sorgfältig daran, für alle verwendeten Abbildungen die Rechteinhaberinnen und Rechteinhaber zu ermitteln. Sollte uns dies im Einzelfall nicht vollständig gelungen sein, werden berechtigte Ansprüche selbstverständlich im Rahmen der üblichen Vereinbarungen abgegolten.